产品工学基础

主　编：裘旭东　王丽霞

副主编：王　洁　杨秋合　马建伟

参　编：沈薇薇　马云飞　李　巍　魏爱平　杨金林

ZHEJIANG UNIVERSITY PRESS
浙江大学出版社
·杭州·

图书在版编目(CIP)数据

产品工学基础/ 裘旭东,王丽霞主编. — 杭州 : 浙江大学出版社, 2025.2 (2026.1 重印)

ISBN 978-7-308-24975-1

Ⅰ. ①产… Ⅱ. ①裘…②王… Ⅲ. ①产品设计 Ⅳ. ①TB472

中国国家版本馆 CIP 数据核字(2024)第 099128 号

产品工学基础

裘旭东　王丽霞　主编

责任编辑　吴昌雷
责任校对　王　波
封面设计　周　灵
出版发行　浙江大学出版社
（杭州市天目山路 148 号　邮政编码 310007）
（网址：http://www.zjupress.com）
排　　版　杭州晨特广告有限公司
印　　刷　浙江新华数码印务有限公司
开　　本　787mm×1092mm　1/16
印　　张　22.25
字　　数　514 千
版 印 次　2025 年 2 月第 1 版　2026 年 1 月第 2 次印刷
书　　号　ISBN 978-7-308-24975-1
定　　价　68.00 元

前　言

落实党的二十大报告精神，行、企、校合作，以教促产、以产助教、产教融合，推进3D打印新技术新工艺的普及，以自主设计的真实产品为载体，融入课程思政内容，切实提高人才自主培养的质量，着力培养高素质创新型人才、能工巧匠、大国工匠，是本教材的编写宗旨。

本教材是工业设计等专业的“岗、课、证、赛、创”五位一体人才培养方案的专业必修课“产品工学基础”的配套教材，是浙江省精品在线共享课程的配套教材。紧跟产业升级和行业的发展，理论与实践相结合，对应“产品结构设计”岗位、“产品创意设计”1＋X职业技能等级证书、“职业院校技能大赛工业设计技术”等赛项，培养创新精神。

教材内容具有前沿性和时代性，融入新技术，注重职业能力和创新能力的培养，是校企合作、中高职协同、职普融合的产物，是高职教师、企业专家、中职讲师、本科教授集体智慧的结晶。依据产品结构设计岗位需求进行项目选取，增加3D打印一体化结构设计新工艺，同时考虑了高等职业教育对理论知识的需要。包括常用运动机构、典型零件结构、装配结构、一体化结构、将设计实物化进行设计合理性验证等内容。内容载体形式多样，包括：视频、动画、PDF课件等，并配有大量的习题。读者扫描二维码即可观看，实现线上线下无空间无时间限制的学习和互动，并有线上辅导教师时时答疑解惑。

教材内容和编排方式来源于教学团队长期经验的积累，案例丰富真实、讲解详细、生动直观，可作为职业院校机械大类各专业学生教材，也可作为广大工程技术人员的参考书籍。

由于人力、水平和经验的不足，难免团辞试提挈，挂一念万漏。恳请有关专家、教师和读者批评指正。

编者

2024.1.1

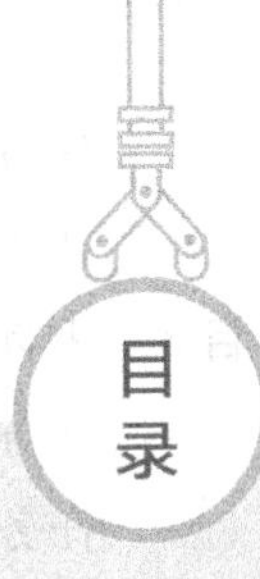
目
录

项目1 平面机构设计

知识目标：

· 了解平面机构的基本概念；

· 掌握运动副及其分类、运动链成为机构的条件；

· 掌握平面机构运动简图的绘制方法；

· 熟练掌握平面机构自由度的计算方法，掌握铰链四杆机构的组成、基本型式及其演化方法；

· 熟悉铰链四杆机构的基本特性及类型判断；

· 理解铰链四杆机构有曲柄的条件、压力角、传动角和死点等概念。

技能目标：

· 会绘制机构运动简图；

· 会计算机构自由度；

· 能利用铰链四杆机构的类型及急回与死点特性；

· 具备识图、查表的能力。

素质目标：

· 培养爱岗敬业、实事求是、勇于创新的工作作风；

· 具备分析问题，解决问题的能力；

· 具备良好的心理素质、克服困难的能力；

· 具备良好的表达和沟通能力。

任务一　平面机构结构分析

各构件的运动平面互相平行的机构称为平面机构。机构是用运动副连接起来的构件系统，其中有一个构件为机架，是用来传递运动和力的。机构还可以用来改变运动形式。机构各构件之间必须有确定的相对运动。然而，构件任意拼凑起来是不一定具有确定运动的。

任务布置

任务：如图 1.1.1 所示为汽车发动机曲柄连杆机构的模型，请分析机构的组成和运动情况。

任务要求：

(1)首先要明确机构、运动副、运动链、自由度与约束等基本概念；

(2)找出主动件、从动件和机架；

(3)分析各构件之间的相对运动形式，确定运动副的类型和数目。

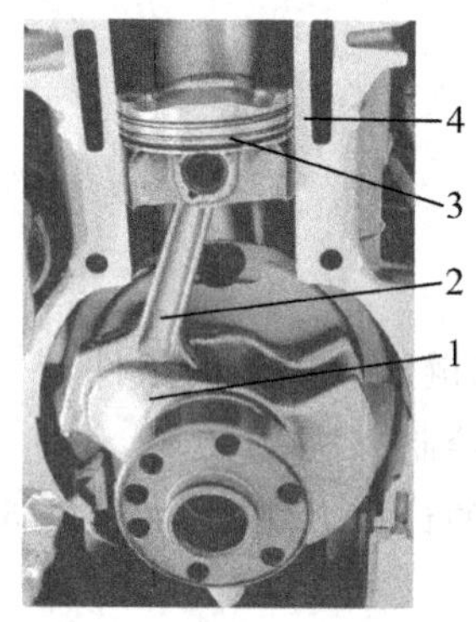

图 1.1.1 汽车发动机曲柄连杆机构

1—曲轴；2—连杆；3—活塞；4—气缸体

任务准备

一、构件的自由度

构件是机构中运动的单元体，是组成机构的基本要素。构件的自由度是构件可能出现的独立运动。任何一个构件在空间自由运动时皆有六个自由度。如图 1.1.2 所示，它可表达为在直角坐标系内沿着三个坐标轴的移动和绕三个坐标轴的转动。而对于一个作平面运动的构件，则只有三个自由度，构件 S 可以在 xOy 平面内绕 z 轴转动，也可沿 x 轴或 y 轴方向移动，如图 1.1.2(a)所示。

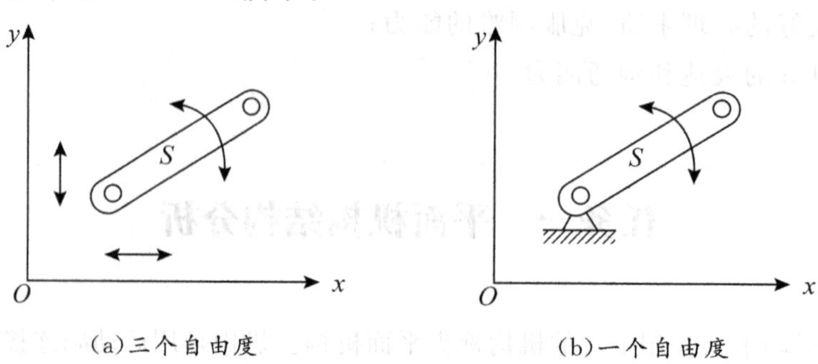

(a)三个自由度　(b)一个自由度

图 1.1.2 构件的自由度

二、约束与运动副

平面机构中每个构件都不是自由构件，而是以一定的方式与其他构件组成动联接。这种使两构件直接接触并能产生一运动的联接，称为运动副。两构件组成运动副后，就限制了构件的独立运动。两构件组成运动副时构件上参加接触的点、线、面称为运动副元素，显然运动副也是组成机构的主要要素。两构件组成运动副后，就限制了两构件间的相对运动，对于相对运动的这种限制称为约束。根据组成运动副两构件之间的接触特性，运动副可分为低副和高副。如图 1.1.2(b)所示，构件 S 被另一个构件采用转动副约束，则限制了其沿 x 轴或 y 轴方向的转动。

三、运动副及其分类

(一)低副

两构件以面接触的运动副称为低副。根据它们之间的相对运动是转动还是移动，运动副又可分为转动副和移动副。

(1)转动副：组成运动副的两构件之间只能绕某一轴线作相对转动的运动副。通常转动副的具体形式是用铰链连接，即由圆柱销和销孔所构成的转动副，如图 1.1.3(a)所示。

(2)移动副：组成运动副的两构件只能作相对直线移动的运动副。如图 1.1.3(b)所示，活塞与气缸体所组成的运动副即为移动副。

平面机构中的低副引入两个约束，仅保留一个自由度。

(二)高副

两构件以点或线接触的运动副称为高副。如图 1.1.4(a)所示的凸轮副和图 1.1.4(b)所示的齿轮副，构件 1 和 2 为点接触或线接触，形成高副，彼此间的相对运动是沿接触处切线 $t—t$ 方向的移动和绕接触点的转动，而沿法线 $n—n$ 方向的移动受到约束。可见，平面运动副中高副具有一个约束。

此外，常用的运动副还有球面副、螺旋副，都属于空间运动副，如图 1.1.5 所示，即两构件的相对运动为空间运动。

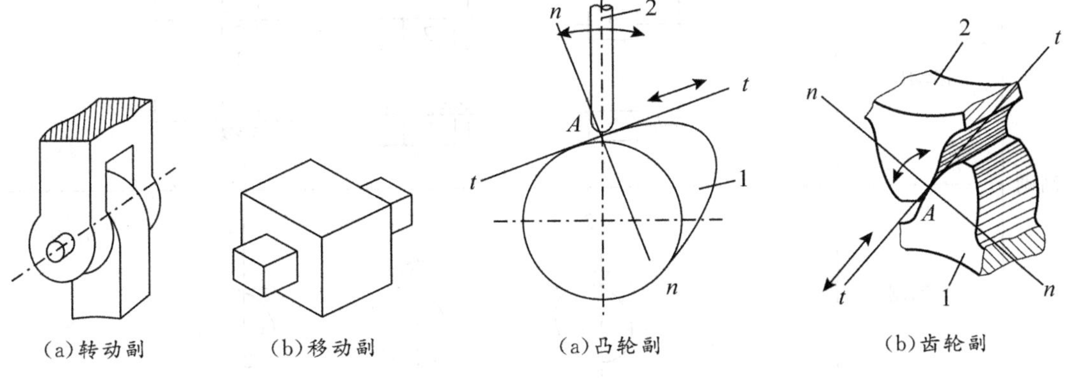

(a)转动副　(b)移动副

图 1.1.3　低副

(a)凸轮副　(b)齿轮副

图 1.1.4　高副

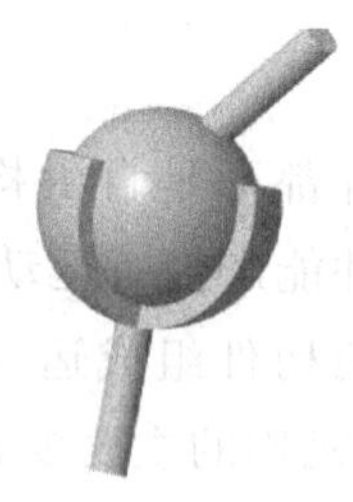

图 1.1.5　空间运动副

四、运动副符号

在设计产品时，首先要研究产品的运动特性。为了使问题简化，可以不考虑那些与运动无关的因素(如构件的外形和截面尺寸、组成构件的零件数目、运动副的具体结构等)，用简单的线条和规定的符号来表示构件和运动副，并按一定比例表示运动副的相对位置。这种表示机构中各构件相对运动关系的简单图形称为机构运动简图。常用平面机构运动简图符号见表 1.1.1。

表 1.1.1　常用平面机构运动简图符号

名称		符号
低副	固定件(机架)	
	两副构件	
	三副构件	
	转动副(铰链)	
高副	移动副	
	凸轮副	

续表

名称		符号
高副	齿轮副	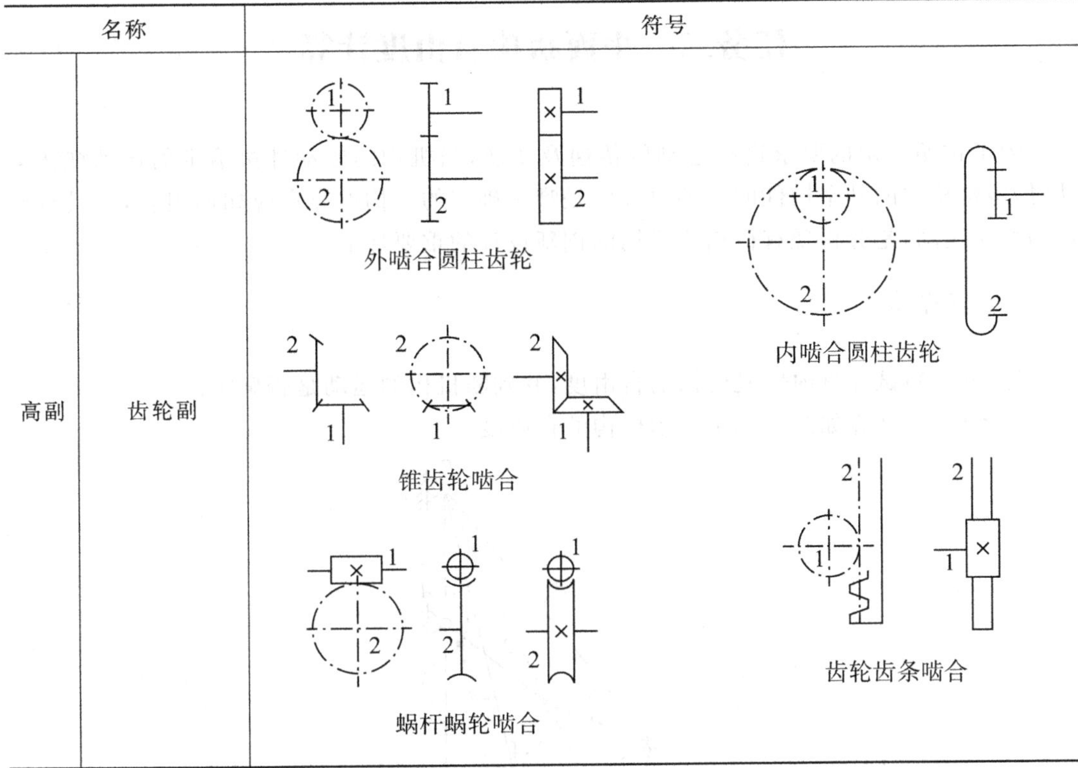

五、机构中构件的分类及组成

组成机构的构件，根据运动副的性质可分为三类：①固定构件（机架），机构中用来支撑可动构件的部分；②主动件（原动件），机构中作用有驱动力或驱动力矩的构件；③从动件，机构中除主动件以外的运动构件。

任务实施

(1)分析机构的组成和运动情况，找出主动件、从动件和机架。

汽车发动机曲柄连杆机构由曲轴 1、连杆 2、活塞 3 和气缸体 4 等构件组成，往复直线运动的活塞 3 通过连杆 2 驱动曲轴 1 转动。其中，气缸体 4 是机架，活塞 3 是主动件，其余为从动件。

(2)分析各构件之间的相对运动形式，确定运动副的类型和数目。

曲轴 1 与气缸体 4、连杆 2 与曲轴 1 之间均发生相对转动，构成 2 个转动副；活塞 3 既与连杆 2 之间发生相对转动，又与气缸体 4 之间发生相对直线运动，构成 1 个转动副和 1 个移动副。

课后思考

观察周边有哪些值得欣赏的运动机构，说明它们的组成与运动情况。

任务二　平面机构自由度计算

为了按照一定的要求进行运动的传递及变换，当机构的原动件按给定的运动规律运动时，该机构中的其余构件的运动也都应是唯一确定的。构件究竟应如何组合，才具有确定的相对运动，是分析现有机构或机构的创新设计的重要环节。

任务布置

任务(一)：试计算内燃机机构的自由度，并判断机构的运动是否确定。

任务(二)：计算如图 1.2.1 所示机构的自由度。

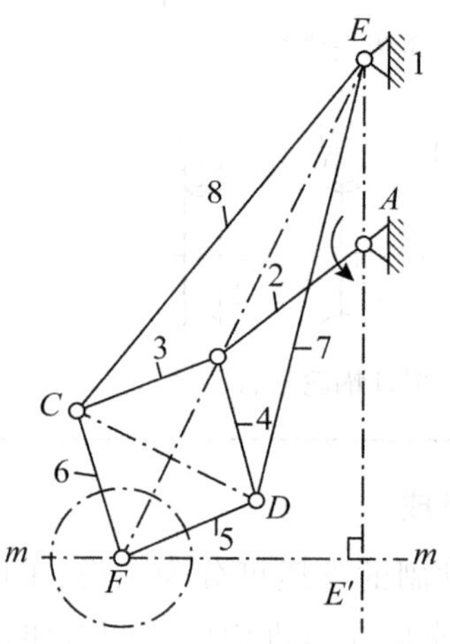

图1.2.1　任务(二)的机构简图

任务分析

任务要求首先判断机构中各运动副数目，再计算该机构自由度，并根据计算结果自由度数目与主动件数目判断运动确定与否。因此应明确机构、运动副、运动链、自由度与约束及机构具有确定运动的条件等基本概念。

任务准备

构件通过运动副相联接起来的构件系统怎样才能成为机构呢？要想判定若干个构件通过运动副相联接起来的构件系统是否为机构，就必须研究平面机构自由度的计算。

一、平面机构的自由度

机构的自由度：机构中各构件相对于机架所能有的独立运动的数目。平面机构自由度与组成机构的构件数目、运动副的数目及运动副的性质有关。观察三杆构件组合系统和四杆构件组合系统(见图 1.2.2)，它们皆用转动副联接，但因二者的构件数与运动副数不同,则两构件系统的自由度不同。显然三杆构件系统不能动,而四杆构件组合系统具有确定的运动,这是因为前者自由度为零,后者则有一个自由度。

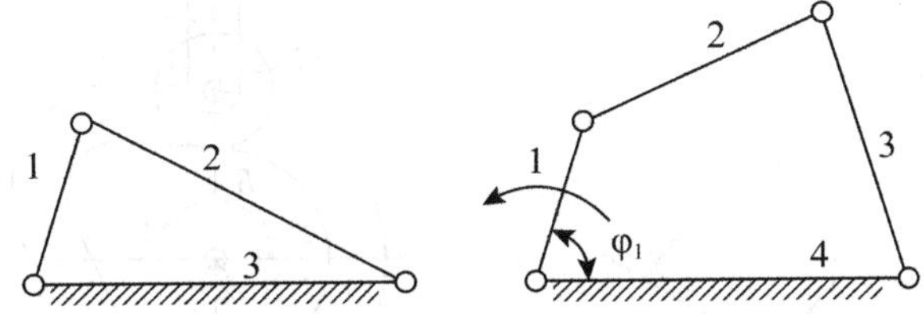

图 1.2.2　机构的构件数目、运动副的数目及运动副的性质关系

在平面机构中每个平面低副(转动副、移动副等)引入两个约束,使构件失去两个自由度,保留一个自由度;而每个平面高副(齿轮副、凸轮副等)引入一个约束,使构件失去一个自由度,保留两个自由度。如果一个平面机构中包含有 n 个可动构件(机架为参考坐标系,相对固定而不计),在没有用运动副联接之前,这些可动构件的自由度总数应为 $3n$。当各构件用运动副联接起来之后,由于运动副引入的约束使构件的自由度减少。若机构中有 P_L 个低副和 P_H 个高副,则所有运动副引入的约束数为 $2P_L+P_H$。因此,自由度的计算可用可动构件的自由度总数减去约束的总数。

若机构的自由度以 F 表示,则 $F=3n-2P_L-P_H$。

二、计算平面机构的自由度应注意的事项

计算平面机构自由度时,应注意以下几点:

(一)复合铰链

两个以上构件组成两个或更多个共轴线的转动副,即为复合铰链,如图 1.2.3 所示。由图可知,此三构件共组成两个共轴线转动副,当有 k 个构件在同一处构成复合铰链时,就构成 $k-1$ 个共线转动副。在计算机构自由度时,应仔细观察是否有复合铰链存在,以免算错运动副的数目。

(二)局部自由度

与输出件运动无关的自由度称为机构的局部自由度,在计算机构自由度时,可预先排除。

如图 1.2.4 所示平面凸轮机构中,为减少高副接触处的磨损,在从动件 2 上安装一个滚子 3,使其与凸轮 1 的轮廓线滚动接触。显然,滚子绕其自身轴线的转动与否并不影响凸轮与从动件间的相对运动,因此滚子绕其自身轴线的转动为机构的局部自由度。在计算机构的自由度时应预先将转动副 C 和构件 3 除去不计,设想将滚子 3 与从动件 2 固连在一起,作为一个构件来考虑。此时该机构中,$n=2$,$P_L=2$,$P_H=1$。

其机构自由度为:$F=3n-2P_L-P_H=3\times2-2\times2-1=1$

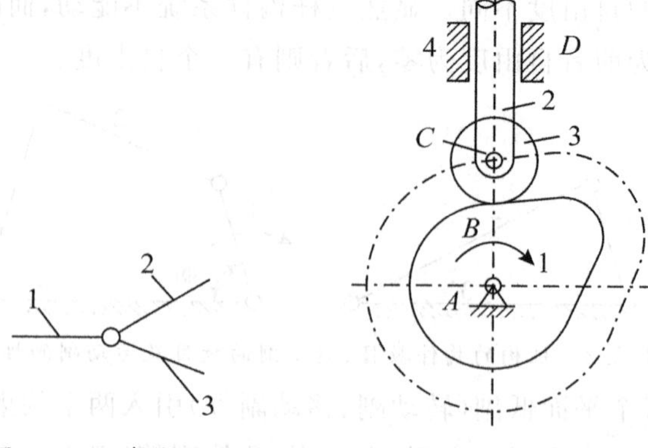

图 1.2.3 复合铰链 图 1.2.4 局部自由度

(三)虚约束

在特殊的几何条件下,有些约束所起的限制作用是重复的,这种不起独立限制作用的约束称为虚约束。如图 1.2.5 所示的图(a)和图(c)为基础的四杆机构和凸轮机构,图(b)和图(d)中存在虚约束。

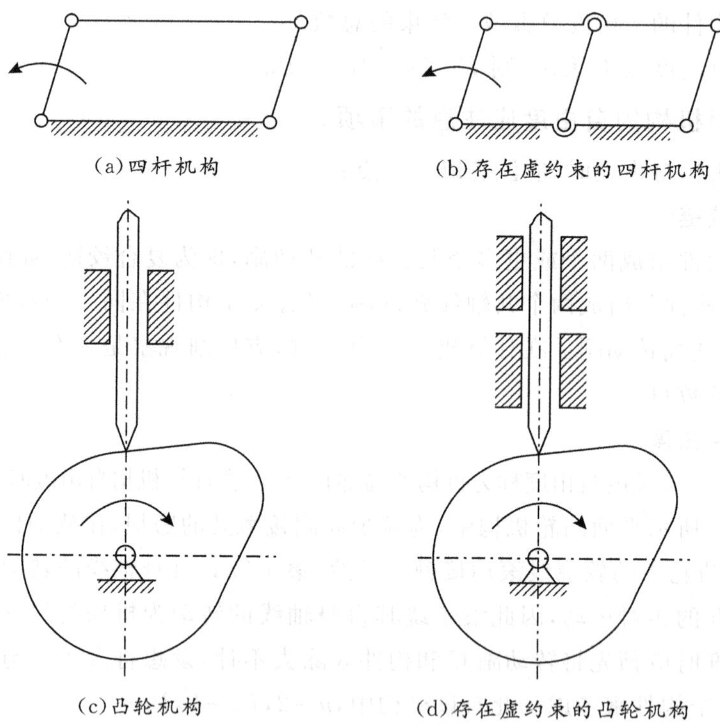

(a)四杆机构 (b)存在虚约束的四杆机构

(c)凸轮机构 (d)存在虚约束的凸轮机构

图 1.2.5 虚约束

平面机构的虚约束常出现于下列情况:

(1)不同构件上两点间的距离保持恒定;

(2)两构件构成各个移动副且导路互相平行;

(3)机构中对运动不起限制作用的对称部分;

(4)被联接件上点的轨迹与机构上联接点的轨迹重合。

三、构件系统具有确定的条件

机构的自由度必须大于零，才能保证除机架之外的其他构件能够运动。如果机构的自由度等于零，所有构件均不能运动，也就构不成运动机构了。通常用具有一个独立运动的构件作原动件，因此，构件系统成为机构的充分必要条件为：构件系统的自由度必须大于零，且原动件的数目必须等于自由度数。

图1.2.6(a)所示的三个构件彼此用铰链联接。取构件3为机架，则该构件组合的自由度为 $F=3n-2P_L-P_H=3\times2-2\times3-0=0$。自由度为零，说明各构件之间不能产生相对运动，是一个刚性结构。

图1.2.6(b)所示的四个构件彼此用铰链联接，取构件3为机架，则该机构组合的自由度为 $F=3n-2P_L-P_H=3\times3-2\times5=0=-1$，表明各构件之间不能相对运动，是一个超静定结构。

由此可见，可以利用自由度去判别构件系统是否具有运动的可能。$F>0$，表示能运动；$F\leqslant0$，表示不能运动。

由于原动件是由外界给定的具有独立运动的构件，通常每个原动件只具有一种独立运动（如内燃机活塞的往复移动、颚式破碎机驱动轮的转动），因此机构具有确定运动的条件是：原动件数必须等于机构的自由度数。

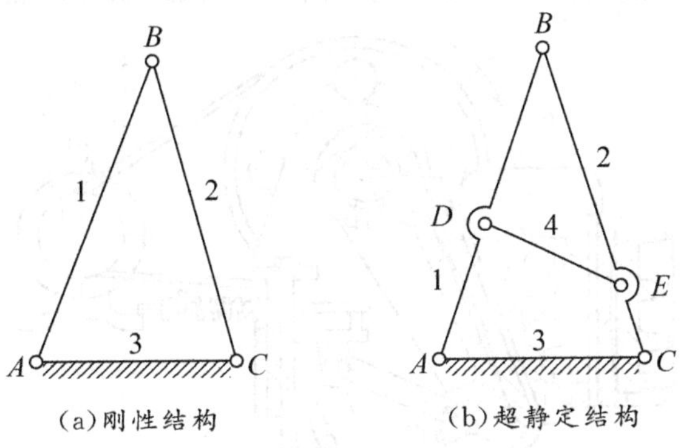

(a)刚性结构　　(b)超静定结构

图1.2.6　刚性结构和超静定结构

任务实施

任务(一)

由前分析可知，内燃机机构有3个可动构件，4个低副(其中有1个移动副、3个转动副)，0个高副。即 $n=5,P_L=6,P_H=2$。所以，该机构的自由度为：

$F=3n-2P_L-P_H=3\times3-2\times4-0=1$

由于机构是以具有一个独立运动的构件活塞1作主动件，主动件的数目等于机构自由度数，机构具有确定的运动。

任务(二)

先看有无复合铰链、局部自由度、虚约束等注意事项，再看有几个构件。

$F=3n-2F_L-F_H$

$n=7, P_L=10, P_H=0$；其中 B、C、D、E 为复合铰链。

$F=3\times7-2\times10=1$。

该机构的自由度为 1。

课后思考

(1)什么是机构、运动副、运动链、自由度与约束，机构具有确定运动的条件是什么？

(2)复合铰链、局部自由度和虚约束的表现形式有哪些？

任务三　平面机构运动简图绘制

对平面机构进行分析或设计新的平面机构时，都需要绘制机构运动简图。

任务布置

任务：如图 1.3.1 所示为一颚式碎石机。当偏心轴 5 绕其固定轴线 B 连续回转时，动颚板 6 绕其固定轴线 B 往复摆动，从而将矿石轧碎。试绘制此碎石机的机构运动简图。

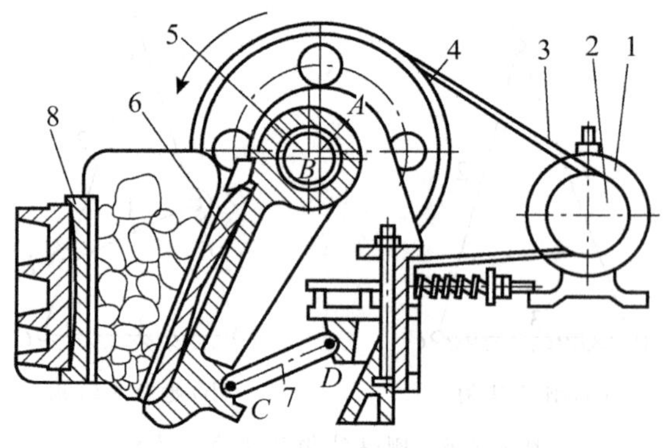

图 1.3.1　颚式碎石机运动机构

1—电动机；2、4—带轮；3—V 带；5—偏心轴；6—动颚板；7—摇杆；8—定颚板

任务准备

一、机构运动简图

由于机构的实际运动不仅与机构中运动副的性质、运动副的数目及相对位置、构件的数目等有关，还与运动副的位置有关。因此，按一定的长度比例尺确定运动副的位置，用长度比例尺画出的机构简图称为机构运动简图。机构运动简图保持了其实际机构的运动特征，它简明地表达了实际机构的运动情况。

二、平面机构运动简图的绘制

在绘制构运动简图时，首先必须分析该机构的实际构造和运动情况，分清机构中的主动件和从动件；然后从主动件开始，沿着运动传递路线，分析各构件之间的相对运动关系；从而确定组成该机构的构件数、运动副数及性质。在此基础上按一定的比例及特定的构件和运动副符号，正确绘制出机构运动简图。绘制时应撇开与运动无关的构件的复杂外形和运动副的具体构造。同时应注意，选择恰当的主动件位置进行绘制。避免构件相互重叠或交叉。

绘制机构运动简图的步骤如下：

(1)分析机构，观察相对运动；

(2)确定所有的构件的数目与形状，运动副的数目和类型；

(3)选择能充分反映机构的运动特性的位置；

(4)确定比例尺

$$\mu=\frac{实际尺寸(m)}{图上尺寸(mm)}$$

(5)用规定的符号和线条绘制简图。

例题 1.3.1　以液压泵为例说明机构运动简图的绘制方法。

观察：机构共有 4 个构件，圆盘 1 为主动件，绕定轴线 A 转动，并带动柱塞 2 作平面运动；柱塞 2 在构件 3 的槽中作往复移动，带动构件 3 绕定轴 C 作往复摆动。当构件 3 的底部小孔对着右侧孔时，槽内空间变大，液压泵吸油；当构件 3 的底部小孔对着左侧孔时，槽内空间变小，液压泵排油。构件 1 和机架 4 在 A 点以转动副相联，和构件 2 在 B 点以转动副相联，柱塞 2 与构件 3 以移动副相联，构件 3 和机架 4 在 C 点以转动副相联。

由于四个构件均在与视图平面平行的平面内运动，所以取与视图平面平行的平面作绘图平面，选定比例尺，将运动副间的距离变为图长，选取图 1.3.2(a)所示位置绘制机构运动简图如图 1.3.2(b)所示。

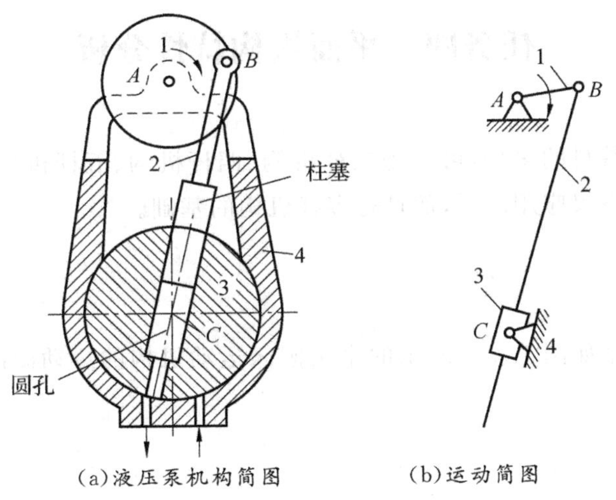

(a)液压泵机构简图　　(b)运动简图

图 1.3.2　液压泵机构运动简图

任务实施

根据图 1.3.1，颚式碎石机的原动部分为偏心轴 5，工作部分为动颚板 6。然后循着运动传递的路线可以看出，此碎矿机的运动机构是由偏心轴 5、摇杆 7、动颚板 6 和定颚板(机架)8 等组成的。其中偏心轴 5 和机架 8 在 A 点构成转动副，偏心轴 5 和动颚板 6、动颚板 6 和摇杆 7、摇杆 7 和机架 8 也构成转动副。将碎矿机的组成情况和运动机构搞清楚后，再选定投影面和比例尺。定出转动副 A、B、C、D 的位置，即可绘出其机构运动简图，如图 1.3.3 所示。

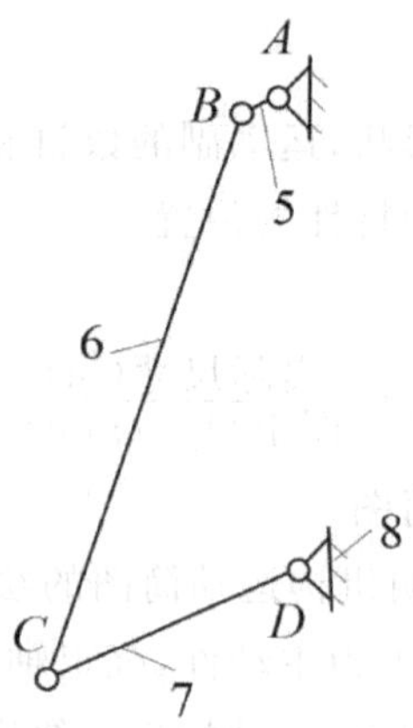

图 1.3.3 颚式碎石机的机构运动简图

5—偏心轴；6—动颚板；7—摇杆；8—定颚板(机架)

课后思考

观察周边的机构，画出其运动简图。

任务四　平面机构特性分析

按机构中构件数目的多少，可分为二杆机构、四杆机构、五杆机构等。由四个构件组成的平面四杆机构不仅应用广泛，而且是多杆机构的基础。

任务布置

任务(一)　观察如图 1.4.1 所示的牛头刨床运动机构的运动简图，分析牛头刨床的运动特性。

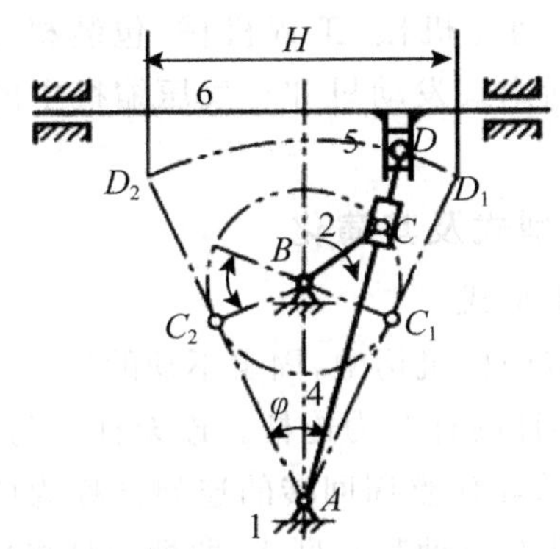

图 1.4.1　牛头刨床的运动机构简图

任务(二)　某铰链四杆机构中,如图 1.4.2 所示,已知两连架杆的长度 $l_{AB}=80$,$l_{CD}=120$ 和连杆长度 $l_{BC}=150$。试讨论:当机架 l_{AD} 的长度在什么范围时,可以获得曲柄摇杆机构、双曲柄机构或双摇杆机构。

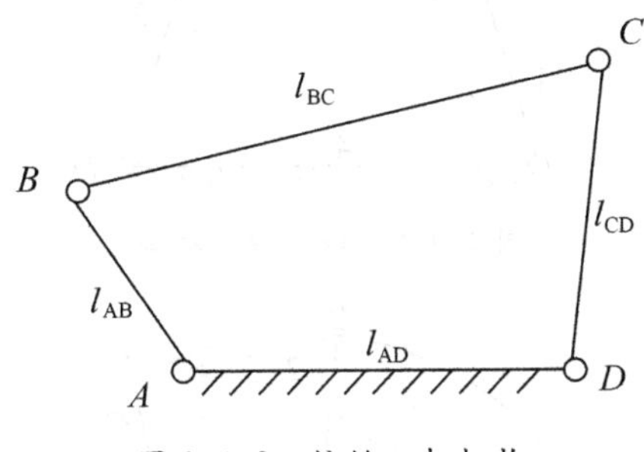

图 1.4.2　铰链四杆机构

任务准备

一、平面机构基础

(一)基本概念

由几个构件通过低副联接,且所有构件在相互平行平面内运动的机构称为平面连杆机构。由四个构件通过低副连接而成的平面连杆机构,则称为平面四杆机构。它是平面连杆机构中最常见的形式,也是组成多杆机构的基础。由转动副联接四个构件而形成的机构,称为铰链四杆机构。

(二)平面连杆机构的优缺点及应用

平面连杆机构的主要优缺点及应用如下:

优点:由于组成运动副的两构件之间为面接触,因而承受的压强小、便于润滑、磨损较轻,可以承受较大的载荷;构件形状简单,加工方便,工作可靠;在主动件等速连续运动的条件下,当各构件的相对长度不同时,从动件实现多种形式的运动,满足多种运动规律的要求。

缺点:低副中存在间隙会引起运动误差,设计计算比较复杂,不易实现精确的复杂运动规律;连杆机构运动时产生的惯性力也不适用于高速的场合。

这类机构常应用于机床、动力机械、工程机械、包装机械、印刷机械和纺织机械中。如：牛头刨床中的导杆机构，活塞式发动机和空气压缩机中的曲柄滑块机构，包装机中的执行机构等。

二、铰链四杆机构的基本型式及其演化

(一)铰链四杆机构的基本型式

在如图 1.4.3 所示的铰链四杆机构中，固定不动的杆 4 为机架，与机架相连的杆 1 与杆 3，称为连架杆，联接两连架杆的杆 2 为连杆。连架杆 1 与 3 通常绕自身的回转中心 A 和 D 回转，杆 2 作平行运动；若能作整周回转的连架杆称为曲柄，不能作整周回转的连架杆称为摇杆。铰链四杆机构共有三种基本型式：曲柄摇杆机构、双曲柄机构、双摇杆机构，见图 1.4.4。

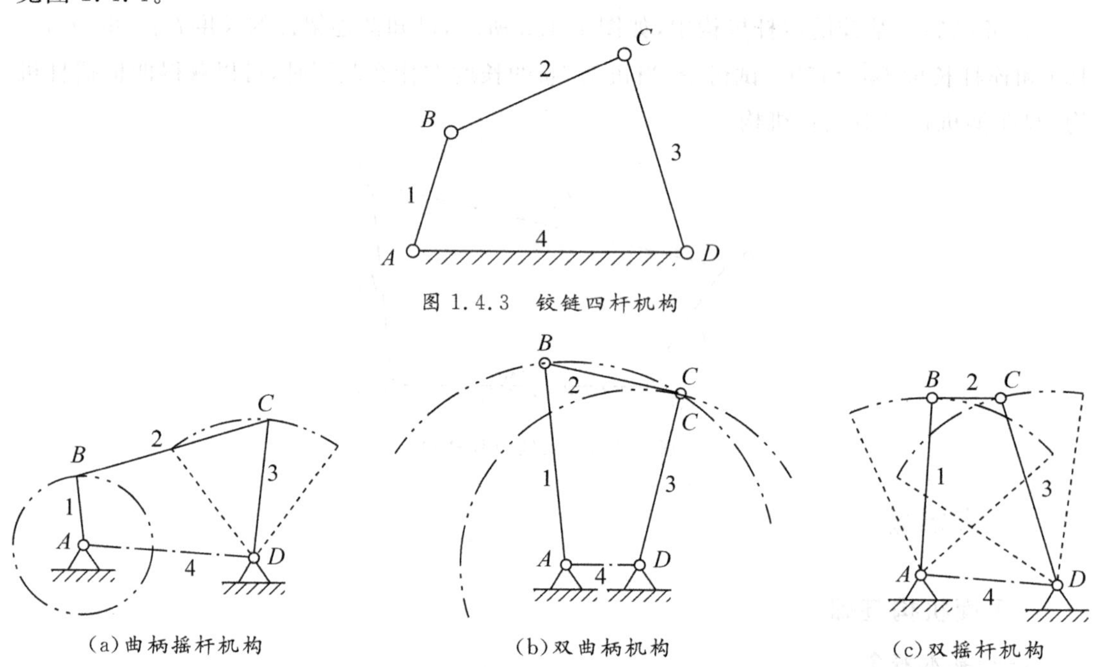

图 1.4.3　铰链四杆机构

(a)曲柄摇杆机构　(b)双曲柄机构　(c)双摇杆机构

图 1.4.4　铰链四杆机构的三种基本型式

1. 曲柄摇杆机构

铰链四杆机构中，若一个连架杆为曲柄，另一个连架杆为摇杆，则称为曲柄摇杆机构。当曲柄为原动件，摇杆为从动件时，可将曲柄的连续转动转变为摇杆的往复摆动，如图 1.4.5所示的调整雷达天线俯仰角的曲柄摇杆机构。若摇杆为原动件，则可将摇杆的往复摆动转变为曲柄的连续转动，如图 1.4.6 所示的缝纫机脚踏板机构。

2. 双曲柄机构

铰链四杆机构中，若连架杆都为曲柄时，称为双曲柄机构。如图 1.4.7 所示的惯性筛机构，当主动曲柄 1 等速转动时，从动曲柄 3 作变速转动，从而使筛子 E 作变速移动，以获得筛分材料颗粒所需的加速度。

在双曲柄机构中，若相对的两组杆长相等，并组成平行四边形，则称之为平行四边形机构。如图 1.4.8 所示的摄影平台升降机构，图 1.4.9 所示的机车车轮的联动机构，都是

利用了各曲柄等速同向转动的运动特点。

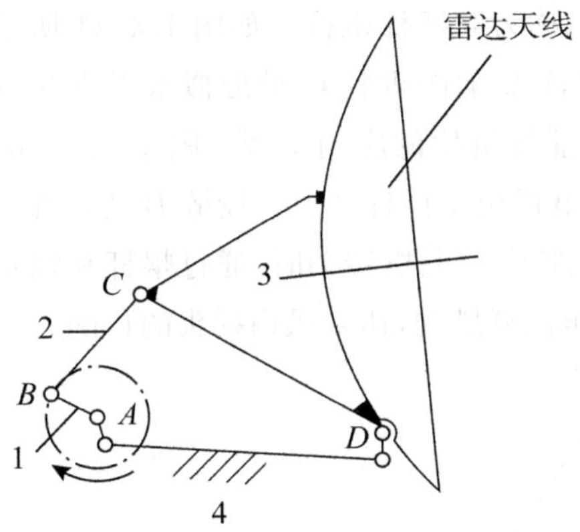

图 1.4.5　雷达天线俯仰角的运动机构

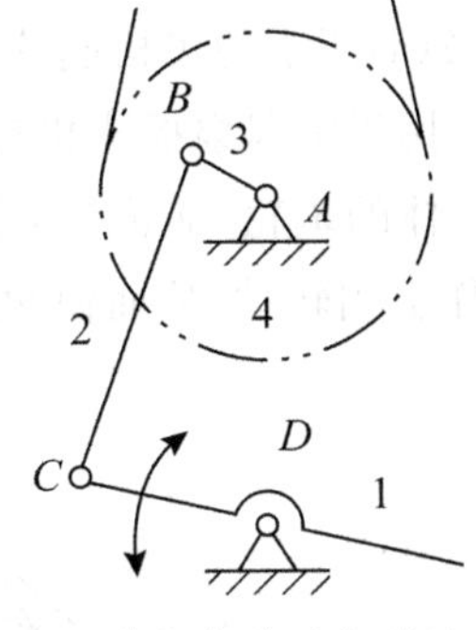

图 1.4.6　缝纫机脚踏板的运动机构

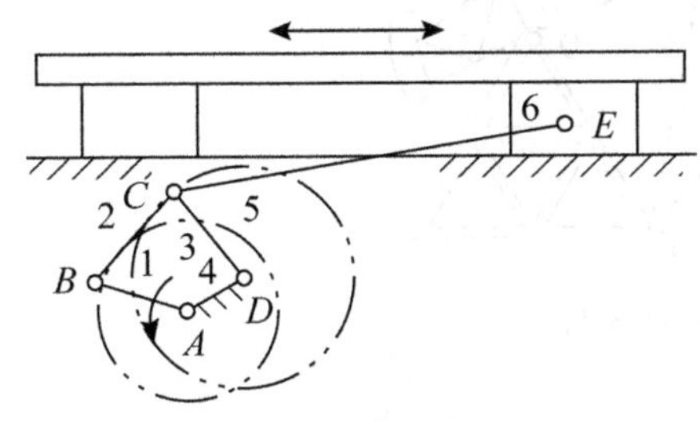

图 1.4.7　惯性筛的运动机构

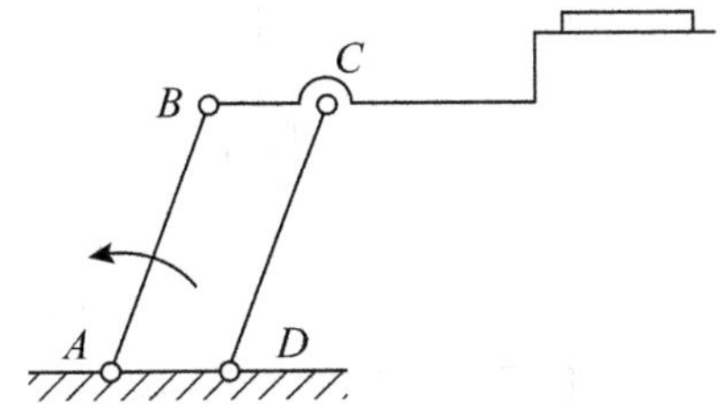

图 1.4.8　摄影平台的升降机构

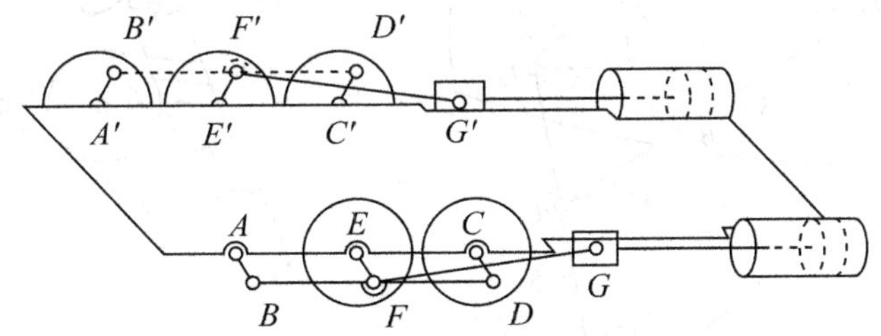

图 1.4.9　机车车轮的联动机构

图 1.4.10(a)所示为反平行四边形机构，相对杆的长度相等但不平行。

当主动曲柄等速转动时，从动曲柄作反向变速转动。图 1.4.10(b)所示的车门启闭机构就是利用两曲柄转向相反的运动特点，使两扇车门同时启闭。

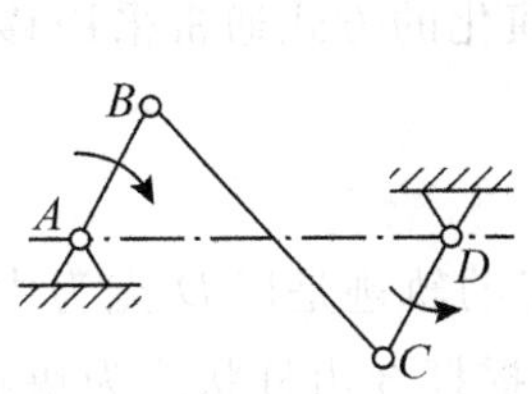

(a)反平行四边形机构

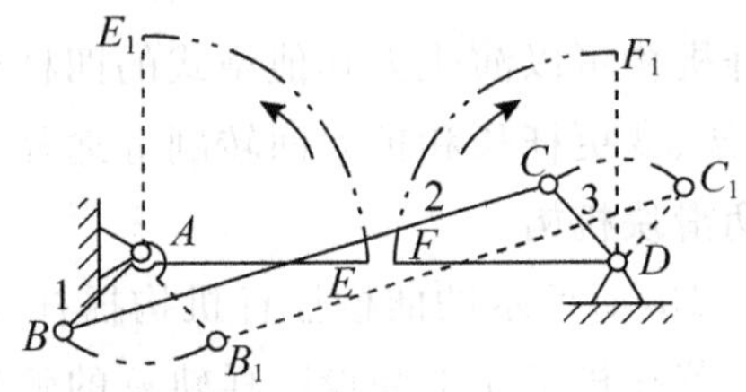

(b)车门启闭机构

图 1.4.10　反平行四边形机构及车门启用机构

3. 双摇杆机构

当铰链四杆机构中的两个连架杆都是摇杆时，称为双摇杆机构。如图 1.4.11 所示的港口起重机机构，利用两个摇杆的摆动，使悬挂在连杆 E 上的重物 G 沿近似水平直线方向运动。图 1.4.12(a)所示的飞机起落架机构，也是双摇杆机构的应用实例。图 1.4.12(b)所示是双摇杆机构用于电风扇摇头机构的应用实例。电机位于摇杆 2 上。铰链 B 处装有一个与连杆固结成一体的蜗轮，蜗轮与电机轴上的蜗杆相啮合。电机转动时，通过蜗杆和蜗轮迫使连杆绕点 B 作整周转动，从而使两连架杆 2 和 4 作往复摆动，达到风扇摇头的目的。

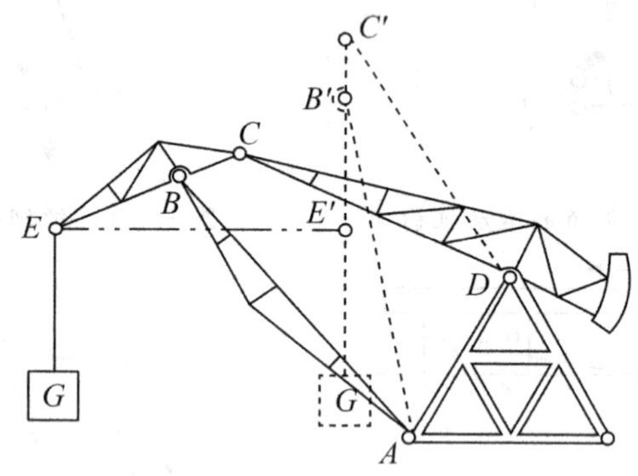

图 1.4.11 起重机机构

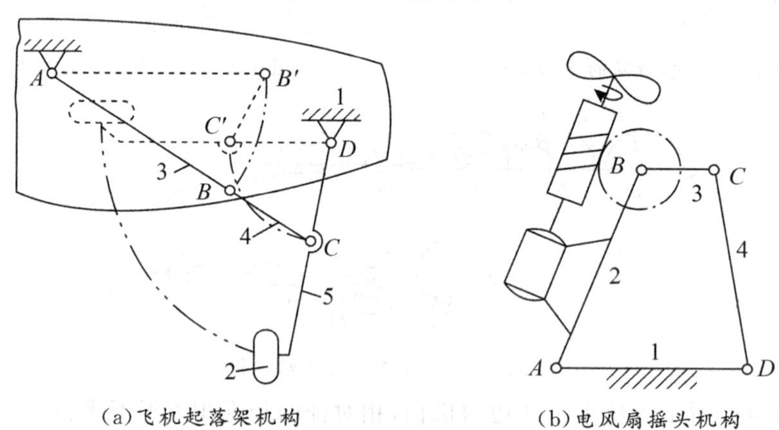

(a)飞机起落架机构 (b)电风扇摇头机构

图 1.4.12 飞机起落架机构和电风扇摇头机构

三、铰链四杆机构的演化

铰链四杆机构可以演化为其他型式的四杆机构。演化的方式通常采用移动副取代转动副、变更机架、变更杆长和扩大回转副等途径。

(一)曲柄滑块机构

如图 1.4.13(a)所示的曲柄摇杆机构摇杆 3 上 C 点的轨迹是以 D 点为中心以 CD 为半径的圆弧。若在机架 4 上装设同样轨迹的弧形槽，将摇杆 3 由杆状改为块状置于槽中，则如图 1.4.13(b)所示机构演化为具有曲线导轨的四杆机构，各构件的相对运动不发生变化。若摇杆 3 的长度趋于无穷大，则 C 点的轨迹变为直线(图 1.4.13(c))，转动副 C 则转化为移动副，曲柄摇杆机构演化为图 1.4.13(c)所示的曲柄滑块机构。根据导路中心线是否通过曲柄回转中心 A，可分为对心曲柄滑块机构（图 1.4.13(c)）和偏置曲柄滑块机构（图 1.4.13(d)），其中 e 为偏距。曲柄滑块机构广泛应用于内燃机、空气压缩机、冲压机床等机械中。

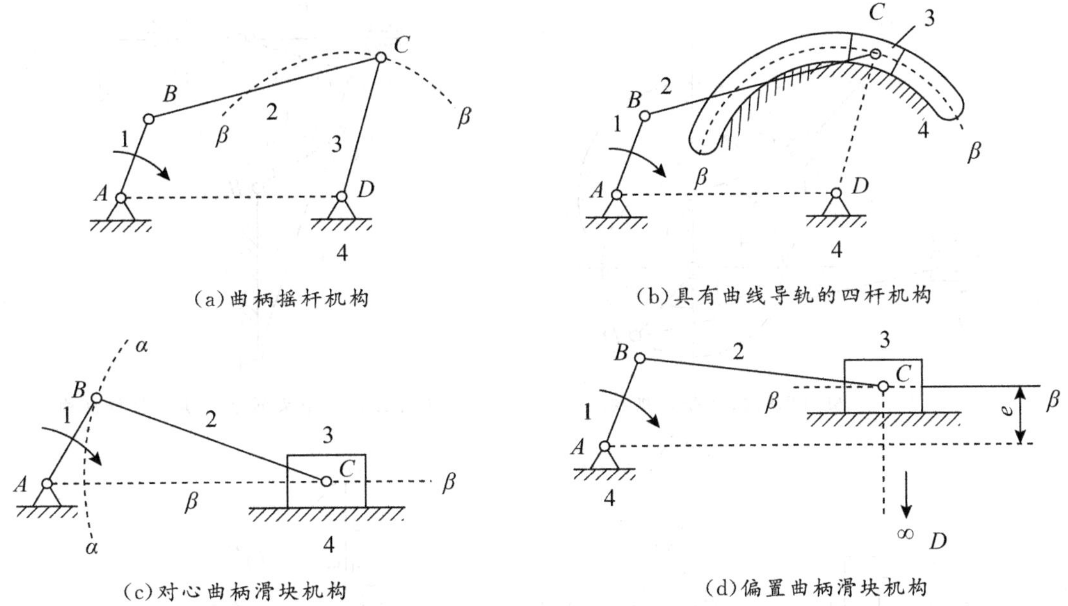

图 1.4.13　铰链四杆机构的演化

(二)导杆机构、摇块机构和定块机构

在图 1.4.14(a)所示的对心曲柄滑块机构中，若取构件 1 为机架，即得如图 1.4.14(b)所示的导杆机构。当杆长 $l_1<l_2$ 时，机架是最短杆，所以 A、B 都是整转副，则它的相邻构件 2 和导杆 4 均能整周转动，此称为转动导杆机构。亦可取构件 2 或 3 为机架，如图(c)和(d)所示。

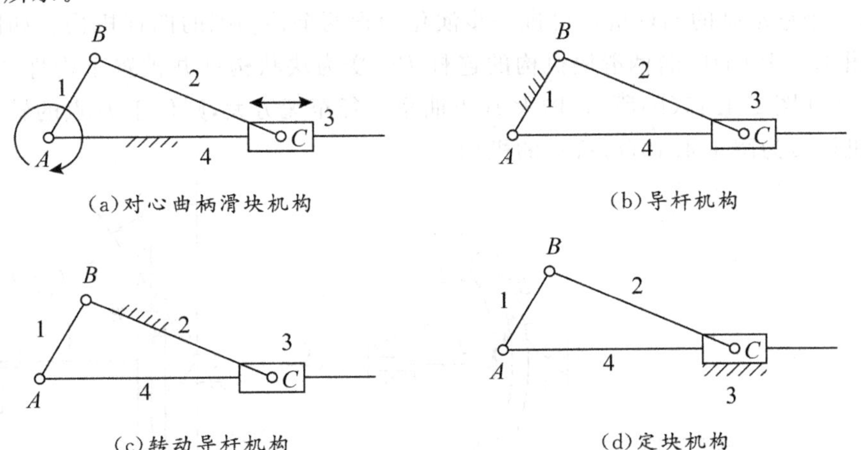

图 1.4.14　曲柄滑块机构的演化

图 1.4.15 所示为该机构在小型刨床上的应用。当 $l_1>l_2$ 时，导杆 4 只能往复摆动，称为摆动导杆机构。图 1.4.16 所示为该机构在牛头刨床上的应用。

若固定构件 2，则得到如图 1.4.14(c)所示的曲柄摇块机构，或称摇块机构。图 1.4.17所示为该机构在自卸卡车卸料机构中的应用。若固定构件 3，则得到如图 1.4.14(d)所示的定块机构。如图 1.4.18 所示的抽水机构即为其应用实例。

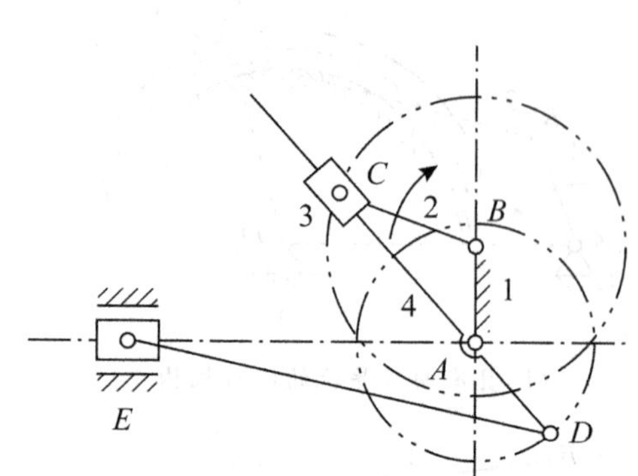

图 1.4.15　小型刨床的摆动导杆机构

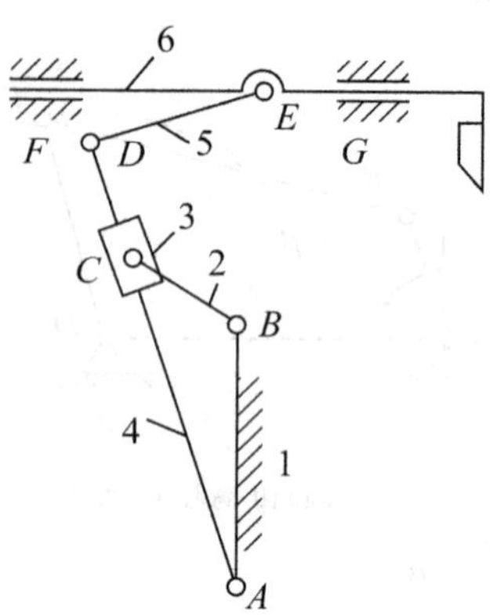

图 1.4.16　牛头刨床的摆动导杆机构

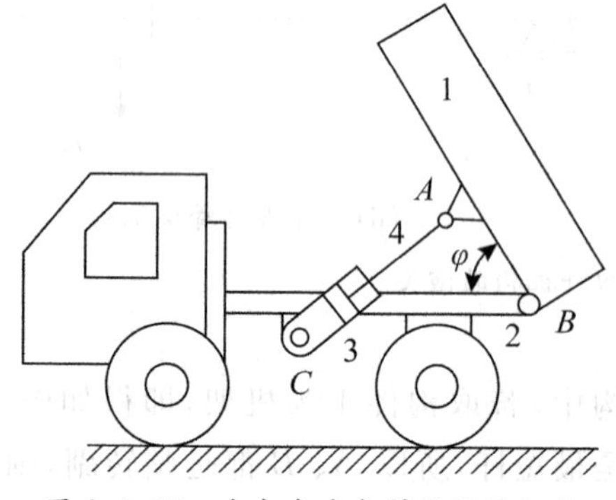

图 1.4.17　自卸卡车卸料的摇块机构

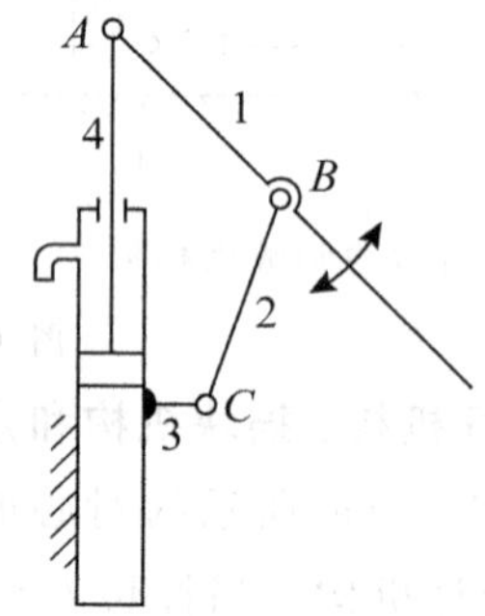

图 1.4.18　抽水机的定块机构

(三)双移动副机构

只含一个移动副的四杆机构可进一步演化为含两个移动副的四杆机构。如图1.4.19所示，若图 1.4.19(a)中曲柄滑块机构的连杆 BC 变为块状构件并被置于构件 3 的槽中，则机构演变如图 1.4.19(b)所示，增大 B 点曲率半径至无穷大，则位于 B 点的转动副变为移动副，机构转为图 1.4.19(c)所示的机构。

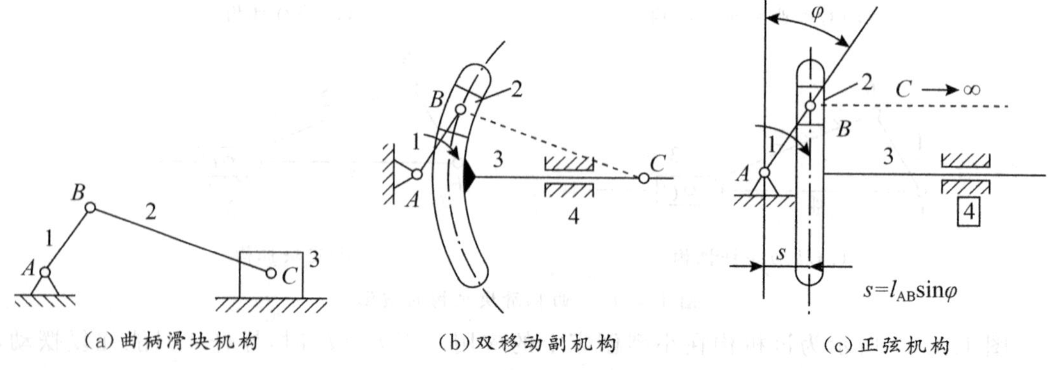

(a)曲柄滑块机构　(b)双移动副机构　(c)正弦机构

图 1.4.19　移动副机构的演化

按照两个移动副所处位置的不同，可分为四种形式：

（1）两移动副位于同一构件上，且其中一个与机架相关联，如图 1.4.19(c)所示。由于从动件 3 的位移与原动件转角的正弦成正比，故称为正弦机构。

（2）两移动副位于不同构件上，如图 1.4.20 所示。从动件 3 的位移与原动件转角的正切成正比，故称正切机构。

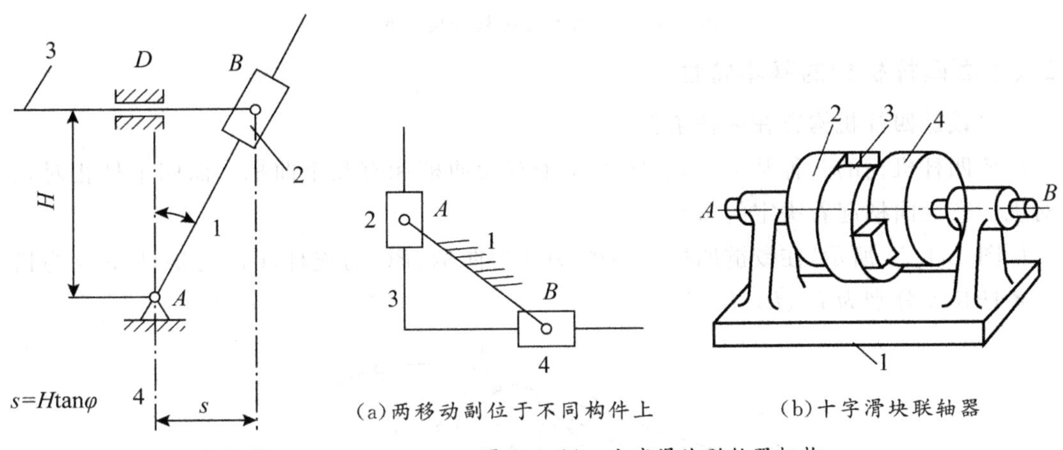

图 1.4.20　正切机构　　图 1.4.21　十字滑块联轴器机构

（3）两个移动副位于同一构件上，且均不与机架相关联，如图 1.4.21(a)所示。主动件 2 与从动件 4 具有相等的角速度，图 1.4.21(b)所示的十字滑块联轴器为这种机构的应用实例，它可用来连接中心线平行但不重合的两根轴。

（4）两个移动副都与机架相关联，如图 1.4.22(a)所示，构件 2、4 与机架 3 形成移动副。图 1.4.22(b)所示的椭圆仪为这种机构的应用实例，当滑块 2 和 4 沿机架 3 的十字槽滑动时，连杆 1 上的各点便描绘出长、短径不同的椭圆。

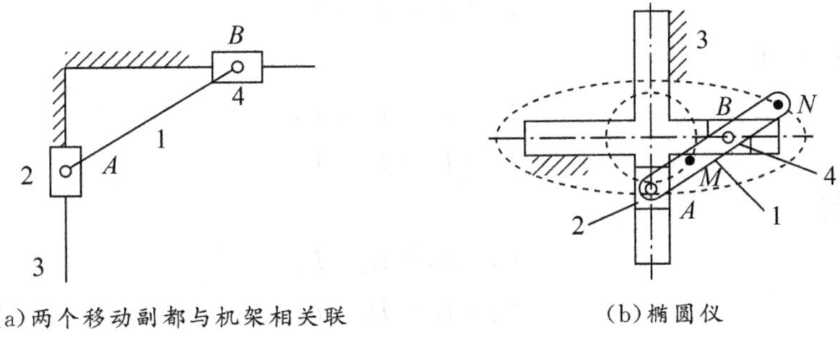

图 1.4.22　椭圆仪机构

（四）偏心轮机构

对曲柄滑块机构，当曲柄的长度很小时，通常把曲柄做成偏心轮的形式，即通过扩大转动副 B 直到包括 A 在内，从而形成偏心轮机构。如图 1.4.23(a)所示的对心曲柄滑块机构，将杆 1 形状改为圆盘，其几何中心为 B，连杆 2 改为整体式连杆，则得如图 1.4.23(b)所示的偏心轮机构。这种结构尺寸的演化，不影响机构运动的性质，但在强度方面优于杆状构件。可应用于剪床、冲床、颚式破碎机等机器中。

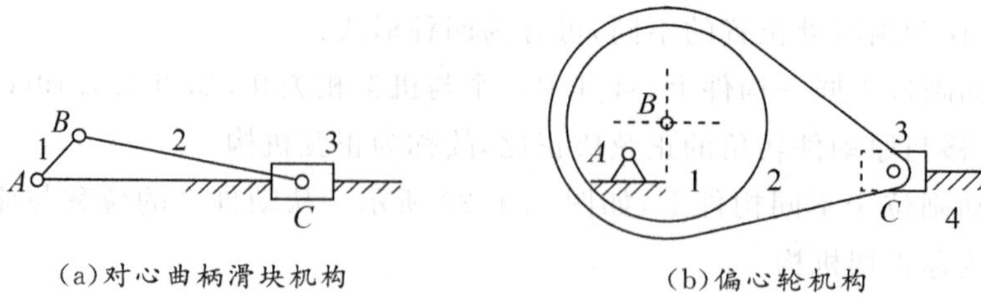

(a)对心曲柄滑块机构　　(b)偏心轮机构

图 1.4.23　偏心轮曲柄滑块机构

三、平面四杆机构的基本特性

(一)铰链四杆机构存在曲柄条件

铰链四杆机构的三种基本形式,区别在于有无曲柄和有几个曲柄。而四个杆相对长度对机构有无曲柄起着决定的影响。

如图 1.4.24 所示,在铰链四杆机构中,AB 为曲柄、BC 为连杆、CD 为摇杆、AD 为机架。各杆长度分别为 L_1、L_2、L_3、L_4。

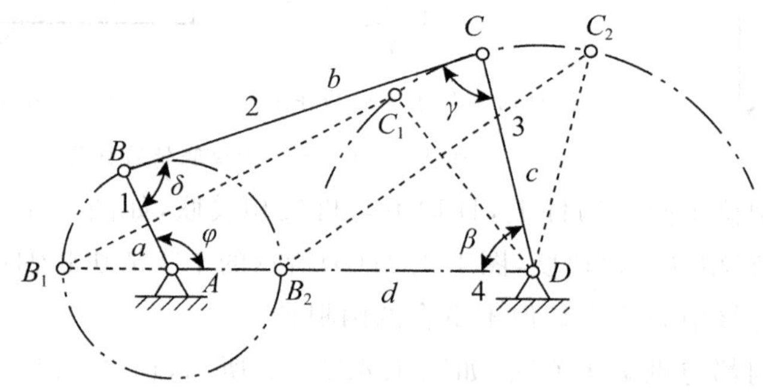

图 1.4.24　铰链四杆机构的杆长关系

在$\triangle B_1C_1D$ 中

$$L_1+L_4\leqslant L_2+L_3$$

在$\triangle B_2C_2D$ 中

$$L_4-L_1+L_3\geqslant L_2$$

$$L_4-L_1+L_2\geqslant L_3$$

经整理得

$$L_1+L_4\leqslant L_2+L_3$$

$$L_2+L_1\leqslant L_4+L_3$$

$$L_3+L_1\leqslant L_4+L_2$$

上式两两相加得

$$L_1\leqslant L_3 \quad L_1\leqslant L_4 \quad L_1\leqslant L_2$$

上述关系说明:

(1)在曲柄摇杆机构中,曲柄是最短杆;

(2)最短杆与最长杆长度之和小于或等于其余两杆长度之和,是曲柄存在的必要条件。

在满足了第二个条件后由于曲柄相对于机架和连杆均能作整周回转运动，所以机架和连杆相对于曲柄也能作整周回转运动，因此若取最短杆为机架就有两个曲柄存在。

若满足最短杆＋最长杆≤其余两杆长度之和。则：

①连架杆是最短杆为曲柄摇杆机构，如图 1.4.25(a)(b)所示；

②机架是最短杆为双曲柄机构，如图 1.4.25(c)所示；

③若最短杆是连杆，此机构为双摇杆机构。

最短杆＋最长杆＞其余两杆杆长度之和，为双摇杆机构，如图 1.4.25(d)所示。

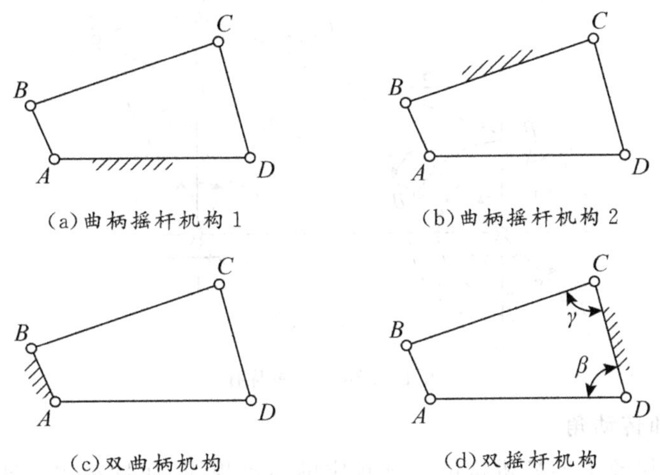

图 1.4.25　铰链四杆机构的基本形式

(二)急回特性

在曲柄摇杆机构，见图 1.4.26，A 为曲柄是主动件等角速度转动，BC 为连杆，CD 为摇杆，当 CD 杆处于 C_1D 位置为初始位置，C_2D 为终止位置，摇杆在两极限位置之间所夹角度称为摇杆的摆角，用 ψ 表示。当摇杆 CD 由 C_1D 摆动到 C_2D 位置时，所需时间为 t_1，平均速度为：

$$v_1=\frac{C_1C_2}{t_1}$$

曲柄 AB 以等角速度顺时针从 AB_1，转到 AB_2，转过角度为：$\varphi_1=180^\circ+\theta$，当摇杆 CD 由 C_2D 摆回到 C_1D 位置时，所需时间为 t_2，平均速度为

$$v_2=\frac{C_1C_2}{t_2}$$

曲柄 AB 以等角速度顺时针从 AB_2 转到 AB_1，转过的角度为：$\varphi_2=180^\circ-\theta$，由于曲柄 AB 等角速度转动，所以 $\varphi_1>\varphi_2$，$t_1>t_2$，因此，$v_2>v_1$。

由此可见，主动件曲柄 AB 以等角速度转动时，从动件摇杆 CD 往复摆动的平均速度不相等。往往把进程平均速度定为 v_1，而空行程返回速度则为 v_2，显而易见，从动件反回程速度比进程速度快。这个性质称为机构的急回特性。把回程平均速度与进程平均速度之比称为速度变化系数，用 K 表示：

$$K=\frac{v_2}{v_1}=\frac{C_1C_2/t_2}{C_1C_2/t_1}=\frac{t_1}{t_2}=\frac{\varphi_1}{\varphi_2}=\frac{180^\circ+\theta}{180^\circ-\theta}$$

或

$$\theta=180^\circ\frac{K-1}{K+1}$$

式中 θ 称为极位夹角，即摇杆在极限位置时，曲柄两位置之间所夹锐角。θ 表示了急回程度的大小，θ 越大急回程度越强，$\theta=0$，机构无急回特性。

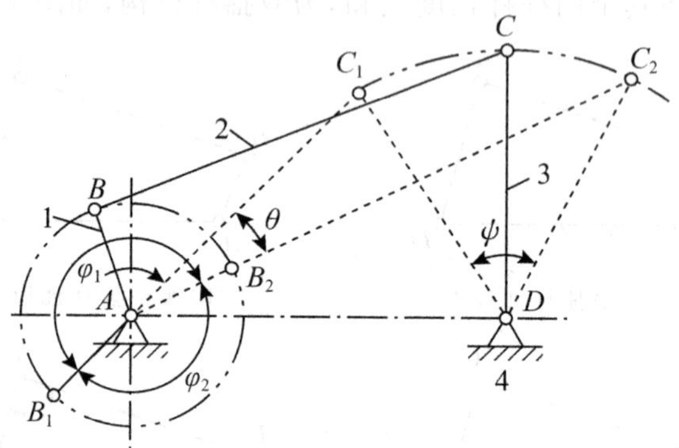

图 1.4.26　急回特性

(三)压力角和传动角

在生产中，不仅要求连杆机构能实现预定的运动规律，而且希望运转轻便，效率较高。曲柄摇杆机构，如不计各杆质量和运动副中的摩擦，则连杆 BC 为二力杆，它作用于从动摇杆 CD 上的力 P 是沿 BC 方向的。作用在从动件上的驱动力 F 与该力作用点绝对速度 v_c 之间所夹的锐角 α 称为压力角，见图 1.4.27。

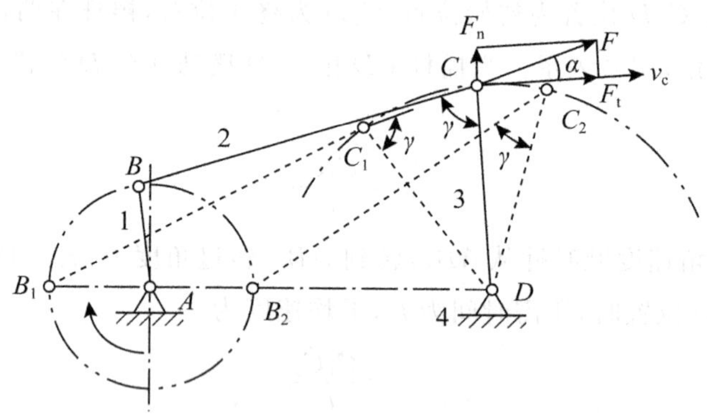

图 1.4.27　压力角和传动角

可见，力 F 在 v_c 方向的有效分力为 $F_t=F\cos\alpha$，这说明压力角越小，有效分力就越大。也就是说，压力角可作为判断机构传动性能的标志。在连杆设计中，为了度量方便，习惯用压力角 α 的余角 γ(即连杆和从动摇杆之间所夹的锐角)来判断传力性能，γ 称为传动角。因 $\gamma=90^\circ-\alpha$，所以 α 越小，γ 越大，机构传力性能越好；反之，α 越大，γ 越小，机构传力越费劲，传动效率越低。

机构运转时，传动角是变化的，为了保证机构正常工作，必须规定最小传动角 γ_{min}。对于一般工，通常取 $\gamma_{min} \geqslant 40°$；对于颚式破碎机、冲床等大功率机械，最小传动角应当取大一些，可取 $\gamma_{min} \geqslant 50°$；对于小功率的控制机构和仪表，$\gamma_{min}$ 可略小于 40°。

（四）死点

如图 1.4.28 所示的曲柄摇杆机构，若摇杆为原动件，曲柄为从动件，当摇杆运动到图示两极限位置时，连杆 2 与曲柄 1 共线，则摇杆通过连杆给曲柄的力将通过其回转中心 A，即作用在曲柄 B 点处的压力角为 90°（传动角为 0°）。因此，无论该力有多大，也不能推动曲柄转动。机构的这种位置称为死点位置。

为了使机构能顺利地通过死点位置，采用的方法有：对主动摇杆之外的活动构件施加外力；机构错位排列；在曲柄轴上安装飞轮，利用飞轮惯性使机构通过死点位置等。

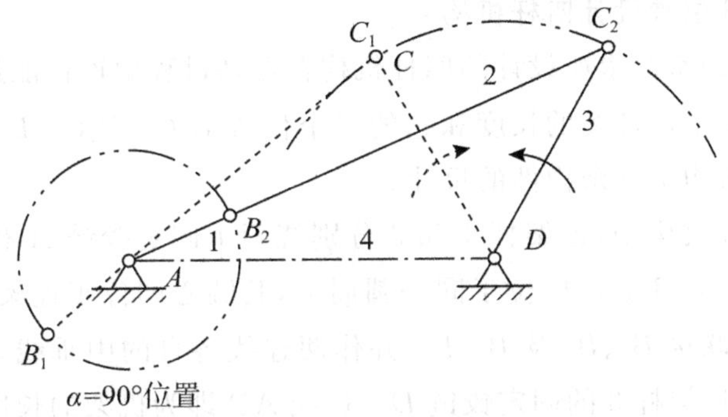

图 1.4.28　死点

例如在家用缝纫机的踏板机构中就存在死点位置。机构存在死点位置是不利的，对于连续运转的机器，可采取以下措施使机构顺利地通过死点位置。

（1）利用从动件的惯性顺利地通过死点位置。家用缝纫机的踏板机构中大带轮就相当于飞轮，利用惯性通过死点。

（2）采用错位排列的方式顺利地通过死点位置，例如 V 型发动机。

有时可利用死点位置实现某种功能。如图 1.4.29 的夹具，当工件被夹紧后，四杆机构的铰链中心，B、C、D 处于同一条直线上，工件经杆 1 给杆 2 传给杆 3 的力通过回转中心 D，此力不能使杆 3 转动，因此当撤去主动外力 F 后，在工作反力 T 的作用下，机构不会反转，工件依然被可靠地夹紧。当要取出工件时，只需向上搬动手柄，即能松开夹具。

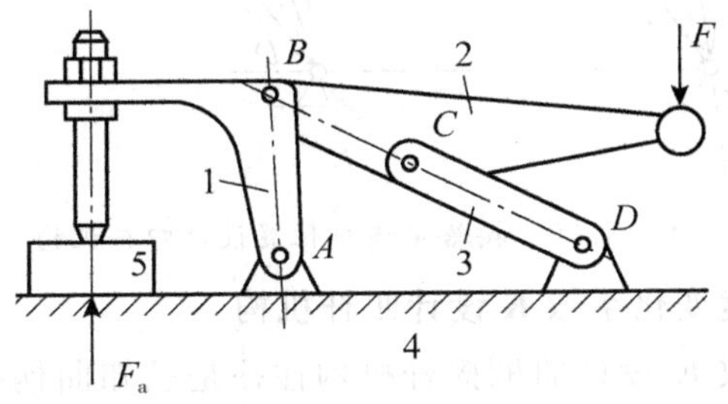

图 1.4.29　利用死点的夹具结构

四、平面四杆机构的设计

平面连杆机构设计的基本问题：

(1)实现构件给定位置，即要求连杆机构能引导构件按规定顺序精确或近似地经过给定的若干位置。

(2)实现已知运动规律，即要求主、从动件满足已知的若干组对应位置关系，包括满足一定的急回特性要求，或者在主动件运动规律一定时，从动件能精确或近似地按给定规律运动。

(3)实现已知运动轨迹，即要求连杆机构中做平面运动的构件上某一点精确或近似地沿着给定的轨迹运动。

四杆机构设计的方法有解析法、几何作图法和实验法。本环节仅介绍作图法和解析法。

(一)按给定连杆位置设计四杆机构

在生产实践中，经常要求所设计的四杆机构在运动过程中连杆能达到某些特殊位置。设已知铰链四杆机构中连杆 2 的长度和它的三个位置 B_1C_1、B_2C_2、B_3C_3(如图 1.4.30 所示)，试确定该四杆机构中其余构件的尺寸。

由于在铰链四杆机构中，连架杆 1 和 3 分别绕两个固定铰链 A 和 D 转动，所以连杆上点 B 的三个位置 B_1、B_2、B_3 应位于同一圆周上，其圆心即位于连架杆 1 的固定铰链 A 的位置。因此，分别联接 B_1、B_2 及 B_2、B_3，并作两连线各自的中垂线，其交点即为固定铰链 A。同理，可求得连架杆 3 的固定铰链 D。连线 AD 即为机架的长度。这样，构件 1、2、3、4 即组成所要求的铰链四杆机构。

如果只给定连杆的两个位置，则点 A 和点 D 可分别在 B_1B_2 和 C_1C_2 各自的中垂线上任意选择。因此，有无穷多解。为了得到确定的解，可根据具体情况添加辅助条件，例如给定机架位置或提出其他结构上的要求等。

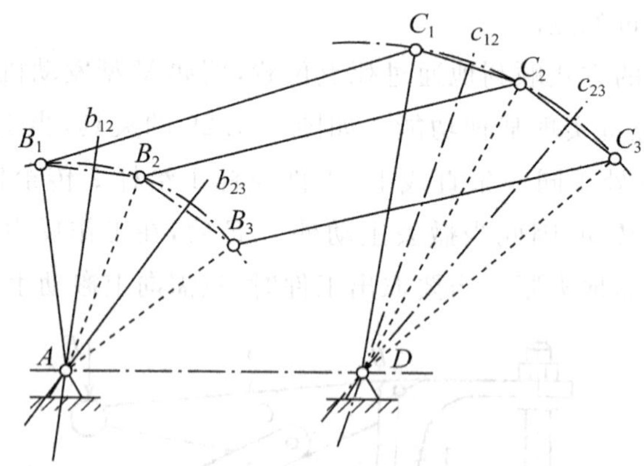

图 1.4.30 按给定连杆位置设计四杆机构

(二)按给定行程速度变化系数 K 设计四杆机构

按行程速度变化系数 K 设计曲柄摇杆机构往往是已知曲柄机构摇杆 L_3 的长度及摇杆摆角 ψ 和速度变化系数 K。怎样用作图法设计曲柄摇杆机构？

设计的实质是确定铰链中心 A 点的位置，定出其他三杆的尺寸 L_1、L_2 和 L_4，见图 1.4.31。

其设计步骤如下：

(1)由给定的行程速比系数 K，按式：

$$\theta=180^{\circ}\frac{K-1}{K+1}$$

求出极位夹角 θ。

(2)任选固定铰链中心 D 的位置，由摇杆长度 L_3 和摆角 ψ，作出摇杆两个极限位置 C_1D 和 C_2D。

(3)连接 C_1 和 C_2，并作 C_1M 垂直于 C_1C_2。

(4)作 $\angle C_1C_2O=90^{\circ}-\theta$，$\angle C_2C_1O=90^{\circ}-\theta$，$C_2O$ 与 C_1O 相交于 O 点，由图可见，$\angle C_1OC_2=2\theta$。

(5)作 $\triangle C_1OC_2$ 的外接圆，在此圆上任取一点 A 作为曲柄的固定铰链中心。连接 AC_1 和 AC_2，因同一圆弧的圆周角相等，故 $\angle C_1AC_2=\angle C_1OC_2/2=\theta$。

(6)因极限位置处曲柄与连杆共线。故 $AC_1=L_2+L_1$，从而得曲柄长度 $L_1=(AC_2-AC_1)/2$。再以 A 为圆心和以 L_1 为半径作圆，交 C_1A 的延线于 B_1，交 C_2A 于 B_2，即得 $B_1C_1=B_2C_2=L_2$ 及 $AD=L_4$。

由于 A 点是 $\triangle C_1PC_2$ 外接圆上任选的点，所以若仅按行程速比系数 K 设计，可得无穷多的解。A 点位置不同，机构传动角的大小也不同。如欲获得良好的传动质量，可按照最小传动角最优或其他辅助条件来确定 A 点的位置。

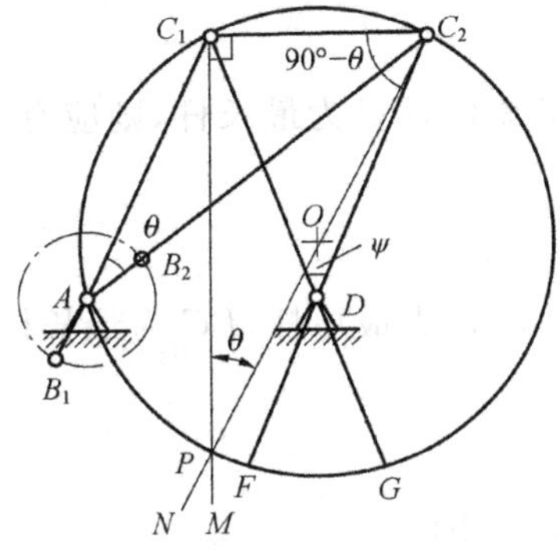

图 1.4.31　按给定行程速度变化系数 K 设计四杆机构

任务实施

任务(一)

牛头刨床运动属于典型的曲柄摇杆机构类型，具备曲柄摇杆机构的运动特性，其主要特点是具备急回特性。

任务(二)

(1)曲柄摇杆机构——满足“杆长之和条件”,且最短杆的邻杆为机架,即 AB 应为最短杆,即 $AD\geqslant 80\text{mm}$。

杆长之和条件:

①$AD\leqslant 150$ 时,BC 为最长杆应满足

$150+80\leqslant 120+AD$

所以 $AD\geqslant 110$

②$AD>150$ 时,AD 为最长杆,应满足

$AD+80\leqslant 150+120$

所以 $AD\leqslant 190\text{mm}$

综上知:$110\text{mm}\leqslant AD\leqslant 190\text{mm}$

(2)双曲柄机构——满足“杆长之和条件”,且最短杆为机架,即 $AD\leqslant 80\text{mm}$。

杆长之和条件:

$150+AD\leqslant 120+80$

所以 $AD\leqslant 50\text{mm}$

(3)双摇杆机构——不满足“杆长之和条件”,或最短杆对面的杆为机架,此条件不成立。

不满足“杆长之和条件”:

最短杆与最长杆之和>其余两杆之和。

应分别讨论 AD 为最长杆或最短杆或中间杆的三种情况。按下述三种情况加以讨论:

①$AD<80\text{mm}$ 时,AD 为最短杆,BC 为最长杆,则应有

$AD+150>80+120$

所以 $50\text{mm}<AD<80\text{mm}$ (a)

②$150\text{mm}>AD\geqslant 80\text{mm}$ 时,AB 为最短杆,BC 为最长杆,则应有

$80+150>120+AD$

$AD<110$

所以 $80\text{mm}\leqslant AD<110\text{mm}$ (b)

③$AD>150\text{mm}$ 时,AD 为最长杆,AB 为最短杆,则应有

$AD+80>150+120$

所以 $AD>190\text{mm}$

另外,还应考虑到 AB、BC 杆延长成一直线时,需满足三角形的边长关系(一边小于另两边之和),即

$AD<80+150+120$

即 $AD<350\text{mm}$

所以 $190\text{mm}<AD<350\text{mm}$ (c)

将不等式(a)和(b)加以综合,并考虑到式(c),得出 AD 的取值范围应为

$50\text{mm}<AD<110\text{mm}$

$190\text{mm}<AD<350\text{mm}$

课后思考

(1)平面连杆机构的基本形式为平面铰链四杆机构,它有哪些形式?又各能演化为什么形式?每一种形式有什么特点?具体应用又有哪些?

(2)思考平面铰链四杆机构的曲柄存在条件、压力角、传动角、死点、行程速比系数等基本概念。在设计中常利用这些参数特性,进行特色设计,请观察身边机构,指出其应用。

知识拓展

一、推荐阅读

[1]陈立德. 机械设计基础[M]. 北京:高等教育出版社,2009.

[2]孙恒,陈作模. 机械设计基础[M]. 北京:高等教育出版社,1999.

[3]乌尔曼. 机械设计过程[M]. 黄靖远,译,北京:机械工业出版社,2006.

[4]何秋梅. 机械基础[M]. 北京:机械工业出版社,2022.

二、知识链接

(1)http://zjooc. cn

(2)https://mooc. icve. com. cn/cms/courseDetails/index. htm? classId=6ebdeebd3f2c4029b212870db1b74742

项目2 凸轮机构与间歇运动机构设计

知识目标：

- 了解棘轮机构、槽轮机构、凸轮机构运动特点；
- 认识凸轮从动件常用运动规律；
- 了解平面凸轮轮廓曲线的图解设计方法；
- 掌握棘轮机构、槽轮机构、凸轮机构的应用特点。

技能目标：

- 会选择凸轮及间歇运动机构；
- 会平面凸轮轮廓设计；
- 会设计简单棘轮机构、槽轮机构、凸轮机构。

素质目标：

- 具备分析问题，解决问题的能力；
- 具备良好的心理素质、克服困难的能力；
- 培养严谨的工作作风，正确的工作态度和较好的行为习惯。

任务一　凸轮机构设计

任务布置

内燃机配气机构按气门在内燃机上布置的方式可分为侧置气门式和顶置气门式两类。顶置气门式由于燃烧室紧凑，进、排气阻力小，可以增多内燃机的新鲜充量和提高汽油机的压缩比，内燃机的动力性能和经济性能都优于侧置气门式，在柴油机和汽油机中得到广泛应用。如图 2.1.1 所示为内燃机顶置气门式配气机构的凸轮机构。已知凸轮轴的 $r_b=14$mm，凸轮以等角速度 ω 沿逆时针方向回转，推杆行程 $h=16$mm，推杆的运动规律见表2.1.1，凸轮推程运动规律见表 2.1.2，回程运动规律见表 2.1.3。试用图解法设计内燃机配气机构盘形凸轮轮廓。

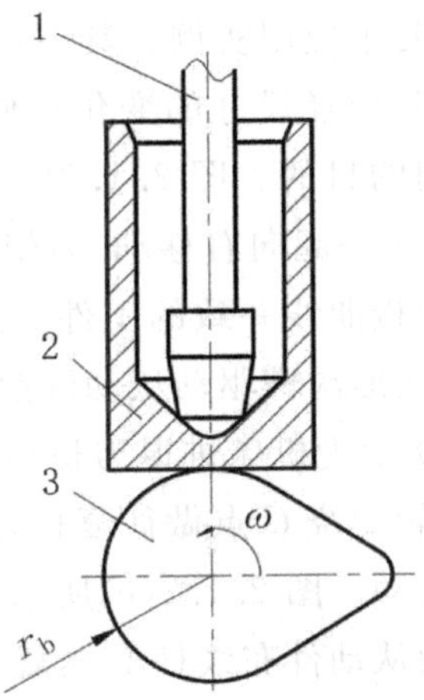

图 2.1.1　内燃机顶置气门式配气机构的凸轮机构

1—推杆；2—挺柱；3—凸轮轴

表 2.1.1　推杆的运动规律

凸轮转角	0°～120°	120°～180°	180°～270°	270°～360°
推杆位移	匀速上升 16	上停	按照特定规律下降 16	下停

表 2.1.2　凸轮推程运动规律

凸轮转角	0°	15°	30°	45°	60°	75°	90°	105°	120°
推杆位移	0	2	4	6	8	10	12	14	16

表 2.1.3　回程运动规律

凸轮转角	0°	15°	30°	45°	60°	75°	90°
推杆位移	16	12.1.5	12.9	8	3.1	0.5	0

任务准备

一、凸轮机构的应用和分类

(一)凸轮机构概述

凸轮机构通常由凸轮、从动件和机架三个基本构件组成。凸轮是一个具有控制从动件运动规律的曲线轮廓或凹槽的主动件，通常作连续等速转动或往复移动；从动件则在凸轮轮廓驱动下按预定运动规律作往复移动或摆动。

凸轮机构的主要优点是：选择适当的凸轮轮廓，能使从动件获得任意预期的运动规律；结构简单紧凑、设计方便。其主要缺点是：由于凸轮与从动件间为运动副接触，易于磨损，因而凸轮机构多用于传力不大的自动机械、仪表、控制机构及调节机构中。

（二）凸轮机构的应用

图 2.1.2 列举了凸轮机构的几个应用实例。其中，图 2.1.2(a)所示为内燃机配气机构，盘形凸轮 1 做等速转动，通过其向径尺寸的变化可使从动顶杆 2 按预期规律做上、下往复移动，从而达到控制气阀开闭的目的。图 2.1.2(b)所示为靠模车削机构，工件 1 回转时，移动靠模板（凸轮）3 和工件 1 一起向右移动，刀架 2 在靠模板曲线轮廓的推动下做上下往复移动，从而切削出与靠模板曲线一致的工件。图 2.1.2(c)所示为缝纫机挑线机构，凸轮 1 做匀速转动，并用其曲线形沟槽驱动从动件摆杆 2 绕其固定回转轴 A 做往复摆动，完成挑线动作。图 2.1.2(d)所示为机床进退刀机构，圆柱凸轮 1 等速转动时，其上曲线凹槽的侧面推动从动件扇形齿轮 2 绕 C 点做往复摆动，通过扇形齿轮和固结在刀架上的齿条，控制刀架做进刀和退刀运动。图 2.1.2(e)所示为一绕线机中的凸轮机构，凸轮 1 做匀速转动，并用其曲线轮廓驱动从动件布线杆 2 往复摆动，使线均匀地缠绕在绕线轴 4 上。图 2.1.2(f)所示为冲床送料机构，凸轮 1 做往复移动，用其曲线轮廓驱动从动件送料杆 2 往复移动，完成推送料动作。

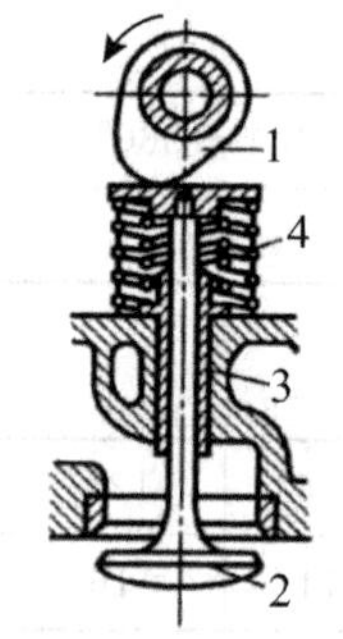

(a)内燃机配气机构

1—凸轮；2—顶杆；3—缸体；4—弹簧

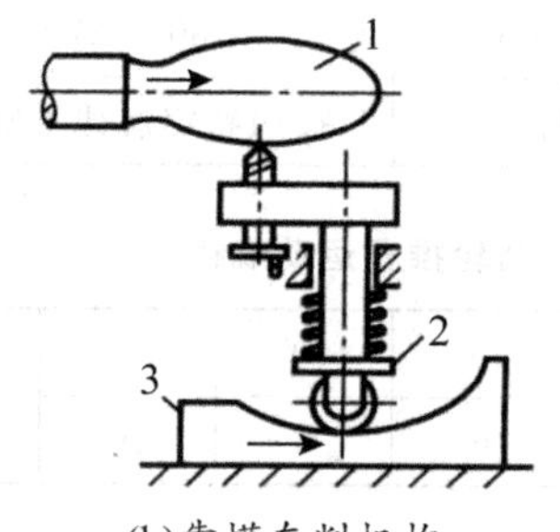

(b)靠模车削机构

1—工件；2—刀架；3—靠模板

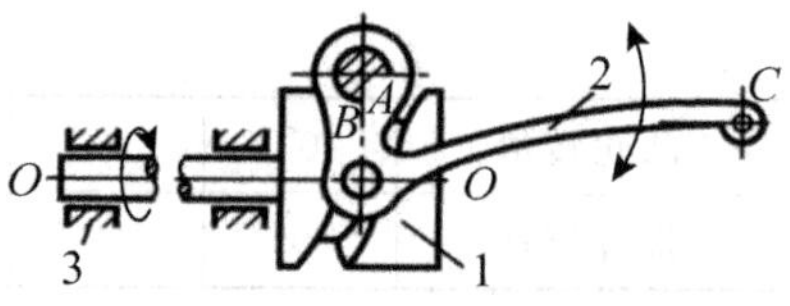

(c)缝纫机挑线机构

1—凸轮；2—摆杆；3—机架

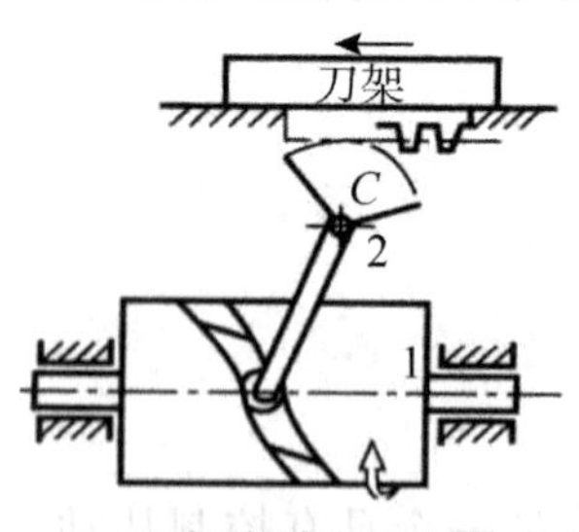

(d)机床进退刀机构

1—圆柱凸轮；2—扇形齿轮

(e)凸轮机构

1—凸轮；2—布线杆；3—机架；4—绕线轴

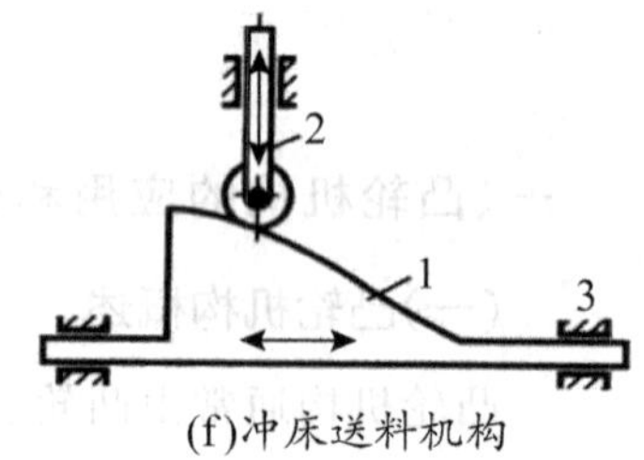

(f)冲床送料机构

1—凸轮；2—送料杆；3—机架

图 2.1.2　凸轮机构的应用实例

(三)凸轮机构的分类

1. 按照凸轮的形状分类

(1)盘形凸轮。如图 2.1.2(a)、(e)所示,盘形凸轮是绕固定轴转动且向径(向径是指从盘形凸轮回转中心至其轮廓上任一点的距离)变化的盘形零件,是凸轮中最基本的形式。

(2)移动凸轮。如图 2.1.2(b)、(f)所示,移动凸轮可看做是回转半径无限大的盘形凸轮,凸轮相对机架做往复移动。

(3)圆柱凸轮。如图 2.1.2(c)、(d)所示,圆柱凸轮可看做是移动凸轮卷绕在圆柱体上演化而成的。

2. 按从动件的形状分类

(1)尖顶从动件。如图 2.1.2(e)所示,以尖顶与凸轮轮廓接触,结构最简单,且尖顶能与各种形式的凸轮轮廓保持接触,可实现任意的运动规律。但尖顶易磨损,故只适用于低速、轻载的凸轮机构。

(2)滚子从动件。如图 2.1.2(b)、(f)所示,以铰接的滚子与凸轮轮廓接触,滚子与凸轮为滚动摩擦,磨损小,承载能力较大,但运动规律有一定限制,且滚子与滚轴之间有间隙,故不适用于高速的凸轮机构。

(3)平底从动件。如图 2.1.2(a)所示,它以平底与凸轮轮廓接触,结构紧凑,润滑性能和动力性能好,效率高,故适用于高速的凸轮机构。但要求凸轮轮廓曲线不能呈凹形,因此从动件的运动规律受到限制。

3. 按从动件的运动形式分类

(1)直动从动件。从动件做往复直线运动,如图 2.1.2(a)、(b)、(f)所示。若从动件导路通过盘形凸轮回转中心,称为对心直动从动件;若从动件导路不通过盘形凸轮回转中心,称为偏置直动从动件。

(2)摆动从动件。从动件做往复摆动,如图 2.1.2(c)、(d)、(e)所示。

4. 按锁合方式分类

所谓锁合是使凸轮轮廓与从动件始终保持接触。

(1)力锁合。力锁合是靠重力、弹簧力或其他力锁合,如图 2.1.2(a)、(b)、(e)、(f)所示。

(2)形锁合。形锁合是依靠凸轮或从动件特殊的几何形状来维持凸轮和从动件的接触,如槽形凸轮(图 2.1.3(a))、等宽凸轮(图 2.1.3(b))和等径凸轮(图 2.1.3(c))等。

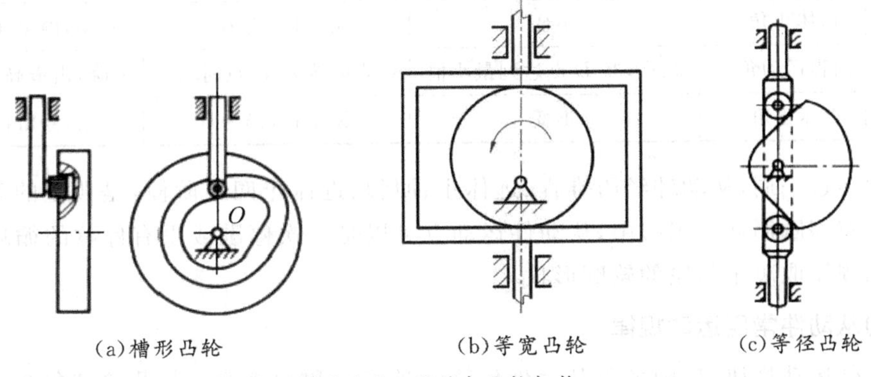

(a)槽形凸轮　(b)等宽凸轮　(c)等径凸轮

图 2.1.3　形锁合凸轮机构

实际应用中的凸轮机构通常是上述类型的不同综合。如图 2.1.2(a)所示的内燃机配气机构，便是直动从动件、平底、力锁合的盘形凸轮机构。

二、从动件的常用运动规律

(一)凸轮机构运动过程及有关名称

图 2.1.4(a)所示为一对心直动尖顶从动件盘形凸轮机构，凸轮以等角速度 ω_1 逆时针转动。图示位置是凸轮转角为零，从动件位移也为零，从动件尖顶位于离凸轮轴心 O 最近的位置 A，称为起始位置。以凸轮轮廓最小向径为半径所作的圆称为基圆，基圆半径用 r_O 表示。从动件离轴心最近位置 A 到最远位置 B 间移动的距离 h 称为行程。图 2.1.4(b)是以横轴为凸轮转角 δ(也可以用时间 t 表示)，以纵轴为从动件位移 s 建立的从动件位移线图。凸轮机构运动过程以及各参数见表 2.1.4。

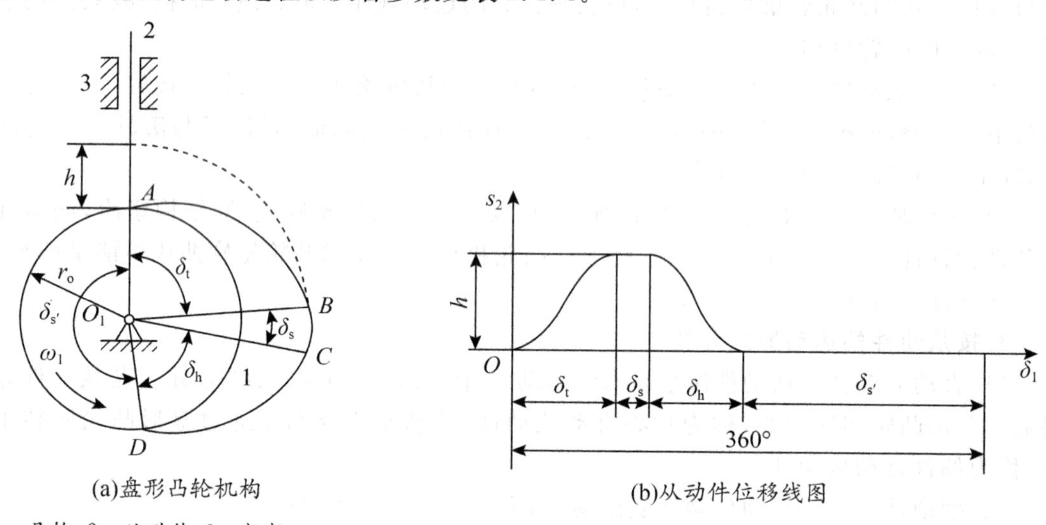

(a)盘形凸轮机构　　(b)从动件位移线图

1—凸轮；2—从动件；3—机架

图 2.1.4　凸轮机构运动过程及有关名称

表 2.1.4　凸轮机构运动过程

运动阶段	凸轮转角	凸轮廓线的变化	从动件的位移	从动件的运动
推程	推程运动角 δ_t	增大，在 B 点达到最大值	A 点时为 0，B 点时为 h	上升，由最低到最高点
远休止	远休止角 δ_s	不变	无变化，仍为 h	不动，停留在最高点
回程	回程运动角 δ_h	减小，在 D 点达到最小值	C 点时为 h，D 点时为 0	下降，由最高到最低点
近休止	近休止角 $\delta_{s'}$	不变	无变化，仍为 0	不动，停留在最低点

凸轮转过一周，从动件经历推程、远休止、回程、近休止四个阶段，是典型的升—停—降—停的双停歇循环。工程中，从动件运动也可以是一次停歇或没有停歇的循环。从动件的运动规律取决于凸轮的轮廓形状。

(二)从动件常用运动规律

从动件运动规律，反映的是从动件位移 s、速度 v 和加速度 a 与凸轮转角 δ 之间的关系，可以用线图表示，也可以用运动方程表示。设计凸轮轮廓时，首先要根据工作要求确定从动件的运动规律，并按照其位移线图来设计凸轮轮廓。常用的从动件运动规律有以下几种。

1. 等速运动规律

从动件的运动速度为定值的运动规律称为等速运动规律。当凸轮以等角速度 ω_1 转动时，从动件在推程或回程中的速度为常数。其运动线图如图 2.1.5 所示。由运动线图可以看出，从动件在运动中，加速度为零，但在运动开始和终止时，速度有大变，理论上将产生无穷大的加速度（由于构件有弹性，不至于达到无穷大），以致引起强烈冲击。这种冲击称为刚性冲击。因此，等速运动规律只适用于低速、轻载场合。

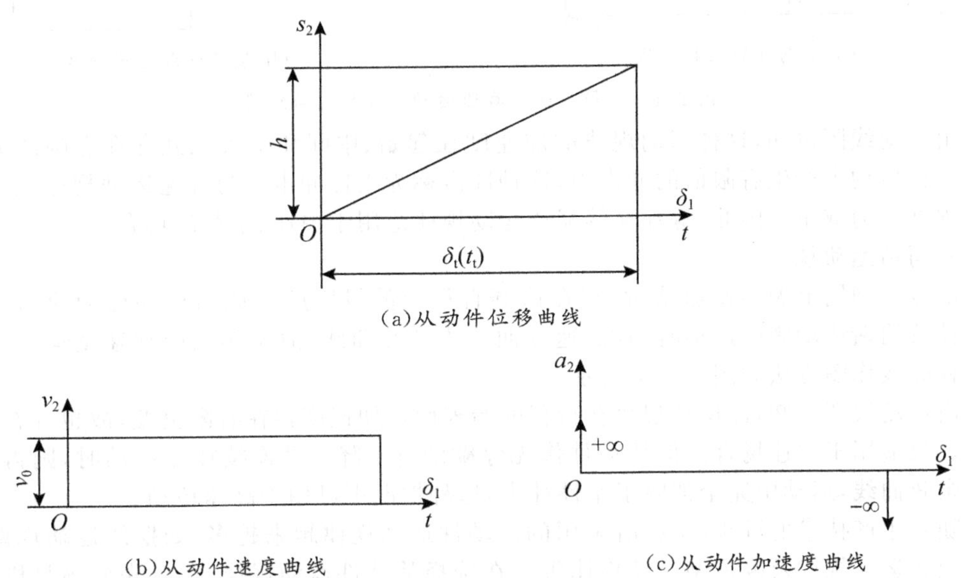

(a)从动件位移曲线

(b)从动件速度曲线　　(c)从动件加速度曲线

图 2.1.5　等速运动规律的运动线图

2. 等加速等减速运动规律

从动件推程的前半段为等加速运动，后半段为等减速运动，且加速度和减速度的绝对值相等，前半段和后半段的位移大小也相等，这种运动规律称为等加速等减速运动规律。此处，从动件等加速上升的位移曲线是二次抛物线，其作图方法如图 2.1.6(a)所示。在横坐标轴上找出代表 $\delta_t/2$ 的一点，将 $\delta_t/2$ 分成若干等份（图中为 4 等份），得 1、2、3、4 各点，过这些点做横坐标轴的垂线。又将从动件推程一半 $h/2$ 分成相应的等份（图中为 4 等份），再将 O 点分别与 $h/2$ 上各点 $1'$、$2'$、$3'$、$4'$ 相连接，得 $O1'$、$O2'$、$O3'$、$O4'$ 直线，它们分别与横坐标轴上的点 1、2、3、4 的垂线相交，最后将各交点连成一光滑曲线，该曲线便是等加速段的位移曲线。图 2.1.6(a)为升程时做等加速等减速运动从动件的位移曲线。同理，不难作出回程时等加速等减速运动从动件的运动线图。

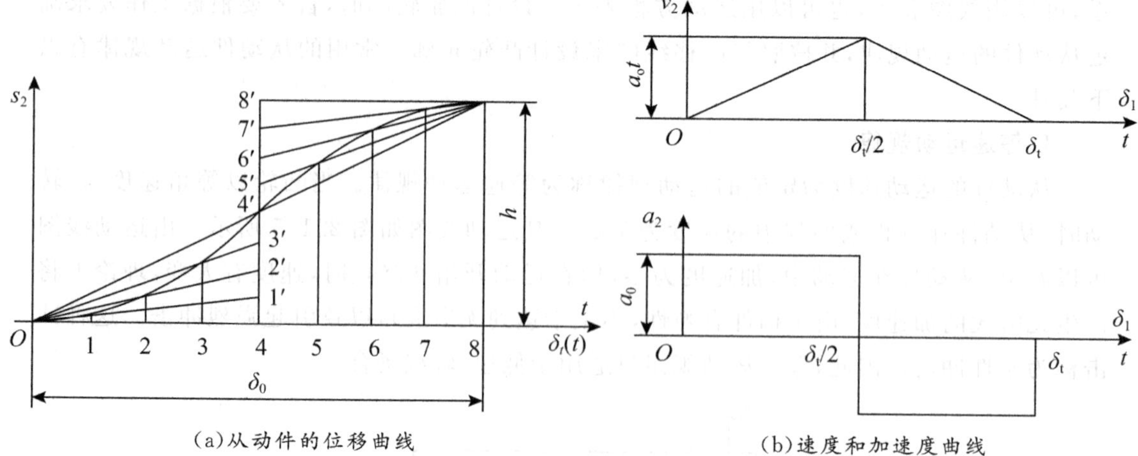

(a)从动件的位移曲线　　(b)速度和加速度曲线

图 2.1.6　等加速等减速运动规律的运动线图

由运动线图可知，这种运动规律的加速度在起始、中间和结束三处存在有限的突变，因而会在机构中产生有限值的冲击力，这种冲击称为柔性冲击。与等速运动规律相比，其冲击程度大为减小。因此，等加速等减速运动规律适用于中速、中载的场合。

3. 简谐运动规律

质点在圆周上做匀速运动时，它在该圆直径上的投影所形成的运动称为简谐运动。从动件按简谐运动规律运动时，其加速度曲线为余弦曲线，故又称余弦加速度运动规律。其位移曲线作图方法如图 2.1.7 所示。

由运动线图可知，此运动规律在行程的始末两点加速度存在有限突变，故也存在柔性冲击。只适用于中速场合。但从动件作无停歇的升—降—升连续往复运动时，则得到连续的余弦曲线，运动中完全消除了柔性冲击，这种情况下可用于高速传动。

随着生产技术的进步，工程所采用的从动件运动规律越来越多，如摆线运动规律、复杂多项式运动规律及改进型运动规律等。在选择从动件运动规律时，首先要满足机构的工作要求，同时要考虑使凸轮机构具有良好的工作性能。通常，对于质量较大的从动件，应选择 v_{max} 较小的运动规律；对于高速凸轮机构，应考虑使 a_{max} 不应太大。在满足工作要求的前提下，还应使凸轮轮廓曲线便于加工。

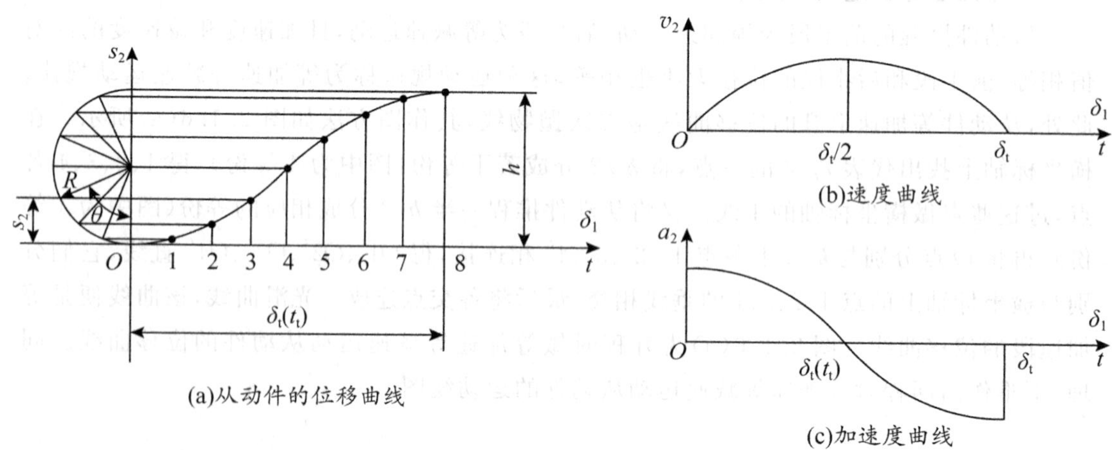

(a)从动件的位移曲线　　(b)速度曲线　　(c)加速度曲线

图 2.1.7　简谐运动规律的运动线图

三、凸轮轮廓曲线的设计方法

设计凸轮机构，包括按使用要求选择凸轮类型、从动件运动规律(位移线图)和基圆半径等，据此绘制凸轮轮廓。

下面介绍使用图解法绘制凸轮轮廓。为了便于绘出凸轮轮廓曲线，应使工作中转动着的凸轮与不动的图纸间保持相对静止，用反转法原理绘制。具体如下：根据相对运动原理，如果给整个凸轮机构加上一个与凸轮转动角速度 ω 数值相等、方向相反的“$-\omega$”角速度，则凸轮处于相对静止状态，而从动件则一方面随同机架以“$-\omega$”角速度绕 O 点转动；另一方面按原定规律在其导路中做往复移动，即凸轮机构中各构件仍保持原相对运动关系不变。如图 2.1.8 所示，由于从动件的尖端始终与凸轮轮廓相接触，因此在从动件反转过程中，其尖端的运动轨迹就是凸轮轮廓曲线。

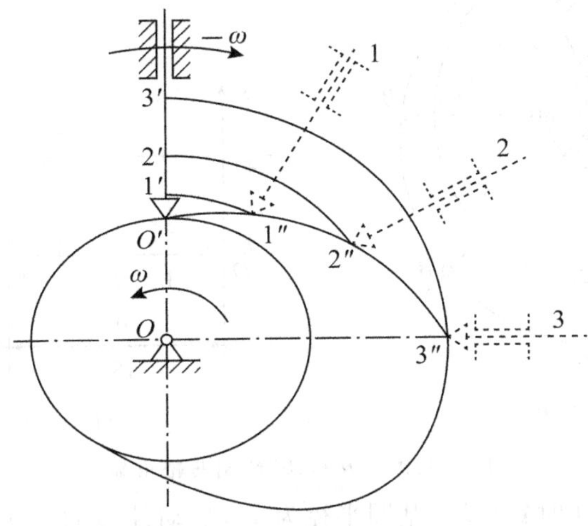

图 2.1.8　凸轮轮廓曲线

(一)尖顶对心直动从动件盘形凸轮轮廓曲线设计

在合理地选择从动件的运动规律之后，根据工作要求、结构所允许的空间、凸轮转向和凸轮的基圆半径，就可设计凸轮的轮廓曲线。设计方法通常有图解法和解析法。图解法简单、直观，但精度有限，因此作图法用于低速或精度要求不高的场合。解析法精度较高，适用于高速或要求较高的场合。本节介绍几种常见的凸轮轮廓的绘制方法。

绘制原理：当凸轮机构工作时，凸轮是运动的。而绘制凸轮轮廓时，是利用相对运动原理用图解法绘制凸轮轮廓曲线，需凸轮与图纸相对静止。

图 2.1.9(a)为一对心直动尖顶从动件盘形凸轮机构。当凸轮以等角速度 ω_1 逆时针转动时，从动件将在导路内完成预期的运动规律。根据相对运动原理，如果给整个机构附加一个上绕凸轮轴心 O 的公共角速度 $-\omega_1$，机构各构件间的相对运动不变，但这样凸轮将静止不动，而从动件一方面随机架和导路以角速度 $-\omega_1$ 绕 O 点转动，另一方面又在导路中按原来的运动规律往复移动。由于尖顶始终与凸轮轮廓相接触，所以在从动件的这种复合运动中，其尖顶的运动轨迹就是凸轮轮廓曲线。这种按相对运动原理绘制凸轮轮廓曲线的方法称为“反转法”。

用"反转法"绘制凸轮轮廓在已知从动件位移线图和基圆半径等后，主要包含三个步骤：将凸轮的转角和从动件位移线图分成对应的若干等份；用"反转法"画出反转后从动件各导路的位置；根据所分的等份量得到从动件相应的位移，从而得到凸轮的轮廓曲线。

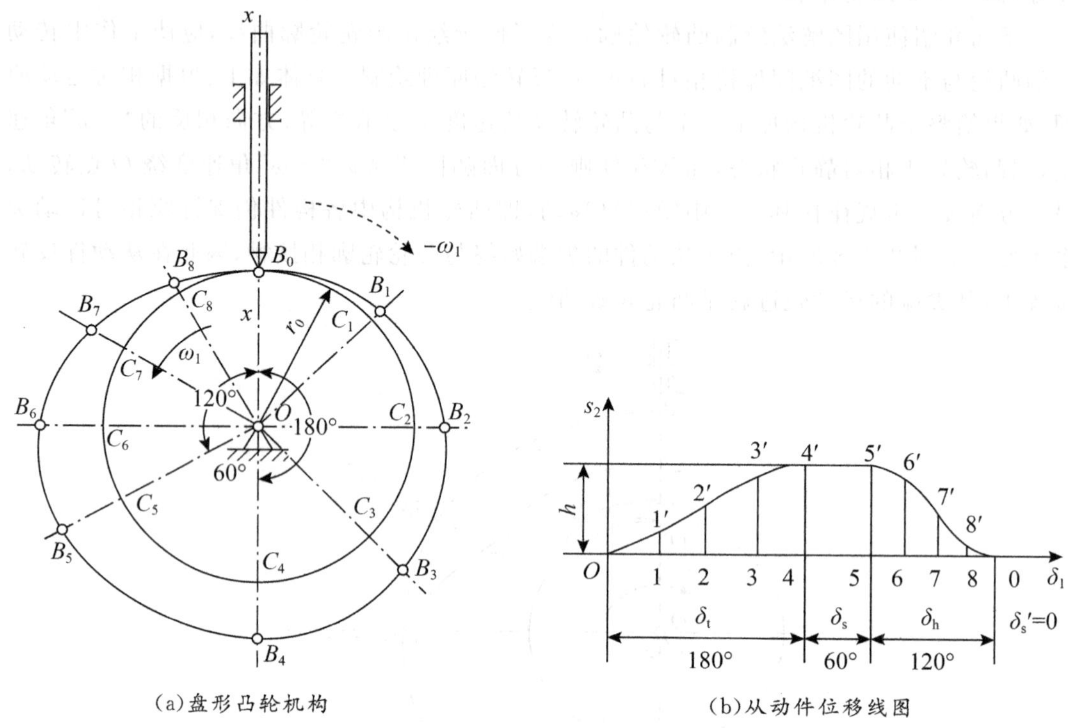

(a)盘形凸轮机构　　(b)从动件位移线图

图 2.1.9　"反转法"绘制凸轮轮廓

已知凸轮以 ω_1 沿逆时针旋转，基圆半径为 r_0，从动件运动规律如图 2.1.9 所示。绘制凸轮轮廓线步骤如下：

(1)选取适当比例尺，根据选定的从动件运动规律，作出位移线图。将位移线图的推程运动角和回程运动角分成若干等份(为使示图清晰些，例图分等份较少，实际绘制时应多分等份)，得到从动件在各等分点上的位移量 11′、22′、…、88′，如图 2.1.9(b)所示。

(2)根据已知的基圆半径 r_0，画出基圆。

(3)在基圆上选定凸轮轮廓线的起始点 B_0，从 B_0 开始，沿 $-\omega_1$ 方向，分出推程运动角、远休止角、回程运动角和近休止角(此例近休止角为零)。将推程运动角和回程运动角各分成与位移线图对应的等份，在基圆上得到 C_1、C_2、…、C_8 点。过这些点作射线 OC_1、OC_2、…、OC_8，各射线即为从动件导路在反转中依次的位置。

(4)从基圆上的点开始，沿导路方向分别量取对应的位移量 $C_1B_1=11'$、$C_2B_2=22'$、…、$C_8B_8=88'$，得到反转后尖顶的一系列位置 B_1、B_2、…、B_8，将点 B_1、B_2、…、B_8 连成光滑曲线(休止角对应的是以 O 为圆心的圆弧)，便得到所求的凸轮轮廓线。

(二)滚子从动件盘形凸轮轮廓曲线设计

掌握了对心直动尖顶从动件盘形凸轮轮廓的绘制技巧，那么如果从动件不是尖顶，而是滚子凸轮轮廓又该怎样绘制出来呢？对于滚子从动件盘形凸轮机构，设计方法尖顶从动件盘形凸轮与上相同，只是应把滚子中心看作为尖顶从动件凸轮，则由以上方法得出的轮廓曲线称为理论轮廓曲线，然后以该轮廓曲线为圆心，滚子半径 r_k 为半径画一系列圆，再画出这些圆所包络的曲线，即为所设计的轮廓曲线，称为实际轮廓曲线。其中 r_0 指理论轮廓曲线的基圆半径。如图 2.1.10 所示。

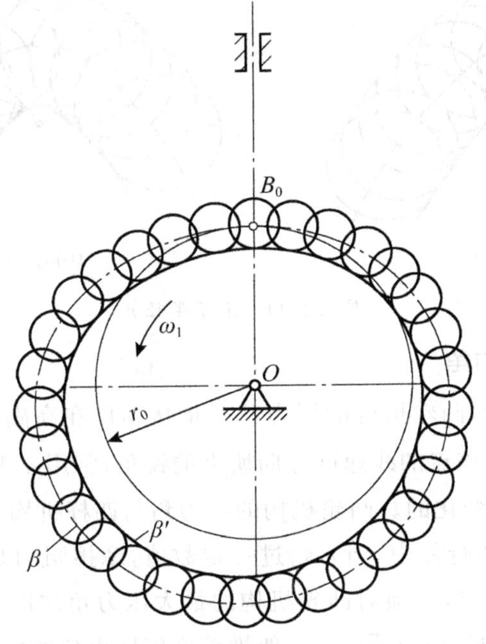

图 2.1.10　滚子从动件盘形凸轮轮廓曲线设计

采用滚子后，从动件与凸轮变为滚动摩擦，从而延长了机构的使用寿命。为提高凸轮和滚子的接触强度，可适当加大滚子半径 r_k。但是应注意凸轮理论轮廓线的曲率半径和滚子半径的关系，避免出现凸轮实际轮廓线变尖或从动件运动失真现象。

四、凸轮机构设计中应注意的问题

在设计凸轮机构时，必须保证凸轮工作轮廓满足以下要求：

(1)从动件在所有位置都能准确地实现给定的运动规律。

(2)机构传力性能要好，不能自锁。

(3)凸轮结构尺寸要紧凑。

这些要求与滚子半径、凸轮基圆半径、压力角等因素有关。

(一)滚子半径 r_o 的选择

当采用滚子从动件时，要注意滚子半径的选择。滚子半径选择不当，使从动件不能实现给定的运动规律，这种情况称为运动失真。如图 2.1.11(a)所示，滚子半径 r_T 大于理论轮廓曲率半径 ρ 时，包络线会出现自相交叉现象，其中的阴影部分在制造时不可能制出，这时从动件不能处于正确位置，致使从动件运动失真。避免方法是保证理论轮廓最小曲率半径 ρ_{min} 大于滚子半径 r_T(图 2.1.11(b))，这时包络线不自交。通常 $r_T<\rho_{min}$，对于一般

自动机械，r_T=10～25mm。

如果出现运动失真情况时，可采用减小滚子半径的方法来解决。若由于滚子半径的结构等因素不能减小其半径时，可适当增大基圆半径 r_b 以增大理论轮廓线的最小曲率半径。

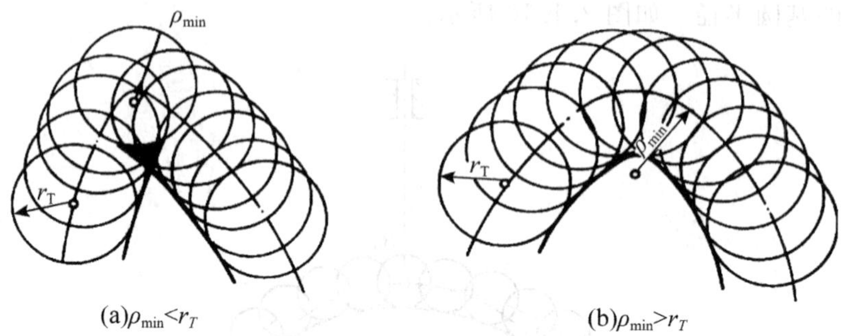

图 2.1.11 滚子半径 r_o

(二)凸轮机构的压力角

如图 2.1.12(a)所示，凸轮机构的压力角是指从动件在高副接触点 B 所受的法向压力 F_n 的方向与从动件在该点的线速度方向所夹的锐角，常用 α 表示。凸轮机构在运动过程中，压力角 α 的大小是变化的。凸轮机构的压力角与四杆机构的压力角概念相同，是机构传力性能参数。在工作行程中，当 α 超过一定数值，摩擦阻力足以阻止从动件运动，产生自锁现象。为此，设计时，必须对凸轮机构的最大压力角加以限制，使凸轮机构的最大压力角小于许用压力角，即 $\alpha_{max}<[\alpha]$。一般推荐许用压力角的数值如下：

直动从动件的推程：$[\alpha]\leqslant 30°\sim 40°$

摆动从动件的推程：$[\alpha]\leqslant 40°\sim 50°$

在空回行程，从动件没有负载，不会自锁，但为防止从动件在重力或弹簧力作用下产生过高的加速度，取$[\alpha]=70°\sim 80°$。

凸轮机构的 α_{max}，可在作出的凸轮轮廓图中测量，如图 2.1.12(b)所示。

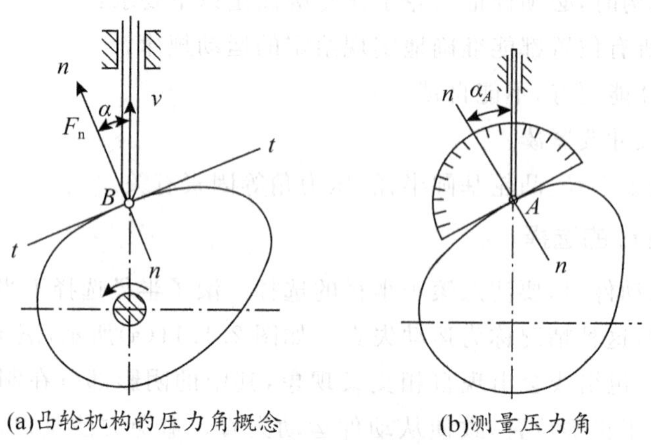

图 2.1.12 凸轮机构的压力角

(三)基圆半径 r_0 的确定

基圆半径 r_0 是凸轮的主要尺寸参数，从避免运动失真、降低压力角的要求看，大些比较好，但是从结构紧凑看，小些比较好。

(1)根据凸轮轴的结构确定。当凸轮与轴做成一体时，凸轮基圆半径 r_0 应略大于轴的半径。当凸轮与轴单独加工时，凸轮基圆半径 r_0 应略大于轮毂的半径，可取 $r_0=(1.6\sim2)r$(r 为轴的半径)。

(2)利用诺模图。当运动规律、许用压力角等已知时，可利用诺模图求基圆半径 r_0。

五、凸轮机构的结构与材料

(一)凸轮机构的结构

基圆较小的凸轮，常与轴做成一体，称为凸轮轴；基圆较大的凸轮，则做成组合式结构，分别制造好凸轮和轴，再通过平键联接(图 2.1.13(a))、销联接(图 2.1.13(b))或弹性开口锥套螺母联接等方式，将凸轮安装在轴上。

滚子从动件的滚子可以是专门制造的圆柱体，也可以采用滚动轴承，滚子与从动件顶端可用螺栓联接，也可用销联接。

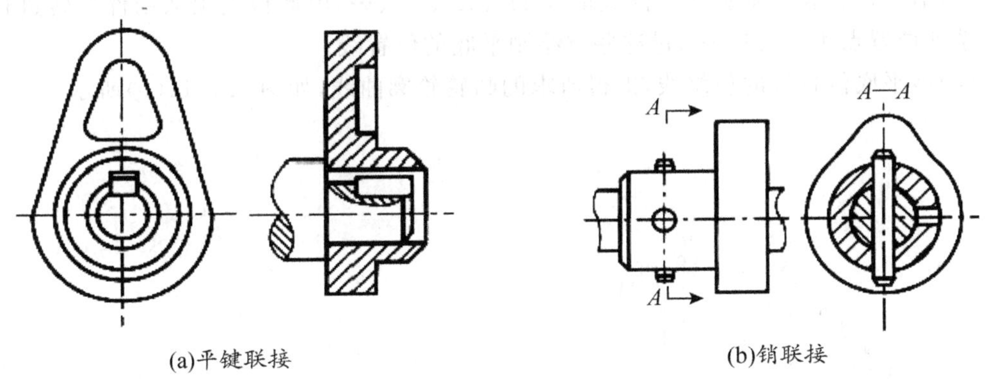

图 2.1.13　凸轮的安装结构

(二)凸轮和从动件的材料

凸轮机构属于高副机构，凸轮与从动件之间的接触应力大，易出现严重磨损，且多数凸轮机构在工作时还承受一定的冲击。所以要求凸轮和滚子的工作表面具有较高的硬度，而芯部具有较好的韧性。

材料选择原则：

(1)低速、轻载的盘形凸轮可选用 HT200、HT250、HT300、QT500-7、QT600-3 等作为凸轮的材料。从动件因承受弯曲应力，不宜选用脆性材料，可选用 40、45 等中碳结构钢，表面淬火使硬度达到 40～50HRC。

(2)中速、中载的凸轮常用 45，表面淬火，也可选用 15、20、20Cr、20CrMn 等材料渗碳淬火，使硬度达到 56～62HRC。从动件可选用 20Cr，并经渗碳淬火，使其硬度达到 55～60HRC。

(3)高速、重载的凸轮常用 40Cr,表面高频淬火,硬度达到 56～60HRC,或用 38CrMoAl,经渗氮处理至 60～67HRC。从动件则可选用 T8、T10、T12 等碳素工具钢,经表面淬火硬度达到 58～62HRC。

任务实施

由任务要求可知,该机构从动件为对心平底直动从动件,其凸轮轮廓设计应该按从动件的运动规律采用反转法原理进行设计。操作步骤如下:

(1)根据推杆的运动规律、凸轮推程运动规律及回程运动规律,作出从动件位移曲线图,如图 2.1.14(a)所示。

(2)将位移曲线图对应的推程转角分为 8 等分,回程转角分为 6 等分,分别得到点 1、2、3、…、15。

(3)以 r_o 为半径作基圆。

(4)在基圆上,自 OA_o 起,沿 $-\omega$ 方向依次取 δ_0、δ_s、δ_h、δ_s',并将 δ_0、δ_h 分成与位移曲线图对应的等份,得 1、2、3、…各点,连接 $O1$、$O2$、$O3$、…各径向线并延长,便得到从动件导路在反转过程中的一系列位置线。

(5)沿各位置线自基圆向外依次量取 11′、22′、33′、…,由此得尖顶从动件反转过程中的一系列位置点 1′、2′、3′、…,过这些点绘制平底的位置线。

(6)做平底位置线的包络线,即得所求的凸轮轮廓曲线,如图 2.1.14(b)所示。

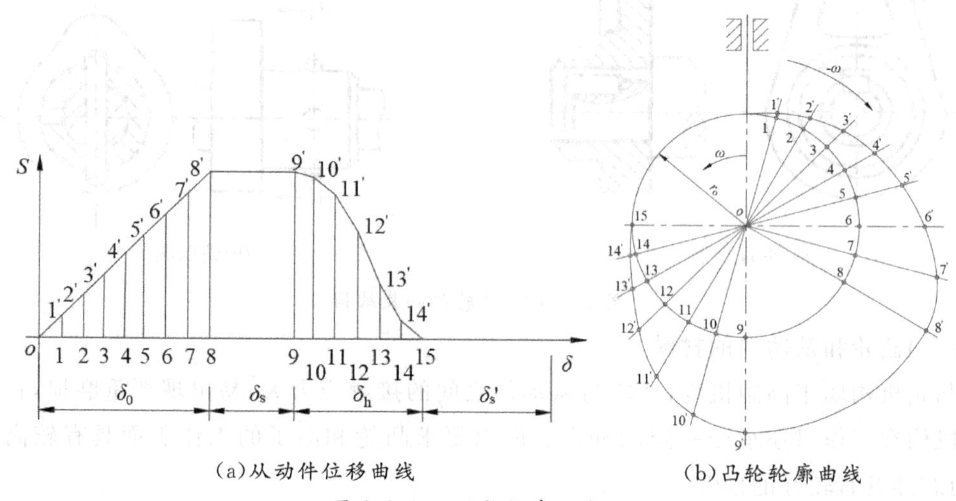

(a)从动件位移曲线 (b)凸轮轮廓曲线

图 2.1.14 凸轮轮廓设计图

课后思考

(1)凸轮机构的优点和局限性有哪些?

(2)设计一款具有凸轮机构的产品。

知识拓展

一、凸轮轨迹表面的表面粗糙度

凸轮轨迹的表面粗糙度影响凸轮的耐磨性、配合的稳定性、疲劳强度的关键因素，因此降低凸轮表面粗糙度至关重要。降低凸轮轨迹的表面粗糙度有两种方式：

第一种方式，加工时一次性把凸轮轨迹加工到位，然后热处理时选用真空热处理，因为真空热处理的零件表面氧化层很致密，而且无明显的变形，但是凸轮轨迹表面总是会有一层氧化层，这种方式只适合于普通级的凸轮。

第二种方式，加工凸轮轨迹时会留有一定的加工余量，当凸轮进行热处理后再进行二次加工，这样就能很好地保证凸轮轨迹的表面精度，一般适合于对凸轮精度有严格要求的场合。二次加工工艺一般有两种，一种是刀具铣削，还有一种是采用砂轮磨削。磨削的加工表面精度比铣削更好。

二、弧面凸轮分度机构

弧面凸轮分度机构是由美国人 C. N. Neklutin 于 20 世纪 20 年代发明的，并由其所创建的 FERGUSON 公司首先进行了标准化、系列化生产。之后，欧洲及日本也相继开展了这方面的研究，并成立了专门的生产和研究机构。

弧面凸轮分度机构又称为蜗形分度凸轮机构或滚子齿形分度凸轮机构，是由输入轴上的弧面凸轮与输出轴分度轮上的滚动轴承无间隙垂直啮合，从而实现间歇输出的新型传动机构。该机构由弧面分度凸轮、从动转盘以及在从动转盘径向均布的滚子组成。

与传统的间歇传动机构如棘轮机构、槽轮机构、不完全齿轮机构等相比，弧面凸轮轮廓曲面具有传动速度高、动力学性能好、承载能力大、可靠性好等优点，并且与从动件滚子共轭啮合传动，从而实现从动件所需要的各种运动规律。

弧面凸轮分度机构被广泛应用于包装、印刷、制药、化工、烟草、电子电器、玻璃陶瓷、汽车制造等自动化生产线及各种通用机械设备，它们作为自动化机器的核心传动装置，发挥着至关重要的作用。

任务二　棘轮机构设计

在许多机械中，有时需要将原动件的等速连续转动变为从动件的周期性停歇间隔单向运动(又称步进运动)或者是时停时动的间歇运动，如自动机床中的刀架转位和进给，成品输送及自动化生产线中的运输机构等的运动都是间歇性的。

能实现间歇运动的机构称为间歇运动机构，间歇运动机构很多，凸轮机构、不完全齿轮机构和恰当设计的连杆机构都可实现间歇运动。

本部分内容介绍在生产中广泛应用的既可作步进运动又可作间歇运动的一种机构：

棘轮机构。

任务布置

分析说明棘轮机构是如何实现步进运动的，如何调节棘轮转角的大小？

任务准备

棘轮单向运动时，棘轮齿一般做成锯齿形，如图 2.2.1 所示。棘轮的棘齿既可以做在棘轮的外缘（称外啮合棘轮机构），也可以做在棘轮的内缘（称内啮合棘轮机构），还有直头双动式棘爪棘轮机构和钩头双动式棘爪棘轮机构。

主动件 1 左右摆动，当主动件 1 左摆时，驱动棘爪 2 插入棘轮 3 的齿内推动棘轮转过一角度。

当主动件 1 右摆时，驱动棘爪 2 滑过棘轮 3，而棘轮静止不动，往复循环。止动棘爪 4 防止棘轮反转，这种有齿的棘轮其进程的变化最少是 1 个齿距，且工作时有响声。

按照结构特点，常用的棘轮机构分为齿式棘轮机构和摩擦式棘轮机构。

一、齿式棘轮机构

按照啮合方式可分为如图 2.2.1 和图 2.2.2 所示的外啮合和内啮合棘轮机构。

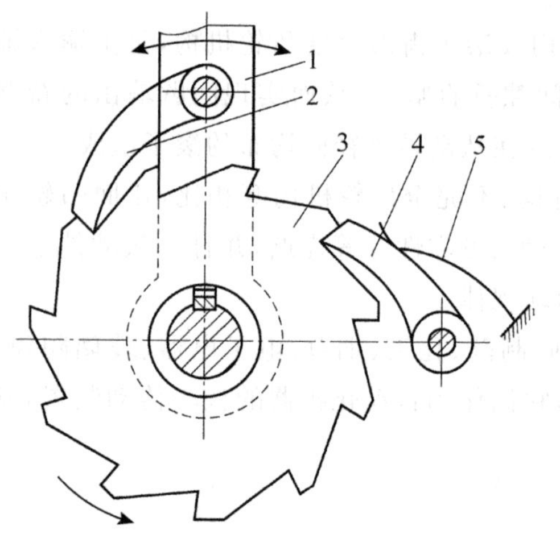

图 2.2.1　外啮合棘轮机构

1—主动件；2—驱动棘爪；3—棘轮；4—止动棘爪；5—弹簧

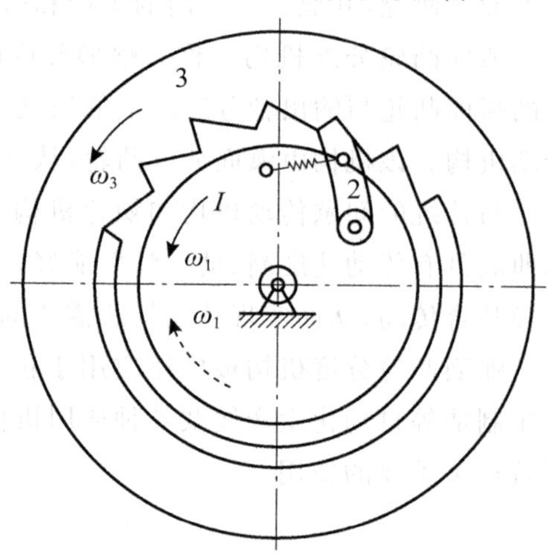

图 2.2.2　内啮合棘轮机构

按照运动形式可分为三类：

1. 单动式棘轮机构

如图 2.2.1 所示，其特点是主动件 1 向一个方向摆动时，棘轮向同一个方向转过一个角度，而反方向摆动时，棘轮静止不动。当主动件连续地往复摆动时，棘轮只作单向的间歇运动。

2. 双动式棘轮机构

如果改变主动件 1 的结构形状，可以得到图 2.2.3 所示的双动式棘轮机构。机构中主动件 1 的往复摆动都可以使得棘轮 3 沿着同一方向转动，而所使用的驱动棘爪 2 可以加工成直的，如图 2.2.3(a)所示，或者加工成钩状的，如图 2.2.3(b)所示。

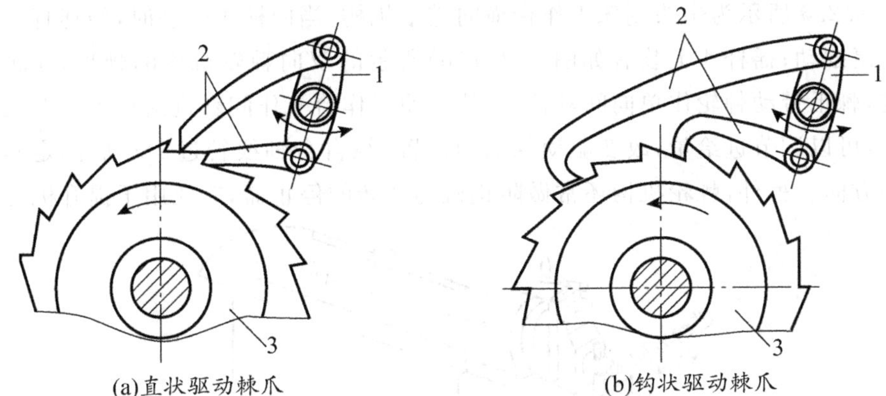

(a)直状驱动棘爪　(b)钩状驱动棘爪

图 2.2.3　双动式棘轮机构

1—主动件；2—驱动棘爪；3—棘轮

3. 可变向棘轮机构

如图 2.2.4 所示，为两种可变向棘轮机构。对于图 2.2.4(a)所示类型棘轮机构，当棘爪 1 在右边位置时，棘轮 2 将沿顺时针方向作间歇运动；当棘爪 1 翻到左边时，棘轮将沿逆时针方向作间歇运动。对于图 2.2.4(b)所示类型棘轮机构，当棘爪直面在左侧，斜面在右侧时，棘轮沿逆时针方向作间歇运动，若提起棘爪翻转 90°后再插入，使直面在右侧，斜面在左侧时，棘轮沿顺时针方向作间歇运动。这种棘轮机构常用于牛头刨床工作台的进给装置中。

二、摩擦式棘轮机构

上述具有棘齿的棘轮机构每转过一个棘齿棘轮的转角不变。若需无级地改变棘轮的转角，则可采用无棘齿的棘轮，如图 2.2.5 所示的摩擦式棘轮机构。这种机构是通过棘爪 1 和棘轮 2 之间的摩擦力来传递运动的。这种机构传动平稳、无噪声。但因靠摩擦传动，会出现打滑现象，传动精度不高。摩擦式棘轮机构仅适用于低速轻载的场合。

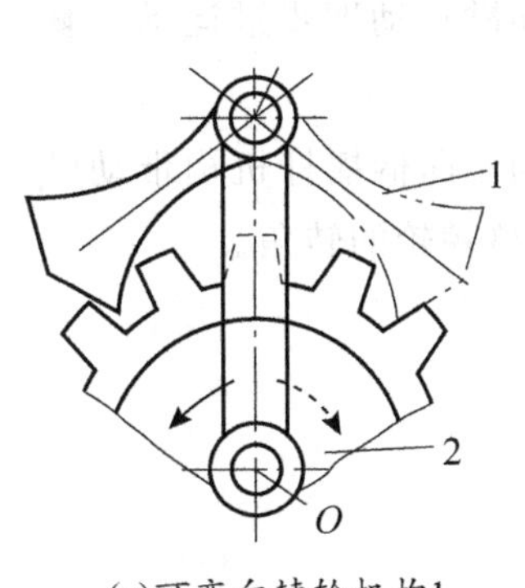

(a)可变向棘轮机构1　(b)可变向棘轮机构2

图 2.2.4　可变向棘轮机构

1—驱动棘爪；2—棘轮

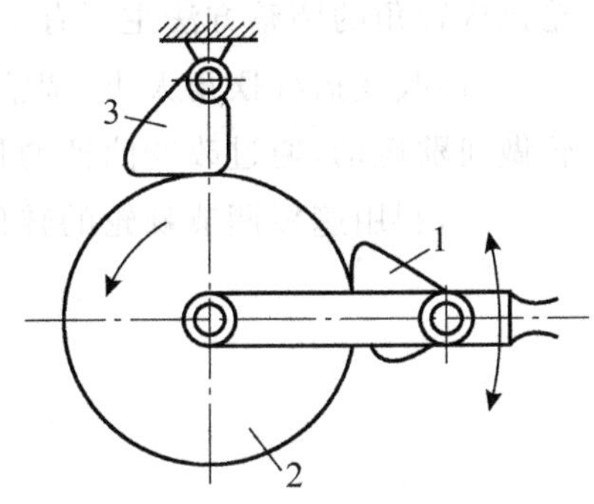

图 2.2.5　摩擦式棘轮机构

1—驱动棘爪；2—棘轮；3—止动棘爪

棘轮机构的特点是结构简单，易于制造，转角大小改变较方便，但它传动的动力不大，且传动平稳性差，因此只适于转速不高的场合，如各种机床和自动机床的进给机构中。

如图 2.2.6 所示为牛头刨床工作台横向进给机构，当曲柄 1 转动时，经连杆 2 带动摇杆 4 作往复摆动；摇杆 4 上装有如图 2.2.4(b)所示的双向棘轮机构的棘爪，棘轮 3 与丝杠 5 固连，棘爪带动棘轮作单向间歇转动，从而使工作台 6 作间歇进给运动。若改变驱动棘爪转角，可以调节进给量；改变驱动棘爪的位置(绕自身轴线转过 180°后固定)，可改变进给运动方向。另外，棘轮机构还常做防止机构逆转的停止器，广泛用于提升机等设备。

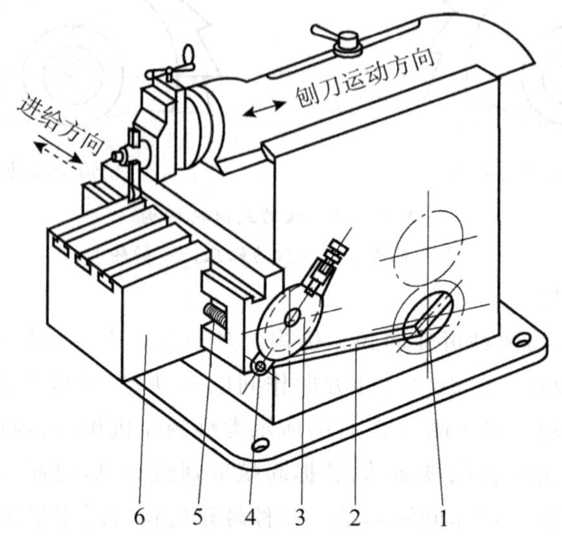

图 2.2.6 牛头刨床工作台横向进给机构

1—曲柄；2—连杆；3—棘轮；4—摇杆；5—丝杠；6—工作台

任务实施

棘轮机构中当摇杆沿逆时针方向摆动时，棘爪嵌入棘轮上的齿间，推动棘轮转动。当摇杆沿顺时针方向转动时，止动爪阻止棘轮顺时针转动，同时棘爪在棘轮齿背上滑过，此时棘轮静止。这样，当摇杆往复摆动时，棘轮便可以得到单向的间歇运动即步进运动。棘轮机构转角的调整方法主要有下面两种：

(1)改变摇杆摆角大小，调整棘轮的转角。图 2.2.7 所示为利用曲柄摇杆机构带动棘轮做间歇运动，通过改变曲柄的长度，进而改变摇杆摆角大小，调整棘轮的转角。

(2)利用遮板调节棘轮的转角，如图 2.2.8 所示。

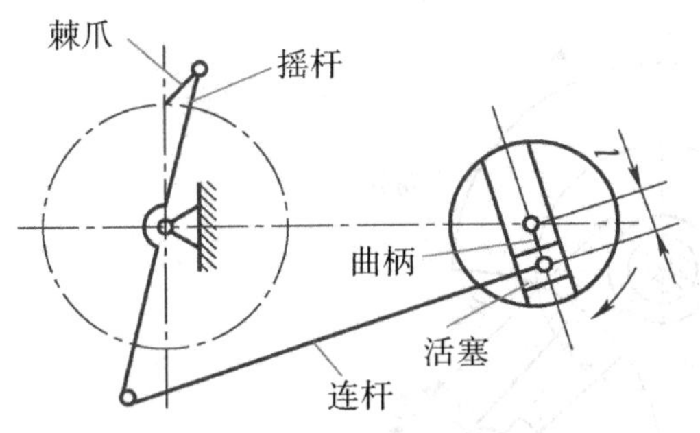

图 2.2.7　改变摇杆摆角大小调整棘轮的转角

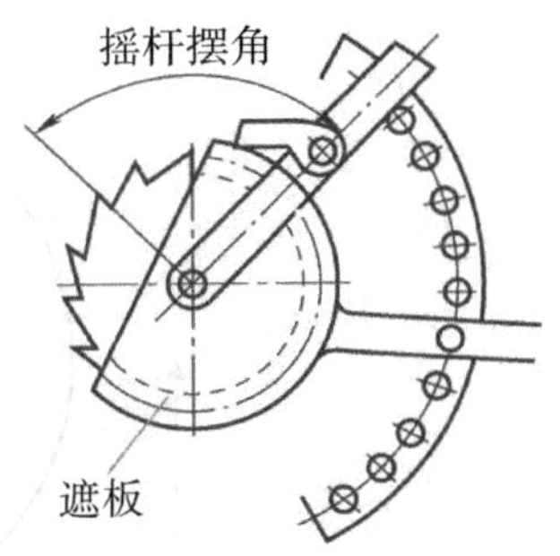

图 2.2.8　利用遮板调节棘轮的转角

课后思考

(1)棘轮机构的工作原理是什么?

(2)棘轮机构有哪些类型,各有什么应用?

任务三　槽轮机构和不完全齿轮机构分析

任务布置

比较外啮合槽轮机构与内啮合槽轮机构的工作特点,并说明槽数和圆销数对机构运动的影响。

知识准备

一、槽轮机构

(一)槽轮机构的工作原理、特点及应用

1. 工作原理

如图 2.3.1 所示为槽轮机构(又称马尔他机构),由装有圆柱销的主动拨盘 1 和开有径向槽的从动槽轮 2 及机架组成的高副机构。当拨盘 1 作连续回转,盘上圆销 A 进入槽轮 2 的径向槽内时,槽轮按与拨盘相反方向转动;当圆销从径向槽内脱出时,槽轮上的内凹锁止弧$\overset{\frown}{nn}$被拨盘上的外凸圆弧$\overset{\frown}{mm}$锁住,故槽轮 2 停止不动。在圆销 A 进入下一个径向槽内时,槽轮又按与拨盘相反方向转动。重复上述过程,使槽轮实现间歇单向转动。

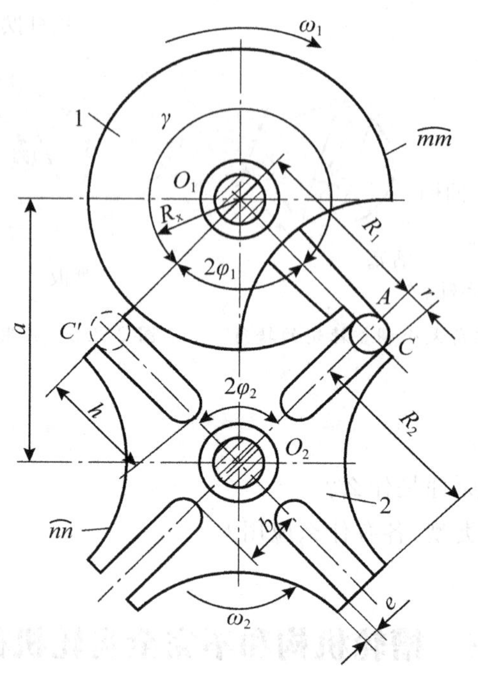

图 2.3.1 槽轮机构

1—拨盘;2—槽轮

槽轮机构有外啮合槽轮机构(见图 2.3.1)和内啮合槽轮机构(见图 2.3.2)。前者拨盘与槽轮转向相反,后者相同。这两种形式均用于平行轴之间的间歇传动。当槽轮的直径无穷大时,槽轮的间歇转动变为间歇移动。当需要在两交错轴之间进行间歇传动时,可采用球面槽轮机构(见图 2.3.3)。

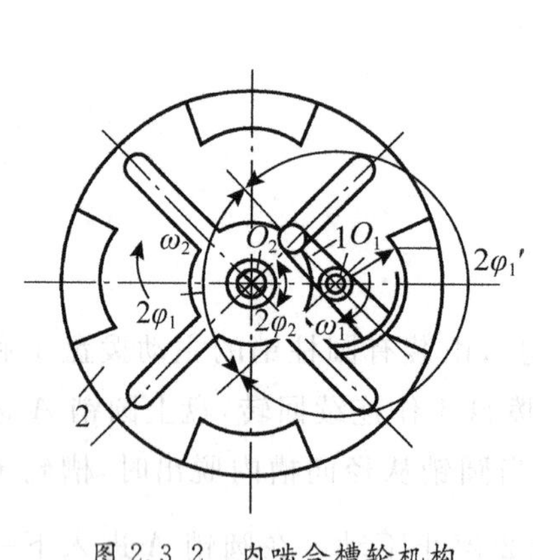

图 2.3.2 内啮合槽轮机构

1—拨盘;2—槽轮

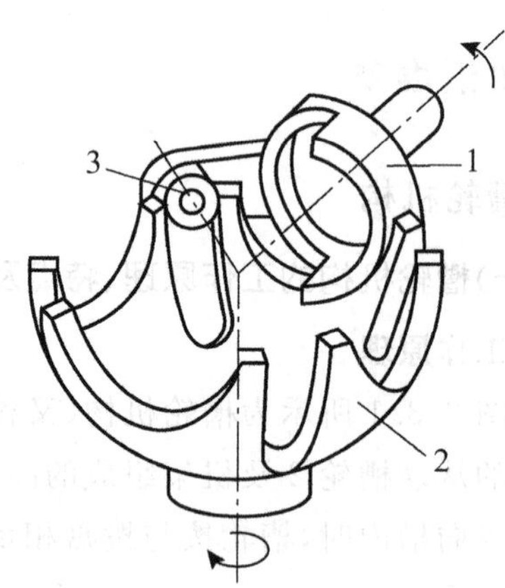

图 2.3.3 球面槽轮机构

1—拨盘;2—槽轮;3—圆销

2. 特点及应用

槽轮机构结构简单,工作可靠,进入和脱离啮合时运动平稳,能准确地控制转角,机械效率高。但在槽轮机构起动和停止时加速度变化大,具有柔性冲击,且随着转速的增加或槽数的减小而加剧,因此不能用于高速场合。另外由于槽轮的转角大小无法调节,故只能用于定转角的间歇运动机构中。

如图 2.3.4 所示的机构是电影放映机卷片机构，当槽轮间歇转动时，胶片上的画面依次在方框中停留，通过视觉暂留而获得连续的场景。

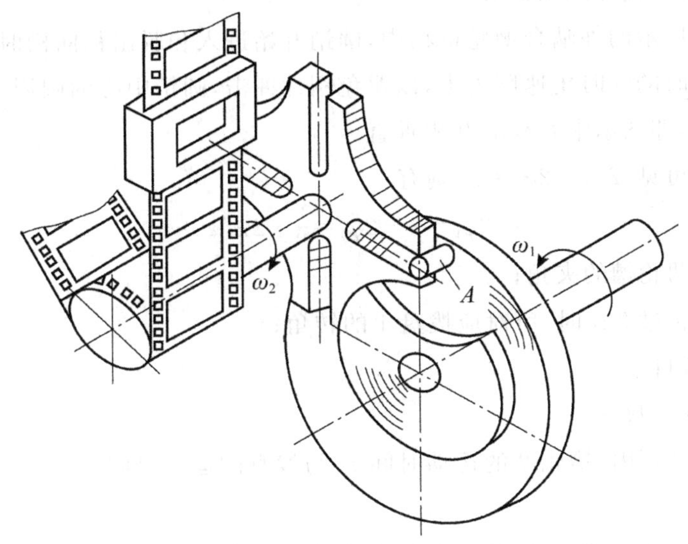

图 2.3.4　电影放映机卷片机构

图 2.3.5 所示为槽轮机构在单轴六角自动车床转塔刀架的转位机构中的应用。

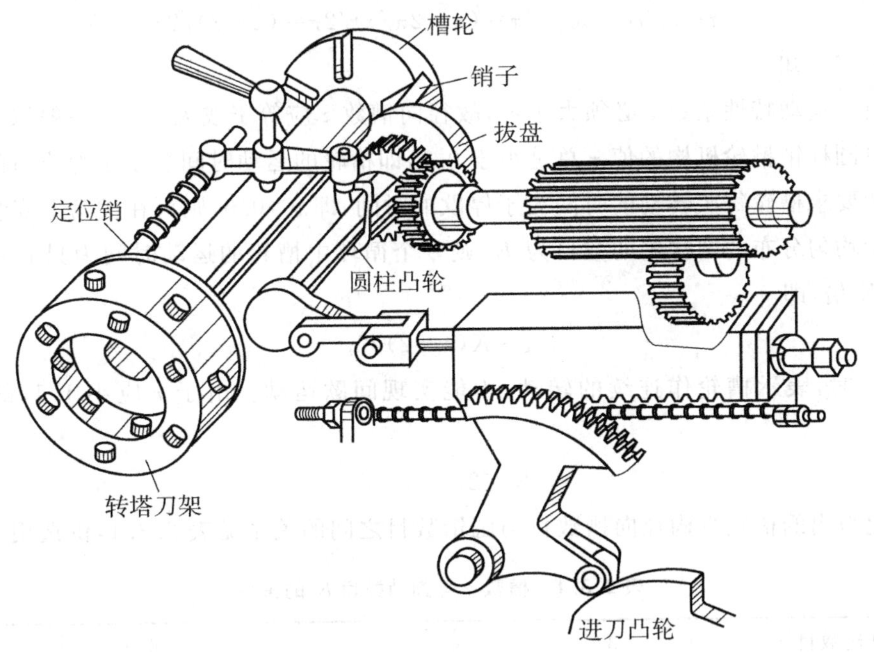

图 2.3.5　单轴六角自动车床转塔刀架的转位机构

(二)槽轮机构主要参数和几何尺寸计算

1. 槽轮机构的主要参数

(1)槽轮槽数和拨盘圆销数目

在图 2.3.1 所示的外啮合槽轮机构中，圆销开始进入和脱出径向槽时，为使槽轮 2 在开始和终止转动时的瞬时角速度为零，以避免刚性冲击，圆销中心的圆周速度的方向应于槽轮中心线相切，即图示中心线应互相垂直。

由图 2.3.1 可见：$2\varphi_1+2\varphi_2=\pi$，则有

$$2\varphi_1=\pi-2\varphi_2=\pi-2\pi/z$$

式中：$2\varphi_2$—相邻两轮槽的夹角；

$2\varphi_1$—槽轮转过 $2\varphi_2$ 时，所对应拨盘 1 的转角；

Z —轮槽数目。

(2)运动特性系数 τ

在一个运动循环内，槽轮 2 的运动时间 t_2 与拨盘的运动时间 t_1 的比值称为运动特性系数。

当拨盘 1 等角速度转动时，这个时间之比可用转角之比来表示。对于只有一个圆销的槽轮机构，t_2 和 t_1 分别对应于拨盘 1 转过的角度 $2\varphi_1$ 和 2π。因此，其运动特性系数 τ 为：

$$\tau=t_2/t_1=2\varphi_2/2\pi=(\pi-2\pi/z)/2\pi=(z-2)/2z$$

由上式可知：

①由于运动特性系数 τ 必须大于零，故径向槽数 z 应等于或大于 3。一般取 4～8。

②单圆柱销槽轮机构的值 τ 总是小于 0.5，即槽轮的运动时间总小于静止时间。

③如要求槽轮每次转动的时间大于停歇的时间，即 $\tau>0.5$，则可在拨盘上安装多个圆柱销。设均匀分布的圆柱销的数目为 K，则一个循环中槽轮的运动时间为只有一个圆柱销时的 K 倍，即

$$\tau=K(z-2)/2z$$

$\tau=1$ 时，表示槽轮作连续的转动，不能实现间歇运动。由于 τ 应小于 1，故由上式可得

$$K<2z/(z-2)$$

由此得出的槽轮机构径向槽数目与圆销数目之间的关系见表 2.3.1，供选用。

表 2.3.1　槽数 z 与圆销数目 K 的关系

槽轮数目 z	3	4	5	6.9	>9
圆销数目 K	1～5	1～3	1～3	1～2	不常用

由以上两式可知，内槽轮机构的运动特性系数 $0.5<\tau<1$，径向槽数 $z\geqslant3$，圆销数 K 只能为 1。

2. 外啮合槽轮机构尺寸计算

中心距按结构确定，槽数 z 则根据工作要求给出的运动特性系数 τ 来确定，其他尺寸可查表 2.3.2 等。

表 2.3.2　槽轮机构几何尺寸计算

名称	符号	计算公式	备注
圆销回转半径	R_1	$R_1=a\sin(\pi/z)$	a 为中心距
槽轮回转半径	R_2	$R_2=a\cos(\pi/z)$	
圆销半径	r	$r\approx R_{1/6}$	
槽底高	b	$b=a-(R_1+r)$	或 $b=a-(R_1+r)-(3\sim5)$
槽深	h	$h\geqslant R_2.b$	
拨盘直径	d_1	$d_1<2(a-R_2)$	
槽轴直径	d_2	$d_2<2(a-R_1-r)$	
锁止弧展开角	γ	$\gamma=2\pi/k-2\varphi_1$ $=2\pi(1/K+1/z-1/2)$	
锁止弧半径	R_1	或 $R_z=K_z(2R_2)$ $R_z=R_1-r-e$	<table><tr><td>z</td><td>3</td><td>4</td><td>5</td><td>6</td><td>8</td></tr><tr><td>K_z</td><td>0.7</td><td>0.35</td><td>0.24</td><td>0.17</td><td>0.10</td></tr></table>e 为槽顶一侧壁厚

二、不完全齿轮机构

(一)不完全齿轮机构的工作原理、类型

不完全齿轮机构是由普通渐开线齿轮机构演化而成的。但不同的是不完全齿轮的轮齿不是布满整个圆周，如图 2.3.6 所示，它可分为外啮合和内啮合两种。

不完全齿轮机构主动轮 1 只有 1 个或几个齿，而从动轮 2 上具有若干个与主动轮 1 相啮合的轮齿及锁止弧，可实现间歇运动。如图 2.3.6(a)所示为外啮合不完全齿轮机构，当主动轮 1 转一转时，从动轮 2 转 1/8 转。从动轮 2 停歇时，有锁止弧将它锁住，以便在开始啮合时能正确地与主动轮 1 啮合。如图 2.3.6(b)所示为内啮合不完全齿轮机构。

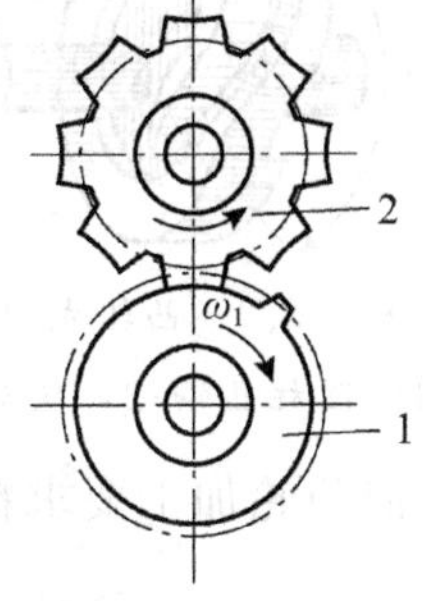

(a)外啮合不完全齿轮机构

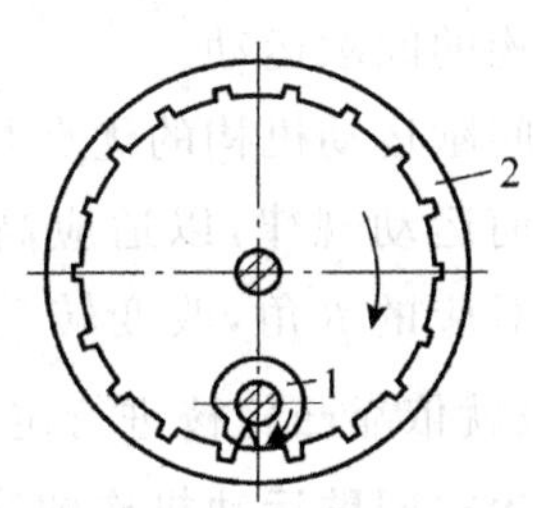

(b)内啮合不完全齿轮机构

图 2.3.6　不完全齿轮机构

1—主动轮；2—从动轮

(二)特点和应用

不完全齿轮机构结构简单,制造方便,工作可靠,从动轮的运动和静止时间比例可不受结构的限制。其缺点是从动轮在进入和脱开啮合时,速度有突变,引起刚性冲击,故一般只低速、轻载场合。

不完全齿轮机构常用于计数器、电影放映机等多工位自动和半自动机械中,图 2.3.7 所示为蜂窝煤压制机工作台上的不完全齿轮间歇传动机构。主动轮 4 每转一周,使从动轮工作台 1 转过 1/5 周,相应的 5 个工位可用来完成煤粉的填装、压制等预期的间歇动作。图 2.3.8 所示为不完全齿轮传动的往复移动机构。

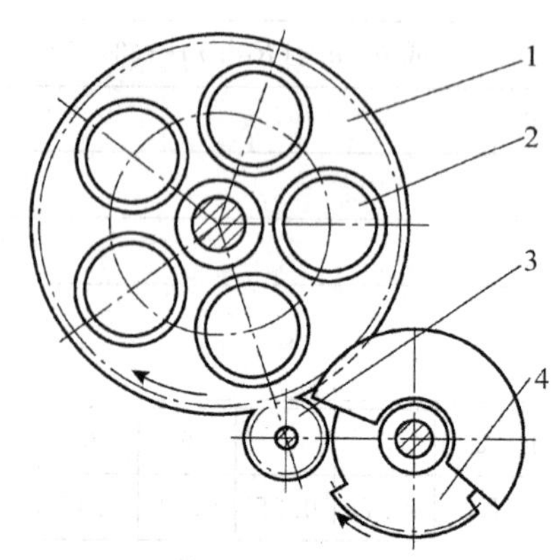

图 2.3.7 不完全齿轮间歇传动机构

1—工作台;2—工位;3—从动轮;4—主动轮

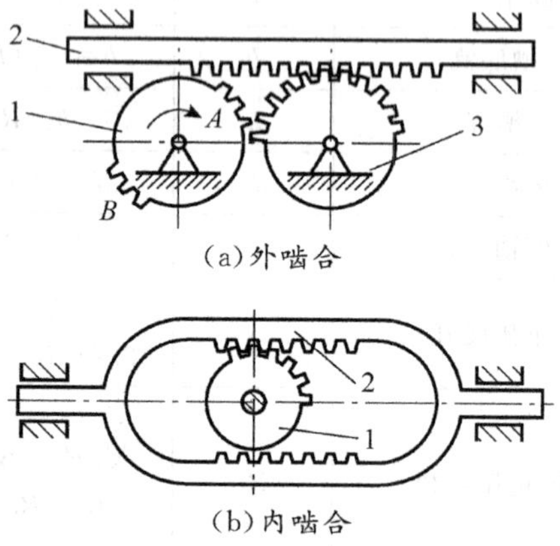

图 2.3.8 不完全齿轮传动的往复移动机构

1—主动轮;2—从动轮 1;3—从动轮 2

三、凸轮式间歇运动机构

(一)凸轮式间歇运动机构工作原理和特点

如图 2.3.9 所示为凸轮式间歇运动机构,它是由凸轮 1 转盘 2 及机架组成的。转盘 2 端面上固定沿圆周均匀分布的若干圆柱销 3。当主动件(凸轮)转过曲线槽所对应的角度 β 时,凸轮曲线槽推动圆柱销使从动件(转盘)转过相邻两圆柱销所夹的中心角 $2\pi/z$(z 为圆柱销数)。当凸轮继续转过其余($2\pi-\beta$)角度时,转盘静止不动。这样。就实现了该机构的间歇运动。

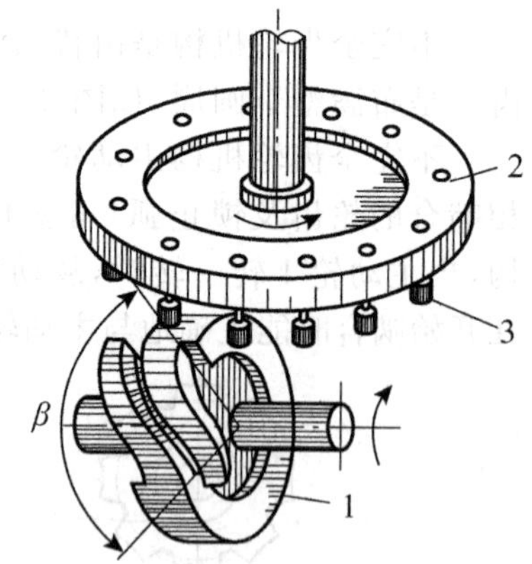

图 2.3.9 凸轮式间歇运动机构

1—圆柱凸轮;2—从动轮;3—圆销

凸轮式间歇运动机构的优点是:转动平稳、可靠,转盘可以实现任何运动规律,以适应高转速要求;可以改变凸轮曲线槽所对应的 β 角,改变转动与停歇时间比值;转盘停歇时,一般就依靠凸轮棱进行定位,不需要附加定位装置。但凸轮加工要求精度高。

(二)凸轮式间歇运动机构的应用

凸轮式间歇运动机构有两种形式,一种是圆柱凸轮间歇运动机构,另一种是蜗杆凸轮间歇运动机构,如图 2.3.10 和图 2.3.11 所示。前者的主动凸轮 1 是具有曲线沟槽(或凸脊)的圆柱凸轮,从动转盘 2 则是均布柱销的圆盘,通常凸轮的槽数为 1,柱销数一般取 $z\geqslant 6$。后者的主动凸轮 1 则是圆弧面蜗杆凸轮,从动转盘 2 具有周向均布柱销的圆盘。对于单头凸轮,柱销数一般也取为 $z\geqslant 6$。

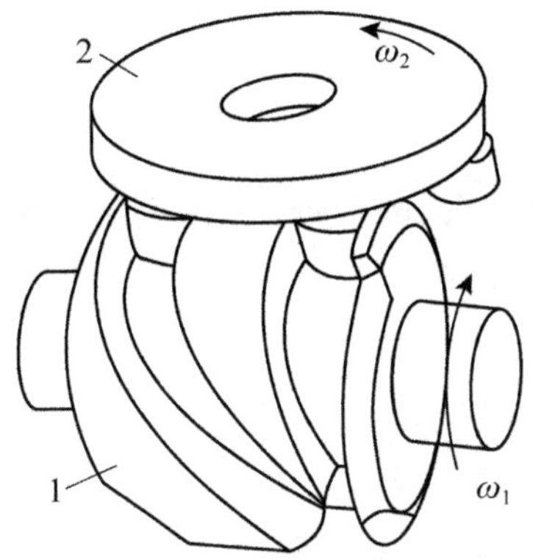

图 2.3.10　圆柱凸轮间歇运动机构

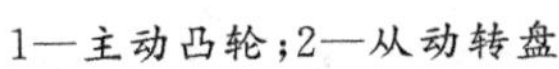

1—主动凸轮;2—从动转盘

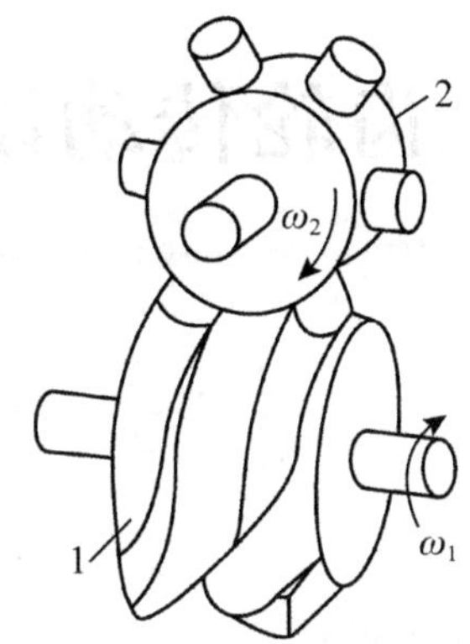

图 2.3.11　蜗杆凸轮间歇运动机构

1—主动凸轮;2—从动转盘

凸轮式间歇运动机构常用于需间歇转位的分度装置和要求步进动作的机械中,如多工位立式半自动机床工作盘的转位、轻工业包装机等。

任务实施

内啮合槽轮机构的工作原理与外啮合槽轮机构一样。相比之下,内啮合槽轮机构比外槽轮机构运动平稳、结构紧凑。但是内槽轮机构的转角不能调节,且运动过程中加速度变化比较大,所以一般只用于转速不高的定角度分度机构中。6 个槽的槽轮机构中主动件转一周,槽轮转 1/6 周;4 个槽的槽轮机构中主动件转一周,槽轮转 1/4 周。

课后思考

(1)请说明槽轮机构的工作原理。

(2)槽轮机构的特点是什么,请举例说出槽轮机构在现实中的应用。

项目3 齿轮传动设计

知识目标：

- 熟悉齿轮传动的类型、特点及应用；
- 掌握渐开线性质及其齿廓啮合特性；
- 掌握齿轮传动的工作原理及工作特性；
- 掌握渐开线直齿圆柱齿轮的主要参数和几何尺寸计算方法；
- 掌握斜齿圆柱齿轮的主要参数和几何尺寸计算方法；
- 掌握锥齿轮的主要参数和几何尺寸计算方法；
- 熟悉轮系的分类；
- 掌握定轴轮系传动比计算方法；
- 掌握定轴轮系的转向判断方法；
- 掌握直齿圆柱齿轮传动的设计方法与步骤；
- 掌握齿轮传动装置的使用与维护方法。

技能目标：

- 能计算渐开线直齿圆柱齿轮的几何尺寸；
- 能计算斜齿圆柱齿轮的几何尺寸；
- 能计算锥齿轮的几何尺寸；
- 能计算定轴轮系传动比；
- 能判断定轴轮系的转向；
- 能设计直齿圆柱齿轮传动；
- 能使用和维护齿轮传动装置。

素质目标：

- 培养爱岗敬业、实事求是、勇于创新的工作作风；
- 具备精益求精、质量第一的做事态度；
- 具备良好的表达和沟通能力。

任务一　齿轮主要参数计算

任务布置

齿轮是机械零件中最基础、最常见的零件，其设计与制造水平直接影响到机械产品的性能和质量。通过完成以下任务，你将学会如何分析直齿圆柱齿轮、斜齿圆柱齿轮以及锥齿轮的结构，并完成主要几何参数计算。

一、计算直齿圆柱齿轮的主要几何尺寸

已知某企业有一对外啮合标准直齿圆柱齿轮传动，其小齿轮已损坏，需选配。已知大齿轮齿数$z_2=70$，测得齿顶圆直径 $d_{a2}=180\text{mm}$，两齿轮传动标准中心距 $a=120\text{mm}$，试计算这对齿轮的传动比和小齿轮的主要几何尺寸(分度圆直径、齿顶圆直径、齿根圆直径、基圆直径、齿距、齿厚、齿槽宽、齿顶高、齿根高、全齿高、顶隙)。

二、计算斜齿圆柱齿轮的主要几何尺寸

已知某企业有一对直齿圆柱齿轮机构：$z_1=26$，$z_2=70$，$m=2.5\text{mm}$，$\alpha=20°$，$h_a^*=1$。为了提高齿轮的平稳性，现要求在传动比和中心距不变，法向模数维持直齿齿轮模数的条件下，将标准直齿圆柱齿轮机构换成标准斜齿圆柱齿轮机构。试求这对斜齿轮的齿数 z_1、z_2 和螺旋角 β 并计算小斜齿轮的主要几何尺寸(分度圆直径、齿顶圆直径、齿根圆直径、基圆直径、法向齿距、端面齿距、法向齿厚、端面齿厚、法向齿槽宽、端面齿槽宽、齿顶高、齿根高、全齿高、顶隙)。

三、计算锥齿轮的主要几何尺寸

已知某企业有一对锥齿轮：大端模数为 2.5mm，齿数$z_1=26$，$z_2=70$，压力角 $\alpha=20°$。试计算小锥齿轮的主要几何尺寸(分度圆直径、齿顶圆直径、齿根圆直径、分度圆齿厚、齿顶高、齿根高、全齿高、顶隙、分锥角、锥距、齿根角、齿顶角、顶锥角、根锥角)。

任务准备

一、齿轮分类

齿轮机构是在各种机构中应用最广泛的一种传动机构，依靠轮齿齿廓直接接触来传递空间任意两轴间的运动和动力。

如图 3.1.1 所示，齿轮机构的种类很多：①根据外轮廓不同，可分为圆柱齿轮、圆锥齿轮、蜗轮蜗杆传动，如图 3.1.2 所示。②根据齿轮两轴间相对位置不同，可分为平行轴、相交轴和交错轴齿轮机构。③在平行轴齿轮传动中，根据啮合方式，分为外啮合、内啮合和齿轮齿条传动，如图 3.1.3 所示，其中，外啮合齿轮机构，两轮转向相反；内啮合齿轮机构，

两轮转向相同；齿轮齿条机构，齿轮旋转，齿条做直线移动。④在平行轴齿轮传动中，根据齿轮齿向，分为直齿、斜齿和人字齿齿轮传动，如图 3.1.4 所示，其中，直齿轮的各轮齿齿向与齿轮轴线的方向一致；斜齿轮的各轮齿齿向与齿轮轴线倾斜一个角度；而人字齿齿轮可认为由两个倾斜方向相反的斜齿轮组合而成。⑤在相交轴齿轮传动中，根据齿向不同可分为直齿、斜齿、曲齿传动，如图 3.1.5 所示。⑥交错轴齿轮传动又可分为交错轴斜齿圆柱齿轮传动、蜗轮蜗杆以及准双曲面齿轮，如图 3.1.6 所示。根据齿轮防护条件不同，可分为开式齿轮传动和闭式齿轮传动，如图 3.1.7 所示，其中开式齿轮传动，齿轮暴露在箱体之外，工作时易落入灰尘杂质，不能保证良好的润滑，轮齿容易磨损，多用于低速或不太重要的场合；闭式齿轮传动，齿轮安装在封闭的箱体内，润滑和维护条件好，安装精确，用于重要的齿轮传动场合。⑦根据齿廓曲线不同，可分为渐开线齿轮、摆线齿轮和圆弧齿轮等，如图 3.1.8 所示，其中渐开线齿轮具有良好的传动性能，而且便于制造、安装、测量和互换使用，因而应用最广。

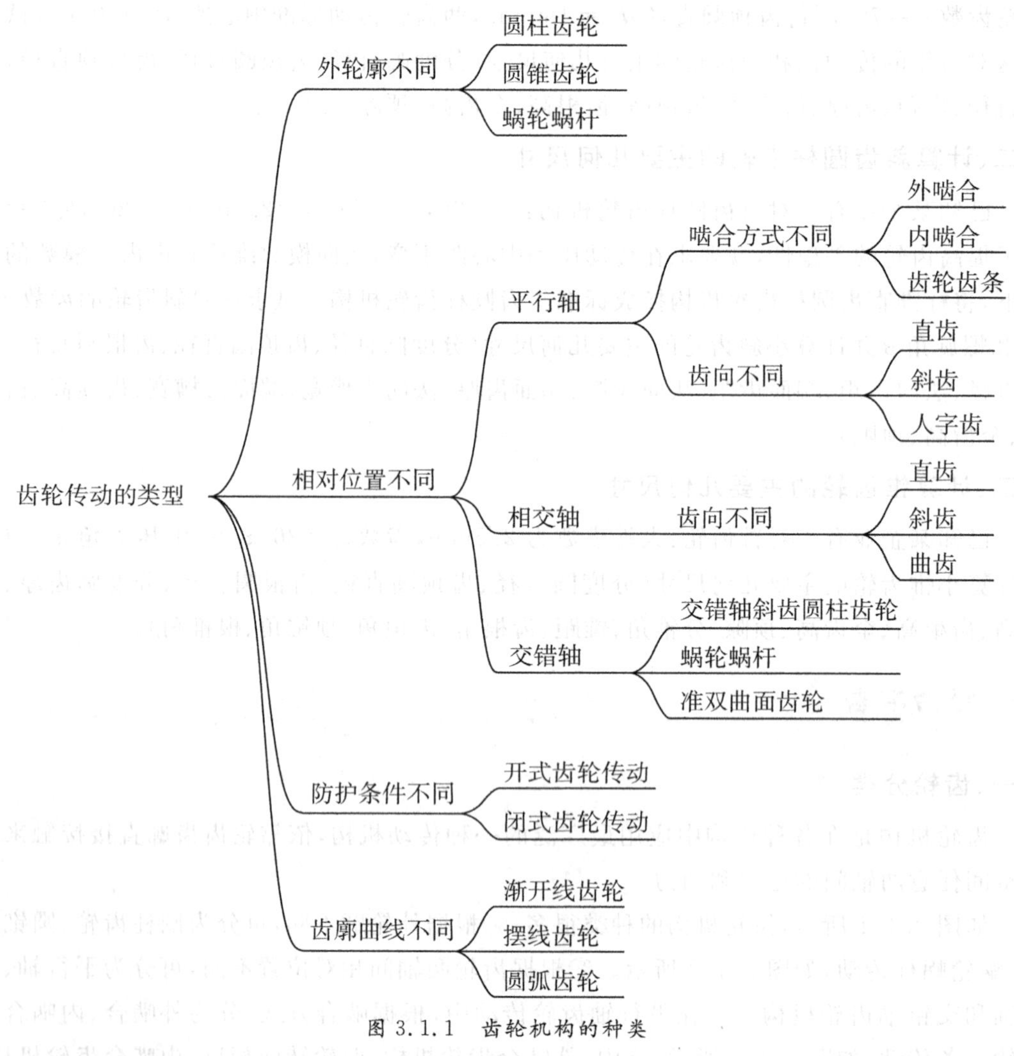

图 3.1.1 齿轮机构的种类

图 3.1.2　圆柱齿轮、圆锥齿轮和蜗轮蜗杆传动

图 3.1.3　外啮合、内啮合和齿轮齿条传动

图 3.1.4　直齿、斜齿和人字齿齿轮传动

图 3.1.5　直齿、斜齿和曲齿传动

图 3.1.6　交错轴斜齿圆柱齿轮、蜗轮蜗杆和准双曲面齿轮传动

图 3.1.7　开式齿轮传动和闭式齿轮传动

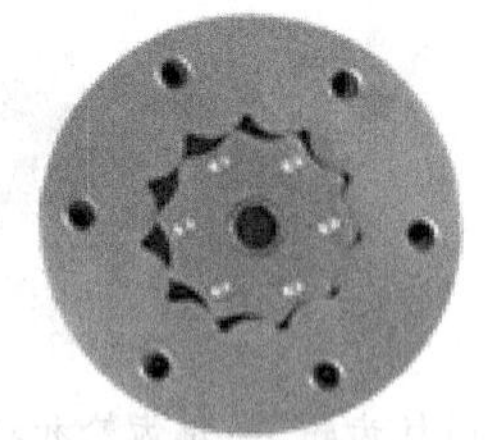

图 3.1.8　渐开线齿轮、摆线齿轮和圆弧齿轮

与其他传动相比，齿轮传动能实现任意位置的两轴传动，具有工作可靠、使用寿命长、效率高、结构紧凑、适用范围广等优点；其主要缺点是制造和安装精度要求较高，成本较高，且不适宜于远距离传动。

齿轮传动需要满足以下要求：①传动平稳可靠；②承载能力高，使用寿命长。研究表明，传动能否平稳可靠，主要与齿轮的齿廓形状有关。能作为齿轮齿廓的曲线很多，但在生产实践中，考虑到设计、制造、安装和使用等因素，最常用的是渐开线齿廓。

二、渐开线标准直齿圆柱齿轮的结构分析

(一)齿轮的齿廓曲线

对齿轮的整周传动而言，不论两齿轮的齿形如何，其平均传动比总等于齿数的反比，即 $i_{12}=\frac{n_1}{n_2}=\frac{z_2}{z_1}$，但其瞬时传动比却与齿廓的形状有关。

如图 3.1.9 所示，为一对相互啮合的齿轮。两齿轮的齿廓在某一点 K 接触，设两齿廓上 K 点处的线速度分别为 v_{k1} 和 v_{k2}。要使这一对齿廓能够通过接触而传动，它们沿接触点的公法线方向的分速度应相等，否则两齿廓会彼此分离或者相互嵌入，即

$$v_{k1}\cos\alpha_{k1}=v_{k2}\cos\alpha_{k2} \tag{3-1}$$

而 $v_{k1}=\omega_1\overline{O_1K}$，$v_{k2}=\omega_2\overline{O_2K}$，因此

$$\omega_1\overline{O_1K}\cos\alpha_{k1}=\omega_2\overline{O_2K}\cos\alpha_{k2} \tag{3-2}$$

其中 $\overline{O_1K}\cos\alpha_{k1}=\overline{O_1N}$，$\overline{O_2K}\cos\alpha_{k2}=\overline{O_2N}$

因此

$$\omega_1\overline{O_1N}=\omega_2\overline{O_2N} \tag{3-3}$$

则

$$i_{12}=\frac{n_1}{n_2}=\frac{\omega_1}{\omega_2}=\frac{\overline{O_2N}}{\overline{O_1N}} \tag{3-4}$$

又因为 $\Delta O_1CN_1\cong\Delta O_2CN_2$，则

$$i_{12}=\frac{n_1}{n_2}=\frac{\omega_1}{\omega_2}=\frac{\overline{O_2N}}{\overline{O_1N}}=\frac{\overline{O_2C}}{\overline{O_1C}} \tag{3-5}$$

上式表明，相互啮合传动的一对齿轮，在任一位置时的传动比，都与其连心线被齿廓接触点处公法线所分割的两线段成反比，这一规律称为齿廓啮合的基本定律。

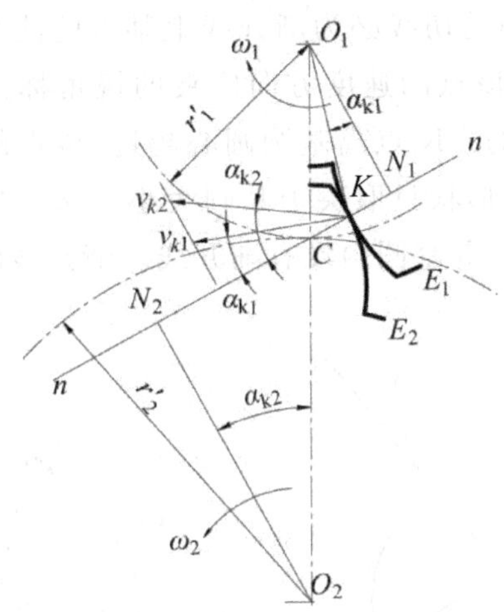

图 3.1.9　一对相互啮合的齿轮的齿廓参数

要保证传动比为定值，则$\dfrac{\overline{O_2C}}{\overline{O_1C}}$的比值应为常数，即两齿轮做定传动比传动的条件是：当两齿轮轴心为定点时，不论两轮齿廓在何位置接触，过接触点所做的两齿廓公法线与两齿轮的连心线必交于一定点。这一定点称为节点。两定传动比传动的齿轮上，以齿轮轴心为圆心，齿轮轴线到节点距离为半径的两个相切的圆，称为节圆。

凡能按照预定传动比规律相互啮合传动的一对齿廓称为共轭齿廓。对于预定的传动比，只要给出一轮的齿廓曲线，就可根据齿廓啮合基本定律求出与其啮合的另一轮上的共轭齿廓曲线。因此，能够满足定传动比规律的共轭曲线轮廓很多。但是轮廓曲线的选择除了定传动比，还必须综合考虑设计、制造、安装、使用和强度等多方面要求。在机械中，应用最广的是渐开线齿廓，其次是摆线齿廓和圆弧齿廓。如图 3.1.10 所示。

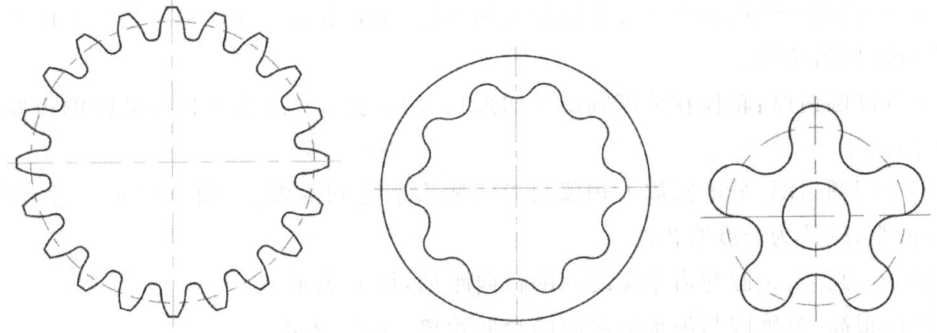

图 3.1.10　渐开线齿廓、摆线齿廓和圆弧齿廓

(二)渐开线特性及渐开线齿廓啮合特点

如图 3.1.11 所示，当直线 NK 沿一圆周做纯滚动时，直线上一点 K 的轨迹 AK 就是该圆的渐开线。这个圆称为渐开线的基圆；直线 NK 称为渐开线的发生线。

由渐开线的形成过程可以知道，渐开线具有以下特性：①发生线沿基圆滚过的线段长度等于基圆上被滚过的相应弧长。②渐开线上任意一点法线也就是渐开线的发生线，必然与基圆相切。换言之，基圆的切线必为渐开线上某点的法线。③如图 3.1.12 所示，渐开线齿廓上某点 K 的法线与该点的速度方向所夹的锐角称为该点的压力角 α_K。渐开线上各点压力角的大小是不同的。K 点离基圆圆心越远，该点的压力角越大。K 点在基圆时，压力角为零。④渐开线的形状只取决于基圆大小。基圆越大渐开线越平坦。直线是基圆半径为无穷大的渐开线。⑤基圆内没有渐开线。渐开线的这些特性是渐开线啮合传动的基础。

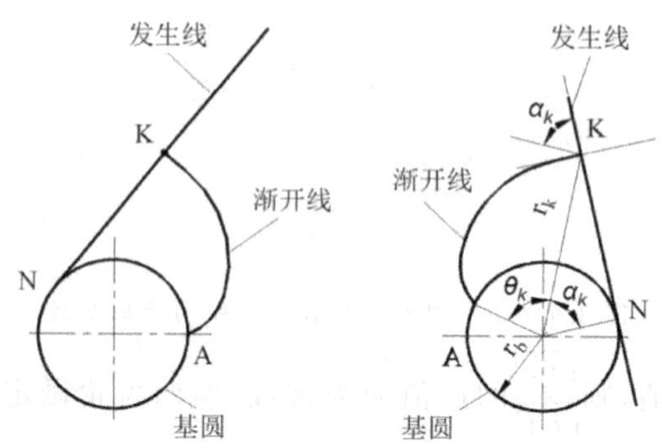

图 3.1.11 渐开线的基圆和发生线　　图 3.1.12 压力角 α_K

(三)渐开线标准直齿圆柱齿轮各部分名称及符号

渐开线标准直齿圆柱齿轮各部分的名称及符号如图 3.1.13 所示。

(1)齿顶圆：过各齿顶端部的圆，用 d_a 表示其直径，r_a 表示其半径。

(2)齿根圆：过各齿槽底部的圆，用 d_f 表示其直径，r_f 表示其半径。

(3)基圆：形成渐开线的基础圆，用 d_b 表示其直径，r_b 表示其半径。

(4)分度圆：为了便于计算齿轮各部分的尺寸，在齿轮上选择一个圆作为尺寸计算基准，用 d 表示其直径，r 表示其半径。

(5)分度圆齿槽宽：齿槽在分度圆周上的弧长，用 e 表示。通常不特指某圆的齿槽宽，默认为分度圆齿槽宽。

(6)分度圆齿厚：轮齿在分度圆周上的弧长，用 s 表示。通常不特指某圆的齿厚，默认为分度圆齿厚。

(7)分度圆齿距：分度圆周上相邻两齿同侧齿廓之间的弧长，用 p 表示。通常不特指某圆的齿距，默认为分度圆齿距。

(8)全齿高：齿顶圆与齿根圆之间的径向距离，用 h 表示。

(9)齿根高：分度圆与齿根圆之间的径向距离，用 h_f 表示。

(10)齿顶高：分度圆与齿顶圆之间的径向距离，用 h_a 表示。

(11)齿宽：轮齿沿齿轮轴线方向的宽度，用 b 表示。

(12)顶隙：在齿轮副中，一个齿轮的齿根圆柱面与配对齿轮的齿顶圆柱面之间在连心线上量度的距离，用 c 表示。

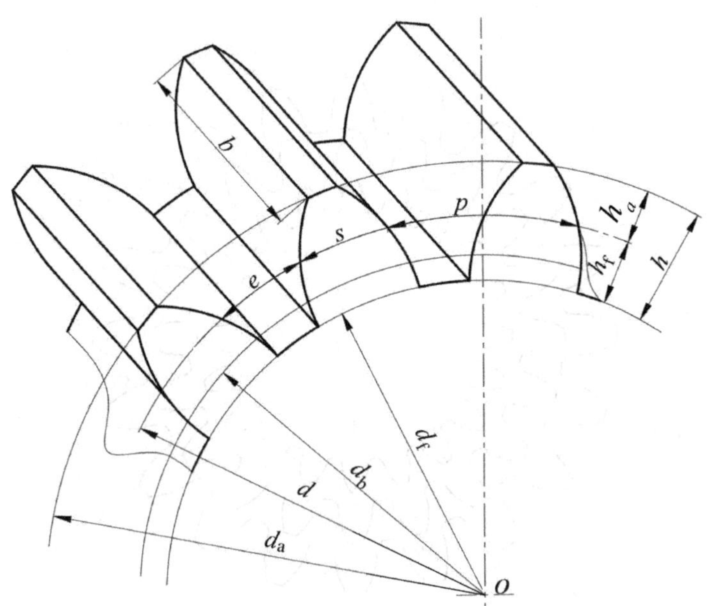

图 3.1.13　渐开线标准直齿圆柱齿轮各部分的名称及符号

(四)渐开线标准直齿圆柱齿轮的主要参数及其符号

1. 齿数 z

在齿轮整个圆周上轮齿的总数,用 z 表示。它影响传动比和齿轮尺寸。

2. 模数 m

模数是分度圆作为齿轮几何尺寸计算依据的基准而引入的参数。

分度圆直径 d 与齿数 z 及齿距 p 有如下关系:

$$\pi d = zp \tag{3-6}$$

则

$$d = \frac{p}{\pi} z \tag{3-7}$$

由于 π 是无理数,为了便于计算、制造和检测,工程上令 p/π 为模数,用 m 表示。即

$$m = p/\pi \tag{3-8}$$

所以,分度圆直径

$$d = mz \tag{3-9}$$

模数 m 是齿轮几何尺寸计算的重要参数。如图 3.1.14 所示,齿数相同的齿轮,模数越大,齿厚尺寸越大,轮齿所能承受的载荷越大。

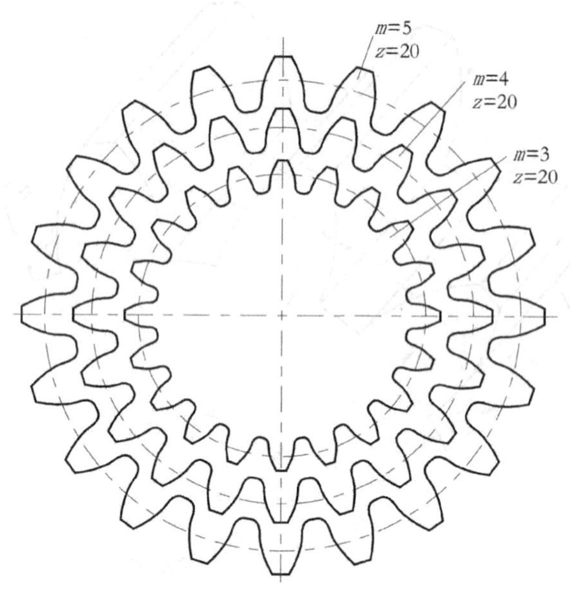

图 3.1.14　模数越大齿厚越大

齿轮的模数已经标准化，设计时可以查表 3.1.1 选择标准模数。

表 3.1.1　渐开线圆柱齿轮模数(摘自 GB/T 1357—2008)　　(单位:mm)

第一系列	1.25	1.5	2	2.5	3	4	5	6	8	10	12	16	20
第二系列	1.75	2.25	2.75	(3.25)	3.5	(3.75)	4.5	5.5	(6.5)	79	(11)	14	18

注:选用模数时，应优先选用第一系列，其次是第二系列，尽可能不用括号内的模数。

3. 压力角 α

由图 3.1.12 可知，同一渐开线齿廓上各点的压力角不同。通常所说的齿轮压力角是指在其分度圆上的压力角，以 α 表示。根据图 3.1.12 有

$$\alpha_K = \text{arcsos}(r_b/r_K) \tag{3-10}$$

压力角是决定齿廓形状的主要参数；国家标准(GB/T 1356－2001)中规定，分度圆上的压力角为标准值，$\alpha=20°$。在一些特殊场合，α 也允许采用其他值。

可见分度圆是齿轮上具有标准模数和标准压力角的圆，任何一个渐开线齿轮都有且仅有一个确定的分度圆。

4. 齿顶高系数 h_a^* 和顶隙系数 c^*

由于齿距与模数成正比，为了使齿形匀称，取齿高的尺寸也与模数成正比，即

$$h_a = h_a^* m \tag{3-11}$$

$$h_f = h_a^* m + c^* m = (h_a^* + c^*)m \tag{3-12}$$

$$h = h_a + h_f = (2h_a^* + c^*)m \tag{3-13}$$

式中：h_a^* —齿顶高系数，$m \geqslant 1\text{mm}$ 时，正常齿制 $h_a^*=1$，短齿制 $h_a^*=0.8$；$m<1\text{mm}$ 时，$h_a^*=1$；

c^* —顶隙系数(一对轮齿啮合时，一个齿轮的齿顶圆到另一个齿轮的齿根圆之间的径

向距离，称为顶隙 c，$c=c^* m$），国家标准规定：$m\geqslant 1$mm 时，正常齿制 $c^*=0.25$，短齿制 $c^*=0.3$；$m<1$mm 时，$c^*=0.35$。

(五)渐开线标准直齿圆柱齿轮几何尺寸计算

为了便于计算和设计，将渐开线标准直齿圆柱齿轮传动几何尺寸的计算公式列于表 3.1.2 中。通常标准齿轮是指 m、α、h_a^*、c^* 均为标准值，而且 $e=s$ 的齿轮。一对标准齿轮分度圆相切时的中心距，称为标准中心距，以 a 表示。

表 3.1.2　标准直齿圆柱齿轮几何尺寸计算公式

名称	代号	计算公式	
		外齿轮	内齿轮
顶隙	c	$c=c^* m$	$c=c^* m$
齿顶高	h_a	$h_a=h_a^* m$	$h_a=h_a^* m$
齿根高	h_f	$h_f=(h_a^*+c^*)m$	$h_f=(h_a^*+c^*)m$
全齿高	h	$h=h_a+h_f=(2h_a^*+c^*)m$	$h=h_a+h_f=(2h_a^*+c^*)m$
齿距	p	$p=\pi m$	$p=\pi m$
齿厚	s	$s=p/2=\pi m/2$	$s=p/2=\pi m/2$
齿槽宽	e	$e=p/2=\pi m/2$	$e=p/2=\pi m/2$
分度圆直径	d	$d=mz$	$d=mz$
基圆直径	d_b	$d_b=d\cos\alpha$	$d_b=d\cos\alpha$
齿根圆直径	d_f	$d_f=d-2h_f=(z-2h_a^*-2c^*)m$	$d_f=d+2h_f=(z+2h_a^*+2c^*)m$
齿顶圆直径	d_a	$d_a=d+2h_a=(z+2h_a^*)m$	$d_a=d-2h_a=(z-2h_a^*)m$
传动比	i	$i=\frac{z_2}{z_1}$	
标准中心距	a	外啮合：$a=\frac{1}{2}(d_1+d_2)=\frac{1}{2}(z_1+z_2)m$ 内啮合：$a=\frac{1}{2}(d_2-d_1)=\frac{1}{2}(z_2-z_1)m$	

三、平行轴斜齿圆柱齿轮传动的结构分析

斜齿轮由于齿向的倾斜，有法面参数和端面参数之分。法面参数在垂直于轮齿方向的面上度量；端面参数在垂直于齿轮轴线的平面上度量，分别用脚标 n、t 加以区别。由于一对斜齿轮的啮合，在端面相当于一对直齿轮的啮合，所以斜齿轮各部分名称不再重复介绍，类比参照直齿轮。

(一)平行轴斜齿圆柱齿轮传动的主要参数及其符号

1. 螺旋角 β

设想将斜齿轮沿分度圆柱面展开，如图 3.1.15 所示，为斜齿轮实物及分度圆柱展开图，分度圆柱面与轮齿相贯，螺旋线便展成一条斜直线，其与轴线的夹角称为斜齿轮分度圆柱面上的螺旋角，简称为斜齿轮的螺旋角，用 β 表示，一般取 $\beta=8°\sim20°$。斜齿轮按其轮齿的旋向可分为右旋和左旋两种，如图 3.1.16 所示。

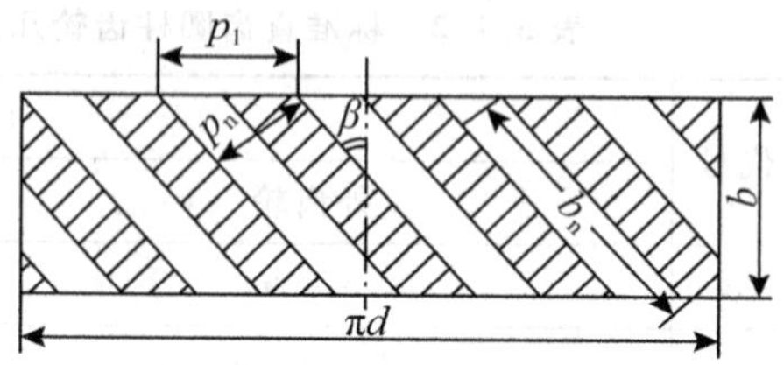

图 3.1.15　斜齿轮实物及分度圆柱展开图

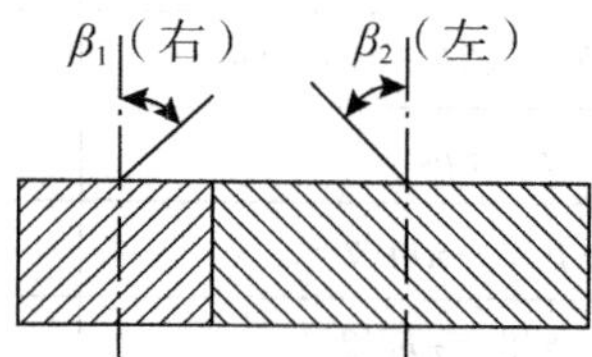

图 3.1.16　右旋和左旋

2. 法向模数 m_n 和端面模数 m_t

由于轮齿的倾斜，轮齿在端面上的齿形(渐开线)和垂直于轮齿方向的法向齿形不同，设 p_n 为法向齿距，p_t 为端面齿距，则由图 3.1.15 得

$$p_n=p_t\cos\beta \tag{3-14}$$

m_n 和 m_t 分别表示法向模数和端面模数，则 $m_n=\frac{p_n}{\pi}$，$m_t=\frac{p_t}{\pi}$，故

$$m_n=m_t\cos\beta \tag{3-15}$$

3. 法向压力角 α_n 和端面压力角 α_t

以 α_n 和 α_t 分别表示法向压力角和端面压力角，由图 3.1.17 得它们之间有如下关系

$$\tan\alpha_n=\frac{\overline{ca'}}{\overline{a'b'}},\tan\alpha_t=\frac{\overline{DB}}{\overline{AB}},\overline{ab}=\overline{a'b'},\overline{ca'}=\overline{ca}\cos\beta$$

故

$$\tan\alpha_n=\tan\alpha_t\cos\beta \tag{3-16}$$

4. 法向和端面齿顶高系数(h_{an}^* 和 h_{at}^*)及法向和端面顶隙系数(c_n^* 和 c_t^*)

斜齿圆柱齿轮在端面上和在法向上的齿高是相等的，即

$$h_{an}^*m_n=h_{at}^*m_t,c_n^*m_n=c_t^*m_t$$

代入 $m_n=m_t\cos\beta$ 得

$$h_{at}^*=h_{an}^*\cos\beta,c_t^*=c_n^*\cos\beta^* \tag{3-17}$$

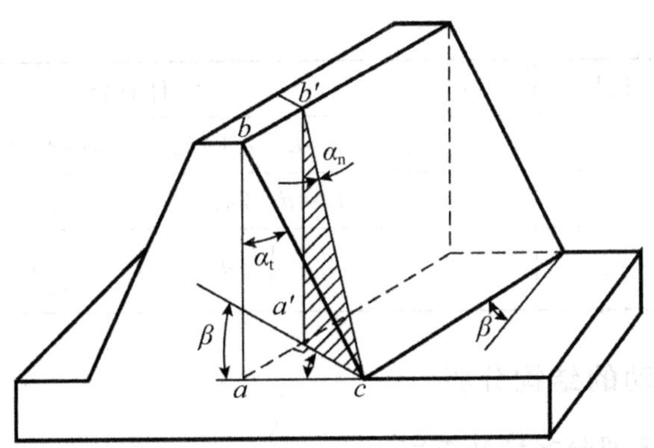

图 3.1.17　法向压力角 α_n 和端面压力角 α_t

(二)平行轴斜齿圆柱齿轮传动的几何尺寸计算

切削加工斜齿轮时，刀具是顺着螺旋齿槽方向进刀，因此，必须按斜齿轮的法向参数来选择刀具，故规定斜齿轮法向上的参数为标准值(m_n、α_n、h_{an}^*、c_n^*，取值规则同直齿圆柱齿轮)。而一对斜齿轮的啮合，在端面相当于一对直齿轮的啮合，故可将直齿轮的几何计算公式应用于斜齿轮的端面计算。

标准斜齿圆柱外齿轮几何尺寸计算公式见表 3.1.3。

表 3.1.3　标准斜齿圆柱外齿轮几何尺寸计算公式

名称	代号	计算公式
端面模数	m_t	$m_t=m_n/\cos\beta$，m_n 为标准值
法向压力角	α_n	20°
螺旋角	β	8°～20°
传动比	i	$i=\frac{z_2}{z_1}$
齿顶高	h_a	$h_a=h_{an}^*m_n$
齿根高	h_f	$h_f=(h_{an}^*+c_n^*)m_n$
全齿高	h	$h=h_a+h_f=(2h_{an}^*+c_n^*)m_n$
顶隙	c	$c=c_n^*m_n$
法向齿距	p_n	$p_n=\pi m_n$
端面齿距	p_t	$p_t=\pi m_t$
法向齿厚	s_n	$s_n=p_n/2=\pi m_n/2$
端面齿厚	s_t	$s_t=p_t/2=\pi m_t/2$
法向齿槽宽	e_n	$e_n=p_n/2=\pi m_n/2$
端面齿槽宽	e_t	$e_t=p_t/2=\pi m_t/2$
分度圆直径	d	$d=m_tz=m_nz/\cos\beta$
基圆直径	d_b	$d_b=d\cos\alpha_t=d\cos(\arctan(\frac{\tan\alpha_n}{\cos\beta}))$

续表

名称	代号	计算公式
齿顶圆直径	d_a	$d_a=d+2h_a=(z/\cos\beta+2\ h_{an}^*)m_n$
齿根圆直径	d_f	$d_f=d-2h_f=(z/\cos\beta-2\ h_{an}^*-2\ c_n^*)m_n$
标准中心距	a	$a=\dfrac{1}{2}(d_1+d_2)=\dfrac{1}{2\cos\beta}(z_1+z_2)m_n$

四、直齿锥齿轮传动的结构分析

(一)直齿锥齿轮各部分名称及符号

直齿锥齿轮各部分的名称及符号如图 3.1.18 所示,相对于圆柱齿轮中的各有关“圆柱”,在锥齿轮处皆为“圆锥”。

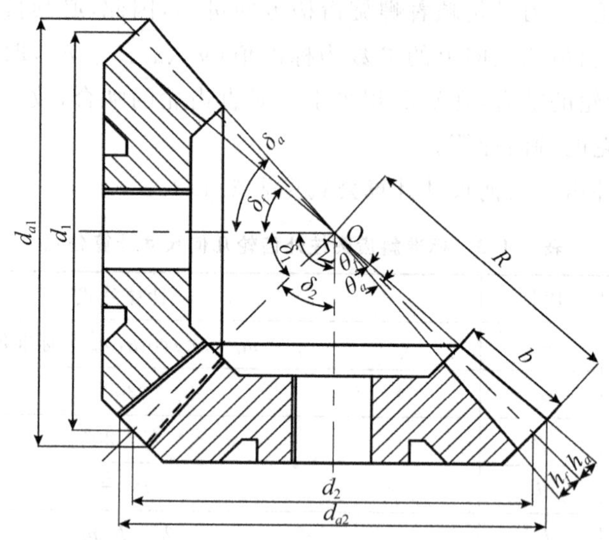

图 3.1.18　直齿锥齿轮各部分的名称及符号

(1)分度圆锥:锥齿轮的分度曲面是圆锥面,称作分度圆锥面(简称分锥)。

(2)分度圆直径 d:分度圆锥的底面直径,称作锥齿轮分度圆直径 d。

(3)分度圆锥角 δ:在锥齿轮的轴向平面内,锥齿轮轴线与分度圆锥面母线之间所夹锐角,称为分度圆锥角(简称分锥角),以 δ 表示。一对锥齿轮轴间夹角 $\sum=\delta_1+\delta_2=90°$。

(4)齿顶圆锥:锥齿轮的齿顶曲面为圆锥面,称齿顶圆锥面,简称顶锥,是包容所有轮齿顶面的圆锥面。

(5)齿顶圆直径 d_a:齿顶圆锥的底面直径,称作锥齿轮齿顶圆直径,以符号 d_a 表示。

(6)顶锥角δ_a:在锥齿轮的轴向平面内,锥齿轮轴线与顶锥面母线之间所夹锐角,称为顶锥角,以δ_a 表示。

(7)齿顶角θ_a:在锥齿轮的轴向平面内,锥齿轮分度圆锥面母线与顶锥面母线之间所夹锐角,称为齿顶角,以θ_a 表示。

(8)齿根圆锥：锥齿轮的齿根曲面是圆锥面，称齿根圆锥面，简称根锥，是包容所有齿槽底面的圆锥面。

(9)齿根圆直径 d_f：齿根圆锥的底面直径，称作锥齿轮齿根圆直径，以符号 d_f 表示。

(10)根锥角δ_f：在锥齿轮的轴向平面内，锥齿轮轴线与根锥面母线之间所夹锐角，称为根锥角，以δ_f 表示。

(11)齿根角θ_f：在锥齿轮的轴向平面内，锥齿轮分度圆母线与根锥面母线之间所夹锐角，称为齿根角，以θ_f 表示。

(12)锥距 R：分度圆锥锥顶到大端的距离，称为锥距，以 R 表示。

(二)直齿锥齿轮的主要参数及其符号

为了制造和测量的方便，直齿锥齿轮规定以大端参数为标准值。

(1)模数 m：大端模数 m，按《锥齿轮模数》(GB 12368－1990)选取。

(2)压力角 α：一般取 20°。

(3)齿顶高系数$h_a{}^*$ 和顶隙系数 c^*：锥齿轮一般取$h_a^*=1$，$c^*=0.2$。

(三)直齿锥齿轮的几何尺寸计算

为了便于计算和设计，将直齿锥齿轮几何尺寸的计算公式列于表 3.1.4 中。

表 3.1.4　直齿锥齿轮几何尺寸计算公式

名称	代号	计算公式
大端模数	m	按 GB 12368－1990 取标准值
分度圆锥角	δ	$\delta_1=90°-\delta_2$ $\delta_2=\arctan\dfrac{z_2}{z_1}$
传动比	i	$i=\dfrac{z_2}{z_1}=\tan\delta_2=\cot\delta_1$
分度圆直径	d	$d=mz$
齿顶高	h_a	$h_a=h_{an}^*m_n=m$
齿根高	h_f	$h_f=(h_a^*+c^*)m=1.2m$
全齿高	h	$h=h_a+h_f=(2h_a^*+c^*)m=2.2m$
顶隙	c	$c=c^*m=0.2m$
分度圆齿厚	s	$s=p/2=\pi m/2$
齿顶圆直径	d_a	$d_a=d+2h_a=(z+2h_a^*\cos\delta)m=(z+2\cos\delta)m$
齿根圆直径	d_f	$d_f=d-2h_f=(z-2h_a^*\cos\delta-2c^*\cos\delta)m=(z-2.4\cos\delta)m$
齿顶角	θ_a	$\theta_a=\arctan\dfrac{h_f}{R}$(不等顶隙齿)；$\theta_a=\theta_f$(等顶隙齿)
齿根角	θ_f	$\theta_f=\arctan\dfrac{h_f}{R}$
顶锥角	δ_a	$\delta_a=\delta+\theta_a$
根锥角	δ_f	$\delta_f=\delta-\theta_f$
锥距	R	$R=\dfrac{1}{2}\sqrt{d_1^2+d_2^2}$

任务实施

一、计算直齿圆柱齿轮的主要几何尺寸

对于正常齿制标准齿轮$h_a^*=1$、$c^*=0.25$、$\alpha=20°$，由 $d_a=d+2h_a=m(z+2h_a^*)$得模数为

$$m=\frac{d_{a2}}{z_2+2h_a^*}=\frac{180}{70+2\times 1}=2.5\text{mm}$$

由 $a=\frac{1}{2}m(z_1+z_2)$，得：

小齿轮齿数为

$$z_1=\frac{2a}{m}-z_2=\frac{2\times 120}{2.5}-70=26$$

因此传动比为

$$i=\frac{z_2}{z_1}=\frac{70}{26}=2.69$$

小齿轮的主要几何尺寸计算如下：

小齿轮分度圆直径

$$d_1=mz_1=2.5\times 26=65\text{mm}$$

小齿轮齿顶圆直径

$$d_{a1}=m(z_1+2h_a^*)=2.5\times(26+2\times 1)=70\text{mm}$$

小齿轮齿根圆直径

$$d_{f1}=m(z_1-2h_a^*-2c^*)=2.5\times(26-2\times 1-2\times 0.25)=58.75\text{mm}$$

小齿轮基圆直径

$$d_b=d_1\cos\alpha=65\times\cos 20°=65\times 0.94=61.1\text{mm}$$

齿距

$$p=\pi m=3.14\times 2.5=7.85\text{mm}$$

齿厚和齿槽宽

$$s=e=p/2=\frac{7.85}{2}=3.925\text{mm}$$

齿顶高

$$h_a=h_a^*m=1\times 2.5=2.5\text{mm}$$

齿根高

$$h_f=(h_a^*+c^*)m=(1+0.25)\times 2.5=3.125\text{mm}$$

全齿高

$$h=h_a+h_f=2.5+3.125=5.625\text{mm}$$

顶隙

$$c=c^{*}m=0.25\times2.5=0.625\text{mm}$$

二、计算斜齿圆柱齿轮的主要几何尺寸

传动比 $i=\dfrac{z_2}{z_1}=\dfrac{70}{26}=2.69$，中心距 $a=\dfrac{m(z_1+z_2)}{2}=\dfrac{2.5\times(26+70)}{2}=120\text{mm}$

由斜齿轮中心距

$$a=\frac{m_n(z_1+z_2)}{2\cos\beta}$$

得

$$\cos\beta=\frac{m_n(z_1+z_2)}{2a}=\frac{m_n(1+i)z_1}{2a}=\frac{2.5\times(1+2.69)z_1}{2\times120}=\frac{z_1}{26}$$

因为 $\cos\beta<1$，所以 z_1 只能取小于 26 的数。

用试算法：

若取 $z_1=25$，则

$$\cos\beta=\frac{25}{26}=0.96,\beta=16.26020471^\circ$$

若取 $z_1=24$，则

$$\cos\beta=\frac{24}{26}=0.923,\beta=22.63132136^\circ$$

一般要求 β 应在 $8^\circ\sim20^\circ$ 范围内，可取 $z_1=25$，则

$$z_2=iz_1=2.69\times25=67,\beta=16.26020471^\circ$$

小斜齿轮的主要几何尺寸计算如下：

小斜齿轮分度圆直径

$$d_1=m_tz_1=m_nz_1/\cos\beta=2.5\times25/0.96=65\text{mm}$$

小斜齿轮齿顶圆直径

$$d_{a1}=m_n(z_1/\cos\beta+2h_{an}^{*})=2.5\times(25/0.96+2\times1)=70\text{mm}$$

小斜齿轮齿根圆直径

$$d_{f1}=m_n(z_1/\cos\beta-2h_{an}^{*}-2c_n^{*})=2.5\times(25/0.96-2\times1-2\times0.25)=58.75\text{mm}$$

小斜齿轮基圆直径

$$d_b=d_1\cos\alpha_t=65\times\cos(\arctan(\tan\alpha_n/\cos\beta))=65\times\cos(\arctan(\tan20^\circ/0.96))=60.8\text{mm}$$

法向齿距

$$p_n=\pi m_n=3.14\times2.5=7.85\text{mm}$$

端面齿距

$$p_t=\pi m_t=\pi m_n/\cos\beta=3.14\times2.5/0.96=7.85/0.96=8.18\text{mm}$$

法向齿厚和齿槽宽

$$s_n=e_n=p_n/2=\frac{7.85}{2}=3.925\text{mm}$$

端面齿厚和齿槽宽

$$s_t=e_t=p_t/2=\frac{8.18}{2}=4.09\text{mm}$$

齿顶高

$$h_a=h_{an}^*m_n=1\times2.5=2.5\text{mm}$$

齿根高

$$h_f=(h_{an}^*+c_n^*)m_n=(1+0.25)\times2.5=3.125\text{mm}$$

全齿高

$$h=h_a+h_f=2.5+3.125=5.625\text{mm}$$

顶隙

$$c=c_n^*m_n=0.25\times2.5=0.625\text{mm}$$

三、计算锥齿轮的主要几何尺寸

小锥齿轮分度圆直径

$$d_1=mz_1=2.5\times26=65\text{mm}$$

齿顶高

$$h_a=h_a^*m=1\times2.5=2.5\text{mm}$$

分锥角

$$\delta_1=\arctan(z_1/z_2)=\arctan\left(\frac{26}{70}\right)=20.37643521°$$

小锥齿轮齿顶圆直径

$$d_{a1}=d_1+2h_a\cos\delta_1=65+2\times2.5\times\cos(20.37643521°)=69.687\text{mm}$$

齿根高($c^*=0.2$)

$$h_f=(h_a^*+c^*)m=(1+0.2)\times2.5=3\text{mm}$$

小锥齿轮齿根圆直径

$$d_{f1}=d_1-2h_f\cos\delta_1=65-2\times3\times\cos(20.37643521°)=59.375\text{mm}$$

分度圆齿厚

$$s=\pi m/2=2.5\pi/2=3.93\text{mm}$$

全齿高

$$h=h_a+h_f=2.5+3=5.5\text{mm}$$

顶隙

$$c=c^*m=0.2\times2.5=0.5\text{mm}$$

锥距

$$R=\frac{m}{2}\sqrt{z_1^2+z_2^2}=\frac{2.5}{2}\times\sqrt{26^2+70^2}=93.34\text{mm}$$

齿根角

$$\theta_f=\arctan(h_f/R)=\arctan\left(\frac{3}{93.34}\right)=1.84°$$

齿顶角

$$\theta_a=\arctan(h_a/R)=\arctan\left(\frac{2.5}{93.34}\right)=1.53°$$

小锥齿轮顶锥角

$$\delta_{a1}=\delta_1+\theta_a=20.38°+1.53°=21.91°$$

小锥齿轮根锥角

$$\delta_{f1}=\delta_1-\theta_f=20.38°-1.84°=18.54°$$

课后思考

一、比较三个任务

1. 试比较子任务一和子任务三，当配对齿数、模数和压力角相同的情况下直齿圆柱齿轮和锥齿轮的几何参数及传动比的异同。

2. 试比较子任务一和子任务二，当传动比和中心距相同且斜齿轮法向模数等于直齿轮模数的情况下直齿圆柱齿轮和斜齿轮的几何参数的异同。

二、计算直齿圆柱齿轮的主要几何尺寸

已知某企业有一对外啮合标准直齿圆柱齿轮传动，其小齿轮已损坏，需选配。已知大齿轮齿数 $z_2=80$，测得齿顶圆直径为 $d_{a2}=180$mm，两齿轮传动标准中心距 $a=120$mm，试计算这对齿轮的传动比和小齿轮的主要几何尺寸（分度圆直径、齿顶圆直径、齿根圆直径、基圆直径、齿距、齿厚、齿槽宽、齿顶高、齿根高、全齿高、顶隙）。

试与子任务一比较，当一对啮合的直齿圆柱齿轮，中心距和大齿轮齿顶圆直径保持不变时，改变大齿轮齿数，会对齿轮的传动比以及小齿轮尺寸产生怎样的影响？

三、计算斜齿圆柱齿轮的主要几何尺寸

已知某企业有一对直齿圆柱齿轮机构：$z_1=26$，$z_2=70$，$m=3mm$，$\alpha=20°$，$h_a^*=1$。为了提高齿轮的平稳性，现要求在传动比和中心距不变，法向模数维持直齿齿轮模数的条件下，将标准直齿圆柱齿轮机构改换成标准斜齿圆柱齿轮机构。试求这对斜齿轮的齿数 z_1、z_2 和螺旋角 β 并计算小斜齿轮的主要几何尺寸（分度圆直径、齿顶圆直径、齿根圆直径、基圆直径、法向齿距、端面齿距、法向齿厚、端面齿厚、法向齿槽宽、端面齿槽宽、齿顶高、齿根高、全齿高、顶隙）。

试与子任务二比较，为提高齿轮传动平稳性，将一对直齿圆柱齿轮机构改换成斜齿圆柱齿轮机构，当原直齿轮机构配对齿数、压力角和齿顶高系数保持不变但模数改变时，是否会对所更换的斜齿轮的齿数、螺旋角以及小齿轮几何尺寸产生影响？若会，是怎样的影响？

四、计算锥齿轮的主要几何尺寸

已知某企业有一对锥齿轮：大端模数为 2.5mm，齿数 $z_1=30$，$z_2=70$，压力角 $\alpha=20°$。试计算小锥齿轮的主要几何尺寸（分度圆直径、齿顶圆直径、齿根圆直径、分度圆齿厚、齿

顶高、齿根高、全齿高、顶隙、分锥角、锥距、齿根角、齿顶角、顶锥角、根锥角)。

试与子任务三比较,一对锥齿轮,模数、大齿轮齿数、压力角保持不变时,改变小齿轮齿数,会对小锥齿轮几何尺寸产生怎样的影响?

知识拓展

一、齿轮加工方法

齿轮轮齿的加工方法很多,有铸造法、热轧法、模锻法、冲压法和切削加工法等,最常用的是切削加工法。轮齿的切削加工方法按其原理可分为成形法(仿形法)和展成法(范成法)两类。

(一)成形法(仿形法)

成形法(仿形法)使用与齿轮齿槽形状相同的圆盘铣刀(图 3.1.19(a))或指状铣刀(图 3.1.19(b))在铣床上进行加工。加工时铣刀绕本身的轴线旋转,同时齿坯沿轴线方向移动,铣完一个齿槽后,齿坯退回到原位,分度头将轮坯转过 $2\pi/z$,再铣下一个齿槽,以此类推,直到铣出所有齿槽。

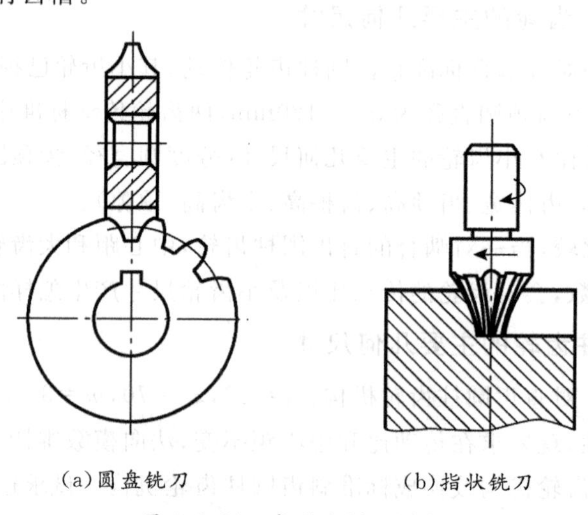

(a)圆盘铣刀　　(b)指状铣刀

图 3.1.19　成形法(仿形法)

由于轮齿渐开线的形状是随基圆的大小不同而不同的,而基圆的半径 $r_b = r\cos\alpha = \frac{mz}{2}\cos\alpha$,所以当 α 及 m 一定时,渐开线齿廓的形状将随齿轮齿数而变化。如要铣出完全准确的齿廓,则在加工 α 及 m 相同,而齿数不同的齿轮时,每一种齿数的齿轮都要准备专门的铣刀。显然,在实际加工中这是不切实际的。因此,在工程上加工同样 α 及 m 的齿轮时,根据齿数不同,一般备有 8 把一套的铣刀,每把铣刀可铣一定齿数范围内的齿轮,表3.1.5 是 8 把一套铣刀的具体规定。每一号铣刀的齿形与其对应齿数范围中最少齿数的轮齿齿形相同。

表 3.1.5　齿轮铣刀刀号及加工的齿数范围

刀号	1	2	3	4	5	6	7	8
加工齿数范围	12～13	14～16	17～20	21～25	26～34	35～54	55～134	≥135

成形法(仿形法)切齿方法简单,不需要专门机床,但精度差,而且因为是逐齿切削,切削不连续,故生产效率低,适用于精度要求不高的单件或小批量的齿轮加工。

(二)展成法(范成法)

这种方法是加工齿轮中最常用的一种方法。展成法(范成法)是利用一对齿轮(或齿轮与齿条)互相啮合时其共轭齿廓护卫包络线的原理来切削齿轮齿廓。加工时将其中一个齿轮(或齿条)变为刀具,另一个作为轮坯,并使二者按原传动比进行传动。在传动过程中,切削刃在轮坯上留下连续的切削刃廓线,切削刃所形成的包络线即为被加工的轮齿齿廓。

展成法种类很多,有插齿、滚齿、剃齿、磨齿等,其中最常用的是插齿和滚齿,在精度和表面粗糙度要求较高的场合常用剃齿或磨齿。

1. 插齿

如图 3.1.20 所示为用齿轮插刀加工齿轮。齿轮插刀是一个具有切削刃的渐开线齿轮,其模数和压力角预备加工齿轮相同,顶部比正常齿高出 $c^* m$,以便切出顶隙部分。它与轮坯安装在插齿机上,按一定的传动比转动,就像一对齿轮啮合传动一样,称为展成运动。同时插刀沿轮坯齿宽方向作往复切削运动,插刀刀刃各个位置的包络线就形成了齿轮的渐开线齿廓。

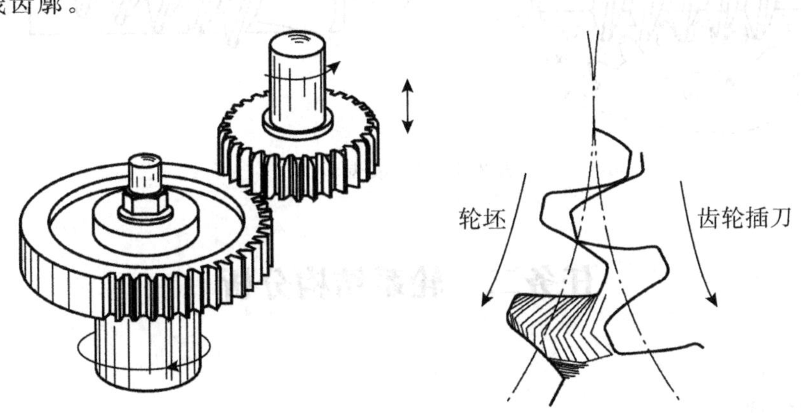

图 3.1.20　齿轮插刀加工齿轮

当齿轮插刀的齿数增加到无穷多时,基圆半径为无穷大,插刀的齿廓变成直线,齿轮插刀变成齿条插刀,如图 3.1.21 所示。

插齿加工其切削不连续,生产效率低,因此,在生产中更广泛地采用滚齿加工。

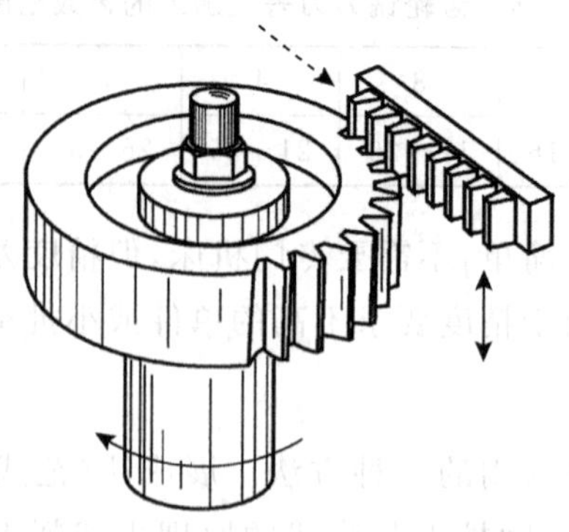

图 3.1.21 齿条插刀加工齿轮

2. 滚齿

滚齿加工原理与用齿条插刀加工齿轮基本相同。如图 3.1.22 所示，齿轮滚刀呈螺旋形，沿纵向开出沟槽，其轴向剖面与齿条相同。当滚刀转动时，相当于这个假想的齿条连续地向一个方向移动，轮坯又相当于与齿条相啮合的齿轮，从而滚刀能按照展成原理在轮坯加工渐开线齿廓。滚刀除旋转外，还沿轮坯的轴向逐渐移动，以便切出整个齿宽。

用展成法加工齿轮，一把刀具可加工出同模数、同压力角而不同齿数的所有齿轮，其加工精度较高，生产率也较高，在成批生产中最宜采用。

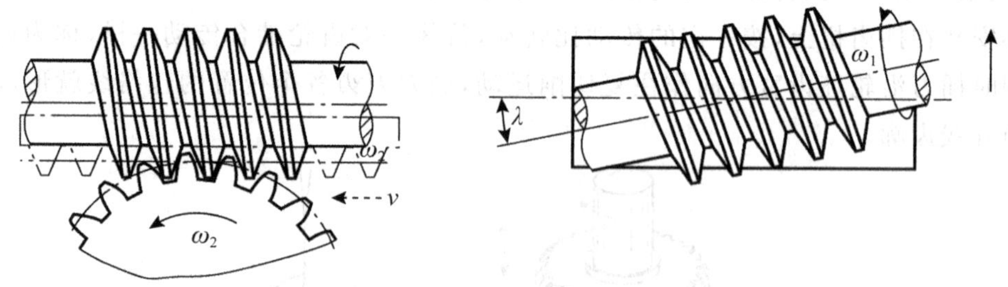

图 3.1.22 滚齿加工

任务二 轮系结构分析

任务布置

在机械传动中，仅用一对齿轮往往不能满足远距离传动、变速和换向等要求，需采用一系列相互啮合的齿轮组成的传动系统（轮系）来完成。

例如图 3.2.1 所示为一轮系组成的提升装置，其中各齿轮齿数已知，试求出传动比 i_{15}，并画出当提升重物时电动机轴的转向。

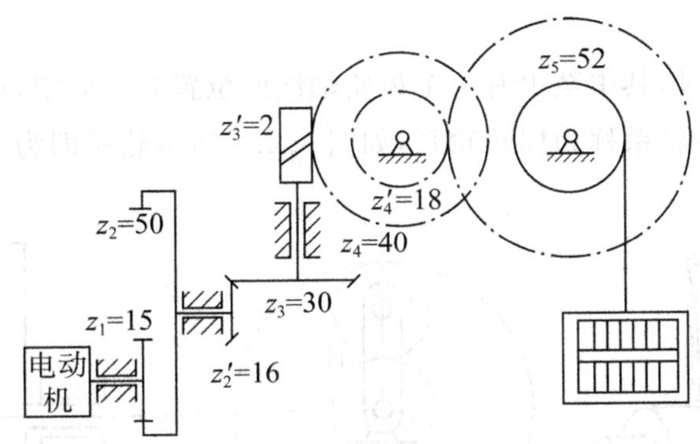

图 3.2.1　轮系组成的提升装置

任务准备

一、齿轮系的分类与应用

由一对齿轮组成的机构是齿轮传动的最简单形式。但在实际机械中，仅用一对齿轮组成的齿轮机构往往难以满足不同的工作要求，常采用一系列互相啮合的齿轮实现输入轴和输出轴之间运动和动力的传输。这种由一系列的齿轮所组成的齿轮传动系统统称为齿轮系，简称轮系。

（一）齿轮系的分类

根据轮系运转时各个齿轮的轴线相对于机架的位置是否固定，将轮系分为三大类：定轴轮系、周转轮系和复合轮系。

1. 定轴轮系

如果轮系在运转时，其各个齿轮的轴线相对于机架的位置都是固定的，这种轮系就称为定轴轮系，如图 3.2.2 所示轮系即为其中一例。

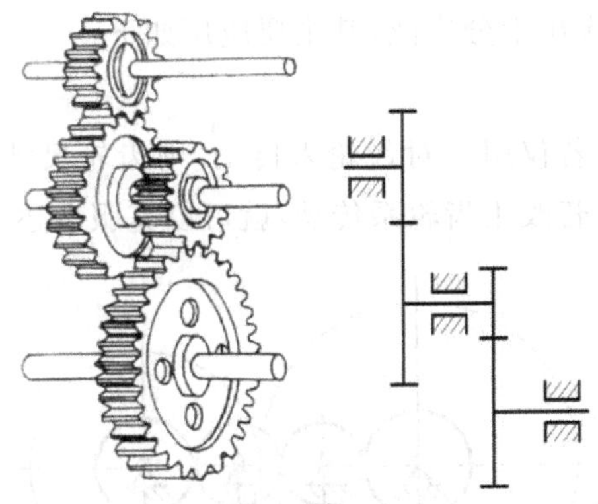

图 3.2.2　定轴轮系

2. 周转轮系

如果在轮系运转时，其中至少有一个齿轮轴线的位置并不固定，而是绕着其他齿轮的固定轴线回转，则这种轮系称为周转轮系，如图 3.2.3 所示轮系即为其中一例。

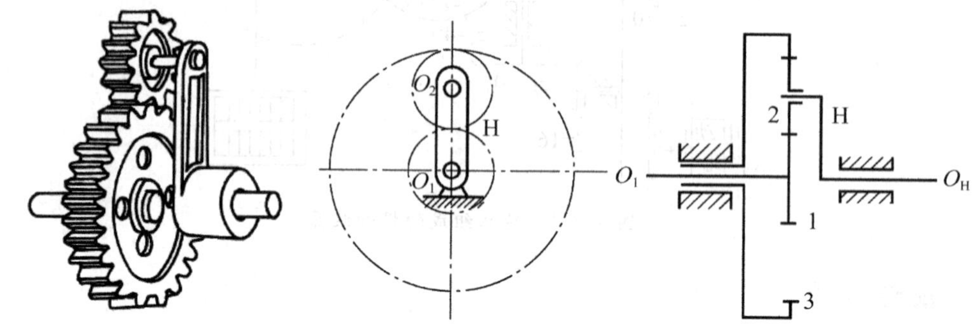

图 3.2.3 周转轮系

在周转轮系中，绕着固定轴线回转的齿轮称为太阳轮，如图 3.2.3 中的齿轮 1；有的齿轮一方面绕着自身轴线旋转，另一方面又绕着固定轴线作公转，类似于行星的运动，这样的齿轮称为行星轮，如图 3.2.3 中的齿轮 2；带动行星轮围绕固定轴线旋转的构件称为行星架、转臂或系杆，如图 3.2.3 中的构件 H。在周转轮系中，一般都以太阳轮和行星架作为输入和输出构件。周转轮系还可根据其自由度的数目作进一步划分。若自由度为 2，则称其为差动轮系；若自由度为 1(有一个中心轮固定)，则称其为行星轮系。

3. 复合轮系

在实际机械中的轮系，往往既包含定轴轮系又包含周转轮系，或者是由几部分周转轮系组成，这种轮系称为复合轮系。

(二)齿轮系的应用

在各种机械中轮系的应用十分广泛，其主要应用如下：

1. 实现远距离传动

当两轴间距离较大时，若仅用一对齿轮来传动，则齿轮尺寸过大，既占空间又浪费材料，且制造安装都不方便。若改用齿轮系传动，就可以克服上述缺点，如图 3.2.4 所示。

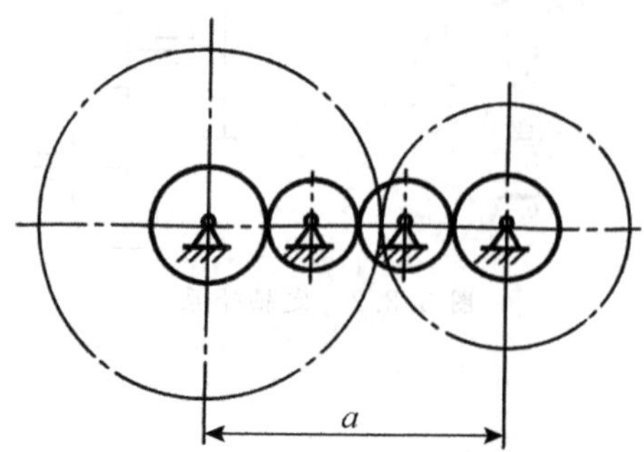

图 3.2.4 远距离传动

2. 实现较大的传动比

一对齿轮的传动比有限，当需要大的传动比时，应采用轮系来实现，特别是采用周转轮系，可用很少的齿轮、紧凑的结构，得到很大的传动比，如图 3.2.5 所示即为一例。当 $z_1=100$，$z_2=101$，$z_2'=100$，$z_3=99$ 时，其传动比可达 10000。

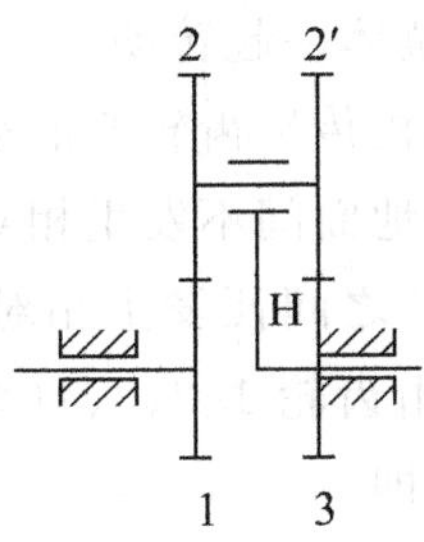

图 3.2.5　较大传动比案例

3. 实现变速、变向传动

在主动轴转速不变的情况下，应用齿轮系可使从动轮获得多种转速，此种传动则称为变速传动。如图 3.2.6 所示为汽车的变速箱。图中轴Ⅰ为动力输入轴，轴Ⅱ为动力输出轴，4、6 为滑移齿轮，A、B 为牙嵌离合器。该变速箱可使输出轴得到四种转速。

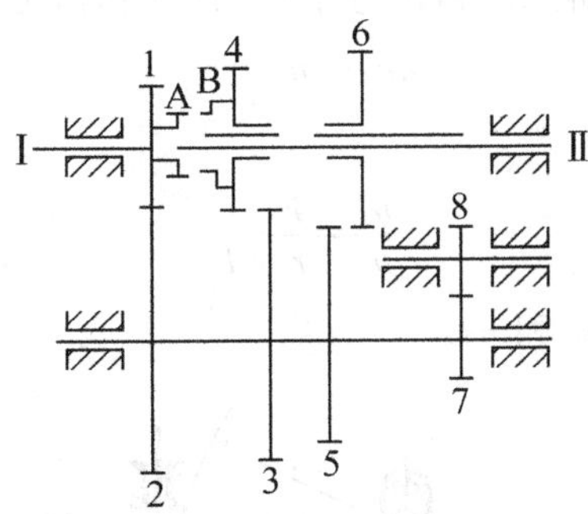

图 3.2.6　汽车的变速箱轮系

第一挡，齿轮 5、6 相啮合而齿轮 3、4 和离合器 A、B 均脱离。

第二挡，齿轮 3、4 相啮合而齿轮 5、6 和离合器 A、B 均脱离。

第三挡，离合器 A、B 相嵌合而齿轮 3、4 和齿轮 5、6 均脱离。

倒退挡，齿轮 6、8 相啮合而齿轮 3、4 和齿轮 5、6 以及离合器 A、B 均脱离，此时由于惰轮 8 的作用输出轴Ⅱ反转。

4. 实现运动的合成

合成运动是将两个输入运动合为一个输出运动，可通过差动轮系实现。如图 3.2.7 所示为一例简单的用作合成运动的轮系，$2n_H=n_1+n_3$。这种轮系可用作加（减）法机构。当齿轮 1 及齿轮 3 的轴分别输入被加数和加数的相应转角时，行星架 H 转角的两倍就是它们的和。这种合成作用在机床、计算机构和补偿装置中得到广泛的应用。

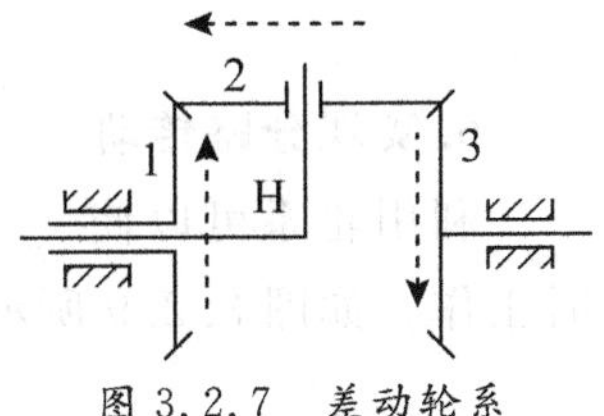

图 3.2.7　差动轮系

5. 实现运动的分解

分解运动是将一个输入运动分为两个输出运动，可通过差动轮系实现。如图 3.2.8 所示汽车后桥差速器为差动轮系分解运动的实例。

当汽车在平坦道路上直线行驶的时候，左右车轮滚过的距离相等，所以转速也相同。这时齿轮 1、2、3、4 如同一个固连的整体一起转动。

当汽车拐弯时，差速器能将发动机传给齿轮 5 的运动，以不同转速分别传递给左右车轮。当汽车向左拐弯时，为使车轮和地面间不发生相对滑动以减少轮胎磨损，就要求右轮比左轮转得快。这时齿轮 1 和齿轮 3 之间便发生相对转动，齿轮 2 除随齿轮 4 绕后车轮轴线公转外，还绕自己的轴线自传，由齿轮 1、2、3、4（系杆 H）组成的差动轮系发挥作用。此处差动轮系与图 3.2.7 完全相同，即

$$2n_4 = n_1 + n_3 \tag{3-22}$$

又由图 3.2.6 可见，当车身绕瞬时回转中心 P 转动时，左右两轮走过的弧长与它们至 P 点的距离成正比，即

$$\frac{n_1}{n_3} = \frac{r-L}{r+L} \tag{3-23}$$

当发动机传递的转速、轮距 $2L$ 和转弯半径为已知时，可由

$$2n_4 = n_1 + n_3 \tag{3-24}$$

和

$$\frac{n_1}{n_3} = \frac{r-L}{r+L} \tag{3-25}$$

计算出左右两轮的转速 n_1 和 n_3。

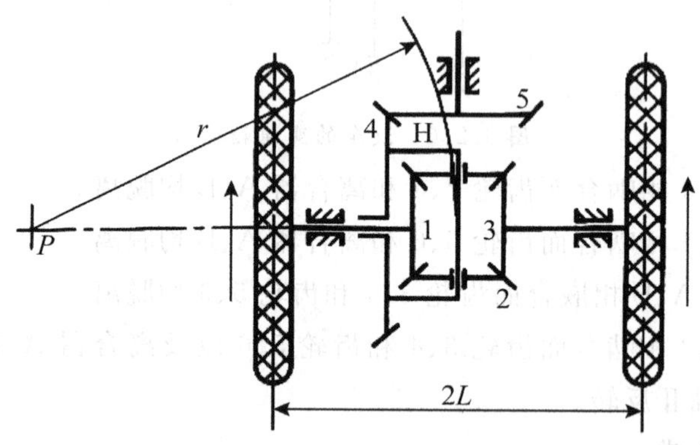

图 3.2.8　汽车后桥差速器轮系

6. 实现分路传动

利用轮系可以使一个主动轴带动若干个从动轴同时旋转，以带动各个部件或附件同时工作。如图 3.2.9 所示即为一例。

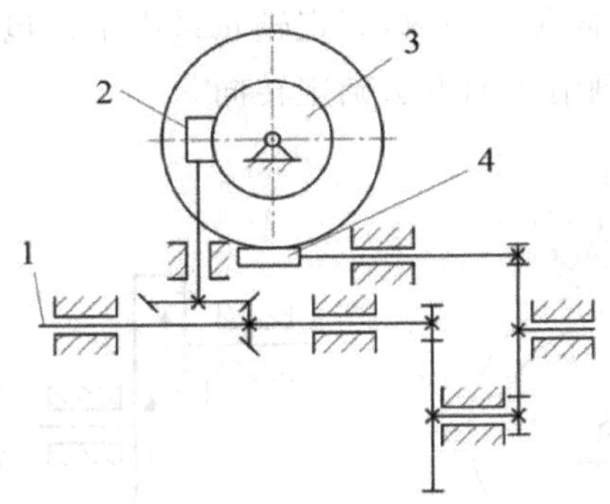

图 3.2.9 分路传动轮系

1—主动轴；2—单头滚刀；3—齿坯；4—单头蜗杆

二、定轴轮系的转向判断及传动比计算

一对齿轮的传动比是指该两齿轮的角速度(转速)之比，而轮系的传动比是指轮系中首末齿轮(输入轴和输出轴)的角速度(转速)之比。常用字母“i”表示传动比，并在其右下角用下标标明对应的齿轮。例如，i_{15}表示齿轮 1 与齿轮 5 的角速度(转速)之比。

确定轮系的传动比包括首末齿轮的转向关系和传动比大小的计算两方面内容：

(一)首末轮转向关系的确定

如图 3.2.10(a)所示为一对外啮合圆柱齿轮，两轮转向相反，其传动比规定为负，可表示为

$$i_{12}=\frac{n_1}{n_2}=-\frac{z_2}{z_1} \tag{3-26}$$

如图 3.2.10(b)所示为一对内啮合圆柱齿轮，两轮转向相同，其传动比规定为正，可表示为

$$i_{12}=\frac{n_1}{n_2}=\frac{z_2}{z_1} \tag{3-27}$$

转向的确定除用正负号表示外，也可以用画箭头的方法。对外啮合齿轮可用反方向箭头表示，如图 3.2.10(a)所示。内啮合齿轮可用同方向箭头表示，如图 3.2.10(b)所示。

如图 3.2.10(c)所示为一对锥齿轮，其啮合点具有相同速度，故表示转向的箭头或同时指向啮合点，或同时背离啮合点。

如图 3.2.10(d)所示为蜗轮蜗杆。蜗轮的转向不仅与蜗杆的转向有关，而且与其螺旋线方向有关。具体判断时，可把蜗杆看作螺杆，蜗轮看作螺母来考察其相对运动。首先判断蜗杆旋向，将蜗杆立起(端面放平)，观察螺旋线哪边高，左边高为左旋，右边高为右旋。如图 3.2.10(d)为右旋蜗杆，可借助右手判断蜗轮旋转方向：拇指伸直，其余四指握拳，令四指弯曲方向与蜗杆转动方向一致，则拇指的指向即为螺杆相对螺母前进的方向。按照相对运动原理，螺母相对于螺杆的运动方向应与此相反，因此，蜗轮上的啮合点应向右运动，从而使蜗轮逆时针转动。同理，对于左旋蜗杆，则应借助左手按上述方法判断。

按照上述规则，可判断定轴轮系所有齿轮的转动方向。当只有内外啮合圆柱齿轮时，

可用正负号表示首末轮的方向是否一致，当定轴轮系中不仅包含圆柱齿轮，而且包含有锥齿轮或蜗轮蜗杆时，只能用画箭头的方法确定转向。

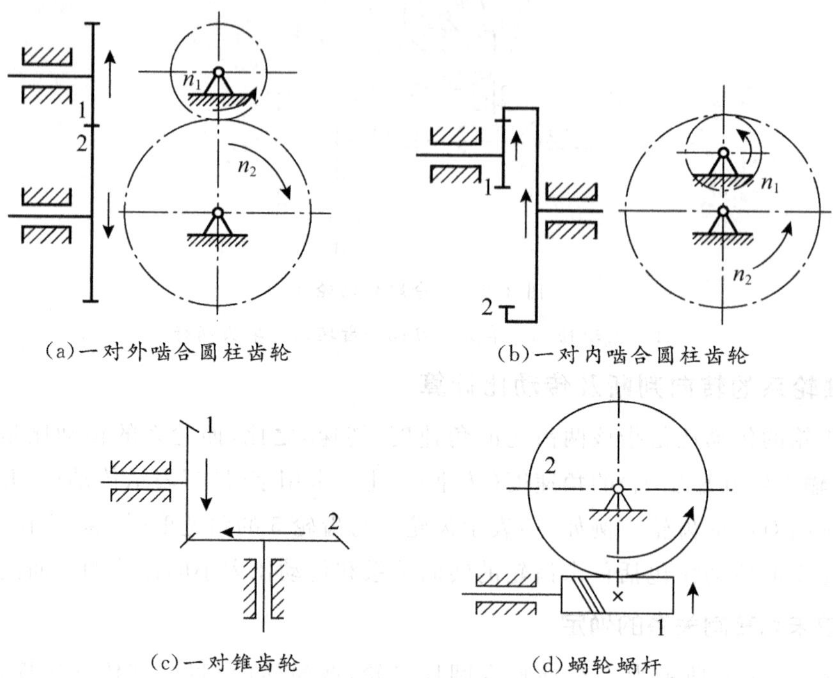

(a)一对外啮合圆柱齿轮　(b)一对内啮合圆柱齿轮

(c)一对锥齿轮　(d)蜗轮蜗杆

图 3.2.10　首末轮转向关系

(二)传动比大小的计算

以如图 3.2.11 所示定轴轮系为例来介绍定轴轮系传动比大小的计算方法。

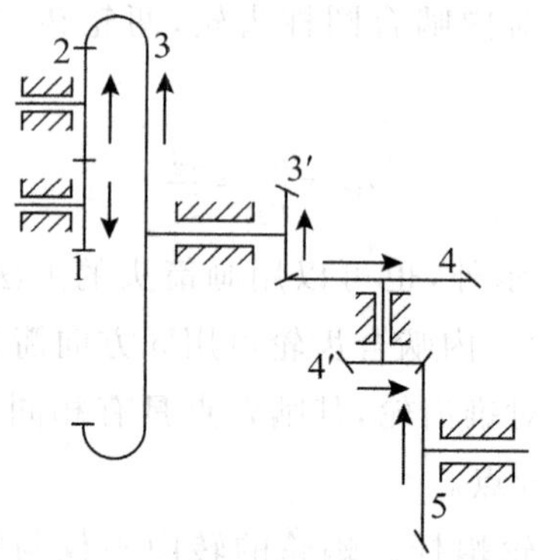

图 3.2.11　定轴轮系案例

该轮系由齿轮对 1、2，2、3，3′、4，4′、5 组成。若轮 1 为首轮，轮 5 为末轮，则此轮系的传动比为 $i_{15}=\omega_1/\omega_2$。轮系中对各对啮合齿轮的传动比的大小为

$$\left.\begin{aligned} i_{12}&=\frac{\omega_1}{\omega_2}=\frac{z_2}{z_1}\\ i_{23}&=\frac{\omega_2}{\omega_3}=\frac{z_3}{z_2}\\ i_{3'4}&=\frac{\omega_{3'}}{\omega_4}=\frac{z_4}{z_{3'}}\\ i_{4'5}&=\frac{\omega_{4'}}{\omega_5}=\frac{z_5}{z_{4'}} \end{aligned}\right\}\tag{3-28}$$

将以上各式两边分别连乘后得

$$i_{15}=i_{12}i_{23}i_{3'4}i_{4'5}=\frac{\omega_1}{\omega_2}\frac{\omega_2}{\omega_3}\frac{\omega_{3'}}{\omega_4}\frac{\omega_{4'}}{\omega_5}=\frac{z_2}{z_1}\frac{z_3}{z_2}\frac{z_4}{z_{3'}}\frac{z_5}{z_{4'}}=\frac{z_2z_3z_4z_5}{z_1z_2z_{3'}z_{4'}}\tag{3-29}$$

上式表明，该定轴轮系的传动比等于组成该轮系的各队齿轮的传动比的连乘积，其大小也等于各对齿轮中的从动轮齿数的乘积与主动轮齿数的乘积之比。根据以上分析，推广到一般情况，定轴轮系其首轮 1 与末轮 k 的传动比为

$$i_{1k}=\frac{\omega_1}{\omega_k}=\frac{\text{所有各对齿轮的从动轮齿数之积}}{\text{所有各对齿轮的主动轮齿数之积}}\tag{3-30}$$

图 3.2.11 中齿轮 2，同时与齿轮 1 和 3 啮合，既是前一轮的从动轮，又是后一轮的主动轮，因而它的齿数不影响传动比的大小，但是却改变了转动方向。这种不影响传动比大小，但影响轮系转向的齿轮称为惰轮或过桥齿轮。

任务实施

(1)传动比计算，如图 3.2.1 所示。

$$i_{15}=\frac{z_2z_3z_4z_5}{z_1z'_2z'_3z'_4}=\frac{50\times30\times40\times52}{15\times16\times2\times18}=361.11$$

(2)提升重物时电动机轴转向，如图 3.2.12 所示。

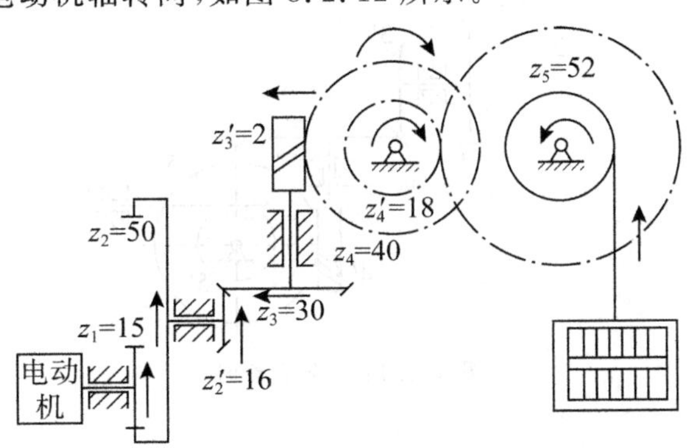

图 3.2.12　提升装置的电动机轴转向

课后思考

一、齿轮系输出转速分析

如图 3.2.13 所示为车床传动系统。Ⅱ轴上有三联滑移齿轮和双联滑移齿轮，Ⅲ轴上有双联滑移齿轮，试分析轴Ⅳ有几种输出转速？

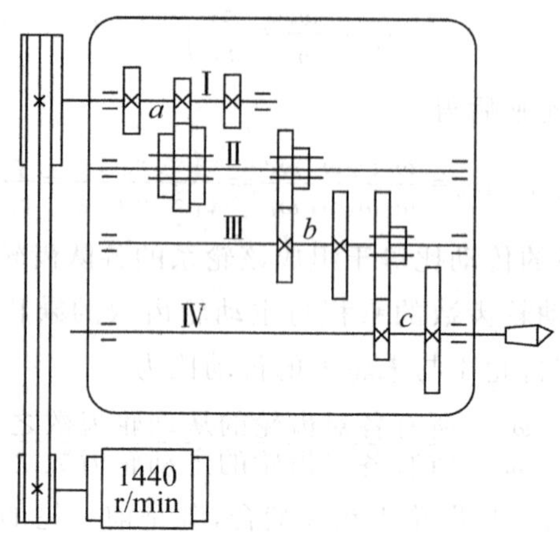

图 3.2.13 车床传动系统

二、轮系中元件的运动速度和方向分析

如图 3.2.14 所示轮系中，已知 $z_1=17$，$z_2=28$，$z_{2'}=17$，$z_3=35$，$z_{3'}=17$，$z_4=35$，$z_{4'}=2$，$z_5=60$，$z_{5'}=20$（$m=3$mm），若 $n_1=500$r/min，求齿条 6 线速度 v 的大小和方向。

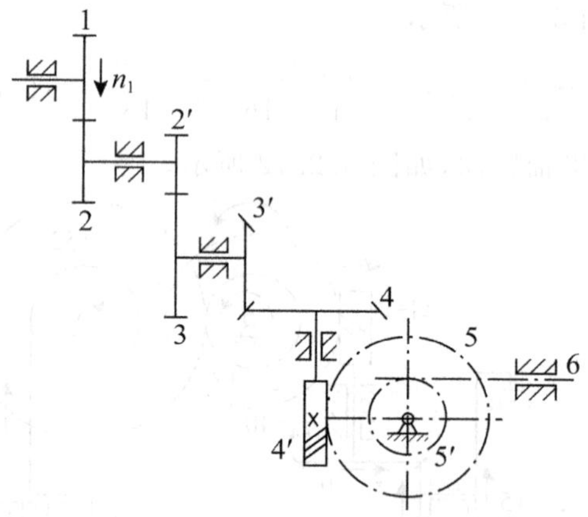

图 3.2.14 轮系案例

知识拓展

如图 3.2.15(a)所示，周转轮系中行星轮的运动不是绕固定轴线的简单转动，所以其传动比不能直接用求解定轴轮系传动比的方法来计算。如果设法使行星架固定不动，这时原来的行星轮系就可以转化为定轴轮系：根据相对运动原理，假想给整个行星轮系加上

一个与行星架的转速大小相等、方向相反的公共转速，则行星架静止不动，而各构件间的相对运动关系不变，行星轮系转化为定轴轮系，这个定轴轮系称为原周转轮系的转化轮系(图 3.2.15(b))。

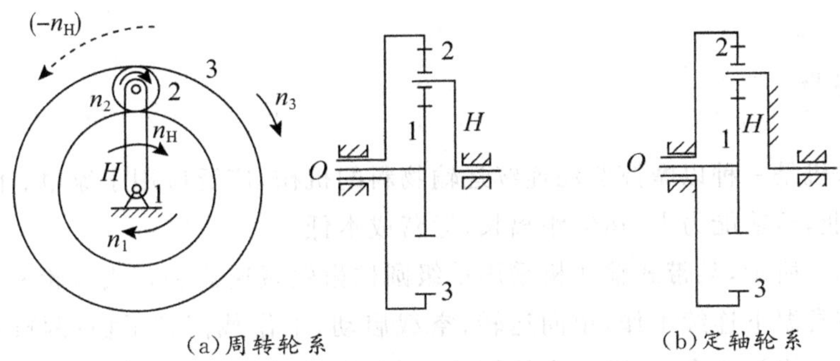

(a)周转轮系　　(b)定轴轮系

图 3.2.15　原周转轮系的转化

转化轮系中各构件相对行星架 H 的转速分别用 n_1^H、n_2^H、n_3^H、n_H^H 表示，各构件转化前后的转速如表 3.2.1 所示。

表 3.2.1　转化前后轮系中各构件的转速

构件	行星轮系中的转速	转化轮系中的转速	构件	行星轮系中的转速	转化轮系中的转速
中心轮 1	n_1	$n_1^H=n_1-n_H$	中心轮 3	n_3	$n_3^H=n_3-n_H$
行星轮 2	n_2	$n_2^H=n_2-n_H$	行星架 H	n_H	$n_H^H=n_H-n_H$

因为已转化为定轴轮系，可用定轴轮系计算传动比的方法计算 1、3 两轮的传动比，即：

$$i_{13}^H=\frac{n_1^H}{n_3^H}=\frac{n_1-n_H}{n_3-n_H}=-\frac{z_2z_3}{z_1z_2}=-\frac{z_3}{z_1} \tag{3-31}$$

式中：齿数比前的负号，表示轮 1 和轮 3 转向相反。

推广到一般情况，若用 1、K 表示首末两轮，则转化轮系的传动比为

$$i_{1K}^H=\frac{n_1-n_H}{n_K-n_H}=(-1)^m\frac{\text{首末两轮间所有从动轮齿数的乘积}}{\text{首末两轮间所有主动轮齿数的乘积}} \tag{3-32}$$

式中：m—转化轮系中首末两轮间外啮合次数。

应用式(3-32)时应注意：

(1)式中 1 为主动轮、K 为从动轮，中间各轮的主从动从齿轮 1 按顺序判定；

(2)若轮系中有圆锥齿轮或蜗轮蜗杆传动，且首末轮的轴线平行时，传动比的大小仍用上式计算，但是转向用画箭头的方法判断和确定；

(3)将 n_1、n_K、n_H 的已知值代入式(3-32)时，必须连同转速的正负号带入。转向相同时取正号，相反取负号；

(4)$i_{1K}^H\neq i_{1K}$，$i_{1K}^H=\frac{n_1^H}{n_K^H}$，而 $i_{1K}=\frac{n_1}{n_K}$。

任务三　带式输送机传动系统中的减速器设计

任务布置

带式输送机是一种以摩擦驱动连续运输物料的机械，广泛应用于家电、印刷、食品、港口、矿山等行业，运输能力大、运输距离长、运营成本低。

如图 3.3.1 所示，某带式输送机采用单级圆柱齿轮减速器和开式齿轮两级减速传动。带式输送机在常温下连续工作，单向运转；空载启动，工作载荷较平稳；两班制（每班工作 8h），要求减速器设计寿命为 8 年，大修期为 3 年，中批量生产；输送带工作速度 v 的允许误差为 ±5%，三相交流电源的电压为 380/220V。设输送带最大有效拉力为 F(N)，输送带工作速度 v(m/s)，卷筒直径 D(mm)，其具体数值见表 3.3.1。

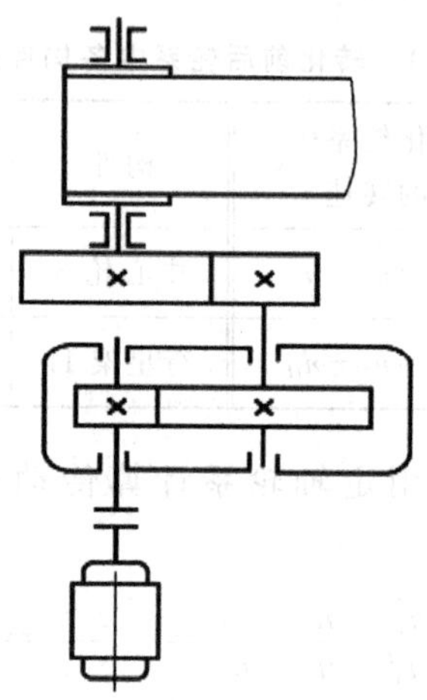

图 3.3.1　单级圆柱齿轮减速器和开式齿轮两级减速传动系统

表 3.3.1　带式输送机传动系统设计原始数据

	1	2	3	4	5	6	7
输送带最大有效拉力 F(N)	6500	7000	7200	7500	7800	8000	8500
输送带工作速度 v(m/s)	0.8	1.2	1.0	0.7	1.0	0.9	1.2
卷筒直径 D(mm)	335	355	400	300	300	355	375

试设计该方案中的闭式齿轮传动和开式齿轮传动。（以原始数据首列为例）。

任务准备

一、带式输送机传动系统三种典型传动方案

根据功能，带式输送机由原动机、传动系统和工作机三部分组成，如图 3.3.2 所示。原动机是机器的动力来源，可以是电动机、内燃机及液压机等，就带式输送机而言，多选电动机。托辊、滚筒和传送带组成工作机，工作机处于整个机械传动路线终端，是完成工作任务的部分，而传动系统是将原动机的运动和动力传递给工作机。

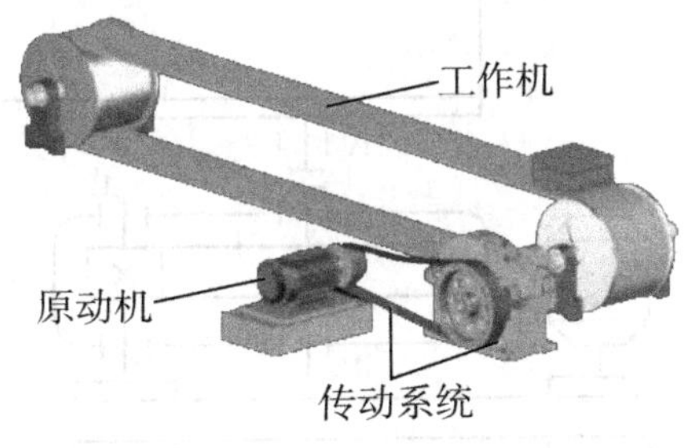

图 3.3.2　带式输送机的组成

传动系统设计的合理性，对整部机器的性能、成本以及整体尺寸都有很大影响。合理地设计传动系统是整部机器设计工作的重要一环，而合理拟定传动方案是保证传动系统设计质量的基础。

传动方案一般由运动简图表示。运动简图反映了原动机、传动系统和工作机三者之间运动和动力的传递关系。例如带式输送机传动系统有三种典型的方案。根据不同的工作条件和原始数据，可以对传动系统进行设计。

如图 3.3.1 所示传动系统方案，由单级圆柱齿轮减速器和开式齿轮两级减速，将电动机轴的运动和动力传送至滚筒轴，开式齿轮传动由于工作环境较差，润滑不良，为减少磨损，布置在低速级。

如图 3.3.3 所示传动系统方案，由 V 带传动和单级圆柱齿轮减速器两级减速，将电动机轴的运动和动力传送至滚筒轴，带传动承载能力较低，但传动平稳，缓冲吸振能力强，布置在高速级。

如图 3.3.4 所示传动系统方案，由单级圆柱齿轮减速器和链传动两级减速，将电动机轴的运动和动力传送至滚筒轴，链传动运转不平稳，有冲击，布置在低速级，以降低振动和噪声。

三种方案的传动系统包含了典型的传动形式带传动、链传动和齿轮传动。在设计的过程中，需要进行齿轮、带、链等构件的受力分析，构件的受力情况直接影响机器的工作能力。轴等零件的变形与强度计算，为零件确定合理的截面形状和尺寸，做到既安全又经济。齿轮和轴等常用零件的材料选用、热处理及精度设计，保证产品质量，降低生产成本。轴和轴承等支撑零部件的设计与选择，将齿轮、带轮、链轮等传动零件可靠地支撑在机架上。键、销、螺纹等常用联接的工作情况分析与选择，键连接用于轴与轴上零件之间的轴

向和周向固定或导向，销联接通常用来固定零件间的相互位置，起到定位作用，螺纹连接结构简单、装拆方便、互换性强、成本低，用于零件间的联接。联轴器等轴间联接的设计选用，联轴器连接的两轴只有在机器停车后经拆卸才能使之分离，而离合器连接的两轴可在机器运转中随时分离与接合。设计的实施基本涵盖机械设计中常规设计的通用知识和技能。

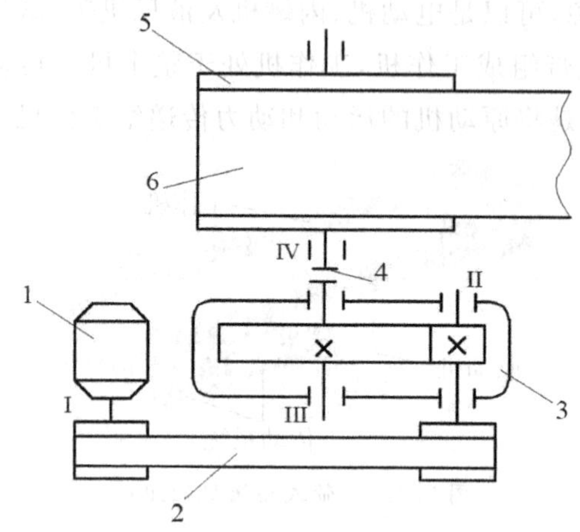

图 3.3.3　V 带传动和单级圆柱齿轮减速器两级减速传动系统

1—电动机；2—V 带传动；3—单级圆柱齿轮减速器；4—联轴器；5—滚筒；6—输送带

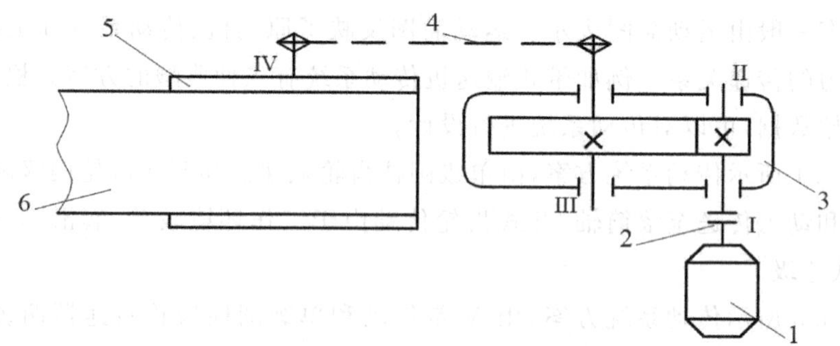

图 3.3.4　单级圆柱齿轮减速器和链传动两级减速传动系统方案

1—电动机；2—联轴器；3—单级圆柱齿轮减速器；4—链传动；5—滚筒；6—输送带

二、带式输送机传动系统中原动机类型和参数的选择

(一)原动机类型及选择原则

根据动力源不同，常用原动机可分为四大类型：电动、内燃、液压和气压。在选择原动机的类型时，主要应从以下三个方面进行考虑：

(1)执行构件的载荷特性、运动特性，机械的结构布局、工作环境、环保要求等；

(2)原动机的机械特性、适应的工作环境、输出参数可控性、能源供应情况等；

(3)机械的经济性、效率、质量、尺寸等。

原动机的运动形式主要是回转运动、往复摆动和往复直线运动等。当采用电动机、液压马达、气动马达和内燃机等原动机时，原动件作连续回转运动；液压马达和气动马达也可做往复摆动；当采用油缸、气缸或直线电动机等原动机时，原动件作往复直线运动。有时也用重锤、发条、电磁铁等做原动机。

原动机选择是否恰当，对整个机械的性能及成本、对机械传动系统的组成及繁简程度将有直接影响。由于电力供应的普遍性，且电动机具有结构简单、价格便宜、效率高、控制和使用方便等优点。目前，大部分固定机械均优先选用电动机作为原动机。

(二)电动机的类型及结构形式的选择

电动机的类型和结构形式应根据电源种类(直流或交流)、工作条件、工作时间的长短及载荷性质、大小、起动性能和过载情况等条件来选择。工业上一般采用三相交流电动机。

Y 系列为全封闭自扇冷式笼型三相异步电动机，电源电压为 380V，用于非易燃、易爆、腐蚀性工作环境，无特殊要求的机械设备，如机床、泵、风机、运输机、搅拌机、农业机械等，也适用于某些起动转矩有较高要求的机械，如压缩机，是按照国际电工委员会标准设计的，具有国际互换性的特点。

YZ 系列和 YZR 系列分别为笼型转子和绕线转子三相异步电动机，具有较小转动惯量和较大过载能力，可适用于频繁起制动和正反转工作状况。对有特殊要求的工作场合，应按特殊要求选择，如井下设备防爆要求严格，可选用防爆电动机等。

常用的 Y 系列电动机的技术数据、外形和安装尺寸见表 3.3.2 和表 3.3.3。

表 3.3.2　Y 系列三相异步电动机的技术数据

电动机型号	额定功率/kW	满载转速(r/mm)	堵转转矩/额定转矩	最大转矩/额定转矩	电动机型号	额定功率/kW	满载转速/(r/min)	堵转转矩/额定转矩	最大转矩/额定转矩
同步转速 3000r/min,2 极					同步转速 1500r/min,4 极				
Y801-2	0.75	2825	2.2	2.2	Y801-4	0.55	1390	2.2	2.2
Y802-2	1.1	2825	2.2	2.2	Y802-4	0.75	1390	2.2	2.2
Y90S-2	1.5	2840	2.2	2.2	Y90S-4	1.1	1400	2.2	2.2
Y90L-2	2.2	2840	2.2	2.2	Y90L-4	1.5	1400	2.2	2.2
Y100L-2	3	2880	2.2	2.2	Y100L1-4	2.2	1420	2.2	2.2
Y112M-2	4	2890	2.2	2.2	Y100L2-4	3	1420	2.2	2.2
Y132S1-2	5.5	2900	2.0	2.2	YH2M-4	4	1440	2.2	2.2
Y132S2-2	7.5	2900	2.0	2.2	Y132S-4	5.5	1440	2.2	2.2
Y160M1-2	11	2930	2.0	2.2	Y132M-4	7.5	1440	2.2	2.2
Y160M2-2	15	2930	2.0	2.2	Y160M-4	11	1460	2.2	2.2
Y160L-2	18.5	2930	2.0	2.2	Y160L-4	15	1460	2.2	2.2
Y180M-2	22	2940	2.0	2.2	Y180M-4	18.5	1470	2.0	2.2
Y200L1-2	30	2950	2.0	2.2	Y180L-4	22	1470	2.0	2.2

续表

电动机型号	额定功率/kW	满载转速(r/mm)	堵转转矩/额定转矩	最大转矩/额定转矩	电动机型号	额定功率/kW	满载转速/(r/min)	堵转转矩/额定转矩	最大转矩/额定转矩
同步转速 1000r/min,6 极					Y200L-4	30	1470	2.0	2.2
Y90S-6	0.75	910	2.0	2.0	同步转速 750r/min,8 极				
Y90L-6	1.1	910	2.0	2.0	Y132S-8	2.2	710	2.0	2.0
Y100L-6	1.5	940	2.0	2.0	Y132M-8	3	710	2.0	2.0
Y112M-6	2.2	940	2.0	2.0	Y160M1-8	4	720	2.0	2.0
Y132S-6	3	960	2.0	2.0	Y160M2-8	5.5	720	2.0	2.0
Y132M1-6	4	960	2.0	2.0	Y160L-8	7.5	720	2.0	2.0
Y132M2-6	5.5	960	2.0	2.0	Y180L-8	11	730	1.7	2.0
Y160M-6	7.5	970	2.0	2.0	Y200L-8	15	730	1.8	2.0
Y160L-6	11	970	2.0	2.0	Y225S-8	18.5	730	1.7	2.0
Y18OL-6	15	970	1.8	2.0	Y225M-8	22	730	1.8	2.0
Y200L1-6	18.5	970	1.8	2.0	Y250M-8	30	730	1.8	2.0
Y200L2-6	22	970	1.8	2.0					
Y225M-6	30	980	1.7	2.0					

注:电动机型号意义如下

以 Y132S2－2－BB3 为例,Y－系列代号;132—机座中心高;S2—短机座和第二种铁心长度(M 表示中机座,L 表示长机座);2－电动机的极数;BB3—安装形式。

表 3.3.3 机座带底、端盖无凸缘 Y 系列电动机的安装及外形尺寸

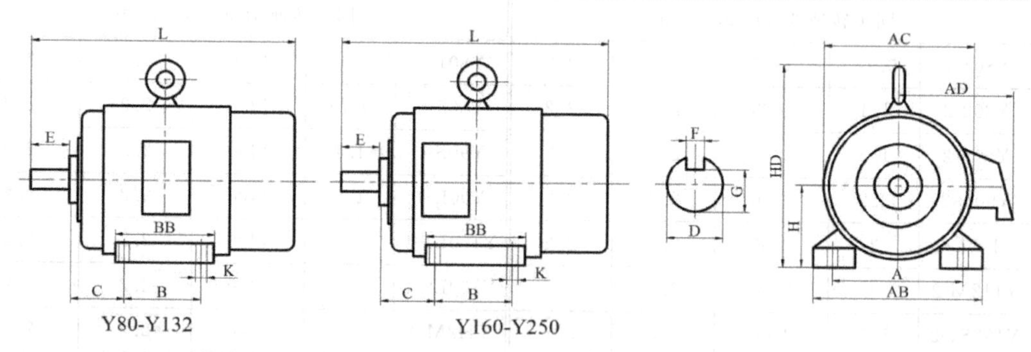

续表

<table>
<tr><th>机座号</th><th>极数</th><th>A</th><th>B</th><th>C</th><th colspan="2">D</th><th>E</th><th>F</th><th>G</th><th>H</th><th>K</th><th>AB</th><th>AC</th><th>AD</th><th>HD</th><th>BB</th><th>L</th></tr>
<tr><td>80</td><td>2.4</td><td>125</td><td rowspan="2">100</td><td>50</td><td>19</td><td rowspan="5">+0.009
−0.004</td><td>40</td><td>6</td><td>15.5</td><td>80</td><td rowspan="3">10</td><td>165</td><td>165</td><td>150</td><td>170</td><td rowspan="2">130</td><td>385</td></tr>
<tr><td>90S</td><td rowspan="4">2、4、6</td><td rowspan="2">140</td><td rowspan="2">56</td><td rowspan="2">24</td><td rowspan="2">50</td><td rowspan="4">8</td><td rowspan="2">20</td><td rowspan="2">90</td><td rowspan="2">180</td><td rowspan="2">175</td><td rowspan="2">155</td><td rowspan="2">190</td><td>310</td></tr>
<tr><td>90L</td><td>125</td><td>155</td><td>335</td></tr>
<tr><td>100L</td><td>160</td><td rowspan="3">140</td><td>63</td><td rowspan="2">28</td><td rowspan="2">60</td><td rowspan="2">24</td><td>100</td><td rowspan="4">12</td><td>205</td><td>205</td><td>180</td><td>245</td><td>170</td><td>380</td></tr>
<tr><td>112M</td><td>190</td><td>70</td><td>112</td><td>245</td><td>230</td><td>190</td><td>265</td><td>180</td><td>400</td></tr>
<tr><td>132S</td><td rowspan="7">2、4、6、8</td><td rowspan="2">216</td><td rowspan="2">89</td><td rowspan="2">38</td><td rowspan="6">+0.018
+0.002</td><td rowspan="2">80</td><td rowspan="2">10</td><td rowspan="2">33</td><td rowspan="2">132</td><td rowspan="2">280</td><td rowspan="2">270</td><td rowspan="2">210</td><td rowspan="2">315</td><td>200</td><td>475</td></tr>
<tr><td>132M</td><td>178</td><td>238</td><td>515</td></tr>
<tr><td>160M</td><td rowspan="2">254</td><td>210</td><td rowspan="2">108</td><td rowspan="2">42</td><td rowspan="5">110</td><td rowspan="2">12</td><td rowspan="2">37</td><td rowspan="2">160</td><td rowspan="4">15</td><td rowspan="2">330</td><td rowspan="2">325</td><td rowspan="2">255</td><td rowspan="2">385</td><td>270</td><td>600</td></tr>
<tr><td>160L</td><td>254</td><td>314</td><td>645</td></tr>
<tr><td>180M</td><td rowspan="2">279</td><td>241</td><td rowspan="2">121</td><td rowspan="2">48</td><td rowspan="2">14</td><td rowspan="2">42.5</td><td rowspan="2">180</td><td rowspan="2">355</td><td rowspan="2">360</td><td rowspan="2">285</td><td rowspan="2">430</td><td>311</td><td>670</td></tr>
<tr><td>180L</td><td>279</td><td>349</td><td>710</td></tr>
<tr><td>200L</td><td>318</td><td>305</td><td>133</td><td>55</td><td rowspan="6">+0.030
+0.011</td><td>16</td><td>49</td><td>200</td><td rowspan="4">19</td><td>395</td><td>400</td><td>310</td><td>475</td><td>379</td><td>775</td></tr>
<tr><td>225S</td><td>4、8</td><td rowspan="3">356</td><td>286</td><td rowspan="3">149</td><td>60</td><td>140</td><td>18</td><td>53</td><td rowspan="3">225</td><td rowspan="3">435</td><td rowspan="3">450</td><td rowspan="3">345</td><td rowspan="3">530</td><td>368</td><td>820</td></tr>
<tr><td rowspan="2">225M</td><td>2</td><td rowspan="2">311</td><td>55</td><td>110</td><td>16</td><td>49</td><td rowspan="2">393</td><td>815</td></tr>
<tr><td>4、6、8</td><td rowspan="2">60</td><td rowspan="3">140</td><td rowspan="3">18</td><td rowspan="2">53</td><td>845</td></tr>
<tr><td rowspan="2">250M</td><td>2</td><td rowspan="2">406</td><td rowspan="2">349</td><td rowspan="2">168</td><td rowspan="2">250</td><td rowspan="2">24</td><td rowspan="2">490</td><td rowspan="2">495</td><td rowspan="2">385</td><td rowspan="2">575</td><td rowspan="2">455</td><td rowspan="2">930</td></tr>
<tr><td>4、6、8</td><td>65</td><td>58</td></tr>
</table>

(三)电动机功率的确定

电动机的功率选择是否合适，对电动机的正常工作和经济性都有影响。功率选得过小，不能保证工作机的正常工作或使电动机长期过载而过早损坏；功率选得过大，则电动机价格高，且经常不在满载下运行，电动机的效率和功率因数都较低，造成很大的浪费。

电动机功率的确定，主要与其载荷大小、工作时间长短、发热多少有关，对于长期连续工作、载荷较稳定的机械，可根据电动机所需的功率来选择，而不必校验电动机的发热和启动力矩。选择时，应使电动机的额定功率稍大于电动机的所需功率。对于间歇工作的机械，电动机的额定功率可稍小于电动机的所需功率。

电动机所需的功率按如下方法计算：

如果给出带式输送机驱动卷筒的圆周力 F 和输送带速度 v，则卷筒轴所需功率 P_w 为

$$P_w=\frac{Fv}{1000}(\mathrm{kW}) \tag{3-33}$$

输送带速度 v 与卷筒直径 D(mm)、卷筒轴转速 n_w(r/min)的关系为

$$v=\frac{\pi D n_w}{60\times 1000}(\mathrm{m/s}) \tag{3-34}$$

求出工作及所需的有效功率 P_w后，电动机所需的功率 P_d 为

$$P_d=\frac{P_w}{\eta}(\mathrm{kW}) \tag{3-35}$$

式中 η 为传动系统的总效率，按下式计算：

$$\eta=\eta_{\mathrm{I\,II}}\times\eta_{\mathrm{II\,III}}\times\eta_{\mathrm{III\,IV}}\times\cdots\cdots \tag{3-36}$$

其中$\eta_{\mathrm{I\,II}}$、$\eta_{\mathrm{II\,III}}$、$\eta_{\mathrm{III\,IV}}$、……分别为传动系统中相邻两轴间的传动效率(各传动副、联轴器及各对轴承)的效率，其数值见表 3.3.4。由于效率与工作条件、加工精度及润滑状况等因素有关，表中所列数值为概略范围，当工作条件差、加工精度低、维护不良时，应取低值；反之，可取高值，当情况不明时，一般取中间值。动力每经过一对运动副或传动副，就有一次功率损耗，故计算效率时，都要计入。表中轴承的效率均指一对轴承而言。

表 3.3.4　常用机械传动和轴承等效率的概略值

类型		效率 η
圆柱齿轮传动	7 级精度(油润滑) 8 级精度(油润滑) 9 级精度(油润滑) 开式传动(脂润滑)	0.98 0.97 0.96 0.94～0.96
锥齿轮传动	7 级精度(油润滑) 8 级精度(油润滑) 开式传动(脂润滑)	0.97 0.94～0.97 0.92～0.95
蜗杆传动	自锁蜗杆(油润滑) 单头蜗杆(油润滑) 双头蜗杆(油润滑)	0.40～0.45 0.70～0.75 0.75～0.82
滚子链传动	开式 闭式	0.90～0.93 0.95～0.97
V 带传动		0.95
滚动轴承		0.98～0.99
滑动轴承		0.97～0.99
联轴器	弹性联轴器 刚性联轴器	0.99 0.99
运输机滚筒		0.96

根据计算出的功率 P_d 可选定电动机的额定功率 P_{ed}，应使 P_{ed} 等于或稍大于 P_d。

(四)电动机转速的选择

同一类型、同一功率的三相异步交流电动机，有几种不同的同步转速。同步转速低的电动机，磁极数多，其外廓尺寸及重量大，价格高；而同步转速高的电动机，磁极数少，尺寸和质量小，价格低。因此确定电动机转速时，应从电动机和传动系统的总费用、传动系统的复杂程度及其机械效率等各个方面综合考虑。在一般机械中，用的最多的是同步转速

为 1500r/min 或 1000r/min 的电动机。

选择电动机转速时，可先根据工作机主动轴转速 n_w 和传动系统中各级传动的常用传动比范围，推算出电动机转速的可选范围，以供参照比较，即

$$n_d=(i_{\mathrm{I\,II}}\,i_{\mathrm{II\,III}}\,i_{\mathrm{III\,IV}}\cdots\cdots)n_w$$

式中：n_d—电动机转速可选范围；

$i_{\mathrm{I\,II}}$、$i_{\mathrm{II\,III}}$、$i_{\mathrm{III\,IV}}$、…… 分别为相邻两轴间的传动比，各级传动比可选范围见表 3.3.5。

表 3.3.5　常用机械传动的单级传动比推荐值

类型	平带传动	V 带传动	圆柱齿轮传动	圆锥齿轮传动	蜗杆传动	链传动
推荐值	2～4	2～4	3～6	直齿 2～3	10～40	2～5
最大值	5	7	10	直齿 6	80	7

(五)电动机型号的确定

根据电动机的类型、同步转速范围和所需功率，参照表 3.3.2 确定电动机的型号额定功率和满载转速，并查表 3.3.3 得电动机的中心高、外伸轴颈和外伸轴长度等技术参数，以供选择联轴器和计算传动零件。

三、机械传动系统的总传动比和各级传动比的分配

(一)总传动比的计算

由选定电动机的满载转速 n_m 和工作机主轴转速 n_w，可确定传动系统的总传动比为

$$i=\frac{n_m}{n_w} \tag{3-37}$$

由于传动系统是由多级传动串联而成，因此总传动比为各级传动比的连乘积，即

$$i=i_1 i_2\cdots i_n \tag{3-38}$$

(二)各级传动比的分配

设计多级传动系统时，需将总传动比分配到各级传动机构。传动比分配得不合理，会造成结构尺寸大、相互尺寸不协调、成本高、制造和安装不方便等问题。因此，分配传动比时，应考虑以下几点原则：

(1)各级传动机构的传动比应在推荐值的范围内，见表 3.3.5，不应超过最大值，以便于发挥其性能并使结构紧凑。

(2)应使各级传动的结构尺寸协调、结构匀称、不发生干涉。

例如，图 3.3.5(a)中，V 带传动的传动比如果选得过大，可能使大带轮外圆半径大于减速器中心高，为安装带来不便；图 3.3.5(b)中，在二级齿轮减速器中高速级传动比选得过大就可能使高速级齿轮与低速轴发生干涉；图 3.3.5(c)中，带式输送机传动系统设计时，如果开式齿轮的传动比选得过小，也会造成滚筒与开式小齿轮轴干涉。

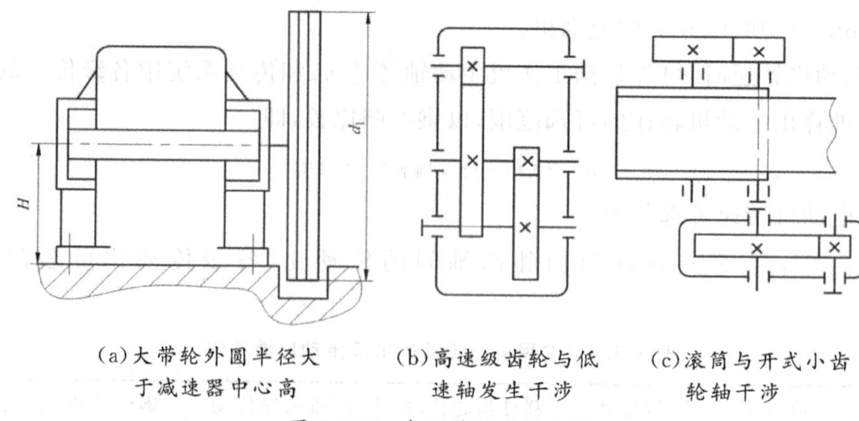

(a)大带轮外圆半径大于减速器中心高　(b)高速级齿轮与低速轴发生干涉　(c)滚筒与开式小齿轮轴干涉

图 3.3.5　各级传动比的分配

(3)当减速器内的齿轮采用浸油润滑时,为了使各级大齿轮浸油深度合理,各级大齿轮直径应相差不大,以避免低速级大齿轮浸油过深,而增加搅油损失。

(4)应使传动装置外廓尺寸紧凑。如图 3.3.6 所示,二级圆柱齿轮减速器,在相同的总中心距和总传动比的情况下,方案(b)比方案(a)具有较小的外廓尺寸。

传动比分配是要考虑各方面要求和限制条件,可以有不同分配方法,常需拟定多种分配方案进行比较。初始分配的各级传动比,需待有关传动零件参数确定后,再验算传动系统实际传动比是否符合设计任务的要求。如果设计要求中没有特别规定,则一般传动系统的传动比允许误差可按±(3%～5%)考虑。

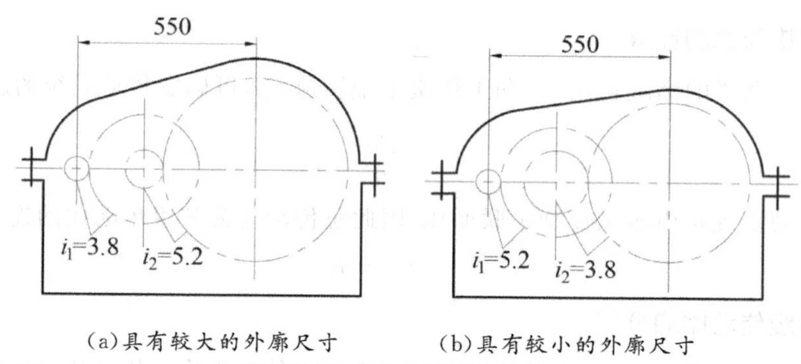

(a)具有较大的外廓尺寸　(b)具有较小的外廓尺寸

图 3.3.6　传动装置外廓尺寸

四、机械传动系统运动和动力参数的计算

为了进行传动零件的设计计算,应计算出各轴上的转速、功率和转矩。计算时,可将各轴从高速级向低速级依次编号为Ⅰ(电动机轴)、Ⅱ、Ⅲ……,并按此顺序进行计算。

(一)各轴的转速计算

各轴的转速可根据电动机的满载转速和各相邻轴间的传动比进行计算。各轴的转速分别为

$$\left.\begin{aligned} n_{\text{I}} &= n_m \\ n_{\text{II}} &= \frac{n_{\text{I}}}{i_{\text{I II}}} \\ n_{\text{III}} &= \frac{n_{\text{I}}}{i_{\text{II III}}} \\ &\cdots\cdots \end{aligned}\right\} \text{r/min} \tag{3-39}$$

式中，$i_{\text{I II}}$、$i_{\text{II III}}$、$i_{\text{III IV}}$……分别为相邻两轴间的传动比；n_m 为电动机的满载转速。

(二)各轴的输入功率计算

各轴输入功率分别为

$$\left.\begin{aligned} P_{\text{I}} &= P_{ed} \\ P_{\text{II}} &= P_{\text{I}}\,\eta_{\text{I II}} \\ P_{\text{III}} &= P_{\text{II}}\,\eta_{\text{II III}} \\ &\cdots\cdots \end{aligned}\right\} \text{kW} \tag{3-40}$$

式中，$\eta_{\text{I II}}$、$\eta_{\text{II III}}$、$\eta_{\text{III IV}}$……分别为相邻两轴间的传动效率；P_{ed} 为电动机的额定功率。由于电动机的额定功率大于电动机的所需功率，根据此功率设计出的传动零件，其结构尺寸也会大于实际所需。设计通用机器时可用此法。

(三)各轴的输入转矩计算

各轴的输入转矩分别为

$$\left.\begin{aligned} T_{\text{I}} &= 9550\,\frac{P_{\text{I}}}{n_{\text{I}}} \\ T_{\text{II}} &= 9550\,\frac{P_{\text{II}}}{n_{\text{II}}} \\ T_{\text{III}} &= 9550\,\frac{P_{\text{III}}}{n_{\text{III}}} \\ &\cdots\cdots \end{aligned}\right\} \text{N}\cdot\text{m} \tag{3-41}$$

式中，P_{I}、P_{II}、P_{III}……分别为各轴功率，n_{I}、n_{II}、n_{III}……分别为各轴转速。

五、齿轮传动的失效形式和设计准则

(一)齿轮传动的失效形式

工程上常见的齿轮失效通常都发生在轮齿上，失效形式分为齿体损伤和齿面损伤。而齿轮的其他部分，如齿圈、轮辐、轮毂，一般强度和刚度安全系数较大，很少失效。因此，在此只介绍轮齿的失效。

常见的失效形式有以下 5 种，如图 3.3.7 所示。

轮齿折断

齿面点蚀

齿面胶合

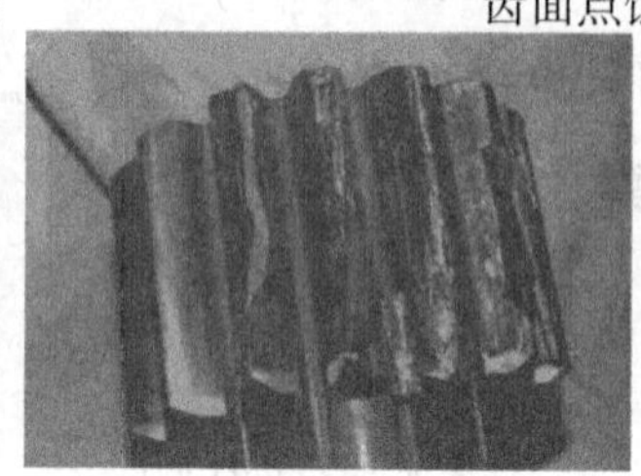

齿面磨损

齿面塑性变形

图 3.3.7　常见的失效形式

1. 轮齿折断

齿轮工作时，若轮齿危险剖面的应力超过材料的许用强度，轮齿将发生折断，有疲劳折断和过载折断两种。在载荷的多次重复作用下，当齿根处的弯曲应力作周期性的循环变化，应力超过材料的疲劳极限时，轮齿受拉的一侧将产生疲劳裂纹，并逐渐扩展，最后发生疲劳折断；当轮齿短时间严重过载，或经严重磨损后齿厚过薄时，由于静强度不足，也会发生轮齿折断，称为过载折断，脆性材料常发生这种折断。

提高轮齿抗折断能力的措施：增大齿根过度圆角和降低齿根表面粗糙度，以降低应力集中；改善材料力学性能，在齿根处施加适当的强化措施（如喷丸），以提高齿根强度；使轮齿芯部具有足够韧性等。

2. 齿面点蚀

齿轮传动时，轮齿啮合表面在法向力作用下，产生按脉动循环变化的接触应力。当这种应力超过材料的接触疲劳极限时，齿廓表层会产生细小的疲劳裂纹，裂纹扩展使表层金属微粒脱落而形成不规则的小坑或麻点，这种情况称为齿面点蚀，齿面呈麻点状。点蚀常发生在闭式齿轮传动中的软齿面（齿面硬度不大于 350HBW）齿轮上。

提高轮齿抗点蚀能力的措施：提高齿面硬度，降低表面粗糙度，增大润滑油粘度，使用正变位齿轮传动。

3. 齿面磨损

齿面磨损是在齿轮啮合过程中，轮齿接触表面上的材料摩擦损耗的现象，有磨粒磨损和跑合性磨损两种，前者是由于沙粒、铁屑等落入啮合表面而引起；后者是由于两齿面在相对滑动中互相摩擦所引起的。磨损严重时，齿侧间隙增大，齿根变薄，甚至发生轮齿折断。在开式传动中，磨粒磨损是主要失效形式。

提高齿轮抗磨损能力的措施：采用闭式传动，保持良好的润滑和维护，提高齿面硬度，减小齿面表面粗糙度值及采用清洁的润滑油等措施。

4. 齿面胶合

齿面胶合是一种严重的黏着磨损现象。在高速重载的齿轮传动中，由于齿面压力很大，工作时产生大量的热，使啮合区温度升高，润滑油黏度迅速降低，引起润滑失效，两金属表面直接接触且解除区熔化并黏结在一起。当齿面继续相对滑动时，较软齿面的材料沿滑动方向被撕下形成沟纹。

提高齿轮抗胶合能力的措施：提高齿面硬度，降低表面粗糙度，限制油温，采用黏度较大或者有添加剂的抗胶合润滑油。

5. 齿面塑性变形

齿面塑性变形是由于齿轮局部的金属塑性流动而失去原来齿形的现象。在低速重载时，未经硬化处理的软齿面齿轮，表层材料沿着摩擦力的方向产生塑性流动，齿廓失去正确的齿形。在启动和过载频繁的传动中较易产生这种失效形式。

提高齿面抗塑性变形能力的措施：提高齿面硬度；选用屈服极限较高的材料，增大润滑油粘度；避免频繁启制动和过载。

（二）齿轮设计准则

齿轮传动在不同的工作和使用条件下，有着不同的失效形式，针对不同的失效形式应分别确定相应的设计准则。由于目前对于齿面磨损、胶合等尚无可靠的计算办法，在工程实际中，通常只进行齿根弯曲疲劳强度（轮齿折断）和齿面接触疲劳强度（齿面点蚀）的计算。

对于软齿面（齿面硬度≤350HBW）闭式齿轮传动，由于主要失效形式是齿面点蚀，故应按齿面接触疲劳强度设计，再校核齿根弯曲疲劳强度。

对于硬齿面（齿面硬度＞350HBW）闭式齿轮传动，由于主要失效形式是轮齿折断，故应按齿根弯曲疲劳强度设计，再校核齿面接触疲劳强度。

开式齿轮传动或铸铁齿轮主要的失效形式为齿面磨损和因磨损导致的轮齿折断，仅按齿根弯曲疲劳强度设计，考虑磨损的影响，可将模数加大10％～20％。

六、齿轮传动的设计步骤

（一）齿轮传动的设计步骤

齿轮传动的设计步骤如下：

（1）根据给出的已知条件，明确传动形式，选择合适的材料和热处理方法，确定相应的许用应力；

（2）根据设计准则，设计计算模数或分度圆直径；

（3）确定参数，计算主要几何尺寸；

（4）根据设计准则进行齿面接触疲劳强度或齿根弯曲疲劳强度校核；

（5）验算齿轮的圆周速度，选择齿轮传动的精度等级和润滑方式等；

（6）齿轮结构设计，绘制齿轮工作图。

(二)齿轮的材料及热处理方式选择、确定许用应力

齿轮材料的选择应使齿轮的齿面具有较高的抗磨损、抗点蚀、抗胶合、抗塑性变形,并使齿根具有足够的抗折断能力。齿轮一般应选用具有良好力学性能的中碳钢和中碳合金钢;承受较大冲击载荷的齿轮,可选用合金渗碳钢;一些低速或中速低应力、低冲击载荷条件下工作的齿轮,可选用铸钢、灰铸铁或球墨铸铁;一些受力不大或在无润滑条件下工作的齿轮,可选用有色金属和非金属材料。齿轮常用材料的牌号、力学性能及热处理方式见表 3.3.6。

表 3.3.6 齿轮常用材料、热处理方式及其力学性能

材料	热处理方法	强度极限 σ_h/MPa	屈服点 σ_s/MPa	齿面硬度/HBW	许用接触应力 $[\sigma_H]$/MPa	许用弯曲应力 $[\sigma_F]$①/MPa
HT300		300		187～255	290～347	80～105
QT600—3	正火	600		190～270	436～535	262～315
ZG310—570		580	320	163～197	270～301	171～189
ZG340—640		650	350	179～207	288～306	182～196
45		580	290	162～217	468～513	280～301
ZG340—640	调质	700	380	241～269	468～490	248～259
45		650	360	217～255	513～545	301～315
35SiMn		750	450	217～269	585～648	388～420
40Cr		700	500	241～286	612～675	399～427
45	调质后表面淬火			40～50HRC	972～1053	427～504
40Cr				48～55HRC	1.035～1098	483～518
20Cr	渗碳后淬火	650	400	56～62HRC	1350	645
20CrMnTi		1100	850	56～62HRC	1350	645

注:①$[\sigma_F]$是在轮齿单向受载的试验条件下得到的,若轮齿的工作条件为双向受载,则应将表中数值乘以 0.7。

(三)标准直齿圆柱齿轮传动的强度计算

1. 轮齿的受力分析

为了计算齿轮的强度,设计轴和轴承,首先需要对轮齿进行受力分析。齿轮啮合传动时,齿面上的摩擦力与轮齿所受载荷相比很小,可忽略不计。因此,如图 3.3.8 所示,认为在一对啮合齿面上,只作用有沿啮合线方向的法向力 F_n。取主动小齿轮为研究对象,设法向力 F_n 集中作用在分度圆上齿宽中点 P,将法向力 F_n 分解为与分度圆相切的圆周力 F_t 和沿半径方向的径向力 F_r。

齿轮转动时,主动轮 1 传递的功率 P_1(kW)及转速 n_1(r/min)通常是已知的,因此,主动轮上的转矩为

$$T_1 = 9.55 \times 10^6 \frac{P_1}{n_1} \tag{3-42}$$

则法向力 F_n、切向力 F_t、径向力 F_r 分别为

$$\left.\begin{aligned} F_t &= \frac{2T_1}{d_1} \\ F_r &= F_t\cos\alpha \\ F_n &= F_t/\cos\alpha \end{aligned}\right\} \tag{3-43}$$

根据作用力与反作用力的关系，作用在主动轮和从动轮上各对力的大小相等、方向相反。主动轮上圆周力是工作阻力，其方向与主动轮的转向相反；从动轮上圆周力是驱动力，其方向与主动轮的转向相同；两轮的径向力分别指向各自的回转中心。

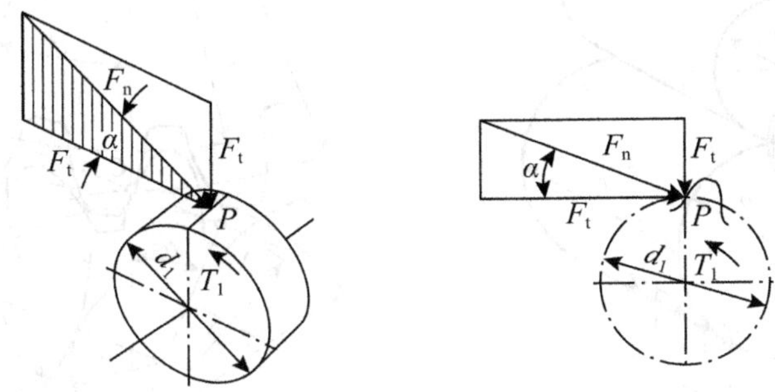

图 3.3.8　轮齿的受力分析

2. 计算载荷

上述轮齿上的法向力 F_n 是齿轮在理想的平稳工作条件下所承受的名义载荷，并且理论上是沿齿轮齿宽方向均匀分布的。实际上，由于制造、安装误差，受载后轴、轴承、轮齿的变形等因素的影响，所受实际载荷要比名义载荷大。因此，计算齿轮强度时，要考虑附加载荷的影响，通常按计算载荷 F_{nc} 计算。计算载荷的表达式为

$$F_{nc} = KF_n \tag{3-44}$$

式中，K—载荷系数，可根据原动机和工作机情况查表 3.3.7。

表 3.3.7　载荷系数 K

原动机	工作机械的载荷特性		
	平稳	中等冲击	强烈冲击
电动机	1～1.2	1.2～1.6	1.6～1.8
多缸内燃机	1.2～1.6	1.6～1.8	1.9～2.1
单缸内燃机	1.6～1.8	1.8～2.0	2.2～2.4

注：斜齿、圆周速度低、精度高、齿宽系数小时取小值，反之取大值；齿轮在两轴承之间对称布置时取小值，非对称布置及悬臂布置取大值。

3. 齿面接触疲劳强度计算

如图 3.3.9(a)所示，两平行圆柱体在法向力作用下相互接触，接触线因弹性变形而成为窄带形接触面，最大接触应力产生在接触区中心处，其值与正压力大小、两圆柱体的

曲率半径、材料、接触线长度等有关。一对轮齿啮合，可视为两个曲率半径随时变化的平行圆柱体的接触过程，如图 3.3.9(b)所示。因渐开线各点的曲率半径不同，故每个啮合位置的接触应力不同。考虑到通常是单齿对啮合区，且点蚀多发生在节线附近的齿根表面，因此常以节点为计算对象。应使齿面接触处所产生的最大接触应力小于等于齿轮的许用接触应力。

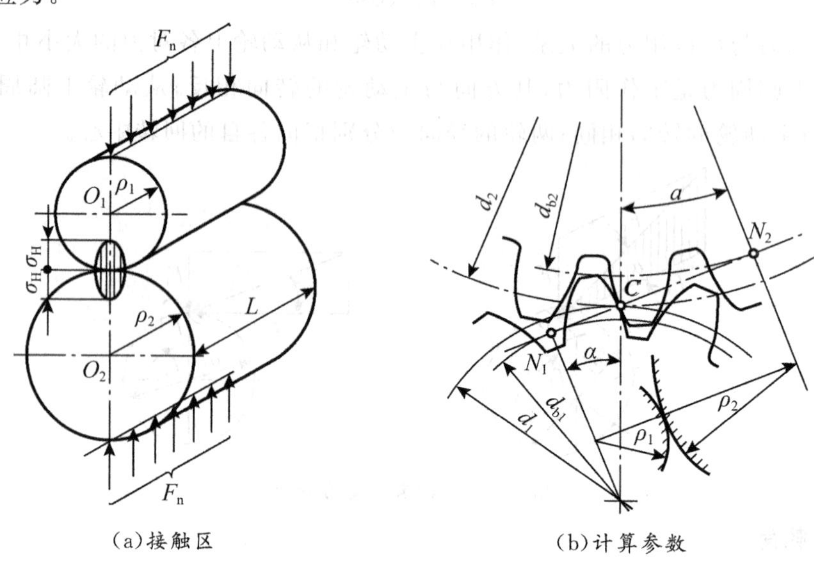

(a)接触区 (b)计算参数

图 3.3.9 齿面接触疲劳强度计算

根据弹性力学计算接触应力的赫兹公式，代入齿轮相应参数，经推导得渐开线标准直齿圆柱齿轮的齿面接触疲劳强度的计算公式如下：

校核公式为

$$\sigma_H = 3.52\ Z_E\sqrt{\frac{KT_1(i \pm 1)}{bd_1^2 i}} \leqslant [\sigma_H] \tag{3-45}$$

设计公式为

$$d_1 \geqslant \sqrt[3]{\left(\frac{5.52\ Z_E}{[\sigma_H]}\right)^2 \frac{KT_1(i \pm 1)}{\psi_d i}} \tag{3-46}$$

式中：σ_H—齿面工作时产生的最大接触应力(MPa)；

$[\sigma_H]$—齿轮材料的接触疲劳许用应力(MPa)，查表 3.3.6；

Z_E—材料的弹性系数，查表 3.3.8；

K—载荷系数，查表 3.3.9；

T_1—小齿轮传动的转矩(N·mm)；

b—轮齿的工作宽度(mm)；

d_1—小齿轮的分度圆直径(mm)；

$\pm$—“+”用于外啮合，“−”用于内啮合；

i—齿数比，即大齿轮与小齿轮的齿数之比，$i = z_2/z_1$；

ψ_d—齿宽系数，$\psi_d = \dfrac{b}{d_1}$。

表 3.3.8　材料的弹性系数

两齿轮材料	两齿轮均为钢	钢与铸铁	两齿轮均为铸铁
Z_E	189.8	165.4	144

表 3.3.9　载荷系数

工作机械	载荷特性	原动机		
		电动机	多缸内燃机	单缸内燃机
均匀加料的运输机和加料机、轻型卷扬机、发电机、机床铺助传动	平稳、轻微冲击	1～1.2	1.2～1.6	1.6～1.8
不均匀加料的运输机和加料机、重型卷扬机、球磨机、机床主传动	中等冲击	1.2～1.6	1.6～1.8	1.8～2.1
冲床、钻床、轧床、破碎机、挖掘机	较大冲击	1.6～1.8	1.8～2.0	2.2～2.4

注：斜齿、圆周速度低、精度高、齿宽系数小、齿轮在两轴承间对称布置时取小值。直齿、圆周速度高、精度低、齿宽系数大、齿轮在两轴承间不对称布置时取大值。

公式使用说明和参数选择：

(1)大小齿轮齿面接触应力$\sigma_{H1}=\sigma_{H2}$，但是由于两轮材料、热处理不同，两轮齿面硬度不同，$[\sigma_{H1}]\neq[\sigma_{H2}]$，设计时代入较小值。

(2)即使 m 和 z 改变，只要 d_1 保持不变，则σ_H保持不变，所以齿轮的齿面接触应力σ_H与模数无关，而取决于齿轮分度圆直径。

4. 齿根弯曲疲劳强度计算

轮齿受力时，可以看作悬臂梁。实验表明，齿根危险截面的位置用 30°切线法确定。作与轮齿对称中心线成 30°角的两直线与齿根圆角过渡曲线相切，连接两切点的齿厚即为齿根危险截面的齿厚，即 ab 截面，如图 3.3.10 所示。经力学推导可得渐开线标准直齿圆柱齿轮的齿根弯曲疲劳强度的计算公式如下：

校核公式为

$$\sigma_F=\frac{2KT_1}{bm^2z_1}Y_FY_S\leqslant[\sigma_F] \tag{3-47}$$

设计公式为

$$m\geqslant\sqrt[3]{\frac{2KT_1}{\psi_d z_1^2}\cdot\frac{Y_FY_S}{[\sigma_F]}} \tag{3-48}$$

式中：σ_F—齿根危险截面的最大弯曲应力(MPa)；

$[\sigma_F]$—齿轮材料的弯曲疲劳许用应力(MPa)，查表 3.3.6；

m—模数；

z_1—主动轮齿数；

K—载荷系数，查表 3.3.9；

T_1—小齿轮传动的转矩(N·mm)；

Y_F—齿形系数，当齿廓的基本参数一定时，齿形取决于齿数和变位系数，对于标准齿轮，只取定于齿数 z，查表 3.3.10；

Y_S—应力修正系数，查表 3.3.10。

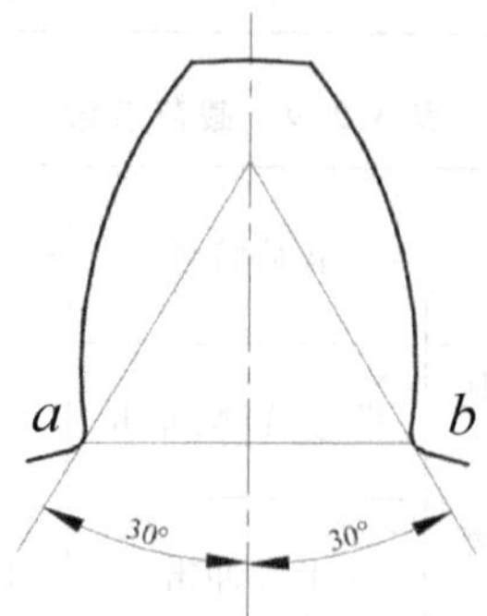

图3.3.10 齿根危险截面

表 3.3.10 标准外齿轮的齿形系数 Y_F 和 Y_S

Z	17	18	19	20	22	25	28	30	35	40	45	50	60	80	100	≥200
Y_F	2.97	2.91	2.85	2.81	2.75	2.65	2.58	2.54	2.47	2.41	2.37	2.35	2.30	2.25	2.18	2.14
Y_S	1.53	1.54	1.55	1.56	1.58	1.59	1.61	1.63	1.65	1.67	1.69	1.71	1.73	1.77	1.80	1.88

公式使用说明和参数选择：

(1)大小齿轮的齿根弯曲应力 $\sigma_{F1}\neq\sigma_{F2}$，由于两轮材料、热处理不同，两轮的许用弯曲应力也不同，$[\sigma_{F1}]\neq[\sigma_{F2}]$，校核时应分别验算大小齿轮的弯曲强度，即应使 $\sigma_{F1}\leqslant[\sigma_{F1}]$，$\sigma_{F2}\leqslant[\sigma_{F2}]$。根据 $m\geqslant\sqrt[3]{\dfrac{2KT_1}{\psi_d z_1^2}\cdot\dfrac{Y_F Y_S}{[\sigma_F]}}$，设计时，应代入 $\dfrac{Y_{F1}Y_{S1}}{[\sigma_{F1}]}$ 与 $\dfrac{Y_{F2}Y_{S2}}{[\sigma_{F2}]}$ 中较大值。

(2)设计求出的模数应取标准值。

(四)标准直齿圆柱齿轮传动主要参数的选择

1. 传动比 i

一对齿轮的传动比不宜选得过大，否则不仅大齿轮直径太大，而且整个齿轮传动的外廓尺寸也会增大。一般对于直齿圆柱齿轮传动，传动比 $i\leqslant5$。若传动比过大时应采用分级传动。如果总传动比 $i=8\sim40$，可分成二级传动；如果总传动比 $i>40$，可分为三级或三级以上传动。传动比为整数的齿轮啮合的磨合性能好。但是对于重要的传动或重载高速传动，传动比非整数时，轮齿磨损均匀，有利于提高寿命。

2. 齿数 z

软齿面闭式齿轮传动在满足弯曲强度的条件下，为提高传动的平稳性，一般取 $z_1=20\sim40$，速度较高时取较大值；硬齿面的弯曲强度是薄弱环节，宜取较少的齿数，以便增大模数，通常取 $z_1=17\sim20$。

大小齿轮的齿数选择应符合传动比 i 的要求。齿数取整可能会影响传动比数值，误差一般应控制在 5%以内。

3. 模数 m

动力传动中，一般应使 $m \geqslant (1.5 \sim 2)$mm。普通减速器、机床及汽车变速器中的齿轮模数一般为2～8mm。齿轮模数必须取标准值。为加工测量方便，一个传动系统中，齿轮模数的种类应尽量少。

4. 齿宽系数 ψ_d

齿宽系数 ψ_d 表示齿宽 b 的相对值，$\psi_d = b/d_1$。当 d_1 一定时，增大齿宽系数必然增大齿宽，可提高齿轮的承载能力；但齿宽越大，载荷沿齿宽的分布越不均匀，极易造成偏载而降低传动能力，因此应合理选择 ψ_d。ψ_d 的选择查表3.3.11。

表3.3.11　齿宽系数 ψ_d

齿轮相对轴承的位置	大齿轮或两轮齿面硬度≤350HBW	两轮齿面硬度>350HBW
对称布置	0.8～1.4	0.4～0.9
非对称布置	0.6～1.2	0.3～0.6
悬臂布置	0.3～0.4	0.2～0.5

注：①载荷稳定时取大值，轴与轴承的刚度较大时取大值，斜齿轮与人字齿轮取大值，②对于金属切削机床的传动齿轮，取小值；传动功率不大时，可小到0.2。

为保持强度并减小加工量，也为了装配和调整方便，大齿轮齿宽应小于小齿轮齿宽。取 $b_2 = \psi_d d_1$，则 $b_1 = b_2 + (5 \sim 10)$mm。齿宽 b_1 和 b_2 都应圆整为整数，最好个位数为0或5。

(五)标准直齿圆柱齿轮的结构设计

齿轮的结构设计，一般在主要参数和几何尺寸确定之后进行，通常是先按齿轮的直径大小选定合适的结构形式，再根据经验公式完成结构设计。

1. 实心式齿轮

齿顶圆直径 $d_a \leqslant 200$mm 的钢制齿轮，一般采用锻造毛坯的实心式结构，如图3.3.11所示。

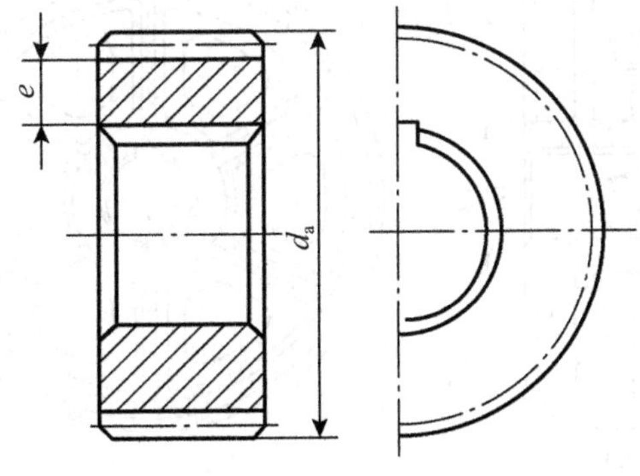

图3.3.11　实心式齿轮

2. 齿轮轴

如图3.3.11所示，当圆柱齿轮的齿根圆至键槽顶部的距离 $e \leqslant (2 \sim 2.5)m$ 时，应如图3.3.12所示，将齿轮与轴制成一体，称为齿轮轴。

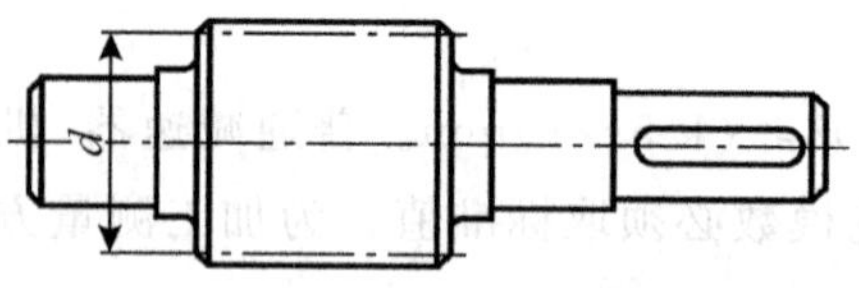

图 3.3.12 齿轮轴

3. 腹板式齿轮

当齿轮齿顶圆 $d_a = 200 \sim 500\text{mm}$ 时，可采用腹板式结构，如图 3.3.13 所示。这种结构的齿轮一般多用锻钢制造，其各部分尺寸由图中经验公式确定。

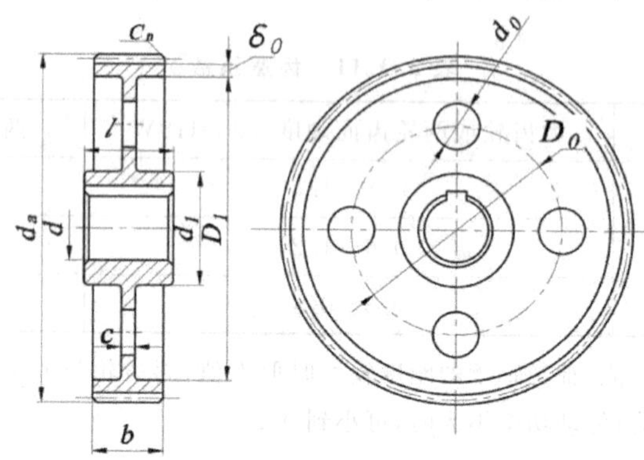

图 3.3.13 腹板式齿轮

$D_1 = 1.6d$；$\delta_0 = (2.5 \sim 4)m$，但不小于 8～10mm；$D_0 = 0.5(D_1 + D_2)$；$d_0 = 0.25(D_2 - D_1)$；

$c = (0.2 \sim 0.3)b$，不小于 10mm；$l = (1.2 \sim 1.5)d$，$l \geqslant b$

4. 轮辐式齿轮

当齿轮齿顶圆 $d_a > 500\text{mm}$ 时，可采用轮辐式结构，如图 3.3.14 所示。这种结构的齿轮常采用铸钢或铸铁制造，其各部分尺寸按图中经验公式确定。

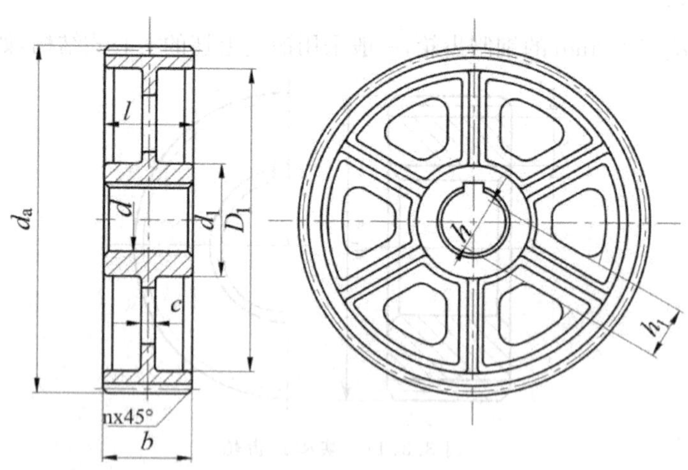

图 3.3.14 轮辐式齿轮

$d_1 = 1.6d$（铸钢）；$d_1 = 1.8d$（铸铁）；$D_1 = d_a - (10 \sim 12)m$；$h = 0.8d$；$h_1 = 0.8h$；$c = 0.2h$；

$s = h/6$（不小于 10mm）；$l = (1.2 \sim 1.5)d$；$n = 0.5m$

七、齿轮传动装置的使用与维护

(一)齿轮传动装置的润滑

齿轮传动时对轮齿进行润滑，可以减少齿面间的摩擦和磨损，还可以减缓腐蚀并降低噪声，从而提高传动效率及延长齿轮寿命，所以，润滑对齿轮传动非常重要。

1. 齿轮传动的润滑方式

开式及半开式齿轮传动，或速度较低的闭式齿轮传动，通常用人工做周期性加油润滑，所用润滑剂为润滑油或润滑脂。

一般闭式齿轮传动的润滑方式有浸油润滑和喷油润滑两种，根据齿轮的圆周速度 v 的大小而定。

当 $v \leqslant 12\text{m/s}$ 时多采用浸油润滑，如图 3.3.15 所示，将大齿轮浸入油池一定的深度，齿轮运转时就把润滑油带到啮合区，同时也甩到箱壁上，借以散热。当 v 较大时，浸入深度约为一个齿高；当 v 较小时，如 $v=0.5\sim0.8\text{m/s}$ 时，浸入深度可达到齿轮半径的 1/6。在多级齿轮传动中，可借带油轮将油带到未浸入油池内的齿轮的齿面上，如图 3.3.16 所示。

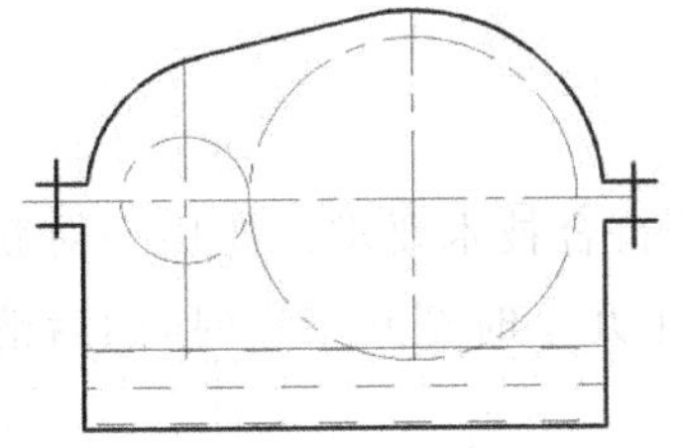

图 3.3.15　浸油润滑

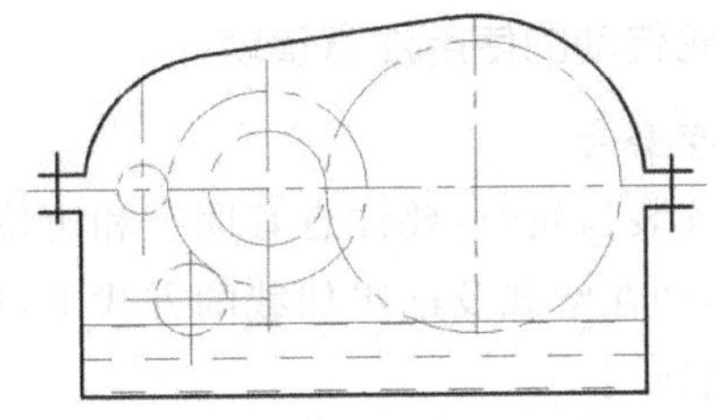

图 3.3.16　多级齿轮传动的多级齿轮传动

当 $v>12\text{m/s}$ 时，由于圆周速度大，齿轮搅油剧烈，且因离心力较大，会使黏附在齿廓面上的油被甩掉，因此不宜采用浸油润滑，可采用喷油润滑，即由油泵或中心供油站以一定的压力供油，借喷嘴将润滑油喷到轮齿的啮合面上，如图 3.3.17 所示。当 $v \leqslant 25\text{m/s}$ 时，喷嘴位于轮齿啮入边或啮出边均可；当 $v>25\text{m/s}$ 时，喷嘴应位于轮齿啮出的一边，以便借润滑油及时冷却刚啮合过的轮齿，同时也对轮齿进行润滑，如图 3.3.17 所示。

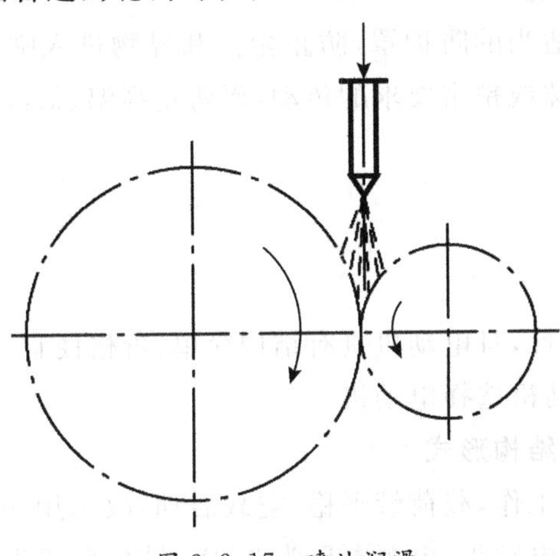

图 3.3.17　喷油润滑

2. 润滑剂的选择

齿轮传动常用的润滑剂为润滑油或润滑脂。通常根据齿轮材料和圆周速度选取油的黏度，并由选定的黏度查看有关机械设计手册确定润滑油的牌号；润滑油的黏度按表3.3.12选取。

表 3.3.12　齿轮传动润滑油黏度推荐值

齿轮材料	强度极限 σ_B/MPa	圆周速度 v/(m/s)						
		<0.5	0.5～1	1～2.5	2.5～5	5～12.5	12.5～25	>25
		运动黏度 ν/cSt(50℃)						
塑料、铸铁、青铜	—	177	118	81.5	59	44	32.4	—
钢	450～1000	266	177	118	81.5	59	44	32.4
	1000～1250	266	266	177	118	81.5	59	44
渗碳或表面淬火的钢	1250～1580	444	266	266	177	118	81.5	59

(二)齿轮传动的使用注意事项

1. 安装与磨合

在轴上安装齿轮时，要注意其固定和定位都应符合技术要求。使用一对新齿轮时，先做磨合运转，即在空载及逐步加载的方式下，运转十几小时至几十小时，然后清洗箱体，更换新油，才能使用。

2. 监控运转状态

使用设备时，不得超速、超载；变速器应在空载时换挡，以免折断轮齿。通过看、摸、听，监视有无不正常现象，若发现异常现象，应及时检查加以解决。对高速重载以及重要场合的齿轮传动，可采用自动检测装置。有些设备非规范操作时，会闪灯或发出报警，这时必须停止运行，及时检查。

3. 保持良好的工作环境

对开式齿轮，应安装适当的防护罩，防止尘土和异物进入啮合表面；防止酸碱等腐蚀性介质接触齿轮；对有特殊或精密要求的传动，要防止高温、低温和潮湿的影响。

任务实施

一、原动机的选择

由于电力供应的普遍性，且电动机具有结构简单、价格便宜、效率高、控制和使用方便等优点，所以本方案中原动机选择电动机。

1. 选择电动机类型和结构形式

减速器在常温下连续工作，载荷较平稳，空载启动，故选用一般用途适用的 Y 型全封闭自扇冷式笼型三相异步电动机，电源电压为 380V，结构形式为卧式电动机。

2. 确定电机功率

根据已知条件，工作机所需要的有效功率为

$$P_w=\frac{Fv}{1000}=\frac{6500\times 0.8}{1000}=5.2(\text{kW})$$

电动机所需的功率 P_d 为

$$P_d=\frac{P_w}{\eta}(\text{kW})$$

式中 η 为传动系统的总效率，在本方案中按下式计算：

$$\eta=\eta_{\text{I II}}\times\eta_{\text{II III}}\times\eta_{\text{III IV}}\times\eta_{\text{IV V}}\times\eta_{\text{VW}}$$

其中：$\eta_{\text{I II}}=\eta_{联轴器}$；$\eta_{\text{II III}}=\eta_{轴承}\eta_{闭式齿轮}$；$\eta_{\text{III IV}}=\eta_{轴承}\eta_{联轴器}$；$\eta_{\text{IV V}}=\eta_{轴承}\eta_{开式齿轮}$；$\eta_{\text{VW}}$ 为输送机滚筒轴（轴Ⅴ）至输送带间的传动效率，$\eta_{\text{VW}}=\eta_{轴承}\eta_{滚筒}$。

因此，设闭式齿轮精度为8级，轴承选择滚动轴承，查表3.3.4得

$$\begin{aligned}\eta&=\eta_{\text{I II}}\times\eta_{\text{II III}}\times\eta_{\text{III IV}}\times\eta_{\text{IV V}}\times\eta_{\text{VW}}=\eta_{联轴器}\eta_{轴承}\eta_{闭式齿轮}\eta_{轴承}\eta_{联轴器}\eta_{轴承}\eta_{开式齿轮}\eta_{轴承}\eta_{滚筒}\\&=0.99\times0.99\times0.97\times0.99\times0.99\times0.99\times0.95\times0.99\times0.96\approx0.8328\end{aligned}$$

因此，电动机所需的功率 P_d 为

$$P_d=\frac{P_w}{\eta}=\frac{5.2}{0.8328}=6.244(\text{kW})$$

由表3.3.2可知，满足 $P_{ed}\geqslant P_d$ 条件的 Y 系列三相交流异步电动机额定功率 P_{ed} 应取为7.5kW。

3. 电机转速的选择

根据已知条件，可得输送机滚筒的工作转速 $n_w=\dfrac{60000v}{\pi d}=\dfrac{60000\times0.8}{335\pi}=45.6\text{r/min}$

按表3.3.5推荐的传动比合理范围，圆柱齿轮传动比范围为3～6，则总传动比范围为9～36，因此电机转速的可选范围为（9～36）×45.6＝410.4～1641.6。查表3.3.2符合这一范围的同步转速有750r/min、1000r/min和1500r/min三种，可查得三种方案，见表3.3.13。

表3.3.13　电动机参数

方案	电动机型号	额定功率/kW	电动机转速（r/min）	
			同步转速	满载转速
1	Y132M－4	7.5	1500	1440
2	Y160M－6	7.5	1000	970
3	Y160L－8	7.5	750	720

同一类型、同一功率的三相异步交流电动机，有几种不同的同步转速。同步转速低的电动机，磁极数多，其外廓尺寸及重量大，价格高；而同步转速高的电动机，磁极数少，尺寸和质量小，价格低。综合考虑减轻电动机及传动系统的质量以及成本，选用方案2。因此选定电动机型号为Y160M-6，其主要性能如表3.3.14。

表 3.3.14　Y160M-6 电动机主要性能

电动机型号	额定功率 /kW	同步转速 (r/min)	满载转速 (r/min)	$\frac{堵转转矩}{额定转矩}$	$\frac{最大转矩}{额定转矩}$
Y160M-6	7.5	1000	970	2.0	2.0

Y160M-6 电动机主要外形和安装尺寸见表 3.3.15。

表 3.3.15　Y160M-6 电动机主要外形和安装尺寸

中心高 H	外形尺寸 $L\times(AC/2+AD)\times HD$	安装尺寸 $A\times B$	轴伸尺寸 $D\times E$	平键尺寸 $F\times G$
160	600×417.5×385	254×210	42×110	12×37

二、各级传动比的分配

1. 传动系统的总传动比

$$i=\frac{n_m}{n_w}=\frac{970}{45.6}=21.27$$

2. 分配传动系统传动比

就本方案而言

$$i=i_{闭}i_{开}$$

由表 3.3.5 可知，齿轮传动比范围为 3～6，初步取 $i_{闭}=4.8$，则

$$i_{开}=\frac{i}{i_{闭}}=\frac{21.27}{4.8}=4.43$$

三、传动系统的运动和动力参数计算

1. 各轴的输入功率

电动机轴 $P_{\text{I}}=P_{ed}=7.5\text{kW}$

Ⅱ轴 $P_{\text{II}}=P_{\text{I}}\eta_{\text{I II}}=7.5\times0.99=7.425\text{kW}$

Ⅲ轴 $P_{\text{III}}=P_{\text{II}}\eta_{\text{II III}}=7.425\times0.99\times0.97=7.13\text{kW}$

Ⅳ轴 $P_{\text{IV}}=P_{\text{III}}\eta_{\text{III IV}}=7.13\times0.99\times0.99=6.99\text{kW}$

Ⅴ轴 $P_{\text{V}}=P_{\text{IV}}\eta_{\text{IV V}}=6.99\times0.99\times0.95=6.57\text{kW}$

2. 各轴的转速

电动机轴 $n_{\text{I}}=n_m=970\text{r/min}$

Ⅱ轴 $n_{\text{II}}=\frac{n_{\text{I}}}{i_{\text{I II}}}=\frac{970}{1}=970\text{r/min}$

Ⅲ轴 $n_{\text{III}}=\frac{n_{\text{II}}}{i_{\text{II III}}}=\frac{970}{i_{闭}}=\frac{970}{4.8}=202.08\text{r/min}$

Ⅳ轴 $n_{\text{IV}}=n_{\text{III}}/i_{\text{III IV}}=\frac{202.08}{1}=202.08\text{r/min}$

Ⅴ轴 $n_{\text{V}}=n_{\text{IV}}/i_{\text{IV V}}=\frac{202.08}{4.43}=45.62\text{r/min}$

3. 各轴的转矩

电动机轴 $T_{\mathrm{I}}=9550\dfrac{P_{\mathrm{I}}}{n_{\mathrm{I}}}=9550\dfrac{7.5}{970}=73.84\mathrm{N\cdot m}$

Ⅱ轴 $T_{\mathrm{II}}=9550\dfrac{P_{\mathrm{II}}}{n_{\mathrm{II}}}=9550\dfrac{7.425}{970}=73.10\mathrm{N\cdot m}$

Ⅲ轴 $T_{\mathrm{III}}=9550\dfrac{P_{\mathrm{III}}}{n_{\mathrm{III}}}=9550\dfrac{7.13}{202.08}=336.9\mathrm{N\cdot m}$

Ⅳ轴 $T_{\mathrm{IV}}=9550\dfrac{P_{\mathrm{IV}}}{n_{\mathrm{IV}}}=9550\dfrac{6.99}{202.08}=330.33\mathrm{N\cdot m}$

Ⅴ轴 $T_{\mathrm{V}}=9550\dfrac{P_{\mathrm{V}}}{n_{\mathrm{V}}}=9550\dfrac{6.57}{45.62}=1375.35\mathrm{N\cdot m}$

将机械传动系统运动和动力参数的计算数值列于表3.3.16中。

表3.3.16　机械传动系统运动和动力参数的计算数值

计算项目	Ⅰ轴（电动机轴）	Ⅱ轴	Ⅲ轴	Ⅳ轴	Ⅴ轴
功率/kW	7.5	7.425	7.13	6.99	6.57
转速/(r/min)	970	970	202.08	202.08	45.62
转矩/(N・m)	73.84	73.10	336.9	330.33	1375.35
传动比	1	4.8	1	4.43	
效率	0.99	0.9603	0.9801	0.9405	

四、闭式齿轮设计

1. 选择齿轮的材料，确定许用应力

因为是一般减速器，且转速不高、载荷平稳，故选用闭式软齿面齿轮传动。为了简化制造，降低成本，选择小齿轮材料为45钢，调质处理，硬度为255HBW；大齿轮材料为45钢，正火处理，硬度为215HBW。输送机为一般机械，速度不高，选择8级精度。

2. 按齿面接触疲劳强度设计

软齿面闭式传动主要的失效形式为齿面点蚀。根据齿面接触疲劳强度，按式(3-49)

$$d_1\geqslant\sqrt[3]{\left(\frac{5.52\,Z_E}{[\sigma_H]}\right)^2\frac{KT_1(i\pm1)}{\psi_d i}}\tag{3-49}$$

计算齿轮分度圆直径，即

$$d_1\geqslant\sqrt[3]{\left(\frac{5.52\,Z_E}{[\sigma_H]}\right)^2\frac{KT_1(i+1)}{\psi_d i}}$$

式中，按表3.3.8选弹性系数 $Z_e=189.8$；按表3.3.9选载荷系数 $K=1.2$。转矩为

$$T_1=9.55\times10^6\frac{P_1}{n_1}=9.55\times10^6\frac{P_{\mathrm{II}}}{n_{\mathrm{II}}}=9.55\times10^6\times\frac{7.425}{970}=73101.8\mathrm{N\cdot mm}$$

$$i=4.8$$

查表 3.3.6，取$[\sigma_H]_1=540\text{MPa}$，$[\sigma_H]_2=500\text{MPa}$；由表 3.3.11，取$\psi_d=1.1$，代入后计算得

$$d_1 \geqslant \sqrt[3]{\left(\frac{5.52\times 189.8}{500}\right)^2 \times \frac{1.2\times 73101.8(4.8+1)}{1.1\times 4.8}}=75.072\text{mm}$$

3. 确定参数，计算主要几何尺寸

(1)齿数：取 $z_1=22$，则 $z_2=iz_1=4.8\times 22=105.6\approx 106$。

(2)模数：$m=\frac{d_1}{z_1}=\frac{75.072}{22}=3.412\text{mm}$。由表 3.3.11 取标准模数 $m=3.5\text{mm}$。

实际传动比 $i=\frac{z_2}{z_1}=\frac{106}{22}=4.82$，$\Delta i=\frac{4.82-4.8}{4.8}=0.4\%$，传动比误差小于允许范围$\pm 5\%$。

(3)实际中心距：$a=\frac{m}{2}(z_1+z_2)=\frac{3.5}{2}(22+106)=224\text{mm}$。

(4)齿宽：$b=\psi_d d_1=\psi_d m z_1=1.1\times 3.5\times 22=84.7\text{mm}$。

取 $b_2=85\text{mm}$，$b_1=b_2+5=90\text{mm}$。

(5)大小齿轮主要几何尺寸：

分度圆直径：$d_1=mz_1=3.5\times 22=77\text{mm}$

$d_2=mz_2=3.5\times 106=371\text{mm}$

齿顶圆直径：$d_{a1}=d_1+2h_a=(z_1+2h_a^*)m=77+2\times 3.5=84\text{mm}$

$d_{a2}=d_2+2h_a=(z_2+2h_a^*)m=371+2\times 3.5=378\text{mm}$

齿根圆直径：$d_{f1}=d_1-2h_f=(z_1-2h_a^*-2c^*)m=77-2.5\times 3.5=68.25\text{mm}$

$d_{f2}=d_2-2h_f=(z_2-2h_a^*-2c^*)m=371-2.5\times 3.5=362.25\text{mm}$

全齿高：$h=2.25m=2.25\times 2.5=7.875\text{mm}$

4. 校核齿根弯曲疲劳强度

大小齿轮的齿数和材质硬度不一样，故应该按

$$\sigma_F=\frac{2KT_1}{bm^2 z_1}Y_F Y_S \leqslant [\sigma_F] \tag{3-50}$$

分别校核。

查表 3.3.10 得，齿形系数 $Y_{F1}=2.75$，$Y_{F2}=2.18$；应力修正系数 $Y_{S1}=1.58$，$Y_{S2}=1.80$。

查表 3.3.6，取许用弯曲应力$[\sigma_F]_1=301\text{MPa}$，$[\sigma_F]_2=280\text{MPa}$。

$$\sigma_{F1}=\frac{2KT_1}{bm^2 z_1}Y_{F1}Y_{S1}=\frac{2\times 1.2\times 73101.8}{90\times 3.5^2\times 22}\times 2.75\times 1.58=31.42\text{MPa}\leqslant[\sigma_F]_1$$

$$\sigma_{F2}=\sigma_{F1}\frac{Y_{F2}Y_{S2}}{Y_{F1}Y_{S1}}=31.42\times\frac{2.18\times 1.80}{2.75\times 1.58}=28.38\text{MPa}\leqslant[\sigma_F]_2$$

所以两齿轮的齿根弯曲疲劳强度足够。

5. 验算齿轮的圆周速度

$$v=\frac{\pi d_1 n_1}{60\times 1000}=\frac{77\times 970\pi}{60\times 1000}=3.91\text{m/s}<5\text{m/s}$$

取 8 级精度合适。因 $v<12\text{m/s}$,故选择齿轮传动的润滑方式为浸油润滑。

6. 齿轮结构设计,绘制齿轮工作图(以大齿轮为例)

由于 $d_2=371\text{mm}$,大齿轮采用腹板式结构。齿轮的轴径按轴的设计确定,若假定轴颈为 60mm,则由图 3.3.13 中所示的齿轮结构计算公式可确定其结构尺寸,齿轮零件工作图略。

五、开式齿轮设计

1. 选择齿轮的材料,确定许用应力

开式齿轮旋转速度较低、低冲击载荷,查表 3.3.6,大齿轮选用 ZG340-640,正火处理,硬度为 179HBW,$[\sigma_{F_2}]=190\text{MPa}$;小齿轮材料选用 ZG340-640,调质处理,硬度为 241HBW,$[\sigma_{F_1}]=250\text{MPa}$。

2. 按齿根弯曲疲劳强度设计

开式齿轮传动主要的失效形式为齿面磨损和因磨损导致的轮齿折断。根据齿根弯曲疲劳强度,按

$$m\geqslant\sqrt[3]{\frac{2KT_1}{\psi_d z_1^2}\cdot\frac{Y_F Y_S}{[\sigma_F]}} \tag{3-51}$$

计算齿轮模数。取 $z_1=17$,则 $z_2=iz_1=4.43\times17=75$;根据表 3.3.9,取载荷系数 $K=1.2$;根据表 3.3.10,取 $Y_{F_1}=2.97$,$Y_{F_2}=2.26$,$Y_{S_1}=1.53$,$Y_{S_2}=1.72$,则 $\frac{Y_{F_1}Y_{S_1}}{[\sigma_{F_1}]}=\frac{2.97\times1.53}{250}=0.018$,$\frac{Y_{F_2}Y_{S_2}}{[\sigma_{F_2}]}=\frac{2.26\times1.72}{190}=0.020$,因为 $\frac{Y_{F_2}Y_{S_2}}{[\sigma_{F_2}]}>\frac{Y_{F_1}Y_{S_1}}{[\sigma_{F_1}]}$,所以代入 $\frac{Y_{F_2}Y_{S_2}}{[\sigma_{F_2}]}$;根据表 3.3.11,取齿宽系数 $\psi_d=1$,$T_1=T_{\text{IV}}=330.33\text{N}\cdot\text{m}=330330\text{N}\cdot\text{mm}$,则

$$m\geqslant\sqrt[3]{\frac{2KT_1}{\psi_d z_1^2}\cdot\frac{Y_F Y_S}{[\sigma_F]}}=\sqrt[3]{\frac{2\times1.2\times330330}{1\times17^2}\times0.02}=3.79\text{mm}$$

考虑磨损的影响,将模数增大 10%,则 $m\geqslant4.169\text{mm}$,根据表 3.1.1,取 $m=4.5\text{mm}$。

3. 确定参数,计算主要几何尺寸

(1)实际传动比:$i=\frac{75}{17}=4.41$,$\Delta i=\frac{4.43-4.41}{4.43}=0.0045=0.45\%$,传动比误差小于允许范围 $\pm5\%$。

(2)分度圆直径:$d_1=mz_1=4.5\times17=76.5\text{mm}$,$d_2=mz_2=4.5\times75=337.5\text{mm}$。

(3)实际中心距:$a=\frac{m}{2}(z_1+z_2)=\frac{4.5}{2}(17+75)=207\text{mm}$。

(4)齿宽:$b=\psi_d d_1=\psi_d mz_1=1\times76.5=76.5\text{mm}$。

取 $b_2=80\text{mm}$,$b_1=b_2+5=85\text{mm}$。

(5)齿顶圆直径:$d_{a1}=d_1+2h_a=(z_1+2h_a^*)m=76.5+2\times4.5=85.5\text{mm}$

$d_{a2}=d_2+2h_a=(z_2+2h_a^*)m=337.5+2\times4.5=346.5\text{mm}$

(6)齿根圆直径:$d_{f1}=d_1-2h_f=(z_1-2h_a^*-2c^*)m=76.5-2.5\times4.5=65.25\text{mm}$

$d_{f2}=d_2-2h_f=(z_2-2h_a^*-2c^*)m=337.5-2.5\times4.5=326.25\text{mm}$

(7)全齿高：$h=2.25m=2.25\times4.5=10.125\text{mm}$

4. 验算齿轮的圆周速度

$$v=\frac{\pi d_1 n_1}{60\times1000}=\frac{76.5\times202.08\pi}{60\times1000}=0.809\text{m/s}<5\text{m/s}$$

取 9 级精度合适。因 $v<12\text{m/s}$，故选择齿轮传动的润滑方式为浸油润滑。

5. 齿轮结构设计，绘制齿轮工作图(以大齿轮为例)

由于 $d_2=337.5\text{mm}$，大齿轮采用腹板式结构。齿轮的轴径按轴的设计确定，若假定轴颈为 60mm，则由图 3.3.13 中所示的齿轮结构计算公式可确定其结构尺寸，开式齿轮传动大齿轮零件工作图略。

课后思考

试分析表 3.3.1 所示的七种方案的电机选择、闭式齿轮传动和开式齿轮传动设计的规律。

知识拓展

在工程上减速器的类型很多。按传动件类型不同，除了教材中前述的圆柱齿轮减速器，还有圆锥齿轮减速器、蜗杆减速器、齿轮—蜗杆减速器和行星齿轮减速器；按传动级数的不同，可分为一级减速器、二级减速器和多级减速器；按传动布置方式的不同，可分为展开式减速器、同轴式减速器和分流式减速器；按传递功率大小不同，可分为大、中、小型减速器等。常用减速器的类型、特点及应用见表 3.3.17。

表 3.3.17　常用减速器的类型、特点及应用

名称		简图	传动比范围		特点及应用
			一般	最大值	
圆柱齿轮减速器	一级圆柱齿轮减速器	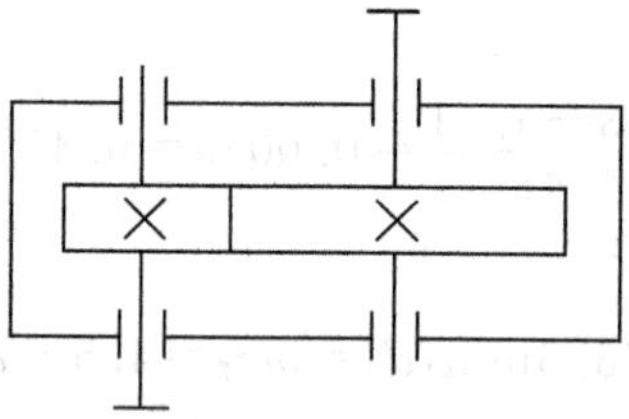	直齿≤4 斜齿≤5	10	轮齿可以是直齿、斜齿、人字齿，其特点是轴承对称布置，轴的刚度好。在高速及大型卷扬机、抽油机中应用较多。
	二级展开式圆柱齿轮减速器	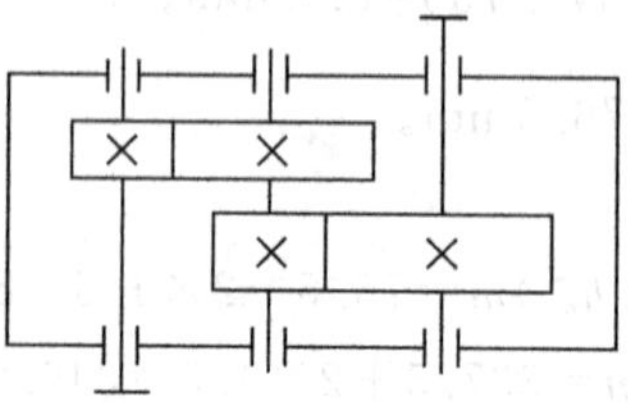	8～40	60	齿轮相对于支承位置不对称，当轴产生弯扭变形时，载荷在齿宽上分布不均匀，要求轴应具有较大的刚度，并使齿轮远离输入或输出端。

续表

名称		简图	传动比范围		特点及应用
			一般	最大值	
圆柱齿轮减速器	二级分流式圆柱齿轮减速器	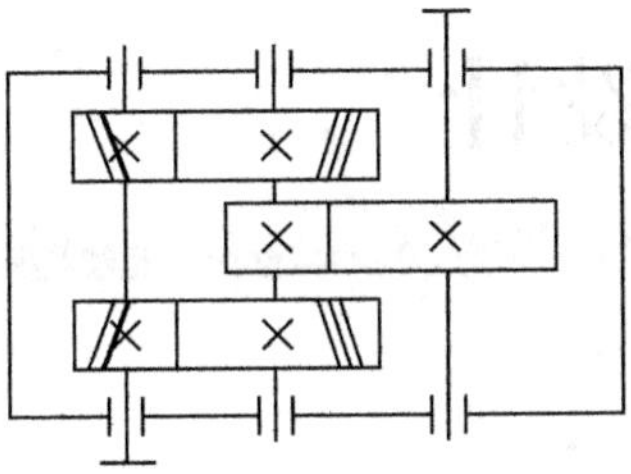	8～40	60	高速级分流性能更好。低速级齿轮相对于支承对称布置。高速级两对齿轮旋向相反，使轴向力抵消。多用一对齿轮，结构略显复杂，轴向尺寸较大。
	二级同轴式圆柱齿轮减速器	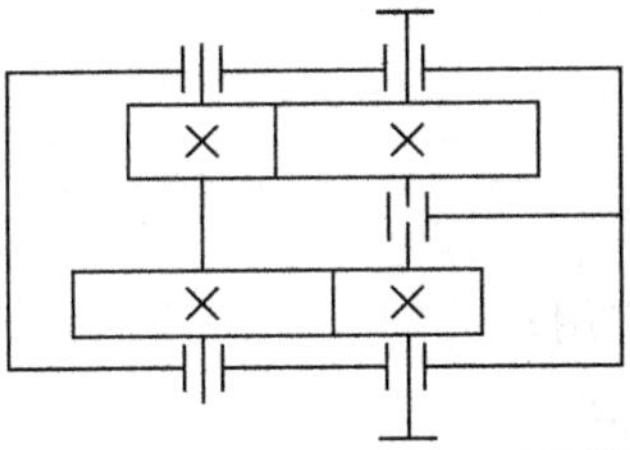	8～40	60	箱体长度减小，但轴向尺寸较大。由于两级中心距相等，高速级齿轮尺寸多数过大。用于原动机与工作机同轴布置的传动。
	三级展开式圆柱齿轮减速器	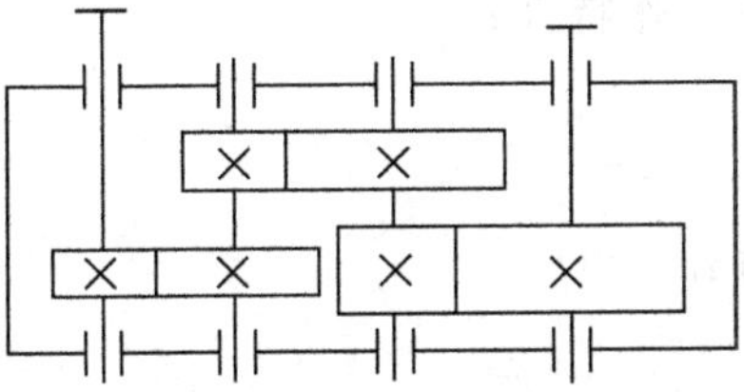	40～200	400	传动比大，其余与二级展开式圆柱齿轮减速器相同。
圆锥齿轮减速器	一级直齿锥齿轮减速器	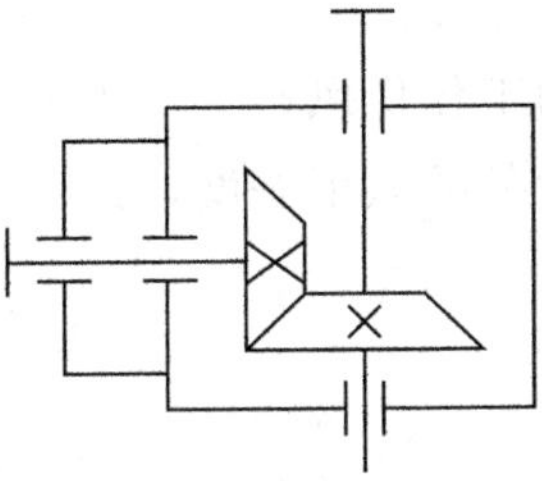	≤3	10	用于原动机与工作机轴线相交的传动。
	二级直齿圆锥圆柱齿轮减速器	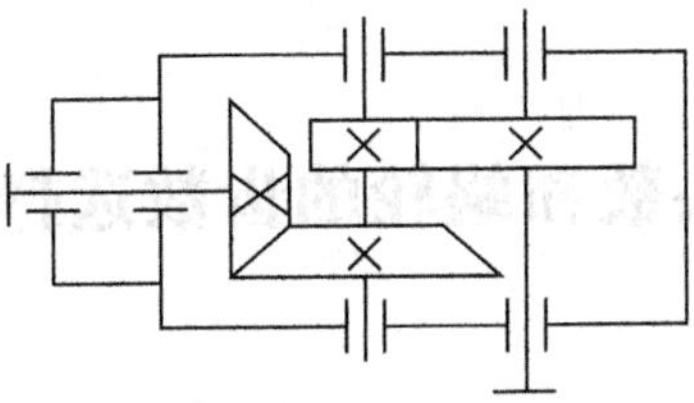	8～15	20	用于原动机与工作机轴线相交，且传动比较大的传动。锥齿轮放置在高速度，以减小锥齿轮尺寸。
蜗杆减速器	一级蜗杆减速器	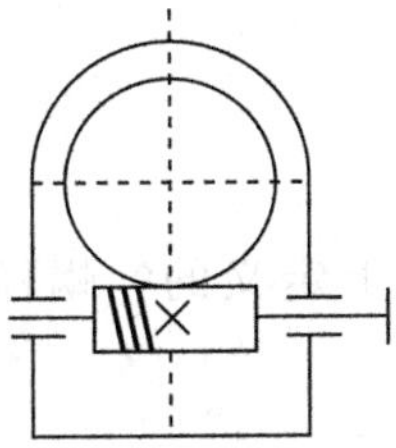	8～40	80	传动比大，传动平衡，噪声小，但机械效率低。常用于中、小功率或不连续运转的场合。

项目4 蜗轮蜗杆传动设计

知识目标：

- 熟悉蜗轮蜗杆传动的类型、特点及应用；
- 掌握蜗轮蜗杆的几何参数和尺寸计算；
- 掌握蜗轮蜗杆传动的工作原理及工作特性；
- 掌握蜗轮蜗杆的设计方法。

技能目标：

- 能正确分析蜗轮蜗杆传动的特点；
- 能进行简单的蜗轮蜗杆的设计。

素质目标：

- 培养爱岗敬业、实事求是、勇于创新的工作作风；
- 培养精益求精、质量第一、规范操作设备的做事态度；
- 具备良好的表达和沟通能力；
- 具备分析问题，解决问题的能力；
- 学会团队协同互助。

任务一　蜗杆的头数和蜗轮的齿数选择

任务布置

(1)蜗杆传动有何特点，适用于什么场合？

(2)蜗杆传动的模数和压力角是在哪个平面上定义的？蜗杆传动正确啮合的条件是什么？

(3)如何选择蜗杆的头数 z_1、蜗轮的齿数 z_2？

任务准备

一、蜗杆传动的类型和特点

蜗杆传动用于在交错轴间传递运动和动力。如图 4.1.1 所示，蜗杆传动由蜗杆和蜗轮组成，一般蜗杆为主动件，通常交错角为 90°。蜗杆传动广泛用于各种机械和仪表中，常用作减速，仅少数机械，如离心机、内燃机增压器等，蜗轮为主动件，用于增速。蜗杆的形状像个圆柱形螺纹，蜗轮形状像斜齿轮，只是它的轮齿沿齿长方向又弯曲成圆弧形，以便与蜗杆更好地啮合。

图 4.1.1　蜗杆传动

1. 蜗杆的特点

蜗杆和螺纹一样有左旋和右旋之分，分别称为左旋蜗杆和右旋蜗杆，如图 4.1.2 所示。蜗杆上只有一条螺旋线的称为单头蜗杆，即蜗杆转一周，蜗轮转过一齿，若蜗杆上有两条螺旋线，就称为双头蜗杆，即蜗杆转一周，蜗轮转过两个齿。依此类推，设蜗杆头数用 Z_1 表示（一般 $Z_1=1\sim4$），蜗轮齿数用 Z_2 表示。如图 4.1.3 所示为单多头蜗杆。蜗杆传动的特点如下：

(a) 左旋蜗杆

(b) 右旋蜗杆

图 4.1.2　蜗杆的旋向

图 4.1.3　蜗杆头数

(1) 传动比大，结构紧凑。从传动比公式可以看出，当 $Z_1=1$，即蜗杆为单头，蜗杆须转 Z_2 转蜗轮才转一转，因而可得到很大的传动比，一般在动力传动中，取传动比 $i=10\sim80$；在分度机构中，i 可达 1000。这样大的传动比如用齿轮传动，则需要采取多级传动才行，所以蜗杆传动结构紧凑，体积小、重量轻。

(2) 传动平稳，无噪声。因为蜗杆齿是连续不间断的螺旋齿，它与蜗轮齿啮合时是连续不断的，蜗杆齿没有进入和退出啮合的过程，因此工作平稳，冲击、震动、噪声小。

(3) 具有自锁性。蜗杆的螺旋升角很小时，蜗杆只能带动蜗轮传动，而蜗轮不能带动蜗杆转动。

(4)蜗杆传动效率低,一般认为蜗杆传动效率比齿轮传动低。尤其是具有自锁性的蜗杆传动,其效率在0.5以下,一般效率只有0.7～0.9。

(5)发热量大,齿面容易磨损,成本高。

2. 蜗杆传动的类型

根据蜗杆外形不同,可分为圆柱蜗杆传动(图4.1.4(a))、环面蜗杆传动(图4.1.4(b))等。圆柱蜗杆按蜗杆齿廓形状,又有阿基米德蜗杆、渐开线蜗杆、法向直廓蜗杆等多种。阿基米德蜗杆加工及测量方便,应用广泛。

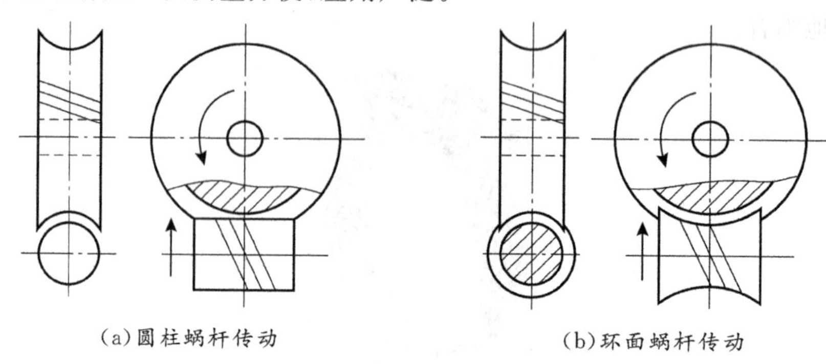

(a)圆柱蜗杆传动　　(b)环面蜗杆传动

图4.1.4　蜗杆传动的类型

阿基米德蜗杆形成与螺纹相同,是用直线刀刃车削出来的。在切制时,刀刃平面通过蜗杆轴线,刀刃夹角 $2\alpha_0=40°$,因而蜗杆轴线剖面形状是直线齿廓的齿条,垂直其轴线剖面与齿廓的交线是阿基米德螺旋线(图4.1.5),故称阿基米德蜗杆。若将此蜗杆沿轴线方向开槽,形成切削刃,则就变成了齿轮滚刀。根据齿廓范成原理,用此滚刀加工出的蜗轮,在中间平面(通过蜗杆轴线并垂直于蜗轮轴线的平面)内,齿形为渐开线。蜗轮与蜗杆在中间平面上相当于渐开线齿轮与齿条的啮合(图4.1.6),故蜗杆传动以中间平面上的参数和尺寸为基准,几何尺寸关系大部分可沿用齿轮的公式。

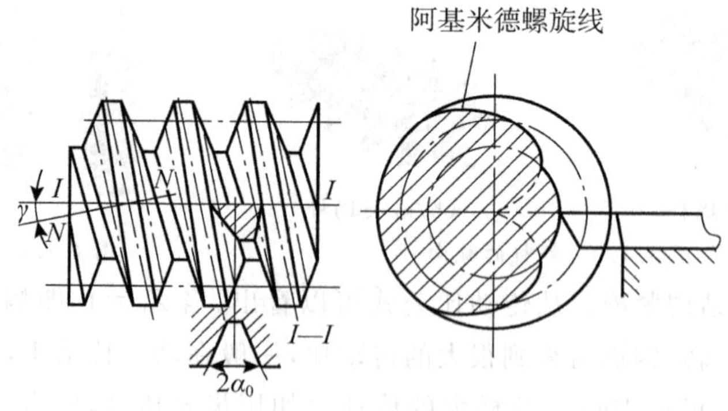

图4.1.5　阿基米德蜗杆

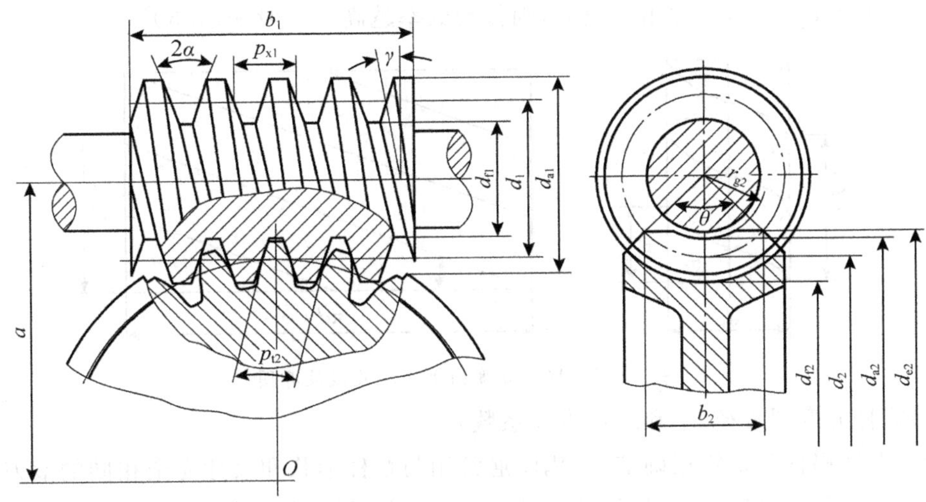

图 4.1.6　几何尺寸

二、蜗杆传动的主要参数和几何尺寸

通过蜗杆轴线并垂直蜗轮轴线的平面称中间平面，如图 4.1.5 所示。在中间平面上，蜗杆与蜗轮的啮合相当于齿条和齿轮的啮合。阿基米德蜗杆传动在中间平面上的齿廓为直线，夹角为 $2\alpha=40°$，蜗轮在中间平面上齿廓为渐开线，压力角等于 20°。主平面内参数：蜗杆—轴面；蜗轮—端面。

1. 主要参数

(1)模数 m 和压力角 α

如图 4.1.6 所示，在中间平面上，蜗轮与蜗杆相当于齿轮与齿条的啮合，显然，蜗杆轴向齿距 $P_X=\pi m_{X1}$(相当于螺纹螺距)应等于蜗轮端面齿距 $P_t=\pi m_{t2}$，因而蜗杆轴向模数 m_{X1} 必等于蜗轮端面模数 m_{t2}；蜗杆轴向压力 α_{X1} 角必等于蜗轮端面压力角 α_{t2}，即 $m_{X1}=m_{t2}=m$，$\alpha_{X1}=\alpha_{t2}=\alpha$。标准规定压力角 $\alpha=20°$，标准模数可查表 4.1.1。

(2)传动比 i，蜗杆头数 z_1 和蜗轮齿数 z_2

对于减速蜗杆传动：$i=\frac{n_1}{n_2}=\frac{z_1}{z_2}=\frac{d_2}{d_1\tan\gamma}$

式中：n_1、n_2—蜗杆、蜗轮的转速，r/min。

蜗杆头数越多，导程角 γ 角越大，传动效率越高；蜗杆头数少，导程角 γ 也小，则传动效率也低，自锁性好。一般自锁蜗杆头数取 $Z_1=1$。常用蜗杆头数 $Z_1=1$、2、4，Z_1 过多，制造高精度蜗杆和蜗轮滚刀有困难。蜗轮齿数 $Z_2=iZ_1$。为了避免根切，Z_2 不应少于 26，但也不宜大于 60～80。Z_2 过多时，会使结构尺寸过大，蜗杆支承跨距加大，刚度下降，影响啮合精度。

(3)蜗杆导程角 γ

将蜗杆分度圆上的螺旋线展开，如图 4.1.7 所示，则蜗杆的导程角 γ 为：

$$\tan\gamma=\frac{z_1 p_{x1}}{\pi d_1}=\frac{\pi m z_1}{\pi d_1}=\frac{m z_1}{d_1}=\frac{z_1}{q}$$

蜗杆直径 d_1 越小，导程角 γ 越大，则传动效率越高。一般 $\gamma \leqslant 3°30''$。

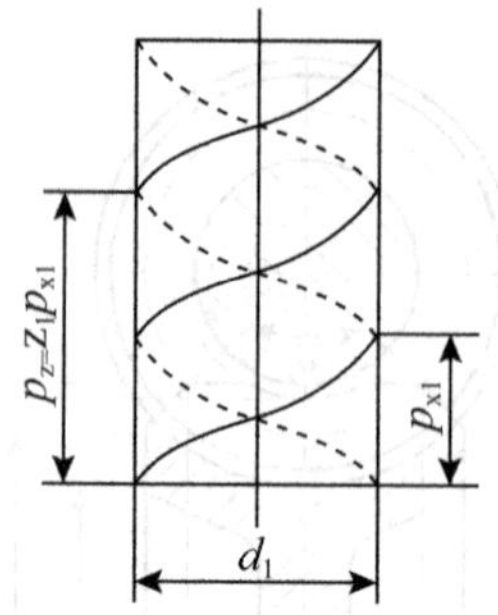

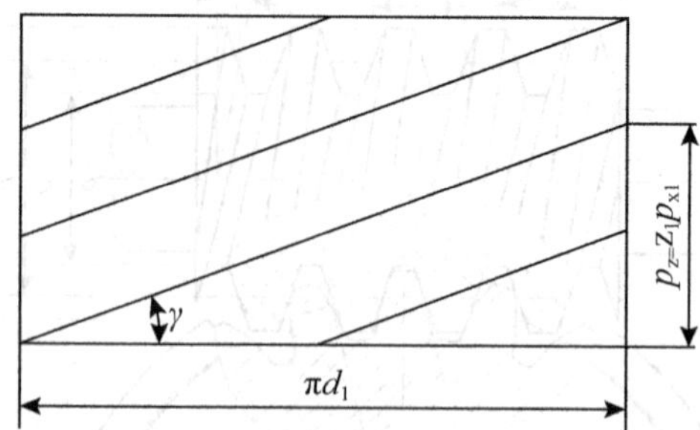

图 4.1.7 蜗杆分度圆上的螺旋线展开图

(4)蜗杆分度圆直径 d_1 和蜗杆直径系数 q

为了保证蜗杆与蜗轮正确啮合，蜗轮通常用与蜗杆形状和尺寸完全相同的滚刀加工。且外径比蜗杆稍大，以便切出蜗杆传动的顶隙。也就是说，切削蜗轮的滚刀不仅与蜗杆模数和压力角一样，而且其头数和分度圆直径还必须与蜗杆的头数和分度圆直径一样。即同一模数蜗轮将需要有许多把直径和头数不同的滚刀。为了限制滚刀数目和有利于滚刀标准化，以降低成本，特制定了蜗杆分度圆直径系列国家标准，即蜗杆分度圆直径 d_1 与模数 m 有一定的搭配关系，见表 4.1.1，由表可见，同一模数只有有限几种蜗杆直径 d_1。将蜗杆的分度圆柱展开，如图 4.1.7 所示。蜗杆同螺旋一样如果旋转一周的周长为 πd_1，其螺旋升角为 γ，则沿轴线移动距离为 P_{X1}。

令 $q=Z_1/\tan\gamma, d_1=qm$

蜗杆直径 d_1 太小会导致蜗杆的刚度和强度削弱，设计时应综合考虑。一般转速高的蜗杆可取较小 q 值，蜗轮齿数 Z_2 较多时可取较大 q 值。

(5)中心距 a

标准蜗杆传动的中心距为：

$$a=\frac{1}{2}(d_1+d_2)=\frac{m}{2}(q+z_2)$$

表 4.1.1 圆柱蜗杆传动的基本尺寸和参数

模数 m /mm	分度圆直径 d_1 /mm	m^2d_1 /mm^3	蜗杆头数 z_1	直径系数 q	分度圆导程角 γ
2.5	28	175	1	11.20	5°06′08″
			2		10°07′29″
			4		19°39′14″
			6		28°10′43″
	45	281.25	1	18.00	3°10′47″

续表

模数 m /mm	分度圆直径 d_1 /mm	m^2d_1 /mm^3	蜗杆头数 z_1	直径系数 q	分度圆导程角 γ
3.15	35.5	52.25	1	11.27	5°04′15″
			2		10°03′48″
			4		19°32′29″
			6		28°01′50″
	56	555.66	1	17.778	3°13′10″
4	40	640	1	10.00	5°42′38″
			2		11°18′36″
			4		21°48′05″
			6		30°57′50″
	71	1136	1	17.778	3°13′28″
5	50	1250	1	10.00	5°42′38″
			2		11°18′36″
			4		21°48′05″
			6		30°57′50″
	90	2250	1	18.00	3°10′47″
6.3	63	2500.47	1	10.00	5°42′38″
			2		11°18′36″
			4		21°48′05″
			6		30°57′50″
	112	4445.28	1	17.778	3°13′10″
8	40	5120	1	10.00	5°42′38″
			2		11°18′36″
			4		21°48′05″
			6		30°57′50″

2. 蜗杆传动的几何尺寸

设计蜗杆传动时，一般是先根据传动的功用和传动比的要求，选择蜗杆头数 z_1 和蜗轮齿数 z_2，然后再根据强度条件计算模数 m 和蜗杆分度圆直径 d_1。上述主要参数确定后，按表 4.1.2 计算蜗杆、蜗轮的几何尺寸。

表 4.1.2　标准圆柱蜗杆传动的几何尺寸及关系式

名称	代号	关系式	说明
模数	m	$m_{x1}=m_{t2}=m$	m 取标准值
压力角	a	$a=a_{x1}=a_{x2}=20°$	阿基米德蜗杆
蜗杆分度圆直径	d_1	$d_1=mq$	
蜗杆齿顶高	h_{a1}	$h_{a1}=h_a^* m$	
蜗杆齿顶圆直径	d_{a1}	$d_{a1}=d_1+2h_{a1}=d_1+2h_a^* m$	齿顶高系数 $h_a^*=1$(正常齿)
蜗杆齿根高	h_{f1}	$h_{f1}=(h_a^*+c^*)m$	顶隙系数 $c^*=0.2$
蜗杆齿根圆直径	d_{f1}	$d_{f1}=d_1-2h_f=d_1-2(h_a^*+c^*)m$	
蜗杆轴向齿距	p_x	$p_x=\pi m$	
蜗杆导程	p_z	$p_z=\pi m z_1$	
蜗杆齿宽	b_1	$b_1\approx 2.5m\sqrt{z_2+1}$	由设计确定
蜗轮分度圆直径	d_2	$d_2=mz_2$	
蜗轮齿顶高	h_{a2}	$h_{a2}=h_a^* m$	
蜗轮喉圆直径	d_{a2}	$d_{a2}=d_2+2h_{a2}$	
蜗轮齿根高	h_{f2}	$h_{f2}=(h_c^*+c^*)m$	
蜗轮齿根圆直径	d_{f2}	$d_{f2}=d_2-2h_{f2}$	
蜗轮齿顶圆弧半径	r_{g2}	$r_{g2}=a-d_{a2}/2$	
蜗轮齿宽	b_2	$b_2=d_1\sin\theta/2$	由设计确定，应使 $\theta=90°\sim100°$

三、蜗杆传动的材料和结构

1. 齿面间滑动速度 V

如图 4.1.8 所示，蜗杆蜗轮齿面间相对滑动速度 V_s 方向沿轮齿齿向。

其大小为：

$$V_s=V_1/\cos\gamma=\frac{\pi d_1 n_1}{60\times1000\cos\gamma}(\mathrm{m/s})>V_1$$

较大的 V_s 引起：

(1)易发生齿面磨损和胶合。

(2)如润滑条件良好(形成油膜条件)则较大的 V_s 有助于形成润滑油膜，减少摩擦、磨损，提高传动效率。

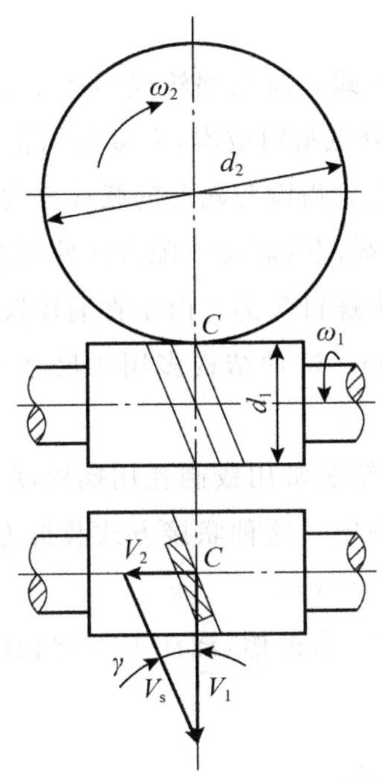

图 4.1.8　蜗杆蜗轮齿面间相对滑动速度 V_s

2. 蜗杆、蜗轮的常用材料

要求：①足够的强度；②良好的减摩、耐磨性；③良好的抗胶合性。

(1)蜗杆材料

40、45，调质，HBS220～300，低速；

40、45、40Cr，表面淬火，HRC45～55，一般传动；

15Cr、20Cr、12CrNiA、18CrMnT$_1$、O20CrK，渗碳淬火，HRC58～63，高速重载。

(2)蜗轮材料

铸造锡青铜(ZCuSn10P$_1$、ZCuSn5P65Zn5)，$V_s \geqslant 3$m/s 时，减摩性好，抗胶合性好，价高，强度稍低；

铸造铝铁青铜(ZcuAl10Fe3)，$V_s \leqslant 4$m/s，减摩性、抗胶合性稍差，但强度高，价低；

灰口铸铁、球墨铸铁，$V_s \leqslant 2$m/s，要进行时效处理、防止变形。

3. 蜗杆、蜗轮的结构

(1)蜗杆结构

蜗杆与轴常做成一体，称为蜗杆轴，如图 4.1.9 所示。

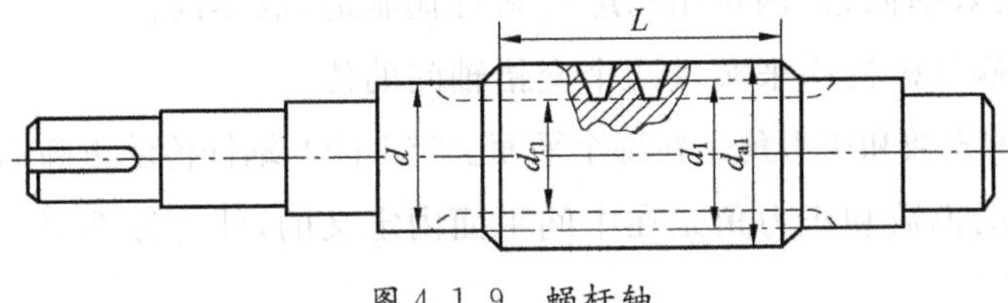

图 4.1.9　蜗杆轴

(2)蜗轮结构

蜗轮结构分为整体式和组合式。铸铁蜗轮或直径小于 100mm 的青铜蜗轮做成整体式,如图 4.1.10(a)所示。为了降低材料成本,大多数蜗轮采用组合结构,齿圈用青铜,而轮齿用价格较低的铸铁或钢制造。齿圈与轮芯的联接方式有以下三种:

①压配式,齿圈和轮芯用过盈配合联接。配合面处制有定位凸肩。为使联接更可靠,可加装 4～6 个螺钉,拧紧后切去螺钉头部。由于青铜较软,为避免将孔钻偏,应将螺孔中心线向较硬的轮芯偏移 2～3mm。这种结构多用于尺寸不大或工作温度变化较小的场合,见图 4.1.10(b)。

②螺栓联接式,蜗轮齿圈和轮芯常用铰制孔用螺栓联接。齿圈和轮芯的螺栓孔需一起铰制。螺栓数目由剪切强度确定。这种联接方式装拆方便,常用于尺寸较大或磨损后需要更换齿圈的蜗轮,见图 4.1.10(c)。

③组合浇注式,在轮芯上预制出榫槽,浇注上青铜轮缘并切齿。该结构适于大批生产,见图 4.1.10(d)。

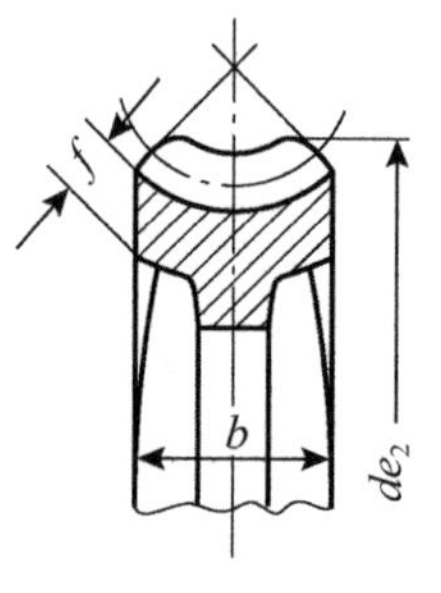

(a)整体式蜗轮

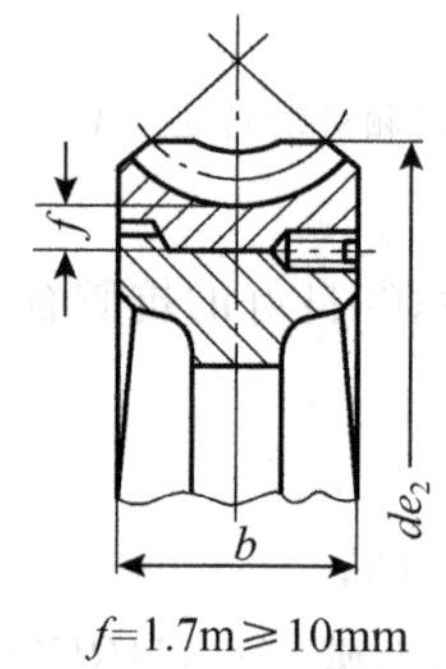

f=1.7m≥10mm

(b)齿圈和轮芯用过盈配合联接式蜗轮

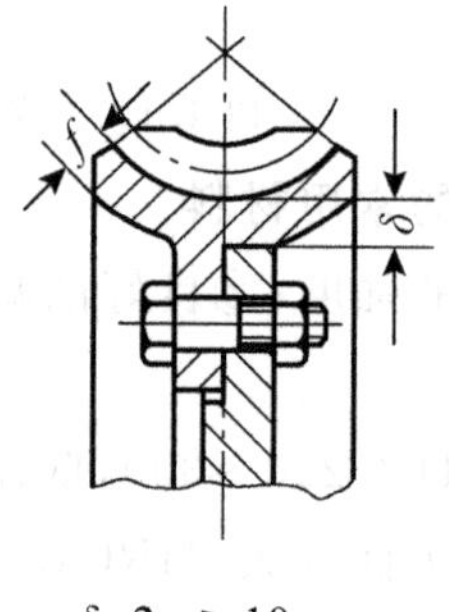

δ=2m≥10mm

(c)螺栓联接式蜗轮

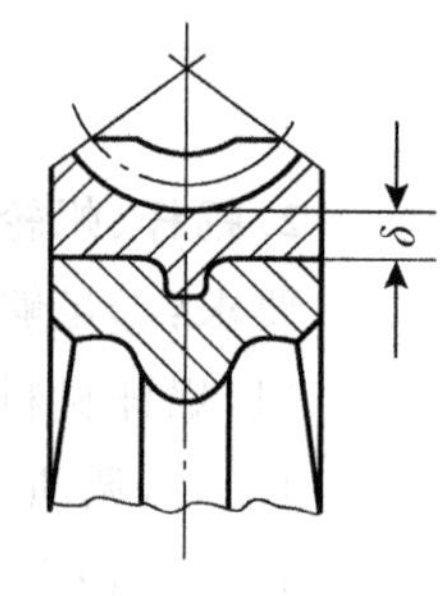

(d)组合浇注式蜗轮

图 4.1.10　蜗轮结构

任务实施

(1)蜗杆传动有何特点,适用于什么场合?

答:蜗杆传动的特点有:①结构紧凑、传动比大;②传动平稳、噪声小;③当蜗杆的导程角 γ_1 小于轮齿间的当量摩擦角 φ_v 时,蜗杆传动具有自锁性;④相对滑动速度大,摩擦损耗大,易发热,传动效率低;⑤蜗轮用耐磨材料青铜制造,成本高。

适用的场合:蜗杆机构用来实现两个交错轴间的传动。

(2)蜗杆传动的模数和压力角是在哪个平面上定义的?蜗杆传动正确啮合的条件是什么?

答:蜗杆传动的模数和压力角是在中间平面内定义的,即为标准值。

正确啮合条件:

$m_{x1}=m_{t2}=m,\alpha_{x1}=\alpha_{t2}=20°$

(3)如何选择蜗杆的头数 z_1、蜗轮的齿数 z_2？

答：较少的蜗杆头数(如：单头蜗杆)可以实现较大的传动比，但传动效率较低；蜗杆头数越多，传动效率越高，但蜗杆头数过多时不易加工。通常蜗杆头数取为 1、2、4、6。蜗轮齿数主要取决于传动比，即 $z_2=iz_1$。z_2 不宜太小(如 $z_2>28$)，否则将使传动平稳性变差。z_2 也不宜太大，否则在模数一定时，蜗轮直径将增大，从而使相啮合的蜗杆支承间距加大，降低蜗杆的弯曲刚度。

课后思考

(1)设计蜗杆传动时如何确定蜗杆的分度圆直径 d_1 和模数 m，为什么要规定 m 和 d_1 的对应标准值？

(2)蜗杆、蜗轮常用的材料有哪些？选择材料的主要依据是什么？

(3)为什么蜗杆传动常采用青铜蜗轮而不采用钢制蜗轮？为什么青铜蜗轮常采用组合结构？

知识拓展

螺旋传动主要用来把回转运动变为直线运动。也可将直线运动转变为回转运动，并传递载荷。也用于零部件之间的相互位置的调整。有时几种作用兼而有之，应用广泛。

1. 螺旋传动的特点

螺旋传动的特点：

(1)传动比大。螺母旋转一周螺杆只移动一个导程，而导程可以很小。

(2)增力作用。在主动件上施加较小的力矩，从动件可获得较大的轴向推力。

(3)传动精度高。当导程很小时，可以得到很精确的位移。

(4)易实现自锁(滑动螺旋)。选择合适的螺旋升角，就有较好的自锁性。

(5)传动平稳，结构简单，但传动效率较低(滑动螺旋)，尤其是自锁螺旋，其效率通常低于 45%。

2. 螺旋传动的分类

(1)螺旋传动按用途不同可分为三类：

①传力螺旋。以传递动力为主，要求用较小的力矩转动螺杆(或螺母)而使螺母(或螺杆)产生轴向运动和较大的轴向力，这个轴向力可以用来做起重和加压等工作，如图 4.1.11(a)所示的起重器，图 4.1.11(b)所示的压力机(加压或装拆用)等。

②传导螺旋。以传递运动为主，并要求具有很高的运动精度，它常用作机床刀架或工作台的进给机构，如图 4.1.11(c)所示的刀架进给机构。

③调整螺旋。用于调整并固定零件或部件之间的相对位置。

(2)按摩擦性质分类:可分为普通滑动螺旋、滚动螺旋和静压螺旋。

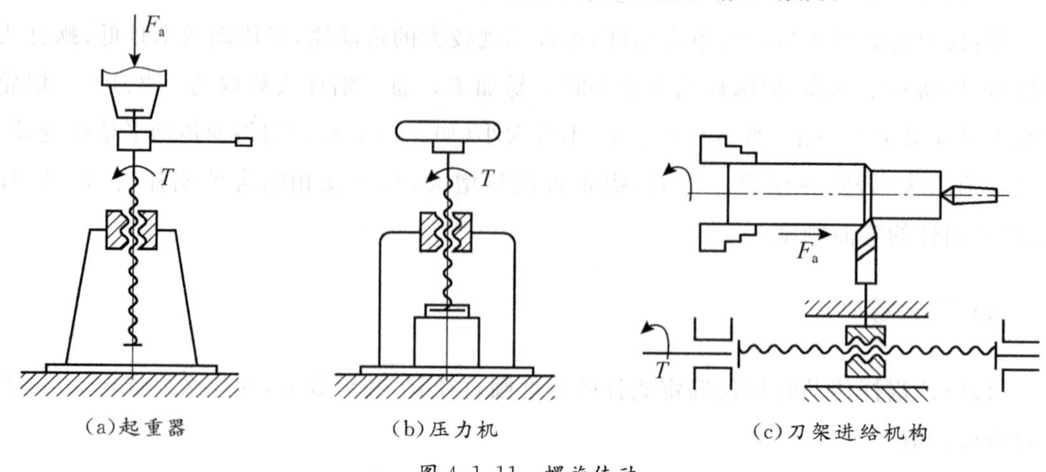

图 4.1.11 螺旋传动

任务二 搅拌机的蜗轮蜗杆传动设计

任务布置

试设计一搅拌机用的闭式蜗杆减速器中的普通圆柱蜗杆传动。已知:输入功率 $P=9\text{kW}$,蜗杆转速 $n_1=1450\text{r/min}$,传动比 $i_{12}=20$。传动不反向,工作载荷较稳定,但有不大的冲击。要求寿命 L_h 为 12000h。

任务准备

1. 轮齿传动的失效形式和设计准则

在蜗杆传动中,由于材料和结构上的原因,蜗杆螺旋部分的强度总是高于蜗轮轮齿强度,所以失效常发生在蜗轮轮齿上。由于蜗杆传动中的相对速度较大,效率低,发热量大,所以蜗杆传动的主要失效形式是蜗轮齿面胶合、点蚀及磨损。由于对胶合和摩损的计算目前还缺乏成熟的方法。因而通常是仿照设计圆柱齿轮的方法进行齿面接触疲劳强度和齿根弯曲疲劳强度的计算,但在选取许用应力时,应适当考虑胶合和磨损等因素的影响。对闭式蜗杆传动,通常是先按齿面接触疲劳强度设计,再按齿根弯曲强度进行校核。对于开式蜗杆传动,则通常只需按齿根弯曲疲劳强度进行设计计算。此外,闭式蜗杆传动,由于散热困难,还应进行热平衡计算。

2. 蜗杆传动的受力分析

蜗杆传动的受力分析与斜齿轮传动相似。通常不考虑摩擦力的影响。蜗杆传动时,齿面间相互作用的法向力 F_n 可分解为三个相互垂直的分力:切向力 F_t、径向力 F_r 和轴

向力 F_x，如图 4.2.1(a)所示。蜗杆、蜗轮所受各分力大小和相互关系如下：

$$F_{t1}=-F_{x2}=2T_1/d_1$$

$$F_{t2}=-F_{x1}=2T_2/d_2$$

$$F_{r2}=-F_{r1}=F_{t2}\tan\alpha$$

式中：F_{t1}、F_{x1}、F_{r1}分别为蜗杆所受的切向力、轴向力、径向力；F_{t2}、F_{x2}、F_{r2}分别为蜗轮的切向力、轴向力、径向力；d_1、d_2 分别为蜗杆、蜗轮的分度圆直径；α 为压力角，T_1、T_2 分别为蜗杆和蜗轮的转矩，$T_2=T_1 i\eta$，i 为传动比，η 为蜗杆传动的总效率。

蜗杆、蜗轮上各分力方向的判定方法如下：切向力方向对主动件蜗杆，与其运动方向相反；对从动件蜗轮，与其受力点运动方向相同。径向力各自指向轮心。

蜗杆轴向力的方向则与蜗杆转向和螺旋线旋向有关。用左(右)手定则来判定比较方便：右旋蜗杆用右手，左旋蜗杆用左手，四指顺着蜗杆转动方向，四指伸直所指方向即为蜗杆轴向力 F_{x1} 的方向。蜗杆轴向力 F_{x1} 的反方向即为蜗轮的切向力 F_{t2} 的方向。如图 4.2.1(b)所示。

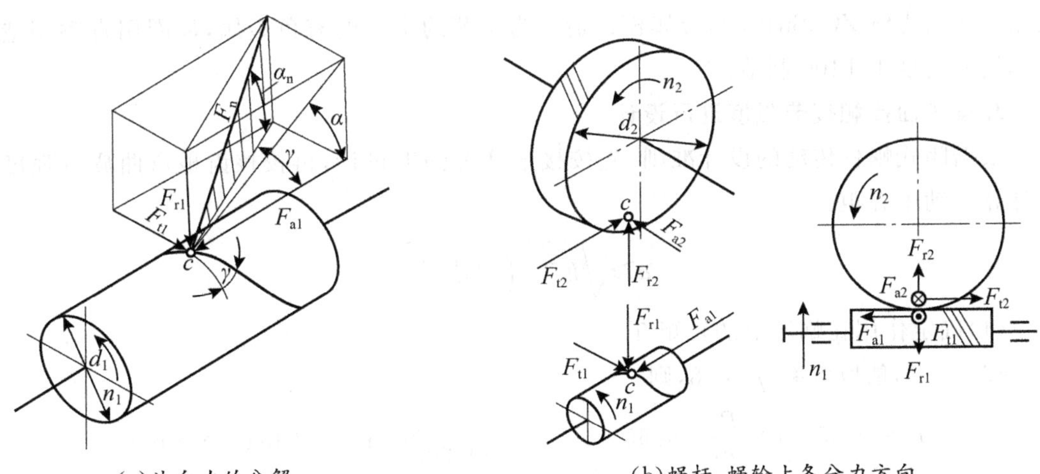

(a)法向力的分解　　(b)蜗杆、蜗轮上各分力方向

图 4.2.1　蜗杆传动的受力分析

3. 蜗杆传动的强度计算

(1)蜗轮齿面接触疲劳强度计算。把蜗轮视为斜齿轮，用斜齿圆柱齿轮弯曲强度公式，即由赫其公式，按主平面内斜齿轮与齿条啮合进行强度计算：

校核公式为：

$$\sigma_H=500\sqrt{\frac{KF_2}{d_1 {d_2}^2}}\leqslant[\sigma]_H$$

根据上式，得蜗轮齿根弯曲疲劳强度的设计公式：

$$m^2 d_1=KT_2\left(\frac{500}{Z_2[\sigma_H]}\right)^2$$

式中：$[\sigma_H]$—蜗轮齿面的许用接触应力，MPa；

T_2—蜗轮传递的转矩，N·mm；

Z_2—蜗轮齿数；

K—载荷系数，用以考虑载荷集中和动载荷的影响，一般 $K=1.1\sim1.5$。

（2）蜗轮轮齿弯曲疲劳强度计算。对于闭式蜗杆传动，轮齿弯曲折断的情况较少出现，通常仅在蜗轮齿数较多（$Z_2>80\sim100$）时才进行轮齿弯曲疲劳强度计算。对于开式传动，则按蜗轮轮齿的弯曲疲劳强度进行设计。蜗轮轮齿弯曲强度的计算方法，在此不予讨论。

任务实施

1. 选择蜗杆传动类型

根据 GB 10085-1988 的推荐，采用渐开线蜗杆。

2. 选择材料

根据库存材料的情况，并考虑到蜗杆传动传递的功率不大，速度只是中等，故蜗杆用45号钢；因希望效率高些，耐磨性好些，故蜗杆螺旋面要求淬火，硬度为45～55HRC。蜗轮用铸锡磷青铜 ZCuSn10P1，金属模铸造。为了节约贵重的有色金属，齿圈用青铜制造，轮芯用灰铸铁 HT100 制造。

3. 按齿面接触疲劳强度进行设计

根据闭式蜗杆传动的设计准则，先按接触疲劳强度设计，再校核齿根弯曲疲劳强度，再计算传动中心距：

$$a\geqslant\sqrt[3]{KT_2\left(\frac{Z_E Z_\rho}{[\sigma]_H}\right)^2}$$

（1）确定作用在蜗轮上的转矩 T_2

按 $z_1=2$，估取效率 $\eta=0.8$，则

$$T_2=9.55\times10^6\frac{P_2}{n_2}=9.55\times10^6\times\frac{9\times0.8}{1450/20}\text{N}\cdot\text{mm}=948400\text{N}\cdot\text{mm}$$

（2）确定载荷系数 K

因工作载荷较稳定，所以选取齿向载荷分布系数 $K_\beta=1$；从设计手册中的使用系数 K_A 表中选取使用系数 $K_A=1.15$；由于转速高，冲击不大，可取动载系数 $K_v=1.05$；则

$$K=K_A\cdot K_\beta\cdot K_V=1.15\times1\times1.05\approx1.21$$

（3）确定弹性影响系数 Z_E

因选用的是铸锡磷青铜蜗轮和钢蜗杆相配，由设计手册查得 $Z_E=160\sqrt{\text{MPa}}$。

（4）确定接触系数 Z_P

先假设蜗杆分度圆直径 d_1 和传动中心距 a 的比值 $d_1/a=0.35$，从设计手册图（圆柱蜗杆传动的接触系数）中可查得 $Z_P=2.9$。

（5）确定许用接触应力 $[\sigma]_H$

根据蜗轮材料为铸锡磷青铜 ZCuSn10Pb1，金属模铸造，蜗杆硬度>45HRC，可从设计手册表（铸锡青铜蜗轮的基本许用接触应力）中查得蜗轮的基本许用应力

$[\sigma]'_{H}=268\text{MPa}$。

应力循环次数　$N=60ji_{12}L_h=60\times1\times\frac{1450}{20}\times12000=5.22\times10^7$

（应力循环次数公式为 $N=60ji_{12}L_h$。其中：j 表示电机是否单双向转动（单向为 1，双向为 2），i_{12} 为涡杆的传动比，L_h 为工作的总时间。）

寿命系数　$K_{HN}=\sqrt[8]{\frac{10^7}{5.22\times10^7}}=0.8134$

则　$[\sigma]_H=K_{HN}\cdot[\sigma]'_H=0.8134\times268=218\text{MPa}$

（6）计算中心距

$$a\geqslant\sqrt[3]{1.21\times948400\times\left(\frac{160\times2.9}{218}\right)^2}=173.234\text{mm}$$

取中心距 $a=200\text{mm}$。

4. 蜗杆与蜗轮的主要参数与几何尺寸

（1）蜗杆

轴向齿距 $p_a=25.133\text{mm}$；直径系数 $q=10$；齿顶圆直径 $d_{a1}=96\text{mm}$；齿根圆直径 $d_{f1}=60.8\text{mm}$；分度圆导程角 $\gamma=11°18'36''$；蜗杆轴向齿厚 $s_a=12.5664\text{mm}$。

（2）蜗轮

蜗轮齿数 $z_2=41$；变位系数 $x_2=0.5$；验算传动比 $i=z_2/z_1=41/2=20.5$，这时传动比误差为(20.5－20)/20＝0.025＝2.5%，是允许的。

蜗轮分度圆直径　$d_2=mZ_2=8\times41=328\text{mm}$

蜗轮喉圆直径　$d_{a2}=d_2+2h_{a2}=328+2\times8=344\text{mm}$

蜗轮齿根圆半径　$d_{f2}=d_2-2h_{f2}=328-1.2\times8=308.8\text{mm}$

蜗轮咽喉母圆半径　$r_{g2}=a-\frac{1}{2}d_{a2}=200-\frac{1}{2}\times344=28\text{mm}$

课后思考

（1）蜗杆传动的失效形式是有哪几种、设计准则是什么？

（2）蜗杆传动的啮合效率与哪些因素有关？对于动力用蜗杆传动，为提高其效率常采用什么措施？

知识拓展

1. 蜗杆传动的效率

闭式蜗杆传动一般有三方面的功率损失：啮合摩擦损失、轴承摩擦损失和油浴润滑时的搅油损失。因此，蜗杆传动的效率：

$$\eta=(0.95\sim0.97)\frac{\tan\gamma}{\tan(\gamma+\rho_v)}$$

式中：γ—蜗杆导程角；

ρ_v—当量摩擦角，与蜗轮副材料、滑动速度和润滑状态有关。采用浸油润滑时，青铜蜗轮 $\rho_v=1°\sim3°$，铸铁蜗轮 $\rho_v=3°\sim4°$，滑动速度高时取小值。

η 值与蜗杆导程角 γ 密切相关，η 值随 γ 的增加而增大。要求效率高时，最好 $i\leqslant25$，$Z_1\geqslant2$，$15°\leqslant\gamma\leqslant30°$，且用法向进刀的非阿基米德蜗杆。提高蜗杆转速也可提高效率，故在多级传动中，常将蜗杆传动布置在高速级。

设计时，蜗杆传动的效率可估取为：

闭式传动：当 $Z_1=1$ 时，$\eta=0.65\sim0.75$；

当 $Z_1=2$ 时，$\eta=0.75\sim0.82$；

当 $Z_1=4$、6 时，$\eta=0.82\sim0.92$；

自锁时，$\eta<0.5$；

开式传动：当 $Z_1=1$、2 时，$\eta=0.60\sim0.70$。

2. 蜗杆传动的润滑

蜗杆传动一般用油润滑。润滑方式有油浴润滑和喷油润滑两种。一般 $V_s<10\text{m/s}$ 的中、低速蜗杆传动，大多采用油浴润滑；$V_s>10\text{m/s}$ 的高速蜗杆传动，采用喷油润滑，这时仍应使蜗杆或蜗轮少量浸油。

蜗杆传动要求润滑油具有较高的黏度、良好的油性，且含有抗压和减摩、耐磨性好的添加剂，对于一般蜗杆传动，可采用极压齿轮油；对于大功率重要蜗杆传动，应采用专用蜗轮蜗杆油。目前我国已生产出蜗杆传动专用润滑油，如合成极压蜗轮蜗杆油、复合蜗轮蜗杆油等。对于闭式蜗杆传动，常用润滑油黏度牌号及润滑方式如表 4.2.1 所示。

表 4.2.1　蜗杆传动润滑油的黏度和润滑方法

滑动速度 V_s(m/s)	<1	<2~5	≤5	>5~10	>10~15	>15~25	>25
工作条件	重载	重载	中载	（不限）	（不限）	（不限）	（不限）
黏度 cST40	900	500	350	220	150	100	68
润滑方法	浸油润滑			浸油或喷油润滑	压力喷油润滑		

3. 热平衡计算

由于蜗杆传动效率较低，工作时发热量大，若散热不良，将使减速器内部温升过高，润滑油稀释、变质老化，润滑失效，导致齿面胶合。所以，对闭式连续运转的蜗杆传动要进行热平衡计算。

蜗杆传动的输入功率为 P_1，传动效率为 η。

蜗杆传动转化热量所消耗的功率为：$P_s==1000(1-\eta)P_1$

经自然冷却散发热量的相当功率为：$P_C=k_sA(t_1-t_0)$

热平衡时应 $P_s=P_c$；所以得：

$$t_1=(1000(1-\eta)P_1/k_sA)+t_0\leqslant[t_1]$$

式中：k_s—散热系数，一般 $k_s=10\sim17(\text{W}/(\text{m}^2\cdot℃))$；

A—散热箱体散热面积(内表面能被油溅到,而外表面又可为周围空气冷却的箱体表面面积);

t_0—环境温度,通常取 $t_0=20℃$;

t_1—油的工作温度,一般应限制在 60～70℃,最高不超过 80℃,$t_{max}\leqslant 80℃$。

普通蜗杆传动的箱体散热面积 A 可按下式计算:$A=0.33(a/100)^{1.57}$

式中:a—中心距,mm。

若油温过高,可采取如下散热措施:

(1)在箱体上设散热片,以增加散热面积。

(2)在蜗杆轴端加装风扇。

(3)在箱内设置冷却水管,利用循环水将热量带走。

(4)采用压力喷油循环润滑,既润滑又冷却。

项目5 挠性传动设计

知识目标：

· 熟悉带传动的工作原理、应用场合、类型和特点；
· 熟悉 V 带和 V 带轮的结构和标准；
· 掌握 V 带传动的安装、张紧和维护方法；
· 掌握带传动的工作能力分析与设计计算方法；
· 熟悉链传动的工作原理、应用场合、类型和特点；
· 熟悉滚子链和链轮的结构和标准；
· 掌握链传动的布置、张紧和润滑方法；
· 掌握链传动的工作能力分析与设计计算方法。

技能目标：

· 能分析带传动工作情况；
· 能设计计算 V 带传动；
· 能安装、张紧和维护 V 带传动；
· 能分析链传动工作情况；
· 能设计计算滚子链传动；
· 能布置、张紧和润滑链传动。

素质目标：

· 培养爱岗敬业、实事求是、勇于创新的工作作风；
· 培养精益求精、质量第一的做事态度；
· 具备良好的表达和沟通能力。

任务一　带式输送机传动系统中的带传动设计

任务布置

带式输送机是一种以摩擦驱动连续运输物料的机械，广泛应用于家电、印刷、食品、港口、矿山等多行业，运输能力大、运输距离长、运营成本低。

如图 5.1.1 所示，某带式输送机采用 V 带和一级圆柱齿轮减速器两级减速传动。带式输送机在常温下连续工作，单向运转；空载启动，工作载荷较平稳；两班制（每班工作 8h），要求减速器设计寿命为 8 年，大修期为 3 年，大批量生产；输送带工作速度 v 的允许误差为 ±5%，三相交流电源的电压为 380/220V。设输送带最大有效拉力为 F，输送带工作速度 v，卷筒直径 D，其具体数值如表 5.1.1 所示。

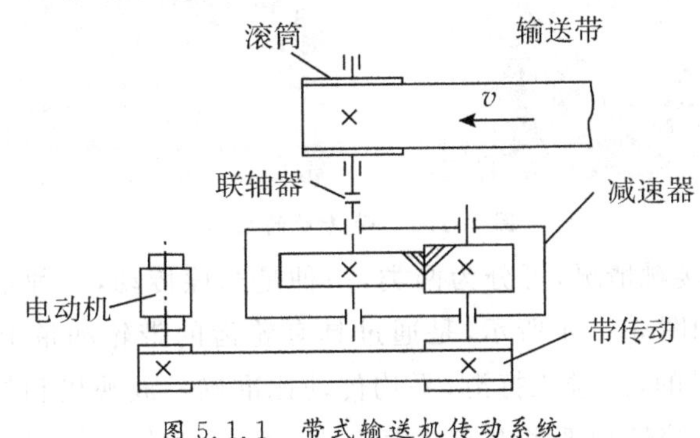

图 5.1.1　带式输送机传动系统

表 5.1.1　原始数据

	1	2	3	4	5	6	7
输送带最大有效拉力 F(N)	2500	2800	2700	2600	2500	2800	2600
输送带工作速度 v(m/s)	1.5	1.4	1.5	1.8	1.5	1.7	1.5
卷筒直径 D(mm)	450	450	450	400	400	450	400

试设计该方案中的 V 带传动（以原始数据首列为例）。

任务准备

一、带传动的工作原理、应用场合、类型和特点

带传动是广泛应用的一种挠性机械传动形式，如图 5.1.2 所示，一般由主动轮、从动

轮、紧套在两轮上的传动带及机架组成，当主动轮旋转时，通过带这一挠性元件间接地将运动和动力传递给从动轮。适用于主动轴与从动轴相距较远的情况，通常用于减速装置，一般安装在传动系统的高速级。

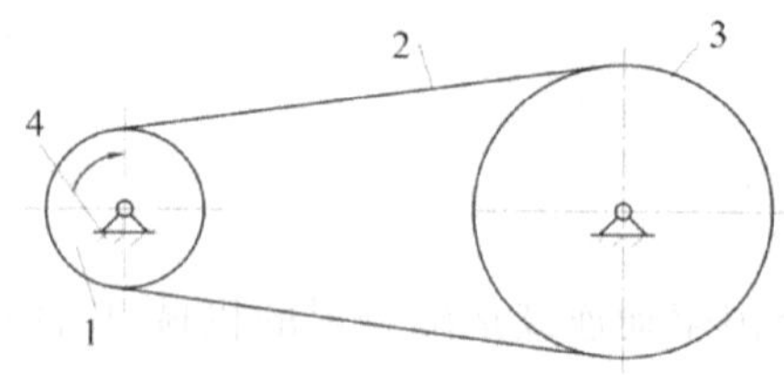

图 5.1.2　带传动

1—主动轮；2—挠性元件；3—从动轮；4—机架

带传动的具体应用场合包括拖拉机、汽车发动机等，如图 5.1.3 所示。

图 5.1.3　带传动的应用

根据带与两轮的接触情况，可分为两类，一种是摩擦传动，一种是啮合传动。啮合带传动如同步带传动，如图 5.1.4 所示，是通过具有轮齿的带轮和带上具有的齿或孔相啮合，达到传递运动的目的，能避免打滑，平均传动比准确。放映机和打印机上就有齿孔带传动的应用，被输送的胶带和纸张也就是齿孔带。而同步带传动常用于数控机床、纺织机械、缝纫机等需要速度同步的场合。

图 5.1.4　啮合带传动

摩擦带传动，依靠带与传动轮接触表面之间的摩擦力来实现运动和动力的传递。这类传动过载时打滑，能防止机件损坏，起安全保护作用，但传动比不准确，轴和轴承受力较大。摩擦带传动按带的截面形状分为平带(见图 5.1.5(a))、V 带(见图 5.1.5(b))和圆带(见图 5.1.5(c))等。

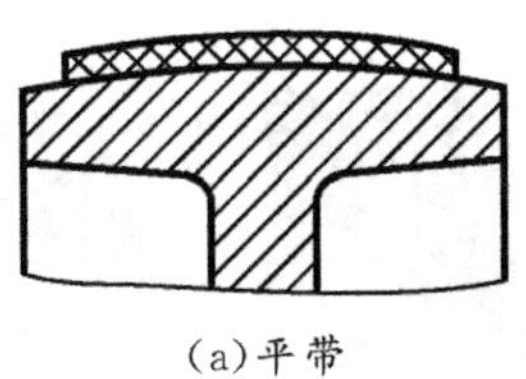
(a)平带

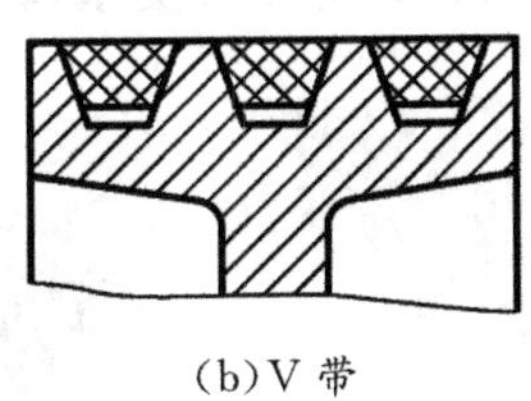
(b)V带

(c)圆带

图5.1.5　摩擦带传动的截面形状

平带的横截面积为扁平矩形，工作面是与带轮面相接触的表面。平带传动的形式一般有三种：第一种是最常用的两轴平行，转向相同的开口传动(见图5.1.6(a))；第二种是两轴平行、转向相反的交叉转动(见图5.1.6(b))；第三种是两轴在空间交错呈90°的半交叉传动(见图5.1.6(c))。

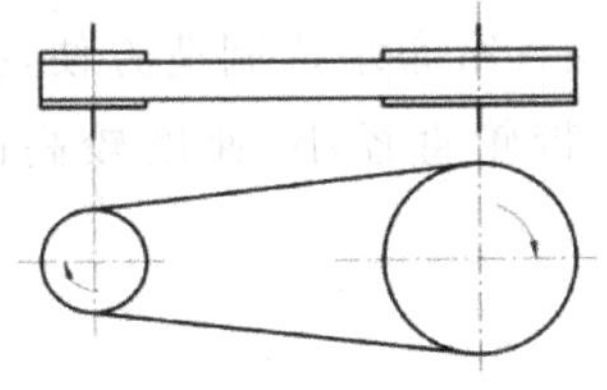
(a)转向相同的开口传动

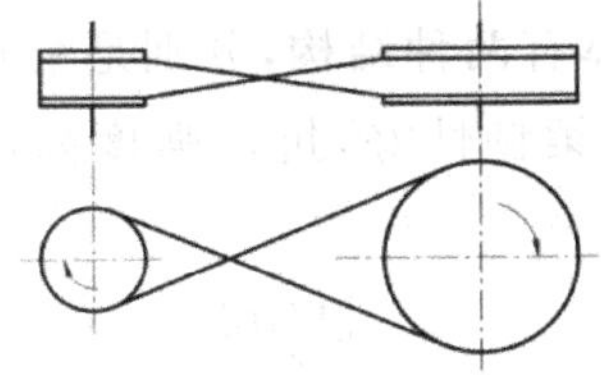
(b)转向相反的交叉转动

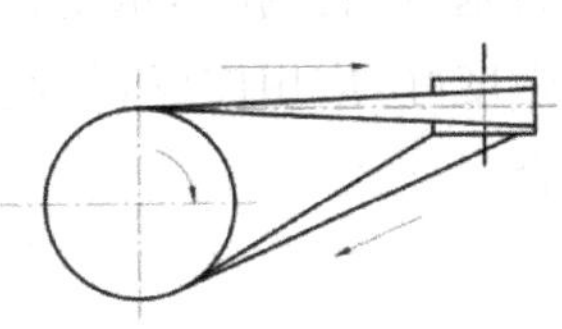
(c)半交叉传动

图5.1.6　平带传动的形式

圆带的横截面积为圆形。圆带有圆皮带、圆绳带、圆锦纶带等，主要用于小功率传动，如仪器和家用电气设备中。

V带，截面为梯形，俗称三角带，两个侧面为工作面，传动能力大，同样功率下可比平带的尺寸小，但由于较厚，弯曲变形大，传动效率比平带稍低。V带传动在农机、机床、汽车、船舶、办公设备等领域都有广泛应用。多楔带是在平带基体下有若干纵向V型楔的传送带，兼有平带及V带的优点，相当于多根V带，又比单独的多根V带同步性好，柔性好，摩擦力大，能传递较大的功率，用于要求传动平稳、结构紧凑的场合。

综上所述，摩擦带传动具有以下特点：

(1)适用于远距离传动；

(2)能缓冲和吸收振动，传动平稳、噪声小；

(3)过载时，带传动打滑可以防止其他零件损坏；

(4)结构简单，制造、安装和维护均较方便；

(5)因为弹性滑动不能保证准确的传动比，对轴压力大；

(6)摩擦生电，一般不宜用于有易燃物场所；

(7)两带轮轴中心距大，整机尺寸大。

通常带传动的传动比 $i \leqslant 7$，传递功率 $P \leqslant 50\text{kW}$，圆周速度 v 为5～25m/s，V带传动效率为0.9～0.95。

二、V带和V带轮

V带分为普通V带(见图5.1.7(a))、窄V带(见图5.1.7(b))、齿形V带(见图

5.1.7(c))、多楔带(见图 5.1.7(d))等多种类型,其中普通 V 带和窄 V 带应用最广。

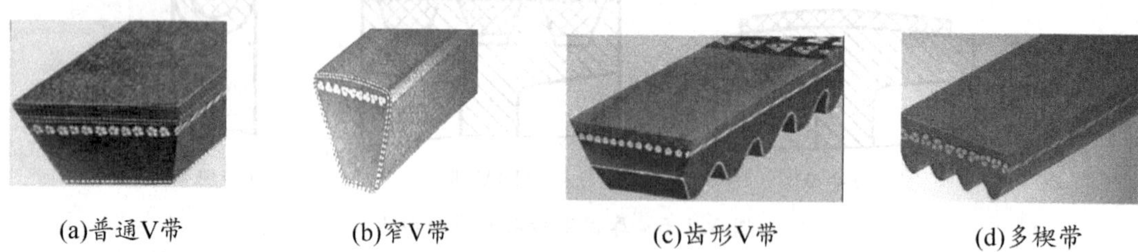

(a)普通V带　(b)窄V带　(c)齿形V带　(d)多楔带

图 5.1.7　V 带类型

以普通 V 带为例来学习 V 带和带轮。如图 5.1.8 所示,就是普通 V 带的截面结构,它由包布层、顶胶、承载层、底胶组成。其中包布层由橡胶帆布制成,用于保护 V 带;顶胶和底胶都为橡胶填充,材料弯曲时,顶胶受拉,底胶受压,中间的抗拉体为强力层,V 带的拉力基本由抗拉体承受,抗拉体有两种结构,分别是帘布和线绳。帘布结构制造方便,抗拉强度好,应用广泛,线绳结构柔韧性好,抗弯强度高,适用于带轮直径小、速度较高的场合。

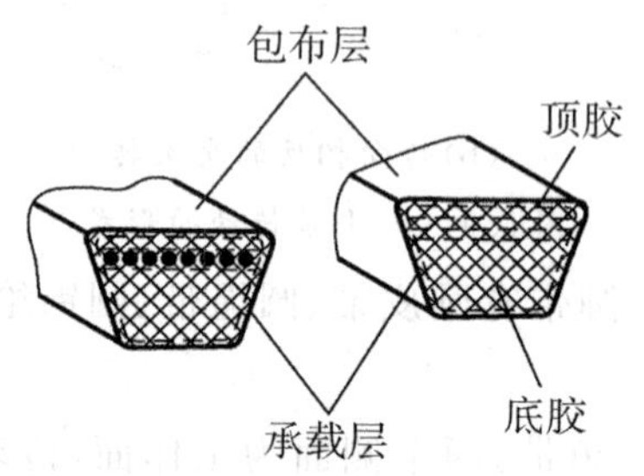

图 5.1.8　普通 V 带的截面结构

普通 V 带已标准化,按截面尺寸由小到大的顺序,依次为 Y、Z、A、B、C、D、E7 种型号。其截面公称尺寸如表 5.1.2 所示。

表 5.1.2　V 带剖面基本尺寸

型号	节宽 b_p	顶宽 b	高度 h	截面面积 A/mm^2	楔角 Φ	每米质量 $m/(\text{kg}\cdot\text{m}^{-1})$
Y	5.3	6	4	47	40°	0.04
Z	8.5	10	6	81		0.06
A	11.0	13	8	138		0.1
B	14.0	17	10.5	230		0.17
C	19.0	22	13.5	470		0.3
D	27.0	32	19	682		0.6
E	32.0	38	23.5	1179		0.78

如图 5.1.9 所示,当 V 带在规定的张紧力下弯绕在带轮上时,外层受拉伸长,内层受压缩短,中间既不伸长也不缩短保持原长度不变的周线称为节线,由全部节线构成的面称

为节面，节面宽度称为节宽 b_p，带的正确安装位置是带的节宽在带轮的基准直径 d 处。带在节面上的长度称基准长度 L_d。带的标记由带型、基准长度及标准号组成，如 A-1400 (GB/T 11544—2012)，表示 A 型普通 V 带基准长度为 1400mm。

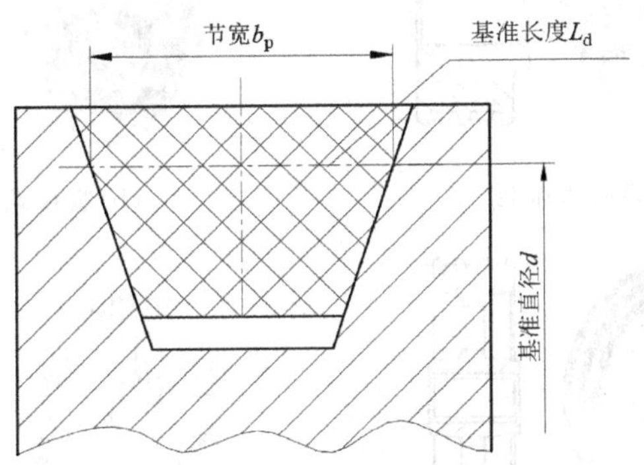

图 5.1.9 带的节宽和基准长度

与普通 V 带配合使用的 V 带轮，一般采用铸铁铸造，常用材料的牌号是 HT150 和 HT200，带速较高以及特别重要的场合可用钢制带轮。为了减轻重量，也可用铝合金及工程塑料。普通 V 带轮的结构由轮缘、轮毂和轮幅三部分组成，如图 5.1.10 所示。轮缘是带轮安装传动带的外缘环部分。轮毂是带轮与轴配合的部分。轮幅是联接轮缘及轮毂的部分。在带轮上，与所配用 V 带的节面处同一位置的槽形轮廓宽度称为基准宽度 B，基准宽度处的带轮直径称为基准直径 d，V 带在规定的张紧力下，位于带轮基准直径上的轴线长度称为基准长度 L_d，已经标准化，可查国标。

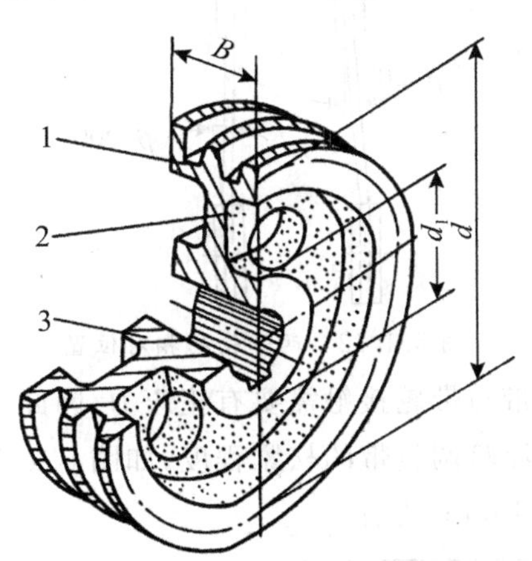

图 5.1.10 V 带轮的组成

1—轮缘；2—轮辐；3—轮毂

普通 V 带轮按轮幅结构的不同，可分为实心式带轮(见图 5.1.11(a))、腹板式带轮(见图 5.1.11(b))、孔板式带轮(见图 5.1.11(c))、轮幅式带轮(见图 5.1.11(d))。以带轮的基准直径为依据，当基准直径小于等于(2.5～3)倍带轮所匹配的轴的直径时，选择实心带轮；基准直径小于等于 300mm 时，采用腹板式结构；基准直径小于等于 400mm 时采用孔板式结构，基准直径大于 400mm 时选择轮辐式结构。

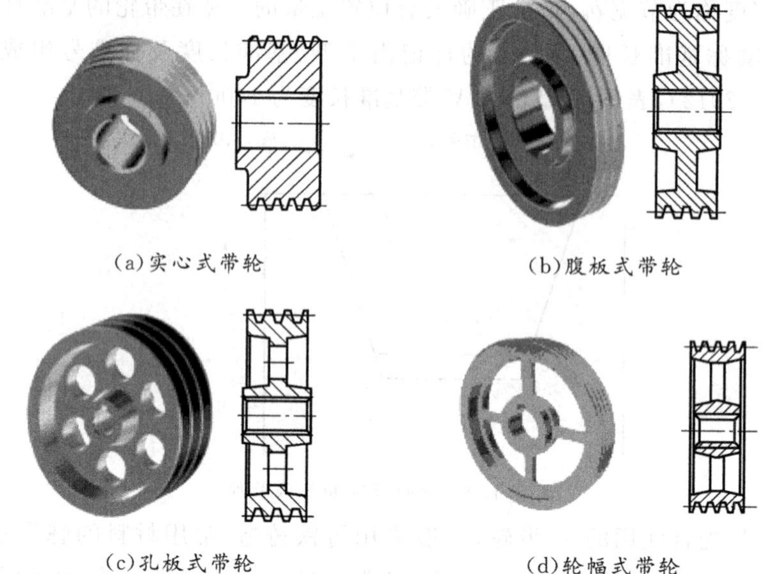

图 5.1.11　V 带轮的结构类型

三、V 带传动的安装、张紧和维护

正确的安装带传动装置，如图 5.1.12 所示，带轮的安装，平行轴传动时两带轮的轴线，一般其偏差角不得超过±20′。

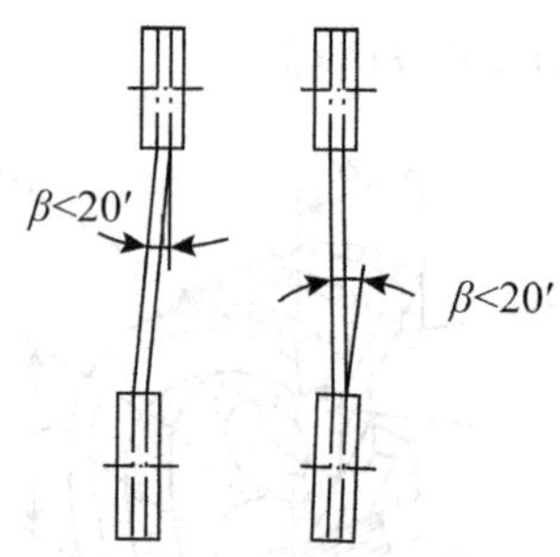

图 5.1.12　两带轮的相对位置

通过摩擦力传动的带，带与带轮接触需要有正压力，因此，工作前，带是紧套在两个带轮上的。在实践中，可根据经验调整带的松紧程度，如图 5.1.13 所示，在带与两带轮切点的跨度中点，以能按下 10～15mm 为宜。

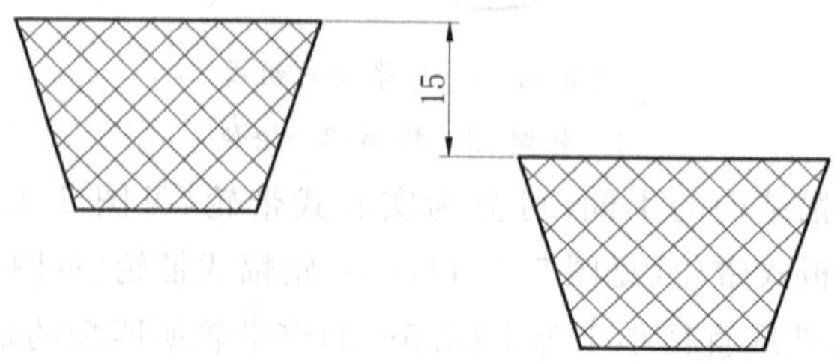

图 5.1.13　带的松紧调节

V 带在轮槽中的正确位置如图 5.1.14(a)所示，带的顶面与带轮的外缘平齐，而底面与轮槽间留一定的间隙。图 5.1.14(b)(c)所示位置为错误位置。

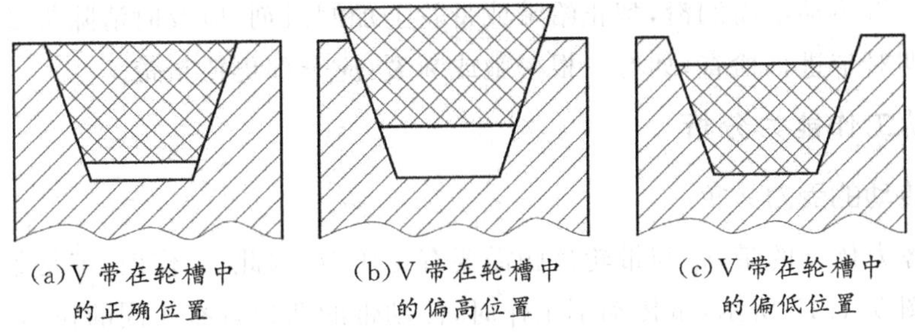

图 5.1.14　带在轮槽中的位置

原本紧套在带轮上的带，工作一段时间后，会由于塑性变形和磨损而松弛，张紧力逐渐减小，带传动能力随之下降，影响正常传动，这时必须要重新张紧。常用的方法有两种，一种是调整中心距，一种是采用张紧轮。调整中心距的方法，又可分为定期张紧和自动张紧。定期张紧是指定期调整中心距以恢复张紧力，一般通过调节螺钉调节中心距，常见的有如图 5.1.15(a)所示的滑道式和如图 5.1.15(b)所示的摆架式。滑道式适用于水平传动或倾斜不大的传动场合。而自动张紧调节中心距，则是将装有带轮的电动机装在浮动的摆架上，利用电动机的自重张紧传动带，如图 5.1.15(c)所示。

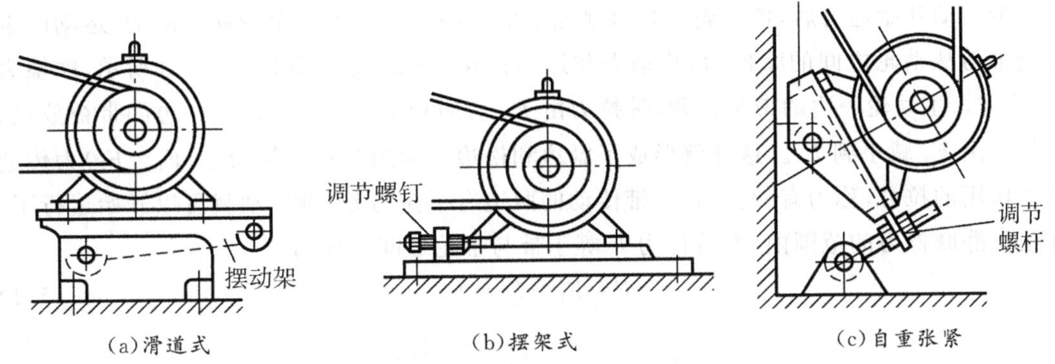

图 5.1.15　调整中心距张紧方法

如果带传动的轴间距不可调，则采用张紧轮张紧方式。张紧轮一般设置在松边内侧，使带只受到单向弯曲，且靠近大带轮处，以保证小带轮有足够的包角，称调位式内张紧，如图 5.1.16 所示。若设置在外侧，则需靠近小带轮，以增加小带轮的包角，称摆锤式外张紧。

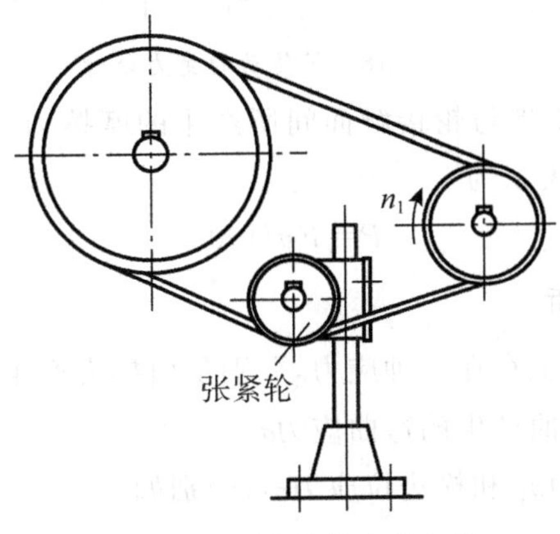

图 5.1.16　张紧轮张紧方式

带传动的维护需要在带传动装置外面采用安全防护罩,以保证安全,同时防止油酸碱对带的腐蚀。带传动不需润滑,禁止给带或带轮上加润滑剂,应及时清除带及带轮槽上的油污。应定期对带进行检查,如有一根松弛或断裂,应全部更换新带。

四、带传动工作能力分析

(一)带传动的受力分析

通过摩擦力传动的带,带与带轮接触需要有正压力,因此,工作前,带是紧套在两个带轮上的。如图 5.1.17 所示,带传动不工作时,传动带的两边具有相同的拉力,我们称之为初拉力 F_0。

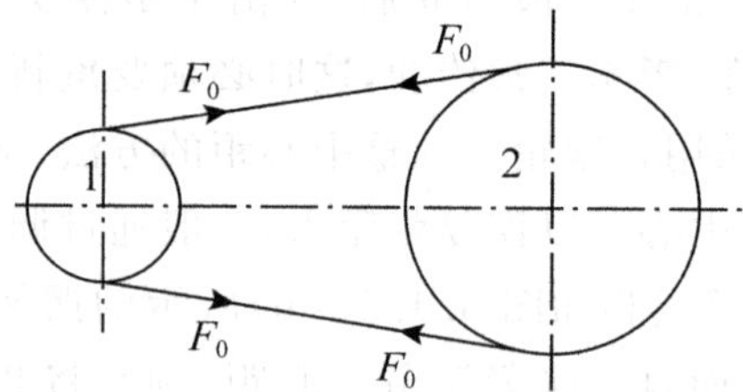

图 5.1.17 带传动的初拉力

带传动开始运行后,依靠轮与带接触面上的摩擦力 F_f,主动轮带动带运动,运动的带通过带与从动轮之间的摩擦力,将动力和运动传递给从动轮。如图 5.1.18 所示,摩擦力 F_f 使进入主动轮一边的带被拉紧,带拉力由 F_0 增加到 F_1;退出主动轮一边的带被放松,带拉力由 F_0 减小到 F_2。这样就形成了紧边和松边。紧边与松边拉力差(F_1-F_2)为传递动力作用的拉力,称为有效拉力 F,带传动的两边有了拉力差,带传动就可以开始运行了。在最大静摩擦力的范围内,有效拉力 F 等于带与带轮之间摩擦力

$$F=F_1-F_2=F_f \tag{5-1}$$

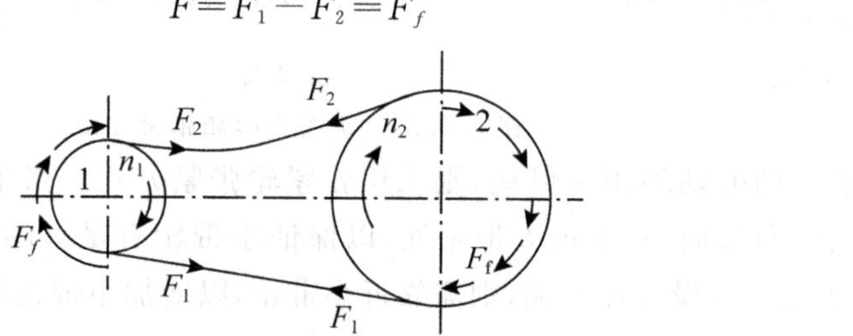

图 5.1.18 带传动的受力分析

带传动的圆周力就等于带与轮接触面间所产生的摩擦力。带传动的传递功率 P、有效拉力 F 和带速 v 之间的关系为

$$P=Fv/1000 \tag{5-2}$$

(二)带传动的应力分析

工作时,在带的横截面上存在三种应力,分别是由拉力产生的拉应力 σ,由离心力产生的离心应力 F_c 以及由带弯曲产生的弯曲应力 σ_b。

拉应力包括紧边拉应力 σ_1 和松边拉应力 σ_2,分别如

$$\sigma_1 = F_1/A \tag{5-3}$$

和

$$\sigma_2 = F_2/A \tag{5-4}$$

所示，式中 A 为带的横截面积。

带传动工作时，绕在带轮上的传动带随带轮做圆周运动，产生作用于带的全长上的离心拉力 F_c

$$F_c = mv^2 \tag{5-5}$$

产生的离心拉应力为

$$\sigma_c = \frac{F_c}{A} = \frac{mv^2}{A} \tag{5-6}$$

式中：v—带速(m/s)；

m—传动带单位长度的质量(kg/m)，取决于带型，查表 5.1.1 可得。

带绕过带轮时发生弯曲，产生弯曲应力

$$\sigma_b = \frac{2Ey}{d} \tag{5-7}$$

式中：E—带的弹性模量(MPa)；

y—带的中性层到最外层的距离(mm)；

d—带轮的基准直径(mm)。

弯曲应力只发生在带上包角所对的圆弧部分，d 越小，则带的弯曲应力就越大。因为大带轮直径大于小带轮直径，所以小带轮的弯曲应力比大带轮的弯曲应力大。为了避免弯曲应力过大，小带轮的直径不能过小。

如图 5.1.19 所示是带在工作时的应力分布情况图。

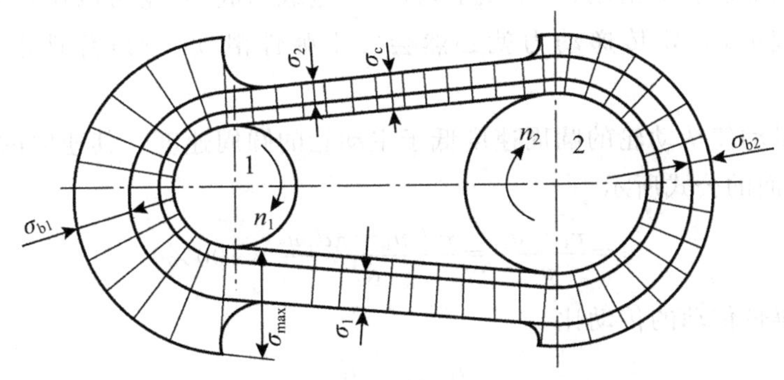

图 5.1.19　带传动的应力分析

从图中可以看出：

(1)带的最大应力发生在带的紧边开始绕进小带轮处，此时最大应力值为σ_{max}

$$\sigma_{max} = \sigma_1 + \sigma_c + \sigma_{b1} \tag{5-8}$$

为保证带具有足够的疲劳寿命，应满足最大应力小于带的许用应力。

(2)带某一截面上的应力随带所运动的位置而周期性变化，带每绕两带轮循环一周，某截面上的应力就显著变化 4 次。当应力循环次数达到一定值后，带将产生疲劳破坏。

(三)带传动的弹性滑动与打滑

传动带是弹性体,收到拉力后会产生弹性伸长。由于松边和紧边两边拉力不等,因而弹性伸长量也不等。带绕上主动带轮到离开的过程中,所受拉力不断下降,使带相对于轮面向后收缩,带在带轮接触面上出现局部微量的向后滑动,造成带的速度滞后于主动轮的速度;带绕上从动轮到离开的过程中,所受拉力不断增加,使带相对于轮面向前伸长,带在带轮接触面上出现局部微量的向前滑动,造成带的速度超前于从动轮的速度。由于带的弹性变形而产生的带与带轮间的微量滑动现象称为弹性滑动。

而打滑是指当带所传递的圆周力超过带与带轮之间摩擦力的总和的极限值时,带与带轮将发生明显的相对滑动的现象。打滑使传动失效,同时也加剧带的磨损,应当避免。当带有打滑趋势时,摩擦力达到极限值。此时紧边拉力和松边拉力之间的关系,可用欧拉公式表示,即

$$\frac{F_1}{F_2}=e^{f\alpha_1} \tag{5-9}$$

式中:α_1—小带轮包角(rad);

f—带与带轮接触面积间的摩擦系数。

带的最大有效拉力和初拉力之间的关系为

$$F_{max}=2F_0\ \frac{e^{f\alpha_1}-1}{e^{f\alpha_1}+1} \tag{5-10}$$

带不打滑的条件是,需要传递的有效拉力应小于等于最大有效拉力。

带的弹性滑动和打滑,从现象和本质来看,都是有区别的。从现象上来看,弹性滑动是局部带在带轮的局部接触面上发生的微量相对滑动,而打滑则是整个带在带轮的全部接触面上发生的显著相对滑动;从本质上,打滑是过载引起的,是可以避免的,而弹性滑动是由拉力差引起的,只要传递动力就必然会发生弹性滑动,所以弹性滑动是不可以避免的。

带的弹性滑动使从动轮的圆周速度低于主动轮的圆周速度。其速度的降低率用滑动率来表示,由下面的公式所示

$$\varepsilon=\frac{v_1-v_2}{v_2}=\frac{\pi d_1 n_1-\pi d_2 n_2}{d_1}\times 100\% \tag{5-11}$$

由上式可得带传动的传动比

$$i=\frac{n_1}{n_2}=\frac{d_2}{d_1(1-\varepsilon)} \tag{5-12}$$

可见,带传动的传动比与滑动率有关,故不能保持一个准确值。因为带传动的滑动率很小,一般在0.01至0.02之间计算时,可不予考虑,则传动比可简化为

$$i=\frac{d_2}{d_1} \tag{5-13}$$

五、V带传动的设计计算

(一)带传动的失效形式和设计准则

由带传动的工作情况分析可知，带传动的主要失效形式为带在带轮上的磨损和打滑以及包含脱层、撕裂或拉断等形式的带的疲劳破坏。所以，带传动的设计准则是保证带在工作中不打滑，同时有足够的疲劳强度和一定的使用寿命，即：

(1)保证带在工作中不打滑，则带需传递的有效拉力应小于或等于最大有效拉力

$$F=F_1-F_2\leqslant F_{\max} \tag{5-14}$$

(2)保证带有足够的疲劳强度和一定的使用寿命，必须满足强度条件

$$\sigma_{\max}=\sigma_1+\sigma_c+\sigma_{b1}\leqslant[\sigma] \tag{5-15}$$

(二)单根V带的基本额定功率

由 $F=F_1-F_2=F_f$ 和 $P=Fv/1000$ 可得，为了满足不打滑条件，带传动传递的功率应有

$$P=\frac{Fv}{1000}=\frac{F_f v}{1000}=\frac{(F_1-F_2)v}{1000} \tag{5-16}$$

由式(5-3)、(5-4)和(5-9)可得

$$\frac{\sigma_1}{\sigma_2}=e^{f\alpha_1} \tag{5-17}$$

由式(5-3)、(5-4)、(5-16)和(5-17)可得

$$P=\frac{\left(1-\frac{1}{e^{f\alpha_1}}\right)\sigma_1 Av}{1000} \tag{5-18}$$

为了满足疲劳强度条件，由式(5-15)可得

$$\sigma_1\leqslant[\sigma]-\sigma_c-\sigma_{b1} \tag{5-19}$$

由式(5-18和5-19)可得单根 V 带所能传递的功率为

$$P\leqslant\frac{Av}{1000}([\sigma]-\sigma_c-\sigma_{b1})\left(1-\frac{1}{e^{f\alpha_1}}\right) \tag{5-20}$$

在载荷平稳，$d_1=d_2$，带长为特定长度的条件下，由式(5-20)求得单根普通 V 带的额定功率 P_1 列于表5.1.7。

(三)普通V带传动的设计计算

设计V带传动时通常已知传动的用途、工作条件、传递功率，两带轮的转速或传动比，以及空间尺寸要求等。需要完成的设计内容包括：确定V带的型号、长度、根数、中心距，带轮直径、材料、结构以及作用在轴上的压力等。

带传动设计计算步骤为：

1. 确定计算功率 P_c，选择带型

计算功率

$$P_c=K_A P \tag{5-21}$$

式中：P—带传递的功率(kW)；

K_A—工作情况系数，与载荷性质、启动特性以及每天的工作时间有关，查表5.1.3

可得。

根据计算功率 P_c 和小带轮转速 n_1，按图 5.1.20 选择普通 V 带的型号。

2. 确定带轮的基准直径 d_1、d_2，校核带速 v

(1)确定带轮的基准直径 d_1、d_2

带轮直径小，可使传动结构紧凑，但同时会增大带的弯曲应力，降低带的寿命。设计时应取小带轮的基准直径 d_1≥带轮的最小基准直径。

表 5.1.3　工作情况系数 K_A

工况		K_A					
		空、轻载起动			重载起动		
		每天工作小时数/h					
		<10	10－16	>16	<10	10－16	>16
载荷平稳	液体搅拌机、通风机(P≤7.5kW)、离心式水泵和压缩机、轻载荷输送机。	1.0	1.1	1.2	1.1	1.2	1.3
载荷变动小	带式输送机(不均匀载)、通风机(P>7.5kW)、旋转式水泵和压缩机(非离心式)、发电机、金属切削机床、印刷机、旋转筛、锯木机和木工机械。	1.1	1.2	1.3	1.2	1.3	1.4
载荷变动较大	制砖机、斗式提升机、往复式水泵和压缩机、起重机、磨粉机、冲剪机床、橡胶机械、振动筛、纺织机械、重载输送机。	1.2	1.3	1.4	1.4	1.5	1.6
载荷变动很大	破碎机、磨碎机、卷扬机、橡胶压延机、挖掘机。	1.3	1.4	1.5	1.5	1.6	1.8

普通 V 带轮的最小基准直径 d_1 查表 5.1.4 及图 5.1.20 可得。忽略弹性滑动的影响，大带轮的基准直径 $d_2=id_1=\frac{n_1}{n_2}d_1$，查表 5.1.5 取标准值。

表 5.1.4　最小基准直径

型号	Y	Z	A	B	C	D	E
d_{min}	20	50	75	125	200	355	500

表 5.1.5　各型号 V 带轮基准直径系列

型号	Y	Z	A	B	C	D	E
基准直径系列	20,22,24,25,28,31.5,35.5,40,4550,63,71,75,80,85,90,95,100,106,112,118,125,132,140,150,160,170,180,200,212,224,236,250,265,280,315,355,375,400,425,450,475,500,530,560,630,710,800,900,1000,1060,1120,1250,1400,1500,1600,1800,2000,2500						

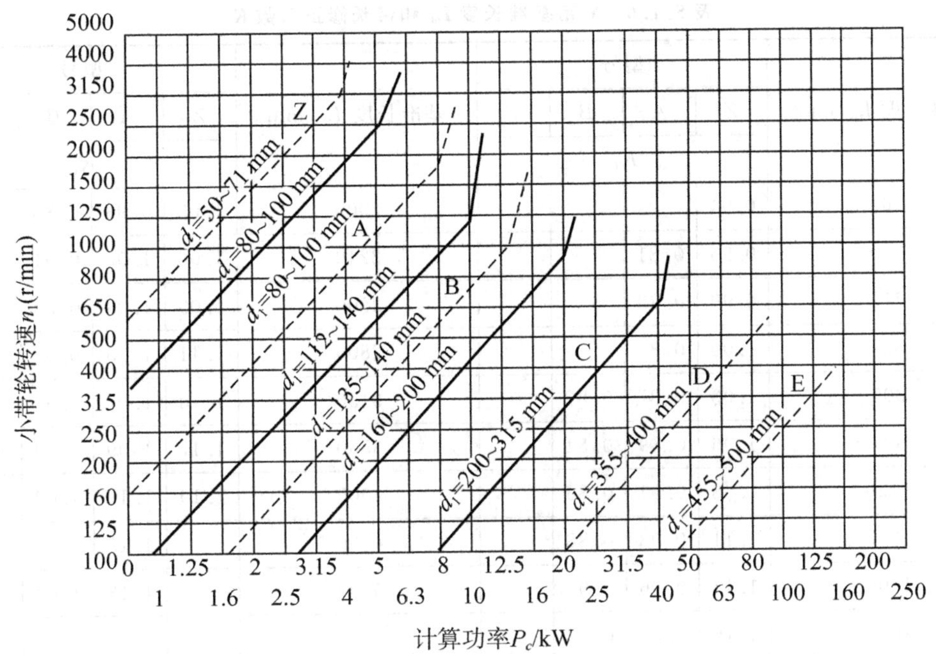

图 5.1.20　普通 V 带传动选型图

(2)校核带速 v

$$v=\frac{\pi d_1 n_1}{60\times 1000}\ \mathrm{m/s} \tag{5-22}$$

式中:d_1—小带轮的基准直径(mm);

n_1—小带轮的转速(r/min)。

带速过高,则离心力增大,使带与带轮间的正压力减小,摩擦力减小,传动容易打滑,会降低传动能力,同时单位时间内带绕过带轮的次数增多,带的工作寿命降低;若带速过低,则当传递功率一定时,有效拉力增大,所需带的根数增多,所以 V 带带速一般应控制在 5～25m/s。如果带速超过上述范围,应重新选择小带轮直径。

3. 确定中心距 a_0、带的基准长度 L_0、核算包角 α_1

(1)对于没有限制中心距的情况,可按下式初步确定中心距 a_0

$$0.7(d_1+d_2)\leqslant a_0\leqslant 2(d_1+d_2) \tag{5-23}$$

(2)初算带的基准长度 L_0

$$L_0\approx 2a_0+\frac{\pi}{2}(d_1+d_2)+\frac{(d_2-d_1)^2}{4a_0} \tag{5-24}$$

式中:d_1—小带轮的基准直径(mm);

d_2—大带轮的基准直径(mm);

a_0—带传动初定中心距(mm)。

(3)L_0 圆整到标准长度 L_d

计算出 L_0 后,查表 5.1.6 选取接近 L_0 的基准长度 L_d。

表 5.1.6 V 带基准长度 L_d 和带长修正系数 K_L

基准长度 L_d/mm	型号				基准长度 L_d/mm	型号			
	Z	A	B	C		Z	A	B	C
	K_L					K_L			
560	0.94				2000	1.03	0.98	0.88	
630	0.96	0.81			2240	1.06	1.00	0.91	
710	0.99	0.83			2500	1.09	1.03	0.93	
800	1.00	0.85			2800	1.11	1.05	0.95	0.83
900	1.03	0.87	0.82		3150	1.13	1.07	0.97	0.86
1000	1.06	0.89	0.84		3550	1.17	1.09	0.99	0.89
1120	1.08	0.91	0.86		4000	1.19	1.13	1.02	0.91
1250	1.11	0.93	0.88		4500		1.15	1.04	0.93
1400	1.14	0.96	0.90		5000		1.18	1.07	0.96
1600	1.16	0.99	0.92						
1800	1.18	1.01	0.95	0.86					

(4)确定实际中心距 a

再根据选定的长度 L_d 值反过来求实际中心距 a，一般常用下式近似计算中心距。

$$a \approx a_0 + \frac{L_d - L_0}{2} \tag{5-25}$$

带传动中心距的变动范围为

$$(a - 0.015L_d) \sim (a + 0.03L_d) \tag{5-26}$$

(5)核算小带轮包角 α_1

$$\alpha_1 = 180° - \frac{d_2 - d_1}{a} \times 57.3° \tag{5-27}$$

式中：d_1—小带轮的基准直径(mm)；

d_2—大带轮的基准直径(mm)；

a—带传动中心距(mm)；

L_0—初算基准长度(mm)；

L_d—标准基准长度(mm)。

包角的大小影响传动能力，包角小，传动能力降低，易打滑，故对包角有一定的要求，即

$$\alpha_1 \geqslant 120°$$

若不满足，应增大中心距或降低传动比，也可加张紧轮。

4. 确定带的根数 z

V 带传动所需带的根数可按下式计算：

$$z \geqslant \frac{P_c}{[P_0]} = \frac{P_c}{(P_0 + \Delta P_0) K_\alpha K_L} \tag{5-28}$$

式中：P_c—计算功率(kW)；

P_0—单根普通 V 带的基本额定功率(kW)，查表 5.1.7；

ΔP_0—单根普通 V 带额定功率的增量(kW)，查表 5.1.8；

K_L—带长修正系数，查表 5.1.6；

K_α—包角修正系数，查表 5.1.9。

带的根数应取整，且为使各带受力均匀，带的根数不宜过多，一般应小于 10。

表 5.1.7　单根普通 V 带的基本额定功率 P_0

型号	小带轮直径 d_1 /mm	小带轮速 n_1 (r/min)													
		200	400	600	800	950	1200	1450	1600	2000	2400	2800	3600	4000	5000
Z	50		0.06	0.08	0.10	0.12	0.14	0.16	0.17	0.20	0.22	0.26	0.30	0.32	0.34
	63		0.08	0.11	0.15	0.18	0.22	0.25	0.27	0.32	0.37	0.41	0.47	0.49	0.50
	71		0.09	0.14	0.20	0.23	0.27	0.31	0.33	0.39	0.45	0.50	0.50	0.61	0.62
	80		0.14	0.18	0.22	0.26	0.30	0.36	0.39	0.44	0.50	0.56	0.56	0.67	0.66
A	75	0.16	0.27	0.36	0.45	0.52	0.60	0.68	0.73	0.84	0.92	1.00	1.08	1.09	1.02
	90	0.22	0.39	0.53	0.68	0.77	0.93	1.07	1.15	1.34	1.50	1.64	1.83	1.87	1.82
	100	0.26	0.47	0.65	0.83	0.95	1.14	1.32	1.42	1.66	1.87	2.05	2.28	2.34	2.25
	125	0.37	0.67	0.93	1.19	1.15	1.66	1.93	2.07	2.44	2.74	2.98	3.26	3.28	2.91
B	125	0.48	0.84	1.14	1.44	1.64	1.93	2.20	2.33	2.64	2.85	2.96	2.80	2.51	
	140	0.59	1.05	1.43	1.82	2.08	2.47	2.83	3.00	3.42	3.70	3.85	3.63	3.24	1.09
	180	0.88	1.59	2.20	2.81	3.22	3.85	4.41	4.68	5.30	5.67	5.76	4.92	3.92	
	224	1.19	2.17	3.01	3.86	4.42	5.26	5.99	6.38	7.02	7.25	6.95	4.47	2.14	
C	200	1.39	2.41	3.30	4.07	4.58	5.29	5.84	6.07	6.34	6.02	5.01			
	250	2.03	3.62	5.00	6.23	7.04	8.21	9.04	9.38	9.62	8.75	6.56	3.23		
	280	2.42	4.32	6.00	7.52	8.49	9.81	10.72	11.06	11.04	9.50	6.13			
	315	2.86	5.14	7.14	8.92	10.05	11.53	12.46	12.72	12.14	9.43	4.16			
D	355	5.31	9.24	12.39	14.83	16.15	17.25	16.77	15.63	12.97					
	400	6.52	11.45	15.42	18.46	20.06	21.20	20.15	18.31	14.28					
	450	7.90	13.85	18.67	22.25	24.01	24.84	22.62	19.59	13.34					
	560	10.76	18.95	25.32	29.55	31.04	29.67	22.58	15.13						
E	500	10.86	18.55	24.21	27.57	28.32	25.53	16.82							
	560	13.09	22.49	29.30	33.03	33.40	28.49	15.35	8.29						
	630	15.65	26.95	34.83	38.52	37.92	29.17	8.85							
	712	18.52	31.83	40.58	43.52	41.02	25.91								

注：如表内没有要选取的小带轮直径 d_1 时，其基本额定功率 P_0 值可查 GB/T 13575.1—1992，也可用插值法确定。

表 5.1.8　单根普通 V 带额定功率的增量 ΔP_0

带型	小带轮转速 n/(r/min)	传动比 i									
		1.00—1.01	1.02—1.04	1.05—1.08	1.09—1.12	1.13—1.18	1.19—1.24	1.25—1.34	1.35—1.51	1.52—1.99	≥2.0
A	200	0.00	0.00	0.01	0.01	0.01	0.01	0.02	0.02	0.02	0.03
	400	0.00	0.01	0.01	0.02	0.02	0.03	0.03	0.04	0.04	0.05
	700	0.00	0.01	0.02	0.03	0.04	0.05	0.06	0.07	0.08	0.09
	950	0.00	0.01	0.03	0.04	0.05	0.06	0.07	0.08	0.10	0.11
	1450	0.00	0.02	0.04	0.06	0.08	0.09	0.11	0.13	0.15	0.17
	2800	0.00	0.04	0.08	0.11	0.15	0.19	0.23	0.26	0.30	0.34
	4000	0.00	0.05	0.11	0.16	0.22	0.27	0.32	0.38	0.43	0.48
	5000	0.00	0.07	0.14	0.20	0.27	0.34	0.40	0.47	0.54	0.60
B	200	0.00	0.01	0.01	0.02	0.03	0.04	0.04	0.05	0.06	0.06
	400	0.00	0.01	0.03	0.04	0.06	0.07	0.08	0.10	0.11	0.13
	700	0.00	0.02	0.05	0.07	0.10	0.12	0.15	0.17	0.20	0.22
	950	0.00	0.03	0.07	0.10	0.13	0.17	0.20	0.23	0.26	0.30
	1450	0.00	0.05	0.10	0.15	0.20	0.25	0.31	0.36	0.40	0.46
	2800	0.00	0.10	0.20	0.20	0.39	0.49	0.59	0.69	0.79	0.89
	4000	0.00	0.11	0.28	0.28	0.56	0.70	0.84	0.99	1.13	1.27
C	200	0.00	0.02	0.04	0.06	0.08	0.10	0.12	0.14	0.16	0.18
	400	0.00	0.04	0.08	0.12	0.16	0.20	0.23	0.27	0.31	0.35
	700	0.00	0.07	0.14	0.21	0.27	0.34	0.41	0.48	0.55	0.62
	950	0.00	0.09	0.19	0.27	0.37	0.47	0.56	0.65	0.74	0.83
	1450	0.00	0.14	0.28	0.42	0.58	0.71	0.85	0.99	1.14	1.27
	2000	0.00	0.20	0.39	0.59	0.78	0.98	1.17	1.37	1.57	1.76
	2800	0.00	0.27	0.55	0.82	1.10	1.34	1.64	1.92	2.19	2.47
D	200	0.00	0.07	0.14	0.21	0.28	0.35	0.42	0.49	0.56	0.63
	400	0.00	0.14	0.28	0.42	0.56	0.70	0.83	0.97	1.11	1.25
	600	0.00	0.21	0.42	0.62	0.83	1.04	1.25	1.46	1.67	1.88
	950	0.00	0.33	0.66	0.99	1.32	1.60	1.92	2.31	2.64	2.97
	1200	0.00	0.42	0.84	1.25	1.67	2.09	2.50	2.92	3.34	3.75
	1450	0.00	0.51	1.01	1.51	2.02	2.52	3.02	3.52	4.03	4.53
	1600	0.00	0.56	1.11	1.67	2.23	2.75	3.33	3.89	4.45	5.00
E	200	0.00	0.14	0.28	0.41	0.55	0.69	0.83	0.96	1.10	1.24
	400	0.00	0.28	0.55	0.83	1.00	1.38	1.65	1.93	2.20	2.48
	600	0.00	0.41	0.83	1.24	1.65	2.07	2.48	2.89	3.31	3.72
	800	0.00	0.55	1.10	1.65	2.21	2.76	3.31	3.86	4.41	4.96
	950	0.00	0.65	1.29	1.95	2.62	3.27	3.92	4.58	5.23	5.89

表 5.1.9　包角修正系数 K_α

小带轮包角α_1/(°)	180	175	170	165	160	155	150	145	140	135	130	125	120
K_α	1.00	0.99	0.98	0.96	0.95	0.93	0.92	0.91	0.89	0.98	0.86	0.84	0.82

5. 计算作用在带轮轴上的压力 F_Q

为了设计带轮轴和轴承，必须计算带轮对轴的压力，如图 5.1.21 所示，可按下式近似计算：

$$F_Q=2F_0Z\sin\frac{\alpha_1}{2} \tag{5-29}$$

式中：F_0—单根带的初拉力(N)；

Z—带的根数；

α_1—小带轮包角。

单根 V 带的初拉力可按下式计算：

$$F_0=\frac{500P_c}{zv}\left(\frac{2.5}{K_\alpha}-1\right)+mv^2 \tag{5-30}$$

式中：m—单位长度质量，查表 5.1.2 可得。

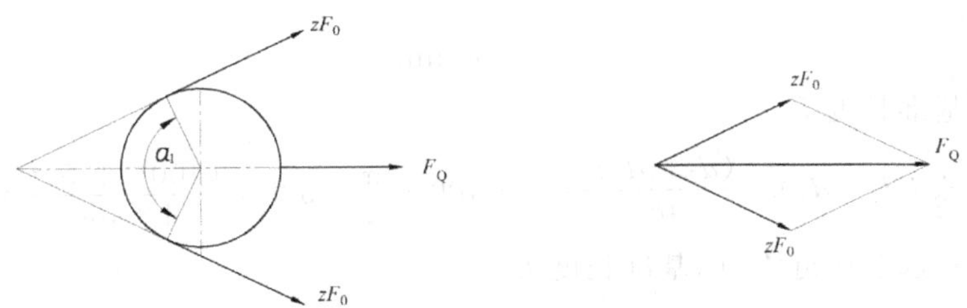

图 5.1.21　带传动作用在轴上的压力

6. 带轮结构设计

确定带轮结构，绘制带轮的零件图。

任务实施

一、确定计算功率

空载启动、载荷平稳、两班制(每班工作 8h)选取工作情况系数 K_A 为 1.1，计算功率

$$P_c=K_AP=1.1\times5.5=6.05\text{kW}$$

二、选择 V 带型号

根据计算功率 P_c 和小带轮转速 n_1，按图 5.1.20 选择 V 带的型号为 A 型。

三、确定带轮基准直径

普通 V 带轮的最小基准直径 d_1 查表 5.1.4 及图 5.1.20 可得，A 型带小带轮直径选择 125mm。忽略弹性滑动的影响，大带轮的基准直径

$$d_2=id_1=\frac{n_1}{n_2}d_1=3.14\times125=392.5$$

查表5.1.5取标准值400mm。

则

$$i=\frac{d_2}{d_1}=\frac{400}{125}=3.2$$

四、验算带速

$$v=\frac{\pi d_1 n_1}{60\times1000}=\frac{125\times960\pi}{60\times1000}=6.28\text{m/s}$$

v为5～25m/s，带速合适。

五、确定传动中心距和带的基准长度

按下式初步确定中心距a_0

$$0.7(d_1+d_2)\leqslant a_0\leqslant2(d_1+d_2)$$

即

$$d_1+d_2=125+400=525\text{mm}$$
$$367.5\leqslant a_0\leqslant1050$$

取

$$a_0=400\text{mm}$$

初算带的基准长度L_0

$$L_0\approx2a_0+\frac{\pi}{2}(d_1+d_2)+\frac{(d_2-d_1)^2}{4a_0}=2\times400+\frac{\pi}{2}\times525+\frac{(400-125)^2}{4\times400}=1672\text{mm}$$

查表5.1.6选取接近L_0的基准长度L_d

$$L_d=1800\text{mm}$$

根据选定的长度L_d值反过来求实际中心距a，

$$a\approx a_0+\frac{L_d-L_0}{2}=400+\frac{1800-1672}{2}=464\text{mm}$$

带传动中心距的变动范围为

$$(a-0.015L_d)\sim(a+0.03L_d)$$

即

$$(464-0.015\times1800)\sim(464+0.03\times1800)=437\sim518\text{mm}$$

六、验算小带轮包角

$$\alpha_1=180°-\frac{d_2-d_1}{a}\times57.3°=180°-\frac{400-125}{464}\times57.3°=146.04°\geqslant120°$$

七、确定V带根数

V带传动所需带的根数按下式计算：

$$z\geqslant\frac{P_c}{[P_0]}=\frac{P_c}{(P_0+\Delta P_0)K_\alpha K_L}$$

由 $n_1=960\text{r/min}, d_1=125\text{mm}$，查表 5.1.7 得 $P_0=1.39\text{kW}$（用内插法求）；

由 $n_1=960\text{r/min}, i=3.2$，查表 5.1.8 得 $\Delta P_0=0.12\text{kW}$

由 $L_d=1800\text{mm}$，查表 5.1.6 得 $K_L=1.01$

由 $\alpha_1=146.04°$，查表 5.1.9 得 $K_\alpha=0.91$

因此

$$z \geqslant \frac{P_c}{(P_0+\Delta P_0)K_\alpha K_L}=\frac{6.05}{(1.39+0.12)\times 0.91\times 1.01}=4.35$$

取 Z 为 5 根。

八、计算初拉力

查表 5.1.2 得 $m=0.1\text{kg/m}$

$$F_0=\frac{500P_c}{zv}\left(\frac{2.5}{K_\alpha}-1\right)+mv^2=\frac{500\times 6.05}{5\times 6.28}\left(\frac{2.5}{0.91}-1\right)+0.1\times 6.28^2=172.27\text{N}$$

九、计算作用于轴上的压力

$$F_Q=2F_0Z\sin\frac{\alpha_1}{2}=2\times 172.27\times 5\times \sin\frac{146.04°}{2}=1647.6\text{N}$$

十、设计带轮结构，画大带轮的工作图

课后思考

试比较表 5.1.1 所示的七种方案中的 V 带传动设计的异同，并说明规律。

知识拓展

选择如图 5.1.1 所示某带式输送机的传动方案中的电机，并完成运动和动力参数分配（以表 5.1.1 原始数据首列为例）。

（一）原动机的选择

由于电力供应的普遍性，且电动机具有结构简单、价格便宜、效率高、控制和使用方便等优点，所以本方案中原动机选择电动机。

1. 选择电动机类型和结构形式

减速器在常温下连续工作，载荷较平稳，空载启动，故选用一般用途适用的 Y 型全封闭自扇冷式笼型三相异步电动机，电源电压为 380V，结构形式为卧式电动机。

2. 确定电机功率

根据已知条件，工作机所需要的有效功率为

$$P_w=\frac{Fv}{1000}=\frac{2500\times 1.5}{1000}=3.75(\text{kW})$$

电动机所需的功率 P_d 为

$$P_d=\frac{P_w}{\eta}(\text{kW})$$

式中 η 为传动系统的总效率，在本方案中按下式计算：

$$\eta=\eta_{\text{I II}}\times\eta_{\text{II III}}\times\eta_{\text{III IV}}\times\eta_{\text{IV W}}$$

其中：$\eta_{\text{I II}}=\eta_{\text{带}}$；$\eta_{\text{II III}}=\eta_{\text{轴承}}\eta_{\text{闭式齿轮}}$；$\eta_{\text{III IV}}=\eta_{\text{轴承}}\eta_{\text{联轴器}}$；$\eta_{\text{IV W}}=\eta_{\text{轴承}}\eta_{\text{滚筒}}$

因此，设闭式齿轮精度为 8 级，轴承选择滚动轴承，查表 3.3.4 得

$$\begin{aligned}\eta&=\eta_{\text{I II}}\times\eta_{\text{II III}}\times\eta_{\text{III IV}}\times\eta_{\text{IV W}}=\eta_{\text{带}}\eta_{\text{轴承}}\eta_{\text{闭式齿轮}}\eta_{\text{轴承}}\eta_{\text{联轴器}}\eta_{\text{轴承}}\eta_{\text{滚筒}}\\&=0.95\times0.99\times0.97\times0.99\times0.99\times0.99\times0.96=0.85\end{aligned}$$

因此，电动机所需的功率 P_d 为

$$P_d=\frac{P_w}{\eta}=\frac{3.75}{0.85}=4.41(\text{kW})$$

由表 3.3.2 可知，满足 $P_{ed}\geqslant P_d$ 条件的 Y 系列三相交流异步电动机额定功率 P_{ed} 应取为 5.5kW。

3. 电机转速的选择

根据已知条件，可得输送机滚筒的工作转速 $n_w=\dfrac{60000v}{\pi d}=\dfrac{60000\times1.5}{450\pi}=63.66\text{r/min}$

按表 3.3.5 推荐的传动比合理范围，带传动传动比范围 2～4，圆柱齿轮传动比范围 3～6，则总传动比范围 6～24，因此电机转速的可选范围为(6～24)×63.66＝381.96～1527.84r/min。查表 3.3.2 符合这一范围的同步转速有 750r/min、1000r/min 和 1500r/min 三种，可查得三种方案，见表 5.1.10。

表 5.1.10 电动机参数

方案	电动机型号	额定功率/kW	电动机转速(r/min)	
			同步转速	满载转速
1	Y132S-4	5.5	1500	1440
2	Y132M2-6	5.5	1000	960
3	Y160M2-8	5.5	750	720

同一类型、同一功率的三相异步交流电动机，有几种不同的同步转速。同步转速低的电动机，磁极数多，其外廓尺寸及重量大，价格高；而同步转速高的电动机，磁极数少，尺寸和质量小，价格低。综合考虑减轻电动机及传动系统的质量以及成本，选用方案 2。因此选定电动机型号为 Y132M2-6，其主要性能见表 5.1.11。

表 5.1.11 132M2-6 电动机主要性能

电动机型号	额定功率/kW	同步转速(r/min)	满载转速(r/min)	$\dfrac{\text{堵转转矩}}{\text{额定转矩}}$	$\dfrac{\text{最大转矩}}{\text{额定转矩}}$
132M2-6	5.5	1000	970	2.0	2.0

132M2-6 电动机主要外形和安装尺寸见表 5.1.12。

表 5.1.12　132M2-6 电动机主要外形和安装尺寸

中心高 H	外形尺寸 $L\times(AC/2+AD)\times HD$	安装尺寸 $A\times B$	轴伸尺寸 $D\times E$	平键尺寸 $F\times G$
132	515×345×315	216×178	38×80	10×33

(二)各级传动比的分配

1. 传动系统的总传动比

$$i=\frac{n_m}{n_w}=\frac{960}{63.66}=15.08$$

2. 分配传动系统传动比

就本方案而言

$$i=i_{带}i_{闭}$$

由表 3.3.5 可知，齿轮传动比范围 3～6，初步取 $i_{闭}=4.8$，则

$$i_{带}=\frac{i}{i_{闭}}=\frac{15.08}{4.8}=3.14$$

(三)传动系统的运动和动力参数计算

1. 各轴的输入功率

电动机轴 $P_{\mathrm{I}}=P_{ed}=5.5\mathrm{kW}$

Ⅱ轴 $P_{\mathrm{II}}=P_{\mathrm{I}}\eta_{\mathrm{I\,II}}=5.5\times0.95=5.225\mathrm{kW}$

Ⅲ轴 $P_{\mathrm{III}}=P_{\mathrm{II}}\eta_{\mathrm{II\,III}}=5.225\times0.99\times0.97=5.018\mathrm{kW}$

Ⅳ轴 $P_{\mathrm{IV}}=P_{\mathrm{III}}\eta_{\mathrm{III\,IV}}=5.018\times0.99\times0.99=4.918\mathrm{kW}$

2. 各轴的转速

电动机轴 $n_{\mathrm{I}}=n_m=960\mathrm{r/min}$

Ⅱ轴 $n_{\mathrm{II}}=\frac{n_{\mathrm{I}}}{i_{\mathrm{I\,II}}}=\frac{960}{3.14}=305.732\mathrm{r/min}$

Ⅲ轴 $n_{\mathrm{III}}=\frac{n_{\mathrm{II}}}{i_{\mathrm{II\,III}}}=\frac{305.732}{i_{闭}}=\frac{305.732}{4.8}=63.69\mathrm{r/min}$

Ⅳ轴 $n_{\mathrm{IV}}=n_{\mathrm{III}}/i_{\mathrm{III\,IV}}=\frac{63.69}{1}=63.69\mathrm{r/min}$

3. 各轴的转矩

电动机轴 $T_{\mathrm{I}}=9550\frac{P_{\mathrm{I}}}{n_{\mathrm{I}}}=9550\frac{5.5}{960}=54.71\mathrm{N\cdot m}$

Ⅱ轴 $T_{\mathrm{II}}=9550\frac{P_{\mathrm{II}}}{n_{\mathrm{II}}}=9550\frac{5.225}{305.732}=163.21\mathrm{N\cdot m}$

Ⅲ轴 $T_{\mathrm{III}}=9550\frac{P_{\mathrm{III}}}{n_{\mathrm{III}}}=9550\frac{5.018}{63.69}=752.42\mathrm{N\cdot m}$

Ⅳ轴 $T_{\mathrm{IV}}=9550\frac{P_{\mathrm{IV}}}{n_{\mathrm{IV}}}=9550\frac{4.918}{63.69}=737.43\mathrm{N\cdot m}$

将机械传动系统运动和动力参数的计算数值列于表5.1.13。

表5.1.13 机械传动系统运动和动力参数的计算数值

计算项目	Ⅰ轴(电动机轴)	Ⅱ轴	Ⅲ轴	Ⅳ轴
功率/kW	5.5	5.225	5.018	4.918
转速/(r/min)	960	305.732	63.69	63.69
转矩/(N·m)	54.71	163.21	752.42	737.43
传动比	3.14		4.8	1
效率	0.95		0.9603	0.9801

任务二　带式输送机传动系统中的链传动设计

任务布置

带式输送机是一种以摩擦驱动连续运输物料的机械，广泛应用于家电、印刷、食品、港口、矿山等多行业，运输能力大、运输距离长、运营成本低。

如图5.2.1所示，某带式输送机采用一级圆柱齿轮减速器和链传动两级减速传动。带式输送机在常温下连续工作，单向运转；起动载荷为名义载荷的1.25倍，工作时有中等冲击；三班制(每班工作8h)，要求减速器设计寿命为8年，大修期为3年，中批量生产；输送带工作速度 v 的允许误差为±5%，三相交流电源的电压为380/220V。设输送带最大有效拉力为 F(N)，输送带工作速度 v(m/s)，卷筒直径 D(mm)，其具体数值见表5.2.1。

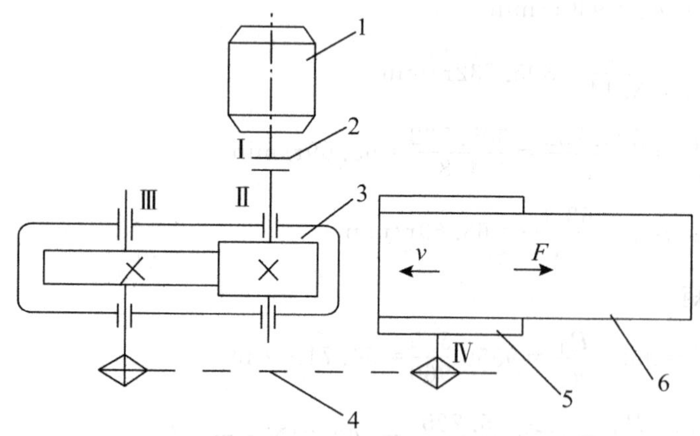

图5.2.1 带式输送机传动系统(闭式齿轮减速器+链传动)

1—电动机　2—联轴器　3—一级圆柱齿轮减速器　4—链传动　5—滚筒　6—输送带

表 5.2.1　设计的原始数据

	1	2	3	4	5	6	7
输送带最大有效拉力 F(N)	2500	2800	2700	2600	2500	2800	2600
输送带工作速度 v(m/s)	1.5	1.4	1.5	1.8	1.5	1.7	1.5
卷筒直径 D(mm)	450	450	450	400	400	450	400

试设计该方案中的链传动。(以原始数据首列为例)。

任务准备

一、链传动的工作原理、应用场合、类型和特点

链传动是以链条作为挠性拽引元件的一种啮合传动，一般由安装在两平行轴上的主动轮、从动轮和绕在链轮上的环形链条组成。以链作为中间挠性件，靠链与链轮轮齿的啮合来传递运动和动力。适用于主动轴与从动轴相距较远的情况，通常用于减速装置，一般安装在传动系统的低速级。

链传动主要用于工作可靠，两轴相距较远、工作条件恶劣的场合。例如矿山机械、农业机械、石油机械、机床及摩托车、自行车中。按用途不同，链条可分为:传动链条、输送链条和其他用途链条三大类。传动链条是制造得较精密的链条，用以传递运动和动力，主要类型有套筒滚子链(见图 5.2.2)和齿形链(见图 5.2.3)，与滚子链相比，齿形链运转平稳、噪声小、承受冲击载荷的能力强，但结构复杂、价格较贵，也较重，多用于高速或运动精度要求较高的传动。输送链条主要用于运输机械，如图 5.2.4 为输送链条在运输机械中的应用实例。其他用途链条包括起重链条(见图 5.2.5(a))、锯链(见图 5.2.5(b))和叉车链条(见图 5.2.5(c))等。

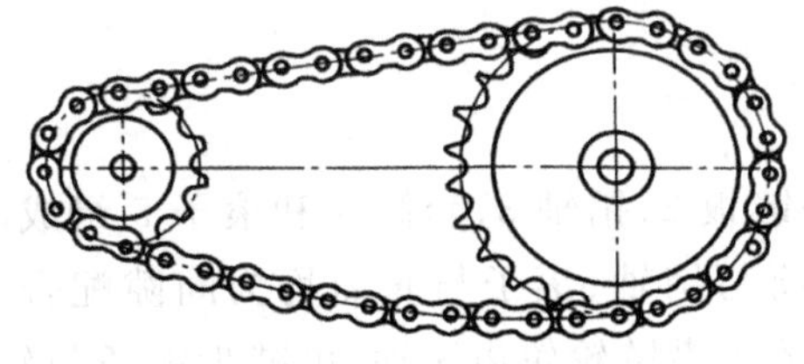

图 5.2.2　滚子链传动

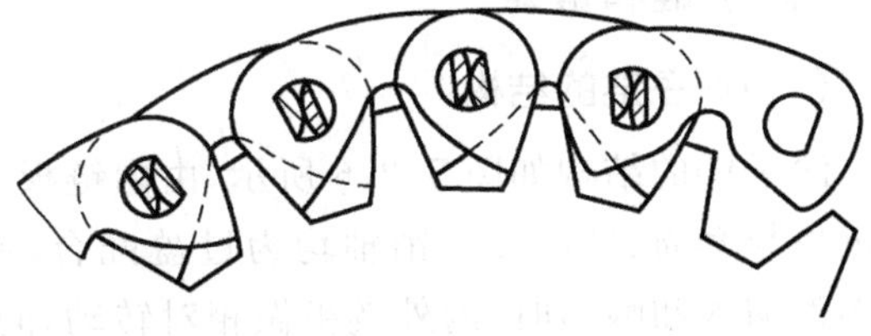

图 5.2.3　齿形链传动

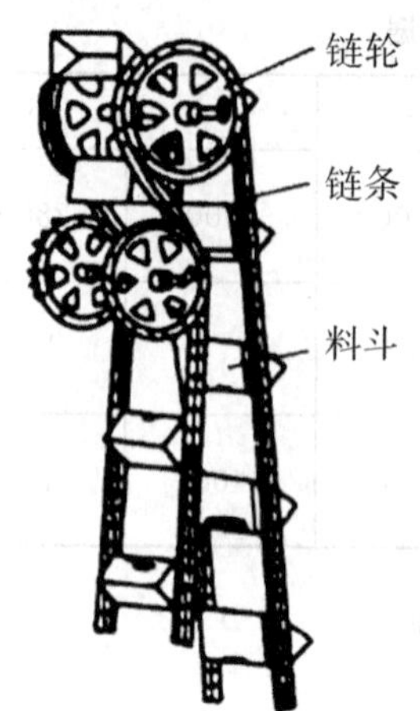

图 5.2.4 输送链条的应用实例

(a)起重链条

(b)锯链

(c)叉车链条

图 5.2.5 其他用途链条的应用实例

和带传动相比，链传动能保持准确的平均传动比；传动尺寸相同时，传动能力较大；传动效率较高；张紧力小，压轴力较小；可在温度较高、湿度较大、有油污、腐蚀等恶劣条件下工作；工作中冲击、噪声较大；只能用于平行轴间的传动。

和齿轮传动相比，链传动容易安装、成本低，能实现远距离传动，而且结构比较轻便；但瞬时速度不均匀，瞬时传动比不恒定；传动效率较低。

通常链传动的传动比 $i \leqslant 7$，中心距 $a \leqslant 5 \sim 6$m，传递功率 $P \leqslant 100$kW，圆周速度 $v \leqslant 15$m/s，闭式传动效率 η 为 0.95～0.97。

二、滚子链和链轮

(一)滚子链的结构

滚子链的结构如图 5.2.6 所示，由内链板 1、外链板 2、销轴 3、套筒 4 和滚子 5 组成。内链板与套筒、外链板与销轴均为过盈配合，而套筒与销轴、滚子与套筒均为间隙配合。当链条啮入和啮出时，内外链板做相对转动，同时，滚子沿链轮轮齿滚动，可减少链条与轮齿的磨损。内外链板通常做成“∞”字型，以减轻重量并保持各横截面的强度大致相等。

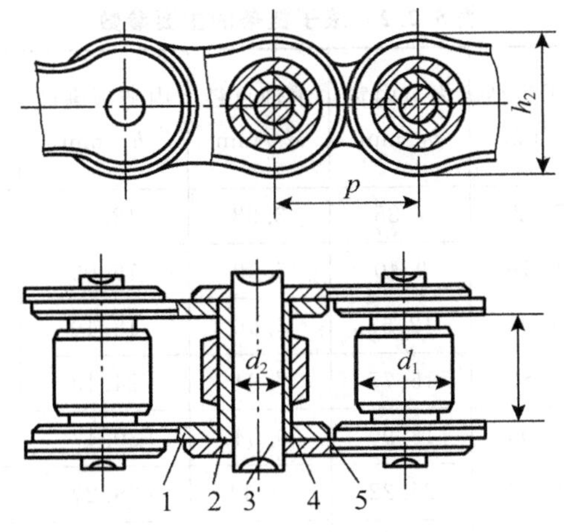

图 5.2.6　滚子链的结构

1—内链板　2—外链板　3—销轴　4—套筒　5—滚子

链条的各零件由碳钢或合金钢制成，并经热处理，以提高其强度和耐磨性。

滚子链上相邻两滚子中心的距离称为链的节距，以 p 表示，它是链条的主要参数。链节距越大，链条各零件的尺寸也就越大，链条所能传递的功率就越大，同时质量也越大，冲击和振动也随之增加。为了减小链传动的结构尺寸及动载荷，当传递的功率较大及转速较高时，可采用同节距的双排链或多排链传动。为了避免各排链受载不均，排数不宜过多，常用双排链或三排链。链条长度以链节数来表示。

链节数最好取为偶数，以便链条连成环形时正好是外链板与内链板相接，接头处可用开口销或弹簧夹锁紧（图 5.2.7(a)(b)），通常前者用于大节距链，后者用于小节距链。若链节数为奇数，则需采用过渡链节（图 5.2.7(c)），在链条受拉时，过渡链节还要承受附加的弯曲载荷，通常应避免采用。

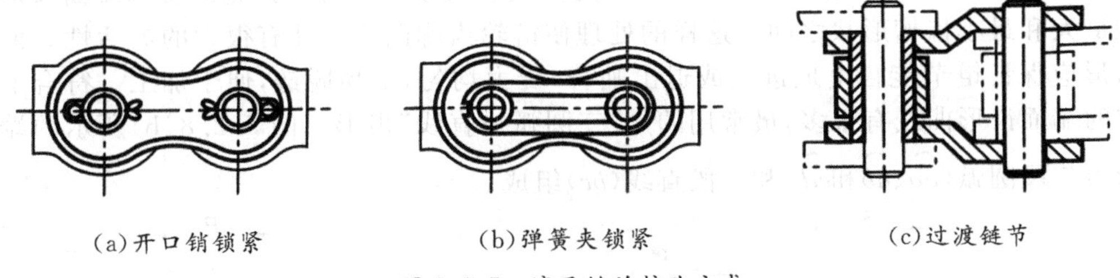

(a)开口销锁紧　(b)弹簧夹锁紧　(c)过渡链节

图 5.2.7　滚子链的接头方式

（二）滚子链的标准

滚子链已标准化，分为 A、B 两种系列。A 级链条用于重载、高速和重要的链传动；B 级链用于一般传动。表 5.2.2 列出了滚子链条的基本参数和尺寸。

表 5.2.2　滚子链条的主要参数

链号	节距 p/mm	排距 p_1/mm	滚子直径 d_1/mm	内节内宽 b_1/mm	销轴直径 d_2/mm	内链板高度 h_2/mm	极限拉伸载荷(单排) F_{lim}/N	每米质量(单排) $q/(kg \cdot m^{-1})$
08A	12.70	14.38	7.92	7.85	3.98	12.07	13800	0.60
10A	15.875	18.11	10.16	9.40	5.09	15.09	21800	1.00
12A	19.05	22.78	11.91	12.57	5.96	18.10	31100	1.50
16A	25.40	29.29	15.88	15.75	7.94	24.13	55600	2.60
20A	31.75	35.76	19.05	18.90	9.54	30.17	86700	3.80
24A	38.10	45.44	22.23	25.22	11.11	36.20	124600	5.60
28A	44.45	48.87	25.40	25.22	12.71	42.23	169000	7.50
32A	50.80	58.55	28.58	31.55	14.29	48.26	222400	10.10
40A	63.50	71.55	39.68	37.85	19.85	60.33	347000	16.10
48A	76.20	87.83	47.63	47.35	23.84	72.39	500400	22.60

注:1. 多排链极限拉伸载荷按表列 F_{lim} 值乘以排数计算。
2. 使用过滤链节时,其极限拉伸载荷按表列数值的 80%计算。

按国标规定,滚子链条的标记方法为:

链号—排数×链节数,标准编号。例如 10A—1×200GB/T 1243－2006 即为按 GB/T 1243－2006 制造的 A 系列、节距 15.875mm、单排、200 节的滚子链条。

(三)滚子链链轮

链轮是链传动的主要零件。国家标准仅规定了滚子链链轮齿槽的齿面圆弧半径 r_e、齿沟圆弧半径 r_i 和齿沟角 α(图 5.2.8(a))的最大和最小值。各种链轮的实际端面齿形均应在最大和最小齿槽形状之间。这样的处理使链轮齿廓曲线设计有很大的灵活性。但链轮齿形应保证链节能自由地进入或退出啮合,受力均匀,不易脱链,便于加工。符合上述要求的端面齿形曲线有很多,最常用的是“三圆弧一直线”齿形。图 5.2.8(b)所示的端面齿形由三段圆弧($\overset{\frown}{aa}$、$\overset{\frown}{ab}$和$\overset{\frown}{cd}$)和一段直线(bc)组成。

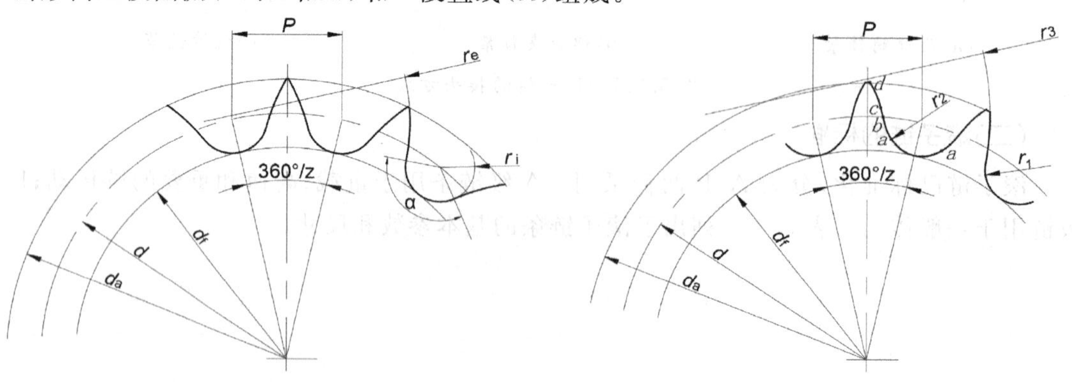

(a)齿面圆弧半径 r_e、齿沟圆弧半径 r_i 和齿沟角 α　　(b)端面齿形组成

图 5.2.8　滚子链链轮端面齿形

链轮上被链条节距等分的圆称为分度圆，其直径用 d 表示（图 5.2.8）。已知节距 p 和齿数 z 时，当选用“三圆弧一直线”齿形时，链轮主要尺寸的计算式为

$$\left.\begin{aligned}&\text{分度圆直径 } d=\frac{p}{\sin\dfrac{180^\circ}{z}}\\&\text{齿顶圆直径 } d_a=p\left(0.54+\cot\frac{180^\circ}{z}\right)\\&\text{齿根圆直径 } d_f=d-d_1\ (d_1\text{ 为滚子直径})\end{aligned}\right\}\tag{5-31}$$

链轮的齿形用标准刀具加工，工作图上一般不绘制端面齿形，只需标注 d、d_a、d_f 且标明按国标齿形制造和检验即可，但为了车削毛坯，需将轴向齿形画出。链轮轴向齿形两侧呈圆弧状（图 5.2.9），以便链节进入和退出啮合。轴向齿形的具体尺寸见有关设计手册。

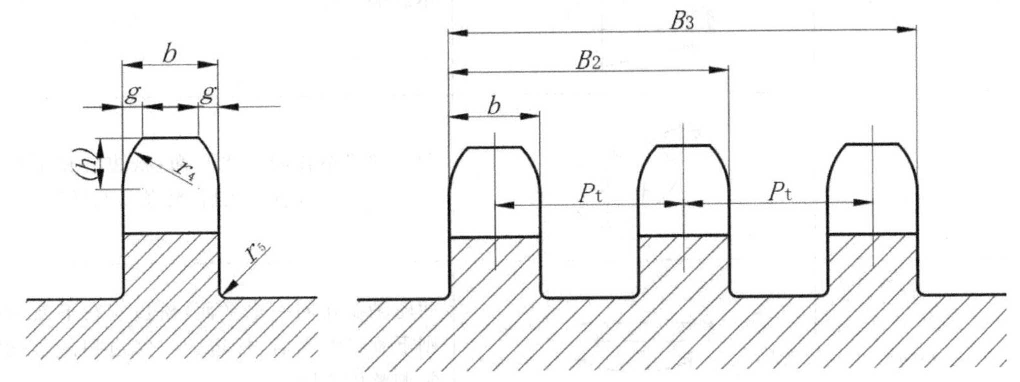

图 5.2.9　滚子链链轮轴面齿形

常用链轮的结构：小直径链轮可制成实心式（图 5.2.10(a)）；中等直径的链轮可制成孔板式（图 5.2.10(b)）；直径较大的链轮可设计成组合式，如轮毂和齿圈焊接（图 5.2.10(c)）、轮毂和齿圈用螺栓联接（图 5.2.10(d)）。若轮齿因磨损而失效，可更换齿圈。链轮轮毂部分的尺寸可参考带轮。

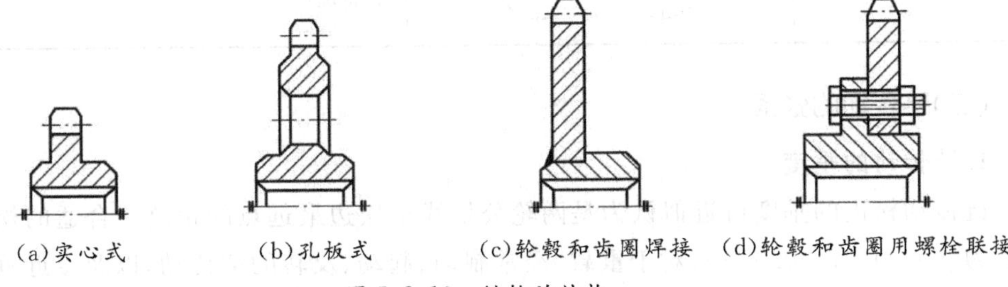

(a)实心式　(b)孔板式　(c)轮毂和齿圈焊接　(d)轮毂和齿圈用螺栓联接

图 5.2.10　链轮的结构

链轮齿应具有足够的强度和耐磨性，故齿面多经热处理。小链轮的啮合次数比大链轮多，所受冲击力也大，所用材料一般优于大链轮。常用的链轮材料有碳钢（如 Q235、Q275、45、ZG310－570 等）、灰铸铁（如 HT200）等。重要的链轮可采用合金钢。

三、链传动的布置、张紧和润滑

(一)链传动的布置

布置链传动时,链轮两轴应平行,两轮应位于同一平面内,一般宜采用水平布置或接近水平布置,中心连线与水平线的夹角最好不大于45°,并使松边在下,参见表5.2.3。

表5.2.3 链传动的布置

传动参数	正确布置	说明
$i=2\sim3$ $a=(30\sim50)p$		两轮轴线在同一水平面,紧边在上、在下均不影响工作
$i>2$ $a<30p$		两轮轴线不在同一水平面,松边应在下面,否则松边下垂量增大后,链条易与链轮卡死
$i<1.5$ $a>60p$		两轮轴线在同一水平面,松边应在下面,否则下垂量增大后,松边会与紧边相碰,需经常调整中心距
i,a为任意值		两轮轴线在同一铅垂面内,下垂量增大会减少下链轮有效啮合齿数,降低传动能力,为此应:①使中心距可调;②设张紧装置;③上、下两轮错开,使两轮轴线不在同一铅垂面内

(二)链传动的张紧

1.链传动的垂度

链传动松边的垂度可近似认为是两轮公切线至松边最远点的距离。合适的松边垂度推荐为$f=(0.01\sim0.02)a$,对于重载、经常制动、起动、反转的链传动,以及接近垂直的链传动,松边垂度应适当减小。

2.链传动的张紧

链条在使用过程中会因磨损而逐渐伸长,为防止松边垂度过大而引起啮合不良、松边颤动和跳齿等现象,应使链张紧。常用张紧方法有调整中心距和采用张紧装置,张紧轮可用链轮也可用滚轮。张紧轮一般设在松边外侧,如图5.2.11(a)(b)所示。当中心距较大时,可采用如图5.2.11(c)所示靠螺栓调节的托板张紧。

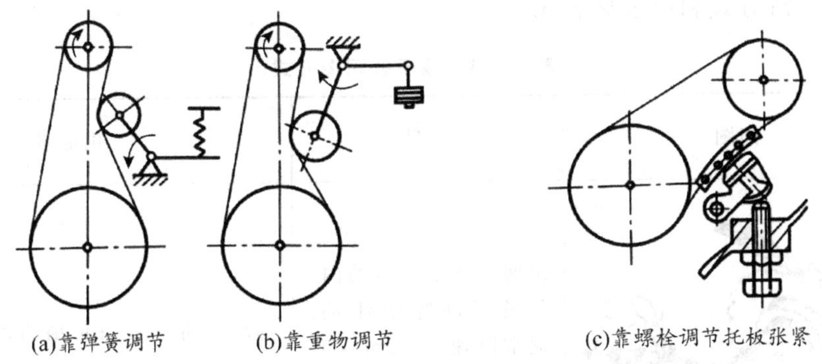

图 5.2.11　链传动的张紧

(三)链传动的润滑

润滑对链传动影响很大,良好的润滑将减少磨损,缓和冲击,延长链条的使用寿命。润滑油推荐用全损耗系统用油,牌号为 L-AN32、L-AN46、L-AN68,润滑油的选用与链条节距和环境温度有关,环境温度高,则润滑油黏度大,温度较低时用前者。对于开式及重载低速传动,可在润滑油中加入 MoS_2、WS_2 等添加剂。

采用何种润滑方式可由链号、链速确定,如图 5.2.12 所示。

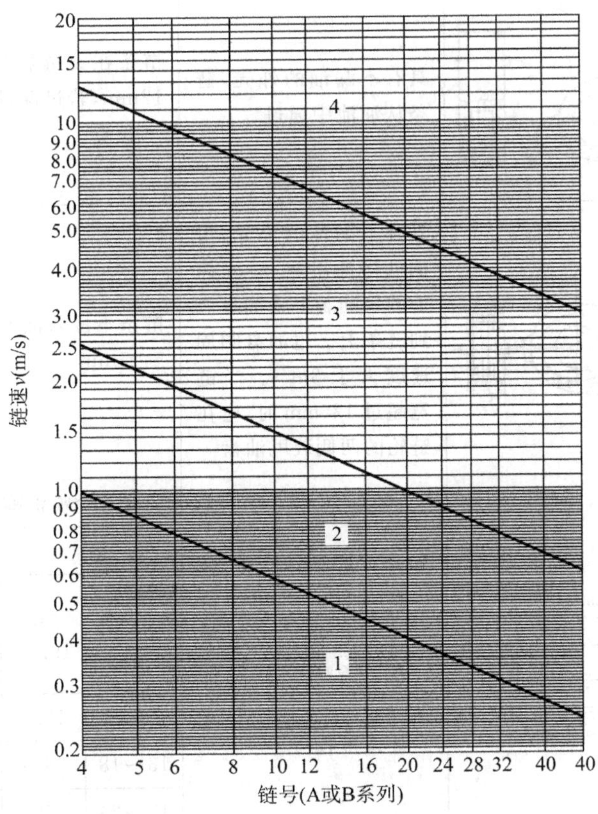

图 5.2.12　链传动推荐使用的润滑方式

1—人工定期润滑;2—滴油润滑;3—油浴或飞溅润滑;4—压力喷油润滑

常用的润滑方式和要求见表 5.2.4。

表 5.2.4 滚子链润滑方式

<table>
<tr><th>润滑方式</th><th>简图</th><th>说明</th><th>供油量</th></tr>
<tr><td>人工定期润滑</td><td> </td><td>定期在链条松边的内、外链板间隙中注油。通常链速 $v<2\text{m/s}$ 时用该方法</td><td>每班加油一次,保证销轴处不干燥</td></tr>
<tr><td>滴油润滑</td><td> 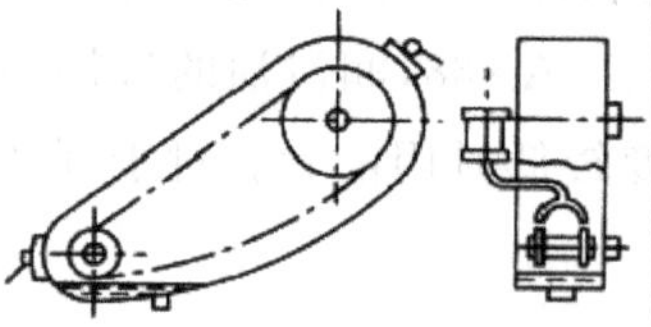</td><td>有简单外壳,用油杯通过油管向松边的内、外链板间隙处滴油。通常链速 $v=2\sim4\text{m/s}$ 时用该方法</td><td>给油量为 5～20 滴/min(单排链),速度高时给油量应增加</td></tr>
<tr><td>油浴润滑</td><td> 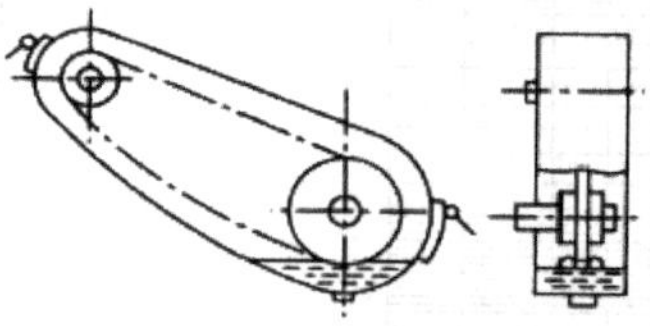</td><td>具有不漏油的外壳,链条从油池中通过</td><td>链条在大链轮处浸入油中深度为 8～12mm,若过深,则易因搅油损失大而发热变质</td></tr>
<tr><td>溅油润滑</td><td> 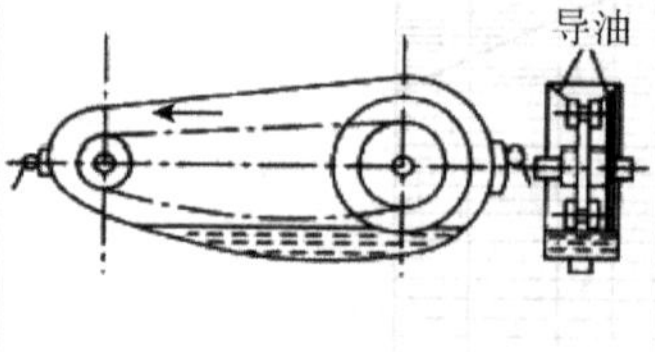导油</td><td>具有不漏油的外壳,甩油盘将油甩起,经壳体上的集油装置将油导流到链条上。甩油盘圆周速度大于 3m/s。当链宽超过 125mm 时,应在链轮的两侧装甩油盘</td><td>链条不浸入油池,甩油盘浸油深度为 12～15mm</td></tr>
<tr><td>压力润滑</td><td> 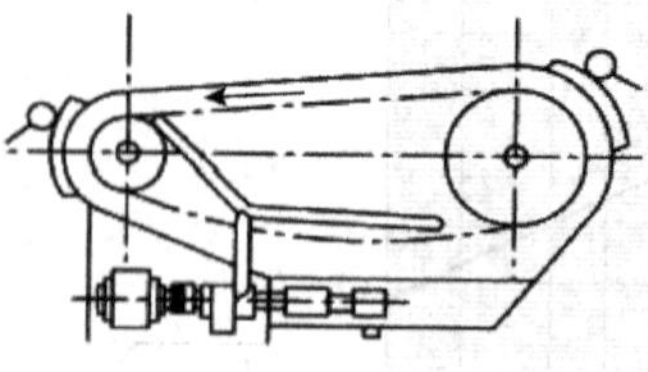</td><td>具有不漏油的外壳,液压泵供油。循环油可起冷却作用。喷油嘴设在链条啮入处,喷油嘴数应是 $(m+1)$ 个,m 为链条排数</td><td>
<table>
<tr><th colspan="5">每个喷油嘴的供油量/(cm^3/s)</th></tr>
<tr><th rowspan="2">链速 v(m/s)</th><th colspan="4">节距 p/mm</th></tr>
<tr><th>≤19.05</th><th>25.40～31.75</th><th>38.10～44.45</th><th>50.80</th></tr>
<tr><td>8～13</td><td>16.7</td><td>25</td><td>33.4</td><td>41.7</td></tr>
<tr><td>13～18</td><td>33.4</td><td>41.7</td><td>50</td><td>58.3</td></tr>
<tr><td>18～24</td><td>50</td><td>58.3</td><td>66.8</td><td>75</td></tr>
</table>
</td></tr>
</table>

四、链传动工作能力分析

(一)链传动的运动分析

链条绕在链轮上后形成折线，因此链传动相当于一对多边形链轮之间的传动(图 5.2.13)，正多边形的边长的关于链条的节距 p，边数等于链轮齿数 z。链轮每转过一圈，链条走过 zp 长，所以链的平均速度 v 为

$$v=\frac{z_1 n_1 p}{60\times 1000}=\frac{z_2 n_2 p}{60\times 1000}\ \text{m/s} \tag{5-32}$$

式中：z_1、z_2—分别为主、从动链轮的齿数；

n_1、n_2—分别为主、从动链轮的转速，r/min。

链传动的平均传动比为

$$i=\frac{n_1}{n_2}=\frac{z_2}{z_1} \tag{5-33}$$

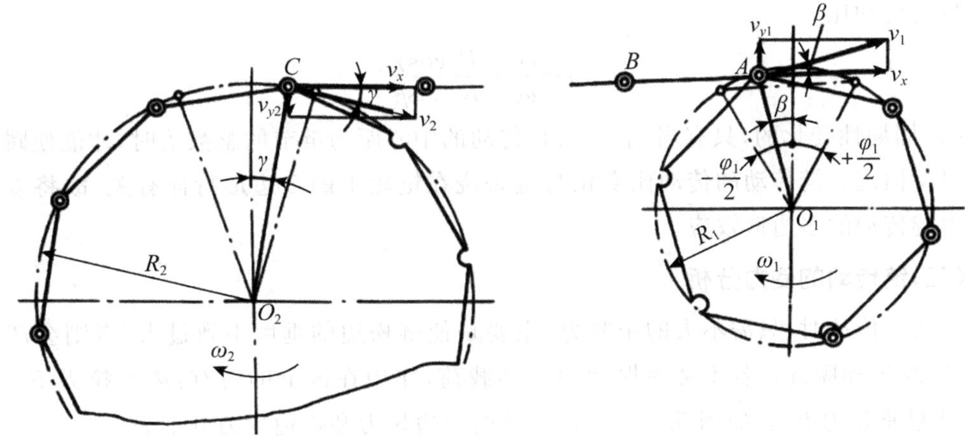

图 5.2.13　链传动的运动分析

以上两式求得的链速和传动比都是平均值。因为链传动为啮合传动，链条和链轮之间没有相对滑动，所以平均链速和平均传动比都是常数。但是实际上，由于多边形效应，瞬时链速和瞬时传动比都是变化的。

为便于分析，假定主动边总是处于水平位置。当主动轮以角速度ω_1回转时，相啮合的滚子中心 A 的圆周速度为$R_1\ \omega_1$，可分解为链条前进方向水平分速度(实际用于牵引链条运动的速度)

$$v_x=R_1\ \omega_1\cos\beta \tag{5-34}$$

垂直方向分速度

$$v_{y1}=R_1\ \omega_1\sin\beta \tag{5-35}$$

式中：R_1—主动链轮分度圆半径；

β—滚子中心 A 的相位角(即纵坐标轴与 A 点和轮心连线的夹角)。

因为 β 是变化的，所以即使主动链轮转速恒定，链条的运动速度也是变化的。在主动

轮上，每个链节对应的中心角$\varphi_1=\frac{360°}{z_1}$。当$\beta=\pm\frac{\varphi_1}{2}=\pm\frac{180°}{z_1}$时，链速$v_x$最低；当$\beta=0$时，链速$v_x$最高。链速$v_x$的变化是周期性的。链轮转过一个链节，对应链速变化的一个周期。链速变化的程度与主动链轮的转速和齿数有关。转速越高，齿数越少，则链速变化范围越大。在v_x变化的同时，随着β的变化，链条在垂直方向的分速度v_{y1}也做周期性变化，导致链条上下运动(抖动)。

在主动链轮牵引链条变速运动的同时，从动链轮上也发生类似的过程。在从动链轮上，滚子中心C的圆周速度为$R_2\omega_2$，而其水平分速度为

$$v_x=R_2\omega_2\cos\gamma \tag{5-36}$$

故

$$\omega_2=\frac{v_x}{R_2\cos\gamma}=\frac{R_1\omega_1\cos\beta}{R_2\cos\gamma} \tag{5-37}$$

式中：γ—滚子中心C的相位角(即纵坐标轴与C点和轮心连线的夹角)。

瞬时传动比i

$$i=\frac{\omega_1}{\omega_2}=\frac{R_2\cos\gamma}{R_1\cos\beta} \tag{5-38}$$

i是周期性变化的，只有当$z_1=z_2$，且传动的中心距为链节的整数倍时，才能使瞬时传动比保持恒定。链传动的传动比变化与链条绕在链轮上的多边形特征有关，故将以上现象称为链传动的多边形效应。

(二)链传动的受力分析

安装链传动时，只需不大的张紧力，主要是使链松边的垂度不致过大，否则会产生显著振动、跳齿和脱链。若不考虑振动中的动载荷，作用在链上的力有：离心拉力F_c、圆周力F_e和悬垂拉力F_f。如图5.2.14所示，链的紧边拉力和松边拉力分别为

$$\left.\begin{aligned}F_1&=F_e+F_c+F_f\\F_2&=F_c+F_f\end{aligned}\right\} \tag{5-39}$$

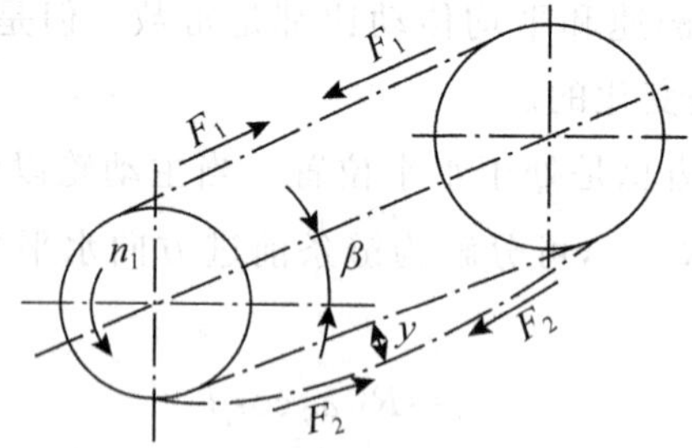

图5.2.14　链传动的受力分析

有效圆周力为

$$F_e=1000\,\frac{P}{v} \tag{5-40}$$

式中：P—传递的功率，kW；

v—链速，m/s。

离心力引起的拉力为

$$F_c = qv^2 \tag{5-41}$$

式中：q—链条单位长度的质量，kg/m。

悬垂拉力为

$$F_f = \max(F'_f, F''_f) \tag{5-42}$$

$$\left.\begin{aligned} F'_f &= K_f qa \times 10^2 \\ F''_f &= (K_f + \sin\alpha) qa \times 10^2 \end{aligned}\right\}$$

式中：a—链传动的中心距，mm；

K_f—垂度系数，见图 5.2.15。图中 f 为下垂度，α 为中心线与水平面夹角。

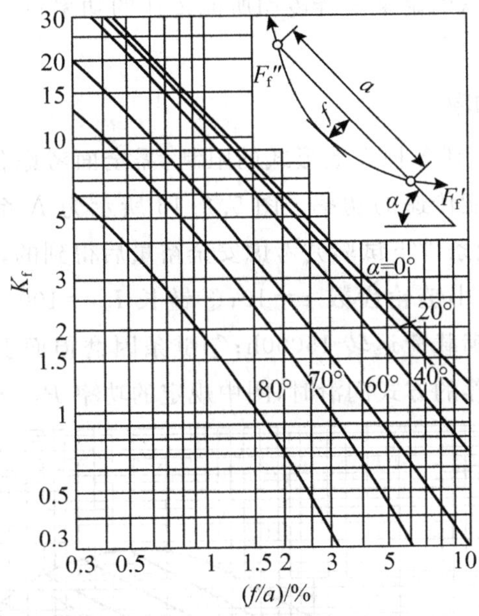

图 5.2.15　悬垂拉力

五、滚子链传动的设计计算

(一)链传动的失效形式和设计准则

由于链条的结构比链轮复杂，强度不如链轮高，链传动的失效一般是因为链条的失效而引起，链传动的承载能力试验表明，其主要失效形式有以下几种：

(1)链板疲劳破坏：链传动时，由于链条在松边和紧边所受的拉力不同，故其在运行中受变应力作用。经多次循环后，链板将发生疲劳断裂，或套筒、滚子表面出现疲劳点蚀。在润滑良好时，疲劳强度是决定链传动能力的主要因素。

(2)销轴磨损与脱链：链条与链轮啮合传动时，相邻链节间要发生相对转动，因而使销轴与套筒、套筒与滚子间发生摩擦，引起磨损。由于磨损使链节变长，易造成跳齿或脱链，使传动失效。这是开式传动或润滑不良的链传动的主要失效形式。

(3)销轴和套筒的胶合：当润滑不良或速度过高时，销轴和套筒的工作表面摩擦发热较大，易使两表面发生粘附磨损，严重时则产生胶合。

(4)滚子和套筒的冲击破坏：链条和链轮轮齿在啮合时，滚子与链轮间会产生冲击。高速时，冲击载荷较大，套筒与滚子表面发生冲击疲劳破坏。

(5)链条的过载拉断：在低速、重载或突然过载时，链条因静强度不足而被拉断。

综上所述，低速时链条主要因静强度不足而发生过载拉断；对于中等速度、润滑良好的传动，承载能力主要受链板疲劳断裂的限制；当小链轮转速较高时，承载能力主要取决于滚子和套筒的冲击疲劳强度；转速再高时，则要受到销轴和套筒抗胶合能力的限制。

因此，链传动设计根据链速不同分为一般与低速两种情况：一般($v \geqslant 0.6$m/s)的链传动按功率曲线设计计算，链传动的承受能力受到多种失效形式的限制，必须全面考虑各种失效形式对传动的影响，以确定某一链传动所能传递的功率；低速($v<0.6$m/s)链传动按静强度设计计算。

(二)链传动的额定功率

链传动的承受能力受到多种失效形式的限制，需全面考虑各种失效形式对传动的影响，以确定某一链传动所能传递的功率。图 5.2.16 所示为 A 系列单排滚子链的额定功率曲线。它是在规定试验条件下试验并考虑安全裕量后得到的，实验条件为：①两链轮安装在水平轴上并共面；②小链轮齿数 $z=19$；③链长 $L_p=100$ 节；④单排链，载荷平稳；⑤按推荐的润滑方式；⑥满载荷运转 15000h；⑦链条因磨损而引起的相对伸长量不超过 3%。当链传动不能按推荐的方式润滑时，图中规定的功率 P_0 应降低取下列数值：

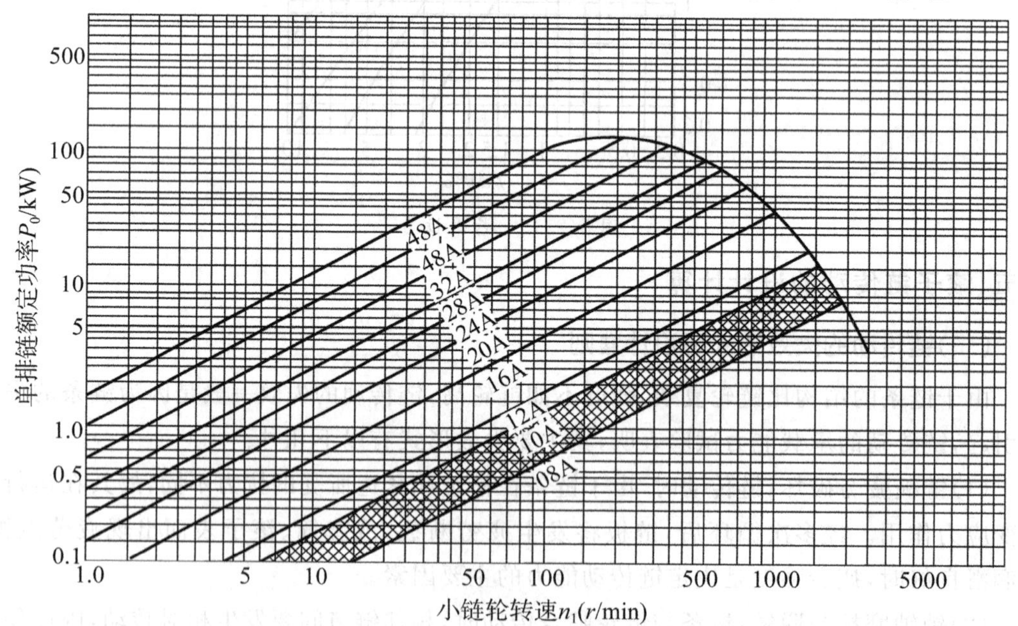

图 5.2.16 链传动的额定功率

$v \leqslant 1.5$m/s 时，取$(0.3 \sim 0.6)P_0$；

$5m/s<v<7m/s$ 时，取$(0.15\sim0.3)P_0$；

$v>7m/s$ 润滑不良时传动不可靠，不宜采用。

当要求实际工作寿命低于 15000h 时，可按有限寿命设计，此时允许传递的功率高些。

由图 5.2.16 可以看出，每种链所允许传递的功率均随转速升高而增大，达到一定转速后反而降低，折线以下为安全区。

(三)滚子链传动的设计计算

设计链传动时通常已知链传动的工作条件、传动位置与总体尺寸限制、所需传递的功率、主动链轮转速、从动链轮转速或传动比。需要完成的设计内容包括：确定链条型号、链节数 L_p 和排数，链轮齿数 z_1、z_2 以及链轮的结构、材料和几何尺寸，链传动的中心距 a、压轴力 F_p、润滑方式和张紧装置等。

1. 一般($v\geqslant0.6m/s$)的链传动设计方法

(1)选择链轮齿数 z_1、z_2 和确定传动比 i

一般链轮齿数为 17～114，由于链节数常取偶数，为使磨损均匀，链轮齿数一般取为奇数。小链轮齿数通常根据传动比从表 5.2.5 中选取。链轮齿数优选数列：17、19、21、23、25、38、57、76、95、114。传动比 i 按下式计算

$$i=\frac{z_2}{z_1} \tag{5-43}$$

表 5.2.5　小链轮齿数

传动比 i	1～2	3～4	5～6	>6
z_1	31～27	25～23	21～17	17

②计算当量的单排链的计算功率 P_c

$$P_c=\frac{K_AK_z}{K_m}P \tag{5-44}$$

式中：P—链传递的功率(kW)；

K_A—工作情况系数，见表 5.2.6；

K_z—小链轮齿数 $z_1\neq25$ 时的修正系数，称为齿数系数，见图 5.2.17；

K_m—采用多排链时的修正系数，称为多排链系数，见表 5.2.7。

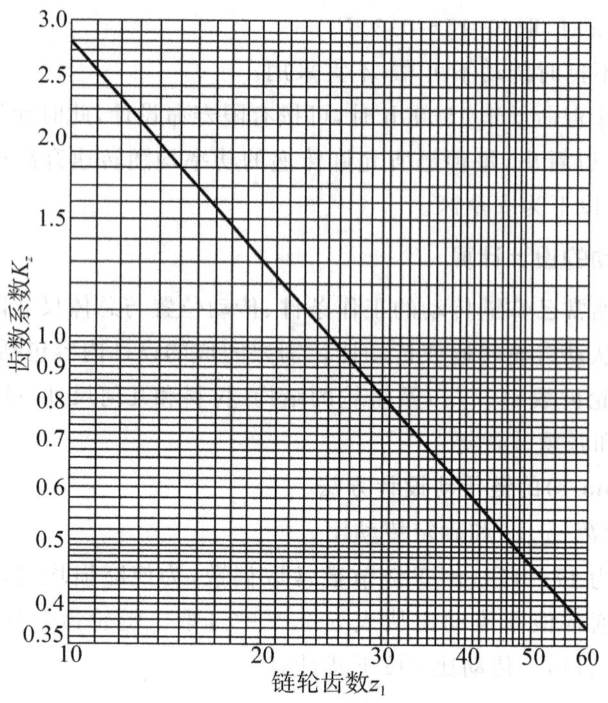

图 5.2.17 链轮齿数系数 K_z

表 5.2.6 工作情况系数 K_A

从动机械工作特性		主动机械工作特性		
		电动机、蒸汽机、燃气轮机、装有液力联轴器的内燃机	六缸或六缸以上的内燃机	六缸以下的内燃机
平稳运转	离心泵和压缩机、印刷机、均匀给料的带式输送机、压光机、自动电梯、液体搅拌机、风机	1.0	1.1	1.3
中等冲压	多缸泵和压缩机、水泥搅拌机、球磨机、压力机、载荷非恒定的输送机、固态搅拌机	1.4	1.5	1.7
严重冲击	电铲、轧机、橡胶加工机、单缸泵和压缩机、石油钻机、球磨机、压力机、剪床	1.8	1.9	2.1

表 5.2.7 多排链系数 K_m

排数 m	1	2	3	4	5	6
排数系数 K_m	1.0	1.7	2.5	3.3	4.0	4.6

(3)选择链条型号并确定节距

根据计算功率和小链轮转速，在图 5.2.16 中找到坐标点，从而确定应选择的链条型号和节距。

(4)计算链节数和中心距

初选中心距 $a_0=(30\sim50)p$，按下式计算链节数 L_{p0}

$$L_{p0}=2\frac{a_0}{p}+\frac{z_1+z_2}{2}+\left(\frac{z_2-z_1}{2\pi}\right)^2\frac{p}{a_0} \tag{5-45}$$

式中：p—链条节距；

z_1—小链轮齿数；

z_2—大链轮齿数。

为了避免使用过渡链节，应使计算出的链节数 L_{p0} 圆整为偶数 L_p。

根据 L_p 计算理论中心距 a

$$a=\frac{p}{4}\left[\left(L_p-\frac{z_1+z_2}{2}\right)+\sqrt{\left(L_p-\frac{z_1+z_2}{2}\right)^2+8\left(\frac{z_2-z_1}{2\pi}\right)^2}\right] \tag{5-46}$$

为保证链条松边有合适的垂度 $f=(0.01\sim0.02)a$，实际中心距 a' 要比理论中心距 a 小。$\Delta a=a-a'$。通常 $\Delta a=(0.002\sim0.004)a$，中心距可调时，取较大值；否则取较小值。

链传动的最大中心距为

$$a=f_1p[2L_p-(z_1+z_2)] \tag{5-47}$$

式中：f_1—中心距计算系数，见表 5.2.8。

(5)计算链速，确定润滑方式

平均链速按式(5-32)计算。

链速过高，会增加链传动的动载荷和噪声，因此，一般将链速限制在 15m/s 以下。若超过了这一范围，应调整设计参数重新计算。根据链速 v，由图 5.2.12 选择润滑方式。

(6)计算链传动作用在轴上的压轴力 F_P

压轴力 F_P 可近似取为

$$F_P\approx K_{FP}F_e=1000K_{FP}\frac{P}{v} \tag{5-48}$$

式中：F_e—有效圆周力，N；

P—传递的功率，kW；

v—链速，m/s；

K_{FP}—压轴力系数，对于水平传动 $K_{FP}=1.15$；对于垂直传动 $K_{FP}=1.05$。

表 5.2.8　中心距计算系数 f_1

$\frac{L_p-z_1}{z_2-z_1}$	f_1	$\frac{L_p-z_1}{z_2-z_1}$	f_1	$\frac{L_p-z_1}{z_2-z_1}$	f_1	$\frac{L_p-z_1}{z_2-z_1}$	f_1	$\frac{L_p-z_1}{z_2-z_1}$	f_1
8	0.24978	2.8	0.24758	1.62	0.23938	1.36	0.23123	1.21	0.22090
7	0.24970	2.7	0.24735	1.60	0.23897	1.35	0.23073	1.20	0.21990
6	0.24958	2.6	0.24708	1.58	0.23854	1.34	0.23022	1.19	0.21884
5	0.24937	2.5	0.24678	1.56	0.23807	1.33	0.22968	1.18	0.21771
4.8	0.24931	2.4	0.24643	1.54	0.23758	1.32	0.22912	1.17	0.21652
4.6	0.24925	2.00	0.24421	1.52	0.23705	1.31	0.22854	1.16	0.21526
4.4	0.24917	1.95	0.24380	1.50	0.23648	1.30	0.22893	1.15	0.21390
4.2	0.24907	1.90	0.24333	1.48	0.23588	1.29	0.22729	1.14	0.21245
4.0	0.24896	1.85	0.24281	1.46	0.23524	1.28	0.22662	1.13	0.21090
3.8	0.24883	1.80	0.24222	1.44	0.23455	1.27	0.22593	1.12	0.20923
3.6	0.24868	1.75	0.24156	1.42	0.23381	1.26	0.22520	1.11	0.20744
3.4	0.24849	1.70	0.24081	1.40	0.23301	1.25	0.22443	1.10	0.20549
3.2	0.24825	1.68	0.24048	1.39	0.23259	1.24	0.22361	1.09	0.20336
3.0	0.24795	1.66	0.24013	1.38	0.232151	1.23	0.22275	1.08	0.20104
2.9	0.24778	1.64	0.23977	1.37	0.23170	1.22	0.22185	1.07	0.19848

2. 低速（$v<0.6\text{m/s}$）的链传动设计方法

静强度安全系数 S 应满足

$$S=\frac{F_{\lim}m}{K_A F}\geqslant 4\sim 8 \tag{5-49}$$

式中：S—静强度安全系数；

$F_{\lim}$—单排链的极限拉伸载荷，N，见表 5.2.2；

m—链的排数；

K_A—链的工况系数，见表 5.2.6；

F—链的工作拉力，N，$F=1000P/v$。

任务实施

一、选择链轮齿数 z_1、z_2 和确定传动比 i

根据表 3.3.5，初分配链传动比为 3.14，选小链轮齿数 $z_1=25$，则大链轮齿数 $z_2=iz_1=3.14\times25=78.5$，取 $z_2=79$。

二、计算当量的单排链的计算功率 P_c

根据原始数据首列方案计算可得链传递功率 $P=5.23\text{kW}$

原动机为电动机，工作时有中等冲击，查表 5.2.6 得 $K_A=1.4$

根据小链轮齿数 $z_1=25$，查图 5.2.17 得 $K_z=1.02$

为使结构紧凑，选用单排链，则查表 5.2.7 得 $K_m=1$

$$P_c=\frac{K_A K_z}{K_m}P=\frac{1.4\times1.02}{1}\times5.23=7.47\mathrm{kW}$$

三、选择链条型号并确定节距

根据原始数据首列方案计算可得小链轮转速 $n_1=200\mathrm{r/min}$，根据计算功率 11.72kW 和小链轮转速 200r/min，在图 5.2.16 中找到坐标点，从而确定应选择的链条型号 20A 和节距 31.75mm。

四、计算链节数和中心距

初选中心距 $a_0=40p$，按下式计算链节数 L_{p0}

$$L_{p0}=2\frac{a_0}{p}+\frac{z_1+z_2}{2}+\left(\frac{z_2-z_1}{2\pi}\right)^2\frac{p}{a_0}=2\times40+\frac{25+79}{2}+\left(\frac{79-25}{2\pi}\right)^2\frac{1}{40}=133.84$$

取链节数 L_p 为 134。

根据 L_p 计算理论中心距 a

$$a=\frac{p}{4}\left[\left(L_p-\frac{z_1+z_2}{2}\right)+\sqrt{\left(L_p-\frac{z_1+z_2}{2}\right)^2+8\left(\frac{z_2-z_1}{2\pi}\right)^2}\right]$$

$$=\frac{31.75}{4}\times\left[\left(134-\frac{25+79}{2}\right)+\sqrt{\left(134-\frac{25+79}{2}\right)^2+8\left(\frac{79-25}{2\pi}\right)^2}\right]=1329.7\mathrm{mm}$$

中心距设计成可调，则实际中心距 a'

$$a'=a-\Delta a=1329.7-(0.002\sim0.004)\times1329.7=1329.7-0.003\times1329.7$$

$$=1325.7\mathrm{mm}$$

五、计算链速，确定润滑方式

平均链速

$$v=\frac{z_1 n_1 p}{60\times1000}=\frac{z_2 n_2 p}{60\times1000}=\frac{25\times200\times31.75}{60\times1000}=2.64\mathrm{m/s}$$

链速 $v<15\mathrm{m/s}$，满足要求。

根据链速 v，由图 5.2.12 选择润滑方式为油浴式飞溅润滑。

六、计算链传动作用在轴上的压轴力 F_P

水平传动

$$F_P\approx K_{FP}F_e=1000K_{FP}\frac{P}{v}=1000\times1.15\times\frac{5.23}{2.64}=2278.2\mathrm{N}$$

七、链轮结构设计（略）

课后思考

试比较七种方案中的链传动设计的异同，并说明规律。

知识拓展

选择如图 5.2.1 所示某带式输送机的传动方案中的电机，并完成运动和动力参数分配(以表 5.2.1 原始数据首列为例)。

(一)原动机的选择

由于电力供应的普遍性，且电动机具有结构简单、价格便宜、效率高、控制和使用方便等优点，所以本方案中原动机选择电动机。

1. 选择电动机类型和结构形式

减速器在常温下连续工作，载荷较平稳，空载启动，故选用一般用途适用的 Y 型全封闭自扇冷式笼型三相异步电动机，电源电压为 380V，结构形式为卧式电动机。

2. 确定电机功率

根据已知条件，工作机所需要的有效功率为

$$P_w=\frac{Fv}{1000}=\frac{2500\times1.5}{1000}=3.75(\mathrm{kW})$$

电动机所需的功率 P_d 为

$$P_d=\frac{P_w}{\eta}(\mathrm{kW})$$

式中 η 为传动系统的总效率，在本方案中按下式计算：

$$\eta=\eta_{\mathrm{I\,II}}\times\eta_{\mathrm{II\,III}}\times\eta_{\mathrm{III\,IV}}\times\eta_{\mathrm{IV}W}$$

其中：$\eta_{\mathrm{I\,II}}=\eta_{联轴器}$；$\eta_{\mathrm{II\,III}}=\eta_{轴承}\eta_{闭式齿轮}$；$\eta_{\mathrm{III\,IV}}=\eta_{轴承}\eta_{链}$；$\eta_{\mathrm{IV}W}=\eta_{轴承}\eta_{滚筒}$

因此，设闭式齿轮精度为 8 级，轴承选择滚动轴承，查表 3.3.4 得

$$\eta=\eta_{\mathrm{I\,II}}\times\eta_{\mathrm{II\,III}}\times\eta_{\mathrm{III\,IV}}\times\eta_{\mathrm{IV}W}=\eta_{联轴器}\eta_{轴承}\eta_{闭式齿轮}\eta_{轴承}\eta_{链}\eta_{轴承}\eta_{滚筒}$$
$$=0.99\times0.99\times0.97\times0.99\times0.96\times0.99\times0.96=0.8587$$

因此，电动机所需的功率 P_d 为

$$P_d=\frac{P_w}{\eta}=\frac{3.75}{0.8587}=4.367(\mathrm{kW})$$

由表 3.3.2 可知，满足 $P_{ed}\geqslant P_d$ 条件的 Y 系列三相交流异步电动机额定功率 P_{ed} 应取为 5.5kW。

3. 电机转速的选择

根据已知条件，可得输送机滚筒的工作转速 $n_w=\frac{60000v}{\pi d}=\frac{60000\times1.5}{450\pi}=63.66\mathrm{r/min}$

按表 3.3.5 推荐的传动比合理范围，圆柱齿轮传动比范围 3～6，链传动传动比范围 2～5，则总传动比范围 6～30，因此电机转速的可选范围为(6～30)×63.66=381.96～1909.86r/min。查表 3.3.2 符合这一范围的同步转速有 750r/min、1000r/min 和 1500r/min 三种，可查得三种方案，见表 5.2.9。

表 5.2.9　电动机参数

方案	电动机型号	额定功率/kW	电动机转速(r/min)	
			同步转速	满载转速
1	Y132S－4	5.5	1500	1440
2	Y132M2－6	5.5	1000	960
3	Y160M2－8	5.5	750	720

同一类型、同一功率的三相异步交流电动机，有几种不同的同步转速。同步转速低的电动机，磁极数多，其外廓尺寸及重量大，价格高；而同步转速高的电动机，磁极数少，尺寸和质量小，价格低。综合考虑减轻电动机及传动系统的质量以及成本，选用方案 2。因此选定电动机型号为 Y132M2-6，其主要性能见表 5.2.10。

表 5.2.10　132M2-6 电动机主要性能

电动机型号	额定功率/kW	同步转速(r/min)	满载转速(r/min)	$\frac{\text{堵转转矩}}{\text{额定转矩}}$	$\frac{\text{最大转矩}}{\text{额定转矩}}$
132M2-6	5.5	1000	970	2.0	2.0

132M2-6 电动机主要外形和安装尺寸见表 5.2.11。

表 5.2.11　132M2-6 电动机主要外形和安装尺寸

中心高 H	外形尺寸 $L\times(AC/2+AD)\times HD$	安装尺寸 $A\times B$	轴伸尺寸 $D\times E$	平键尺寸 $F\times G$
132	515×345×315	216×178	38×80	10×33

(二)各级传动比的分配

1. 传动系统的总传动比

$$i=\frac{n_m}{n_w}=\frac{960}{63.66}=15.08$$

2. 分配传动系统传动比

就本方案而言

$$i=i_{闭}i_{链}$$

由表 3.3.5 可知，齿轮传动比范围 3～6，初步取 $i_{闭}=4.8$，则

$$i_{链}=\frac{i}{i_{闭}}=\frac{15.08}{4.8}=3.14$$

(三)传动系统的运动和动力参数计算

1. 各轴的输入功率

电动机轴 $P_{\mathrm{I}}=P_{ed}=5.5\mathrm{kW}$

Ⅱ轴 $P_{\mathrm{II}}=P_{\mathrm{I}}\eta_{\mathrm{I\,II}}=5.5\times0.99=5.445\mathrm{kW}$

Ⅲ轴 $P_{Ⅲ}=P_{Ⅱ}\eta_{ⅡⅢ}=5.445\times0.99\times0.97=5.23\text{kW}$

Ⅳ轴 $P_{Ⅳ}=P_{Ⅲ}\eta_{ⅢⅣ}=5.23\times0.99\times0.96=4.97\text{kW}$

2. 各轴的转速

电动机轴 $n_{Ⅰ}=n_m=960\text{r/min}$

Ⅱ轴 $n_{Ⅱ}=\dfrac{n_{Ⅰ}}{i_{ⅠⅡ}}=\dfrac{960}{1}=960\text{r/min}$

Ⅲ轴 $n_{Ⅲ}=\dfrac{n_{Ⅱ}}{i_{ⅡⅢ}}=\dfrac{960}{i_{闭}}=\dfrac{960}{4.8}=200\text{r/min}$

Ⅳ轴 $n_{Ⅳ}=n_{Ⅲ}/i_{ⅢⅣ}=\dfrac{200}{3.14}=63.69\text{r/min}$

3. 各轴的转矩

电动机轴 $T_{Ⅰ}=9550\dfrac{P_{Ⅰ}}{n_{Ⅰ}}=9550\dfrac{5.5}{960}=54.71\text{N}\cdot\text{m}$

Ⅱ轴 $T_{Ⅱ}=9550\dfrac{P_{Ⅱ}}{n_{Ⅱ}}=9550\dfrac{5.445}{960}=54.17\text{N}\cdot\text{m}$

Ⅲ轴 $T_{Ⅲ}=9550\dfrac{P_{Ⅲ}}{n_{Ⅲ}}=9550\dfrac{5.23}{200}=249.73\text{N}\cdot\text{m}$

Ⅳ轴 $T_{Ⅳ}=9550\dfrac{P_{Ⅳ}}{n_{Ⅳ}}=9550\dfrac{4.97}{63.69}=745.227\text{N}\cdot\text{m}$

将机械传动系统运动和动力参数的计算数值列于表 5.2.12 中。

表 5.2.12 机械传动系统运动和动力参数的计算数值

计算项目	Ⅰ轴(电动机轴)	Ⅱ轴	Ⅲ轴	Ⅳ轴
功率/kW	5.5	5.445	5.23	4.97
转速/(r/min)	960	960	200	63.69
转矩/(N·m)	54.71	54.17	249.73	745.227
传动比	1		4.8	3.14
效率	0.99		0.9603	0.9504

项目6 轴的支撑与联接选型

知识目标：

- 熟悉滚动轴承的结构、类型和代号；
- 掌握滚动轴承的失效形式和选用准则；
- 掌握滚动轴承的合理选用方法；
- 掌握滚动轴承的组合设计方法；
- 了解滑动轴承的结构和类型；
- 熟悉联轴器的类型和特点；
- 掌握联轴器的合理选用方法；
- 了解离合器的类型和特点。

技能目标：

- 能合理选用滚动轴承；
- 能完成滚动轴承的组合设计；
- 能合理选用联轴器。

素质目标：

- 培养爱岗敬业、实事求是、勇于创新的工作作风；
- 培养精益求精、质量第一的做事态度；
- 具备良好的表达和沟通能力。

任务一　带式输送机传动系统中的滚动轴承选型

任务布置

轴承的功能是支撑轴及轴上零件，使其回转并保持一定的旋转精度，减少相对回转零件间的摩擦和磨损。合理地选择和使用轴承对提高机械的实用性、延长寿命都起到重要作用。

根据轴承中摩擦性质的不同，可把轴承分为滑动摩擦轴承（简称滑动轴承）和滚动摩擦轴承（简称滚动轴承）。滚动轴承由于摩擦系数小，起动阻力小，而且已经标准化，选用、润滑、维护都很方便，因此在一般机器中应用较广。但是在高速、高精度、重载、结构上要求剖分、低速有冲击等场合，滑动轴承就显示出其优异性能，例如在汽轮机、离心式压缩机、内燃机、大型电机和水泥搅拌机中的轴承，多为滑动轴承。

图 3.3.1 所示，某带式输送机采用单级圆柱齿轮减速器和开式齿轮两级减速传动。带式输送机在常温下连续工作，单向运转；空载启动，工作载荷较平稳；两班制（每班工作 8h），要求减速器设计寿命为 8 年，大修期为 3 年，中批量生产；输送带工作速度 v 的允许误差为±5%，三相交流电源的电压为 380/220V。设输送带最大有效拉力为 F(N)，输送带工作速度 v(m/s)，卷筒直径 D(mm)，其具体数值见表 3.3.1。

试合理选择该方案中的Ⅱ轴的轴承。（以原始数据首列为例）。

任务准备

一、滚动轴承的结构、类型和代号

（一）滚动轴承的结构

如图 6.1.1 所示，滚动轴承一般由外圈 1、滚动体 2、内圈 3 和保持架 4 组成。内圈装在轴上，外圈与基座或零件的轴承孔相配合。内、外圈上有滚道，通常内圈随轴颈旋转，外圈固定，也可用于外圈旋转，内圈固定，或是内外圈同时旋转。当内、外圈相对旋转时，滚动体将沿着滚道滚动。保持架的作用是把滚动体均匀隔开，互不接触，以减小滚动体之间的摩擦和磨损。从减小径向尺寸，便于实施密封或易于装配等方面考虑，有些滚动轴承没有内圈或外圈，或既无内圈又无外圈，或无保持架。有些滚动轴承设有密封圈、防尘盖或锥形紧定套等元件。

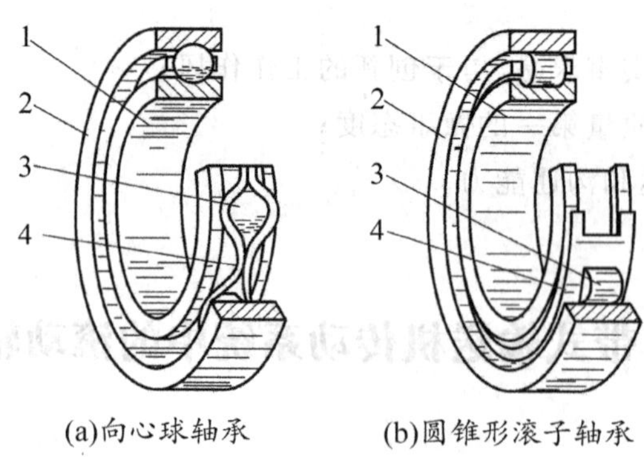

(a)向心球轴承　(b)圆锥形滚子轴承

图 6.1.1　滚动轴承的结构

1—外圈；2—滚动体；3—内圈；4—保持架

(二)滚动轴承的类型

滚动轴承通常按滚动体的形状和其承受载荷的方向(或公称接触角)分类。

常用的滚动体形状如图 6.1.2 所示,按照滚动体形状,滚动轴承可分为球轴承和滚子轴承。滚子轴承的滚动体与套圈滚道为线接触,球轴承的滚动体与套圈滚道为点接触,因此,在相同直径下,滚子轴承比球轴承承载能力大。

(a)球

(b)圆柱滚子

(c)圆锥滚子

(d)球面滚子

(e)非对称球面滚子

(f)滚针

图 6.1.2　常用的滚动体形状

按所能承受的负荷方向或公称接触角 α 的不同,滚动轴承可分为向心轴承和推力轴承两大类。如图 6.1.3 所示。公称接触角 α 是指滚动体与外圈接触处的法线与垂直于轴承轴心线的平面之间的夹角,简称接触角。接触角是滚动轴承的一个主要参数,轴承的受力分析和承载能力等都与接触角有关。接触角越大,承受轴向载荷的能力也越大。向心轴承,主要承受径向载荷,其公称接触角 $0\leqslant\alpha\leqslant45°$;推力轴承,主要承受轴向载荷,其公称接触角 $45°<\alpha\leqslant90°$。

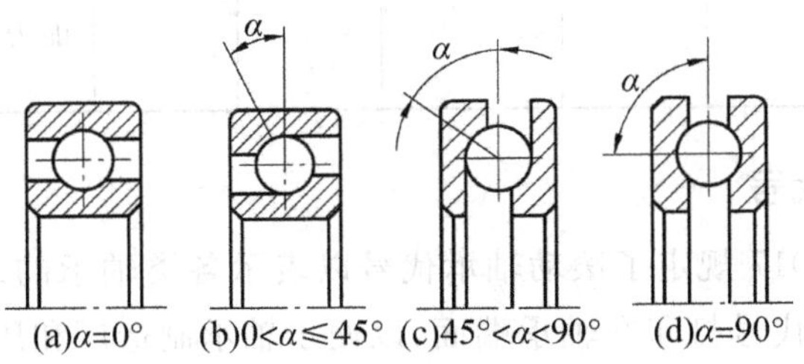

图 6.1.3　滚动轴承的类型

我国机械工业中常用滚动轴承的类型和特性见表 6.1.1。

表 6.1.1　常用滚动轴承的类型和性能特点

轴承名称	简图	类型代号	基本额定动载荷比	极限转速比	轴向承载能力	性能和特点
调心球轴承	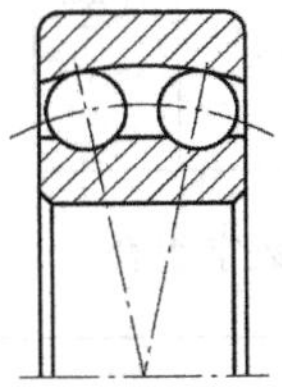	10000	0.6～0.9	中	少量	主要承受径向载荷,也可同时承受少量的双向轴向载荷。外团滚道为球面,具有自动调心性能,适用于弯曲刚度小的轴

续表

轴承名称	简图	类型代号	基本额定动载荷比	极限转速比	轴向承载能力	性能和特点
调心滚子轴承		20000	1.8～4	低	少量	用于承受径向载荷，其承载能力比调心球轴承大，也能承受少量的双向轴向载荷。具有调心性能，适用于弯曲刚度小的轴
圆锥滚子轴承		30000	1.5～2.5	中	较大	能承受径向载荷和轴向载荷。内外团可分离，故轴承游隙可在安装时调整，通常成对使用，对称安装
双列深沟球轴承		40000	1.6～2.2	中	少量	主要承受径向载荷，也能承受一定的双向轴向载荷。它比深沟球轴承具有更大的承载能力

(三)滚动轴承的代号

国标 GB/T 272-2017 规定了滚动轴承代号以表示各类轴承的结构、尺寸、公差等级、技术性能等特征，并将代号打印在轴承端面，以便于轴承制造厂和用户之间交流。轴承代号由基本代号、前置代号和后置代号三部分构成，其意义如表 6.1.2 所示。

表 6.1.2 滚动轴承代号的意义

前置代号	基本代号				后置代号							
轴承分部件代号	类型代号	尺寸系列代号		内径代号	内部结构代号	密封与防尘结构代号	保持架及其材料代号	特殊轴承材料代号	公差等级代号	游隙代号	多轴承配置代号	其他代号
		宽度系列代号	直径系列代号									
字母	字母或字母	数字	数字	两位数字	字母、或字母加数字组合							

1. 基本代号

基本代号是核心内容，表示滚动轴承的类型、结构和尺寸。基本代号由轴承的类型代号(表 6.1.1)、内径代号(表 6.1.3)和尺寸系列代号(表 6.1.4)组成。

表 6.1.3　轴承内径代号

内径代号	00	01	02	03	04～99
轴承内径 d/mm	10	12	15	17	数字×5

注：内径为 22、28、32 及≥500 的轴承，代号直接用内径毫米数表示，并用“/”与其他代号分开。如深沟球轴承 62/28，表示轴承内径 d=28mm。

表 6.1.4　轴承尺寸系列代号

宽(高)度系列代号											直径系列代号
向心轴承							推力轴承				
窄 0	正常 1	宽 2	特宽 3	特宽 4	特宽 5	特宽 6	特低 7	低 9	正常 1	正常 2	
尺寸系列代号											
	17		37								超特轻 7
08	18	28	38	48	58	68					超轻 8
09	19	29	39	49	59	69					超轻 9
00	10	20	30	40	50	60	70	90	10		特轻 0
01	11	21	31	41	51	61	71	91	11		特轻 1
02	12	22	32	42	52	62	72	92	12	22	轻 2
03	13	23	33			63	73	93	13	23	中 3
04		24	34				74	94	14	24	重 4
								95			特重 5

尺寸系列代号由直径系列代号和宽(推力轴承指高)度系列代号组合而成。直径系列代号表示内径相同的同类轴承有几种不同的外径和宽度，宽度系列代号表示内径和外径相同的同类轴承宽度的变化。常用直径系列代号是 1、2、3、4，分别表示特轻、轻、中、重直径系列，其尺寸对比如图 6.1.4 所示。

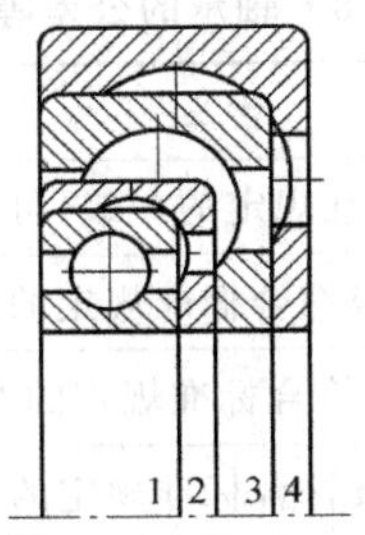

图 6.1.4　直径系列代号

2. 前置代号

前置代号代表轴承组件，用字母表示。代号及含义见表 6.1.5。

表 6.1.5 滚动轴承前置代号

代号	含义	示例	代号	含义	示例
L	可分离轴承的可分离内圈或外圈	LNU207 LN207	K	滚子和保持架组件	K81107
R	不带可分离内圈或外圈的轴承(滚针轴承仅适用于 NA 型)	RNU207 RNA6904	WS	推力圆柱滚子轴承轴圈	WS81107
			GS	推力圆柱滚子轴承座圈	GS81107

3. 后置代号

后置代号用字母(或数字)表示。共八组,其顺序和含义见表 6.1.6。

表 6.1.6 轴承后置代号

1	2	3	4	5	6	7	8
内部结构	密封与防尘套圈变型	保持架及其材料	轴承材料	公差等级	游隙	配置	其他

下面举例说明轴承较具代表性的后置代号。例如轴承内部结构代号见表 6.1.7;轴承的公差等级代号见表 6.1.8。

表 6.1.7 滚动轴承内部结构常用代号

代号	含义	示例
C	角接触球轴承公称接触角 $\alpha=15°$ 调心滚子轴承 C 型	7005C 23122C
AC	角接触球轴承公称接触角 $\alpha=25°$	7210AC
B	角接触球轴承公称接触角 $\alpha=40°$ 圆锥滚子轴承接触角加大	7210B 32310B
E	加强型	N207E

表 6.1.8 轴承的公差等级代号

代号	含义	示例
/P0	公差等级符合标准规定的 0 级(可省略不标注)	6210
/P6	公差等级符合标准规定的 6 级	6210/P6
/P6X	公差等级符合标准规定的 6X 级	6210/P6X
/P5	公差等级符合标准规定的 5 级	6210/P5
/P4	公差等级符合标准规定的 4 级	6210/P4
/P2	公差等级符合标准规定的 2 级	6210/P2

二、滚动轴承的失效形式和选用准则

(一)滚动轴承的失效形式

滚动轴承工作时内、外圈间有相对运动,滚动体既自转又围绕轴承中心公转,所以滚动体和套圈分别受到不同的脉动接触应力作用。根据工作情况,滚动轴承的失效形式主要有以下几种:

1. 疲劳点蚀

滚动轴承受载荷后各滚动体的受力大小不同。对于回转的轴承,滚动体与套圈间产生变化的接触应力,此变应力可近似看作载荷按脉动循环变化。由于脉动接触应力的作用,工作若干时间后,首先在滚动体或滚道的表面下一定深度处产生疲劳裂纹,继而扩展到接触表面,出现点蚀现象。有时由于安装不当,轴承局部受载荷较大,更促使点蚀早期发生。

2. 塑性变形

当轴承转速很低或间歇摆动时,一般不会产生疲劳损坏。但是在很大静载荷或冲击载荷作用下,滚动体和套圈滚道可能产生塑性变形,出现凹坑,由此导致摩擦阻力增大、运动精度降低,使轴承产生剧烈的震动和噪声,不能正常工作。为防止塑性变形,需要对轴承进行强度计算。

3. 其他失效形式

轴承在多尘或密封不可靠、润滑不良的条件下工作时,滚动体与套圈之间有可能产生磨粒磨损。当轴承在高速重载运转时还会产生胶合失效。此外,由于配合不当、拆装不合理等非正常原因,轴承的内、外圈也可能会发生破裂,应在使用时充分注意。

(二)滚动轴承的选用准则

选用轴承,需要针对轴承的主要失效形式进行计算。其选用准则为:

1. 一般转速的轴承

对于一般转速的轴承,若轴承的制造、保管、安装和使用等条件均良好时,轴承的主要失效形式为疲劳点蚀,因此,应以疲劳强度计算为依据进行轴承的寿命计算。

2. 高速轴承

对于高速轴承,除点蚀外,其工作表面的过热导致轴承失效也是一种重要的失效形式,所以除了进行寿命计算外,还应校验其极限转速。

3. 低速轴承

对于低速轴承,可以近似地认为轴承各元件是在静应力作用下工作,其失效形式为塑性变形,应进行以不发生塑性变形为准则的静强度计算。

三、滚动轴承的合理选用

(一)滚动轴承类型的选择

选择滚动轴承时,首先选择轴承类型。选择轴承类型时应考虑的因素很多,具体选择时主要考虑以下几个方面。

1. 载荷条件

轴承所受载荷的大小、方向，是选择轴承类型的主要依据。

根据载荷的大小选择轴承类型时，由于滚子轴承中主要元件间是线接触，宜用于承受较大的载荷。而球轴承中则主要为点接触，宜用于承受较轻的或中等的载荷。

从载荷方向考虑，当轴承承受纯径向载荷时，可选用向心轴承中的径向接触轴承；受纯轴向载荷时，可选用推力轴承；当径向载荷和轴向载荷都比较大时，宜选用角接触轴承。

2. 转速条件

在一般转速下，转速的高低对类型的选择不发生什么影响，只有在转速较高时，才会有比较显著的影响。一般球轴承的极限转速高于滚子轴承，因此，转速较高、载荷较小，宜选用较小直径的球轴承；转速较低、载荷较大，可采用滚子轴承。当轴承承受的径向和轴向载荷都较大时，若转速较高，宜选用角接触球轴承；若转速不高，宜选用圆锥滚子轴承。

3. 调心要求

轴承内外圈轴线间的偏斜角应控制在极限值之内，否则会增加轴承的附加载荷而使其寿命降低。当偏斜角较大时，可选用调心轴承。滚子轴承对轴承的偏斜最为敏感，这类轴承在偏斜状态下的承载能力可能低于球轴承。因此，在轴的刚度和轴承座孔的支承刚度较低时，或有较大偏转力矩作用时，应尽量避免使用滚子轴承。

4. 刚性要求

在有些机械中，如机床的主轴，轴承刚性对主轴精度的影响较大。因此，当支撑刚性要求较高时，可选用刚性好的圆柱滚子轴承或圆锥滚子轴承。

5. 安装、调整要求

在轴承座没有剖分面而必须沿轴向安装和拆卸轴承部件时，为便于安装、拆卸和调整轴承间隙，常选用外圈可分离轴承。当轴承在长轴上安装时，为了便于装拆，可以选用其内圈孔为 1∶12 的圆锥孔的轴承。

6. 经济性要求

在保证轴承工作性能要求的前提下，尽可能降低成本。一般球轴承比滚子轴承便宜，向心轴承比向心推力轴承便宜。同型号的滚动轴承，精度越高，价格越贵。在相同精度的轴承中，调心轴承的价格最高，而深沟球轴承价格最低。

(二)滚动轴承尺寸的选择

选定轴承类型后，要对尺寸进行选择确定。尺寸选择包括确定轴承内径、直径系列和宽度系列。轴承内径根据轴直径选取。对于直径系列，载荷很小时，可以选择超轻或特轻系列；一般情况下可选用轻系列或中系列；载荷很大时，可以选用重系列。对于宽度系列，一般情况下可以选用正常系列。

初选尺寸后，要针对其主要失效形式根据相应的轴承选用准则，进行必要的计算。

1. 一般转速的滚动轴承(寿命计算)

如前“滚动轴承的失效形式和设计准则”所述，一般转速的轴承，应以疲劳强度计算为依据进行轴承的寿命计算。

（1）基本额定寿命

轴承寿命是指轴承中任一元件上首次出现疲劳点蚀前的总转数或工作小时数。轴承的寿命不能以同一批次试验轴承中的最长寿命或最短寿命为标准，前者过于不安全，后者过于保守。

为保证轴承工作的可靠性，在标准中规定以基本额定寿命作为计算依据。基本额定寿命是指一组在相同条件下运转的近于相同的轴承，将其可靠度为90%时的寿命，即一组轴承中10%的轴承发生点蚀破坏，而90%的轴承不发生点蚀破坏前的转数（以10^6转为单位）或工作小时数，以L_{10}表示。

额定寿命的计算与温度、转速、轴承类型、基本额定动载荷和当量动载荷有关。

（2）基本额定动载荷

所谓轴承的基本额定动载荷，就是使轴承的基本额定寿命恰好是10^6转时，轴承所能承受的载荷，用字母C代表。轴承的基本额定动载荷表征轴承的承载特性，是在大量的实验研究的基础上，通过理论分析而得。C值越大，轴承抗疲劳点蚀的能力越强。基本额定动载荷，对向心轴承，指的是纯径向载荷，并称为径向基本额定动载荷，用C_r表示；对推力轴承，指的是纯轴向载荷，并称为轴向基本额定动载荷，用C_a表示；对角接触球轴承或圆锥滚子轴承，指的是使套圈间产生纯径向位移的载荷的径向分量。轴承的基本额定动载荷值可从轴承样本中查取。

（3）当量动载荷

轴承在许多应用场合，常常同时承受径向载荷和轴向载荷。因此，在进行轴承寿命计算时，需把实际载荷转换为与确定基本额定动载荷的载荷条件相一致的当量动载荷，用字母P代表。当量动载荷P的一般计算公式为

$$P=XF_r+YF_a \tag{6-1}$$

式中：X—径向动载荷系数，其值见表6.1.9；

Y—轴向动载荷系数，其值见表6.1.9；

F_r—径向载荷；

F_a—轴向载荷。

对于只承受纯径向载荷F_r的轴承

$$P=XF_r \tag{6-2}$$

对于只承受纯轴向载荷F_a的轴承

$$P=YF_a \tag{6-3}$$

表 6.1.9 径向动载荷系数 X 和轴向动载荷系数 Y

轴承类型		F_a/C_0	e	$F_a/F_r>e$		$F_a/F_r\leqslant e$	
				X	Y	X	Y
调心球轴承(10000 型)		—	Y_2	Y_1	0.65	1	1
圆锥滚子轴承(30000 型)		—	e	0.40	Y	1	0
深沟球轴承(60000 型)		0.014	0.19	0.56	2.30	1	0
		0.028	0.22		1.99		
		0.056	0.26		1.71		
		0.084	0.28		1.55		
		0.11	0.30		1.45		
		0.17	0.34		1.31		
		0.28	0.38		1.15		
		0.42	0.42		1.04		
		0.56	0.44		1.00		
角接触球轴承	$\alpha=15^\circ$(70000C 型)	0.015	0.38	0.44	1.47	1	0
		0.029	0.40		1.40		
		0.058	0.43		1.30		
		0.087	0.46		1.23		
		0.12	0.47		1.19		
		0.17	0.50		1.12		
		0.29	0.55		1.02		
		0.44	0.56		1.00		
		0.58	0.56		1.00		
	$\alpha=25^\circ$(70000AC 型)		0.68	0.41	0.87	1	0
	$\alpha=40^\circ$(70000B 型)		1.14	0.35	0.57	1	0

按式(6-1)～(6-3)求得的当量动载荷仅为一理论值。实际上，在许多支承中还会出现一些附加载荷，如冲击力、轴承座变形产生的附加力等等，这些因素很难从理论上精确计算。为了考虑这些影响，对当量动载荷乘以根据经验而定的载荷系数 f_p，见表 6.1.10。故实际计算时，轴承的当量动载荷应为

$$P=f_p(XF_r+YF_a) \tag{6-4}$$

$$P=f_pXF_r \tag{6-5}$$

$$P=f_pYF_a \tag{6-6}$$

表 6.1.10 载荷系数 f_p

载荷性质	f_p	举例
尤冲击或轻微冲击	1.0—1.2	电机、汽轮机、通风机、水泵
中等冲击	1.2—1.8	车辆、机床、起重机、冶金设备、内燃机
强大冲击	1.8—3.0	破碎机、轧钢机、石油钻井、振动筛

(4)滚动轴承的寿命计算

滚动轴承所承受载荷与寿命的关系可在大量实验研究基础上得出，例如图 6.1.5 表示轴承的载荷一寿命曲线。

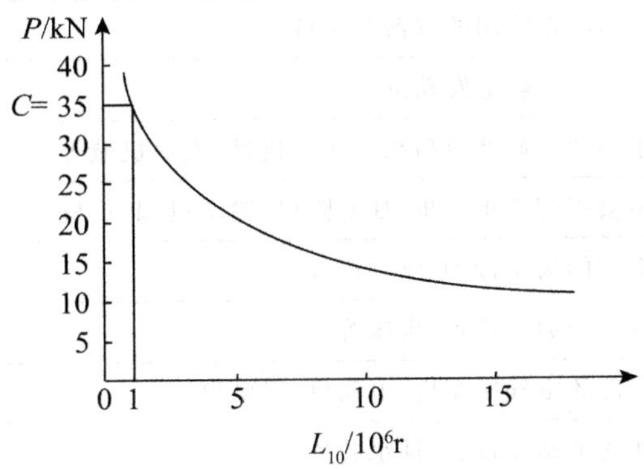

图 6.1.5　轴承的载荷—寿命曲线

其他型号的轴承，也有与上述曲线的函数规律完全一样的载荷一寿命曲线。曲线的公式表示为

$$P^{\varepsilon}L_{10}=\text{常数} \tag{6-7}$$

式中：P—当量动载荷(N)；

L_{10}—基本额定寿命($10^6 r$)；

ε—寿命指数，球轴承取 $\varepsilon=3$；滚子轴承取 $\varepsilon=10/3$。

当轴承的基本额定寿命 $L_{10}=1\times10^6 r$，可靠度为 90%时，该轴承能承受的载荷就是基本额定动载荷 C，因此可得轴承的寿命计算公式为

$$P^{\varepsilon}L_{10}=C^{\varepsilon} \tag{6-8}$$

则

$$L_{10}=\left(\frac{C}{P}\right)^{\varepsilon} \tag{6-9}$$

实际计算时，用小时数 L_h 表示比较方便，设轴承的转速为 n(r/min)，则有

$$L_h=\frac{10^6}{60n}\left(\frac{C}{P}\right)^{\varepsilon}\geqslant[L_h] \tag{6-10}$$

式中：$[L_h]$—轴承的预期寿命，一般可将机器的中修或大修年限作为轴承的预期寿命，表 6.1.11 可供参考。

在较高温度下工作的轴承(例如高于 120℃)，应该采用较高温度回火处理或特殊材料制造的轴承。由于在轴承样本中列出的基本额定动载荷值是对一般轴承而言的，因此，如果要将该数值用于高温轴承，需乘以温度系数 f_t(表 6.1.12)，即

$$L_{10}=\left(\frac{f_tC}{P}\right)^{\varepsilon} \tag{6-11}$$

$$L_h=\frac{10^6}{60n}\left(\frac{f_tC}{P}\right)^{\varepsilon} \tag{6-12}$$

式中：f_t—温度系数。

表 6.1.11 轴承预期寿命$[L_h]$的荐用值

机器种类		预期寿命 L_h/h
不经常使用的仪器及设备		500
航空发动机		500～2000
间隙使用的机器	中断使用不致引起严重后果的手动机械、农业机械等	4000～8000
	中断使用会引起严重后果，如升降机、输送机、起重机等	8000～12000
每天工作 8h 的机器	利用率不高的齿轮传动、电动机等	12000～20000
	利用率较高的通风设备、机床等	20000～30000
连续工作 24h 的机器	一般可靠性的空气压缩机、电动机、水泵等	50000～60000
	高可靠性的电站设备、给排水装置等	>100000

表 6.1.12 温度系数 f_t

轴承工作温度/℃	≤120	125	150	175	200	225	250	300	350
温度系数 f_1	1	0.95	0.90	0.85	0.80	0.75	0.70	0.60	0.50

在轴承寿命计算的设计过程中，往往已知当量动载荷 P、转速 n 和轴承的预期寿命$[L_h]$，这时根据式(6-12)可求出轴承所需的基本额定动载荷 C'值，即

$$C'=\frac{P}{f_t}\left(\frac{n[L_h]}{16670}\right)^{\frac{1}{\varepsilon}} \tag{6-13}$$

式(6-12)和(6-13)分别为滚动轴承寿命计算的校核公式和设计公式。当轴承型号已定时，用式(6-12)校核轴承的寿命，要求 $L_h\geqslant[L_h]$；若轴承型号未定，用式(6-13)求出轴承所需的基本额定动载荷 C'值，再由该计算值查轴承标准来选择轴承型号，要求 $C'\leqslant C$。

2. 低速轴承(静强度计算)

如前“滚动轴承的失效形式和选用准则”所述，低速的轴承(低转速或缓慢摆动)，应以静强度计算为依据进行轴承的寿命计算。

(1)基本额定静载荷

基本额定静载荷是指内外圈之间相对转速为零时，受载最大的滚动体与滚道接触处的最大接触应力达到一个定值时轴承所受的载荷，用字母 C_0 表示。基本额定静载荷，对向心轴承，指的是纯径向载荷，并称为径向基本额定静载荷，用 C_{0r} 表示；对推力轴承，指的是纯轴向载荷，并称为轴向基本额定静载荷，用 C_{0a} 表示。各种型号轴承的基本额定静载荷 C_{0r} 或 C_{0a} 可由轴承标准查得。

(2)当量静载荷

当轴承同时承受径向和轴向载荷时，可将其折合成一个假想的当量静载荷 P_0，轴承在这个载荷作用下，滚动体和滚道接触处的最大接触应力与实际载荷作用下的相同。当

量静载荷 P_0 的一般计算公式为

$$P_0 = X_0 F_r + Y_0 F_a \tag{6-14}$$

式中：X_0—径向静载荷系数，其值见表 6.1.13；

Y_0—轴向静载荷系数，其值见表 6.1.13。

对于只承受纯径向载荷 F_r 的轴承

$$P_0 = X_0 F_r \tag{6-15}$$

对于只承受纯轴向载荷 F_a 的轴承

$$P_0 = Y_0 F_a \tag{6-16}$$

表 6.1.13　当量静载荷的 X_0、Y_0 系数

轴承类型	代号	单列轴承		双列轴承(或成对使用)	
		X_0	Y_0	X_0	Y_0
深沟球轴承	60000	0.6	0.5	0.6	0.5
角接触球轴承	70000C	0.5	0.46	1	0.92
	70000AC	0.5	0.38	1	0.76
	70000B	0.5	0.26	1	0.52
圆锥滚子轴承	30000	0.5	$Y_0$①	1	$Y_0$①

注：①根据轴承型号由手册查取。

(3)静强度计算

按静强度选择轴承的计算式为

$$C_0 \geqslant S_0 P_0 \tag{6-17}$$

式中：S_0—静强度安全系数，其值可查表 6.1.14；

C_0—基本额定静载荷，其值可查轴承标准。

表 6.1.14　静强度安全系数 S_0

轴承使用情况	使用要求、载荷性质和使用场合	S_0
旋转轴承	对旋转精度和平稳性要求较高，或承受很大的冲击载荷	1.2～2.5
	正常使用	0.8～1.2
	对旋转精度和平稳性要求较低，没有冲击振动	0.5～0.8
不旋转或摆动轴承	水坝闸门装置	≥1
	吊桥	≥1.5
	附加动载荷较小的大型起重机吊钩	≥1
	附加动载荷很大的小型装卸起重机吊钩	≥1.6
各种使用场合下的推力调心滚子轴承		≥2

四、滚动轴承的组合设计

为保证轴承在机器中正常工作，除合理选择轴承类型、尺寸外，还应正确进行轴承的组合设计，处理好轴承与其周围零件之间的关系，解决轴承的轴向位置固定、支承结构形式、与其他零件的配合、润滑密封等一系列问题。

（一）滚动轴承的轴向固定

为了保证轴和轴上零件的轴向位置并能承受轴向力，轴承内圈与轴之间以及外圈与轴承座孔之间，均应有可靠的轴向固定。内圈与轴固定方法见图 6.1.6。轴承外圈轴向固定常用结构参见表 6.1.15。

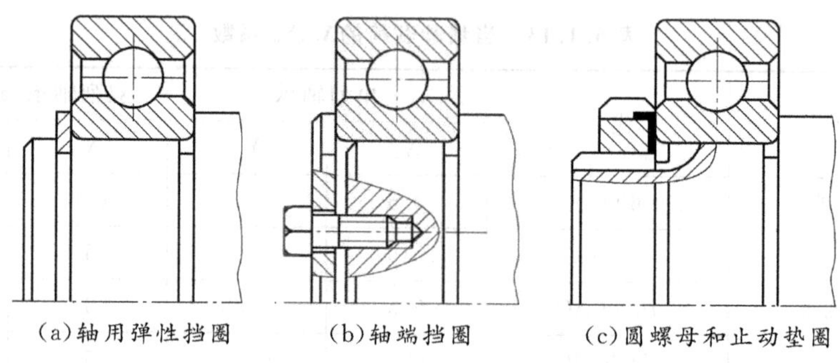

(a)轴用弹性挡圈　　(b)轴端挡圈　　(c)圆螺母和止动垫圈

图 6.1.6　内圈与轴固定方法

表 6.1.15　轴承外圈轴向固定方式

固定方式	简图	特点
轴承端盖固定		结构简单，可承受大的轴向载荷
弹性挡圈固定		轴承外圈右侧用轴承孔挡肩固定，也可承受大的轴向载荷，但孔的加工工艺性较差；左侧用孔用弹性挡圈固定，只能承受较小的轴向载荷
套杯与轴承端盖固定	套杯	结构简单，箱体可不通孔，易加工，用垫片可调整轴系的轴向位置，装配工艺性好。但增加了一个加工精度要求较高的套杯零件

(二)滚动轴承的支承结构形式

滚动轴承的支承结构有以下三种基本类型。

1. 双支点单向固定支承

这种支承结构如图 6.1.7 所示。每个轴承都靠轴肩和轴承盖作单项固定，两个轴承对称布置以防止轴的轴向窜动。这种支承结构简单，便于安装，是最常见的固定方式，适用于工作温度≤70℃、跨距较小(支点跨距≤400mm)的轴。

考虑到轴工作时受热膨胀，对于深沟球轴承安装时一侧轴承盖与轴承外圈之间应留有热补偿间隙，一般取间隙＝0.25～0.4mm。对于角接触轴承和圆锥滚子轴承，轴的热伸长量由轴承游隙补偿，一般还要在轴承盖和基座间加调整垫片(图 6.1.7(a))或用调整螺钉(图 6.1.7(b))，以便调整轴承的游隙和轴的轴向位置。

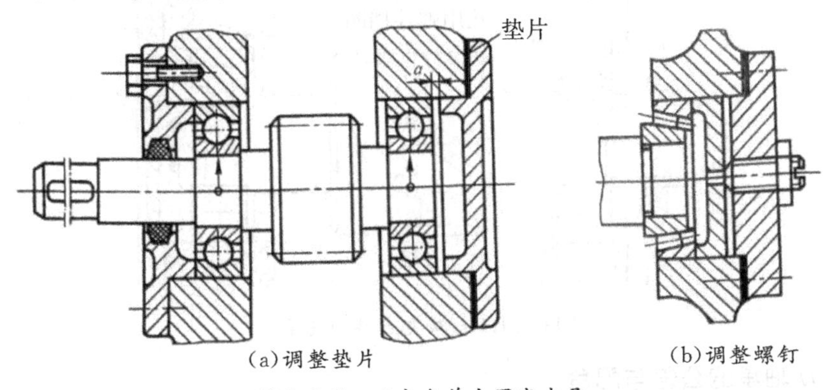

(a)调整垫片　　(b)调整螺钉

图 6.1.7　双支点单向固定支承

2. 一端双向固定一端游动支承

这种支承结构如图 6.1.8 所示。一个支承限制轴的双向轴向位移，称作固定支承；另一个支承可以沿轴向移动，称作游动支承。这种支承适用于跨距较大(支点跨距＞400mm)的长轴支承。

游动端有两种结构：一种结构(图 6.1.8(a))是外圈两侧均不固定，而内圈用弹性挡圈锁紧，轴承外圈和座孔间采用间隙配合；另一种结构(图 6.1.8(b))是游动端采用外圈无挡边的可分离型轴承，内外圈均需作双向固定。前者游动支承与轴承盖之间留有 3～8mm 间隙，当轴受热膨胀伸长时能在空中自由游动；后者当轴受热膨胀时，内圈连带滚动体沿外圈内表面游动。

3. 双支点游动支承

这种支承结构如图 6.1.9 所示。由于轮齿两侧螺旋角不易做到完全对称，为了防止轮齿卡死或两侧受力不均匀，应采用轴系能有左右微量轴向游动的结构。

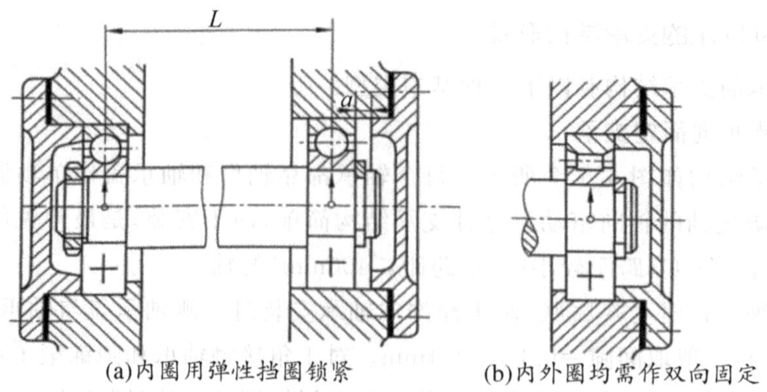

图 6.1.8 一端双向固定一端游动支承

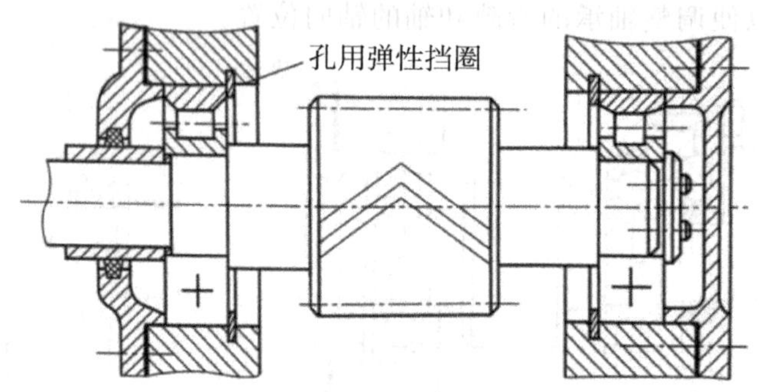

图 6.1.9 双支点游动支承

(三)滚动轴承的公差与配合

滚动轴承是标准件,轴承内圈与轴的配合采用基孔制,轴承外圈与轴承座孔的配合则采用基轴制。

选择配合时,应考虑载荷的方向、大小和性质,以及轴承类型、转速和使用条件等因素。当外载荷方向不变时,转动套圈应比固定套圈的配合紧一些。一般情况下是内圈随轴一起转动,外圈固定不动,故内圈与轴常取具有过盈的过渡配合,如轴的公差采用 k6、m6、n6、js6;外圈与座孔常取较松的过渡配合,如座孔的公差采用 H7、J7 或 JS7。当轴承做游动支承时,外圈与座孔应取保证有间隙的配合,如座孔的公差采用 G7、G8、G9。具体的选择可参考机械设计手册。

(四)滚动轴承的润滑和密封

润滑和密封,对滚动轴承的使用寿命具有重要意义。

润滑的主要目的是减小摩擦与磨损。滚动接触部位如能形成油膜,还有吸收振动、降低工作温度和噪声等作用。

密封的目的是防止灰尘、水分等进入轴承,并阻止润滑剂流失。

1.滚动轴承的润滑

(1)润滑剂的选择

常用的润滑剂有润滑脂和油润滑两种,根据轴承速度选择润滑剂。多数情况下,当滚

动轴承的速度因子 $d \cdot n \leqslant 1.6 \times 10^5 \mathrm{mm} \cdot \mathrm{r/min}$ 时（d 代表轴承内径；n 代表轴承套圈的转速），一般采用润滑脂润滑，润滑脂牌号可根据工作条件参考表6.1.16选择。当滚动轴承的速度因子 $d \cdot n > 1.6 \times 10^5 \mathrm{mm} \cdot \mathrm{r/min}$ 时，一般采用润滑油进行润滑。

（2）润滑方式

采用润滑脂润滑时，只需在装配时将润滑脂填入轴承室中，装脂量一般为轴承内部空间容积的1/3～1/2，以后每隔一定时期（通常每年1～2次）补充一次，添脂时可用旋盖式油杯或压力脂枪从压注油杯注入润滑脂。各种油杯尺寸如表6.1.16～表6.1.19所示。

当轴承采用润滑脂润滑时，为防止润滑脂向箱体内部流失，需要在面向箱体的轴承端面一侧设置封油盘。封油盘的尺寸结构和安装位置如图6.1.10所示。

表6.1.16　常用润滑脂的主要性能和用途

名称	牌号	针入度（25℃，150g）/（1/10mm）	滴点/C（≥）	主要用途
钙基润滑脂（GB/T 491—2008）	L-XAAMHA1	310～340	80	耐水性能好。适用于工作温度≤55～60℃的工业、农业和交通运输等机械设备的轴承润滑，特别适用于有水或潮湿的场合
	L-XAAMHA2	265～295	85	
	L-XAAMHA3	220～250	90	
	L-XAAMHA4	175～205	95	
钠基润滑脂（GB 492—1989）	L-XACMGA2	265～295	160	耐水性能差。适用于工作温度≤110℃的一般机械设备的轴承润滑
	L-XACMGA3	220～250	160	
钙钠基润滑脂[①]（SH/T 0362—1992）	ZGN-2	250～290	120	用于工作温度80～100℃、有水分或较潮湿环境中工作润滑，多用于铁路机车、小电动机、发电机的滚动轴承润滑，不适于低温工作
	ZGN-3	200～240	135	
滚珠轴承润滑脂[①]（SH/T 0386—1992）	ZGN69-2	250～290 −40℃时为30	120	用于各种机械的滚动轴承润滑
通用锂基润滑脂（GB/T 7324—2010）	ZL-1	310～340	170	用于工作温度−20～120℃范围内的各种机械滚动轴承、滑动轴承润滑
	ZL-2	265～295	175	
	ZL-3	220～250	180	
7407号齿轮润滑脂（SH/T 0469—1994）	—	75～90	160	用于各种低速齿轮、中或重裁齿轮、链和联轴器等的润滑，使用温度≤120℃，承受冲击载荷≤25000MPa

①此标准已作废，仅供参考。

表 6.1.17 直通式压注油杯 （单位：mm）

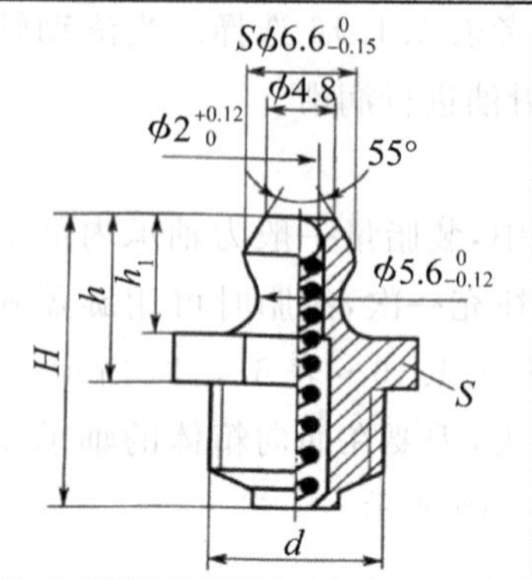

d	H	h	h_1	S	钢球（按 GB 308—2002）
M6	13	8	6	$8^{0}_{-0.22}$	3
M8×1	16	9	6.5	$10^{0}_{-0.22}$	
M10×1	18	10	7	$11^{0}_{-0.22}$	

标注示例　连接螺纹 M8×1、直通式压注油杯：油杯 M8×1 JB/T 7940.1—1995

表 6.1.18 压配式压注油杯 （单位：mm）

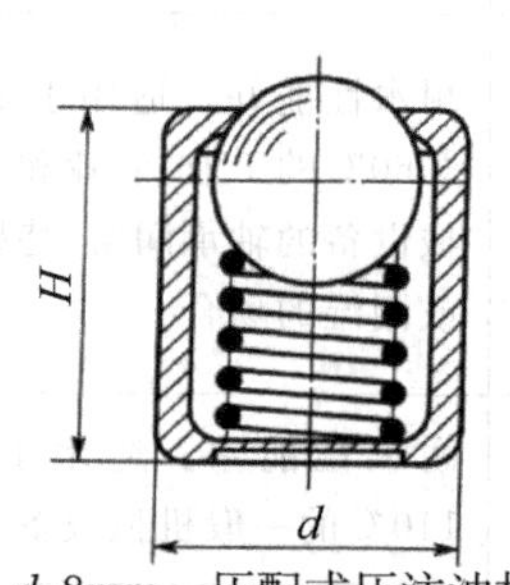

标注示例　d=8mm、压配式压注油杯：
油杯 8 JB/T 7940.4—1995

d 基本尺寸	d 极限偏差	H	钢球（按 GB 308—2002）
6	+0.040 +0.028	6	4
8	+0.049 +0.034	10	5
10	+0.058 +0.040	12	6
16	+0.063 +0.045	20	11

表 6.1.19 旋盖式油杯 （单位：mm）

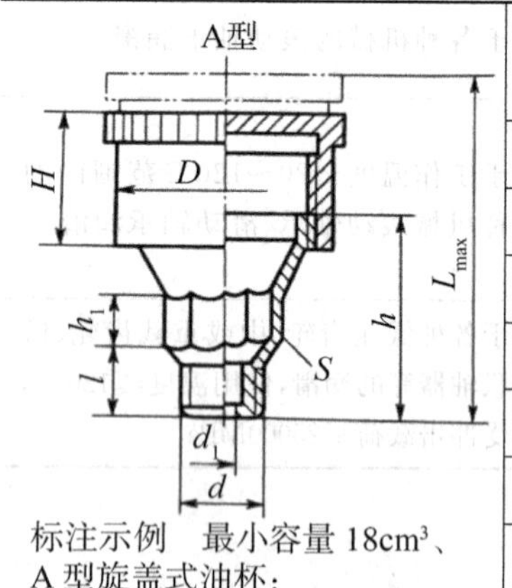

标注示例　最小容量 18cm³、
A 型旋盖式油杯：
油杯 A18 JB/T 7940.3—1995

最小容量/cm³	d	l	H	h	h_1	d_1	D	L_{max}	S
1.5	M8×1	8	14	22	7	3	16	33	$10^{0}_{-0.22}$
3	M10×1		15	23	8	4	20	35	$13^{0}_{-0.27}$
6			17	26			26	40	
12	M14×1.5	12	20	30	10	5	32	47	$18^{0}_{-0.27}$
18			22	32			36	50	
25			24	34			41	55	
50	M16×1.5		30	44			51	70	$21^{0}_{-0.38}$
100			38	52			68	85	

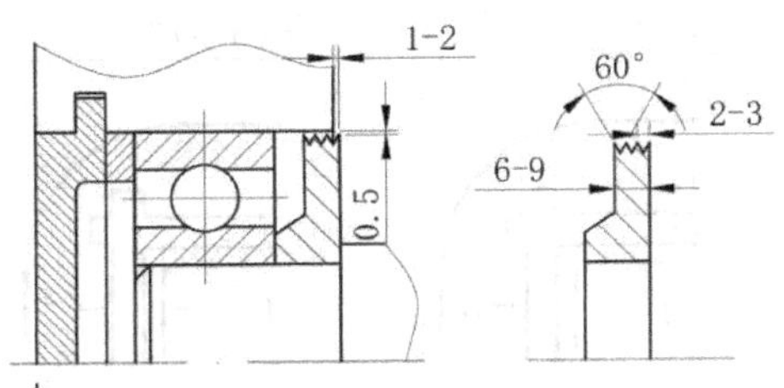

图 6.1.10　封油盘

采用润滑油润滑时，常见飞溅润滑(图 6.1.11)、刮板润滑(图 6.1.12)及油池润滑方式。例如减速器中的轴承润滑，当浸油齿轮的圆周速度 $v>2\sim3\mathrm{m/s}$ 时，即可采用飞溅润滑。飞溅的油，一部分直接溅入轴承，另一部分先溅到箱壁上，然后再顺着箱盖的内壁流入箱座的油沟中，沿油沟经轴承端盖上的缺口进入轴承(图 6.1.13)。输油沟的结构及尺寸见图 6.1.14。当 v 更高时，可不设置油沟，直接靠飞溅的油润滑轴承。当浸油齿轮的圆周速度 $v<2\mathrm{m/s}$ 且轴承又需利用箱体内的油进行润滑时，可采用刮板润滑，利用装在箱体内的刮板，将轮缘侧面上的油刮下，沿输油沟流向轴承。下置式蜗杆的轴承常浸在油池中润滑，此时油面不应高于轴承最下面滚动体的中心，以免搅油损失太大。

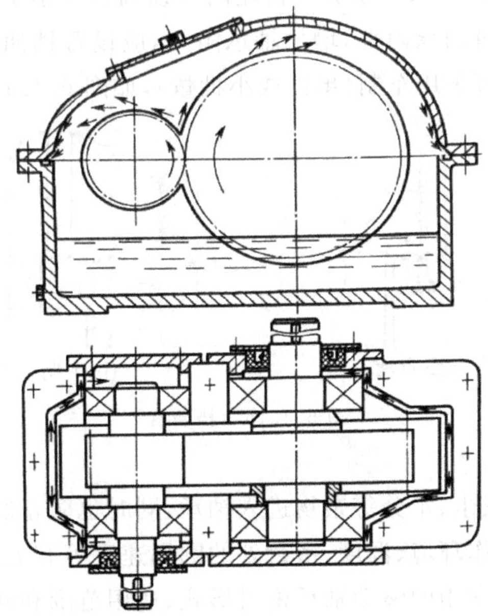

图 6.1.11　飞溅润滑

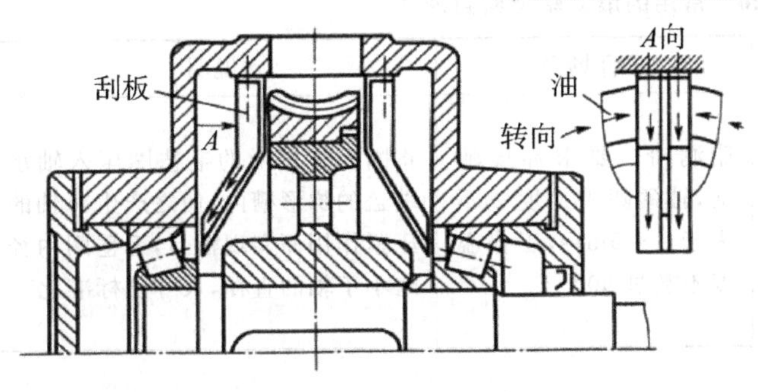

图 6.1.12　刮板润滑

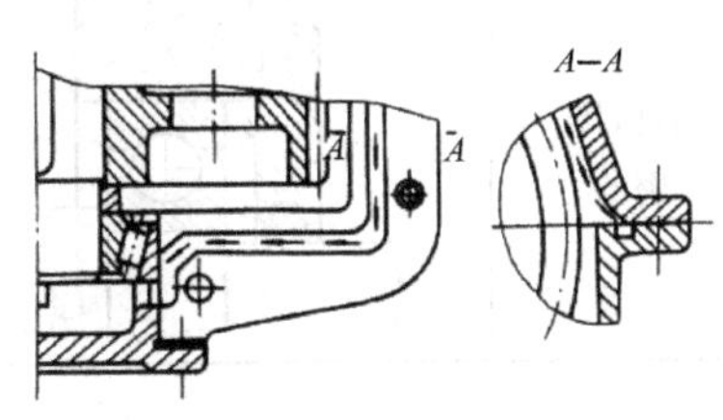

图 6.1.13　飞溅的油的流向

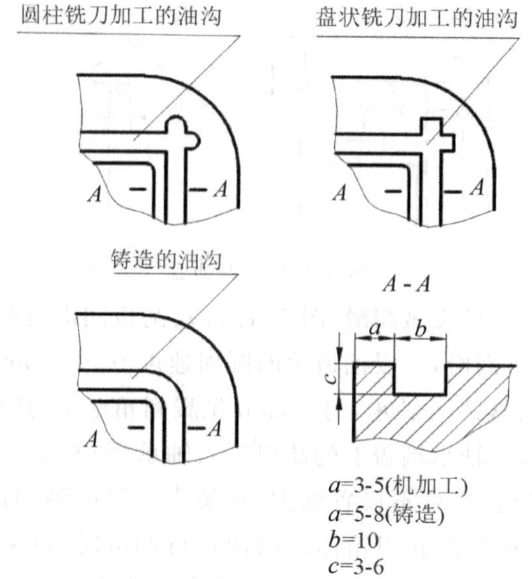

图 6.1.14　输油沟的结构及尺寸

当轴承采用油润滑时，如果轴承旁小齿轮的齿顶圆直径小于轴承外圈，为防止齿轮啮合时挤出的高压热油冲向轴承内部，增加轴承阻力，应设置挡油盘。挡油盘可冲压制造，如图 6.1.15(a)所示，也可采用车制(单件或小批量)，如图 6.1.15(b)所示。

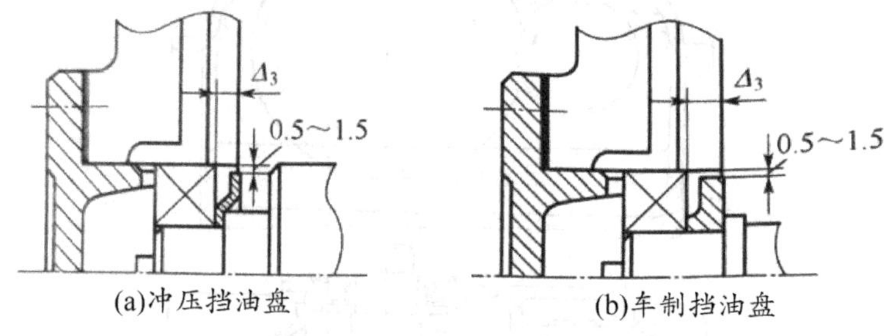

图 6.1.15　挡油盘

2. 滚动轴承的密封

轴承的密封是阻止灰尘、水分等杂物进入轴承，同时也防止润滑剂的流失。密封方法的选择与润滑剂种类、工作环境、温度、密封处的圆周速度等有关。密封方法分接触式、非接触式和组合式三大类，常用的滚动轴承密封形式、适用范围和性能见表 6.1.20。

表 6.1.20　常用的滚动轴承密封形式

密封方法	简图	适合场合	说明
毛毡圈密封		脂润滑。要求环境清洁，轴颈圆周速度 v 不大于 4～5m/s，工作温度不超过 90℃	将断面为矩形的毛毡圈压入轴承端盖的梯形槽内，使之产生对轴的压紧作用而实现密封，毛毡圈内径略小于轴的直径，尺寸已标准化

续表

密封方法	简图	适合场合	说明
唇形密封圈密封		脂或油润滑。轴颈圆周速度 $v<7\text{m/s}$，工作温度范围－40～100℃	密封圈用皮革、塑料或耐油橡胶制成，有的具有金属骨架，有的没有骨架，密封圈是标准件。密封唇朝里，目的是防漏油；密封唇朝外，目的是防灰尘、杂质进入
隙缝式密封		脂润滑，干燥清洁环境	靠轴与端盖间的细小环形间隙密封，间隙越小越长，效果越好
迷宫式密封	(a) (b)	脂润滑或油润滑。工作温度不高于密封用脂的滴点，密封效果可靠	将旋转件与静止件之间的间隙做成迷宫形式，并在间隙充填润滑油或润滑脂以加强密封效果。分径向、轴向两种：图(a)为径向曲路，径向间隙不大于 0.1～0.2mm；图(b)为轴向曲路，因考虑到轴受热后会伸长，间隙应取大些，一般取 1.5～2mm

任务实施

一、轴承类型与型号选择

单级圆柱齿轮减速器高速轴Ⅱ轴两个轴承的径向载荷为 345.54N。

1. 分析轴承受力

直齿圆柱齿轮，轴承仅受径向力

$$F_r=\frac{T_1}{d_1}\tan\alpha=\frac{73.1}{77}\tan20°\times10^3=345.54\text{N}$$

其中，T_1 为Ⅱ轴转矩，d_1 为小齿轮分度圆半径。

根据轴承受力特点，根据轴颈 $d=35\text{mm}$，初选 6007 轴承，查轴承标准 $C_r=16.2\text{kN}$，$C_{0r}=10.5\text{kN}$。

2. 计算当量动载荷 *P*

因为工作载荷较平稳，所以查表 6.1.10 取 $f_p=1.0$，根据式(6-5)可得轴承当量动

载荷

$$P = f_p F_r = 1 \times 345.54 = 345.54\text{N}$$

3. 计算轴承所需的径向基本额定动载荷 C'

因为常温下工作，所以查表 6.1.12 取 $f_t = 1.0$，查表设计手册得 6007 的基本额定动载荷 $C_r = 16.2\text{kN}$。转速 $n = 970\text{r/min}$。减速器设计寿命 8 年，大修期 3 年，两班制（每班工作 8h），所以 $[L_h] = 3 \times 365 \times 2 \times 8 = 17520\text{h}$。球轴承寿命指数取 $\varepsilon = 3$。

根据式(6-13)可得

$$C' = \frac{P}{f_t}\left(\frac{n[L_h]}{16670}\right)^{\frac{1}{\varepsilon}} = \frac{345.54}{1}\left(\frac{970 \times 17520}{16670}\right)^{\frac{1}{3}} = 3477.67\text{N} < 16.2\text{kN}$$

4. 确定轴承型号

计算所需的基本额定动载荷比 6007 轴承的 C_r 小，因此选用 6007 轴承合适。

二、轴承的组合设计

由设计参数可知，轴的跨距为 129mm，工作温度为常温，故采用最常见的双支点单向固定式的支承形式（图 6.1.8），这种形式结构简单，便于安装，调整容易。

因支承形式采用双固式，即内圈旋转外圈固定，因此轴承内圈与轴颈之间采用较紧的配合 k6，外圈与轴承孔选择较松的配合 H7。

由于速度因子

$$d \cdot n = 35 \times 970 = 33,950 < 1.6 \times 10^5 \text{mm} \cdot \text{r/min}$$

所以采用润滑脂润滑。

由于轴颈处的圆周速度

$$v = \frac{\pi d n}{60 \times 1000} = \frac{35 \times 970\pi}{60 \times 1000} = 1.78\text{m/s} < 4 \sim 5\text{m/s}$$

轴承采用毛毡圈密封。

课后思考

试比较表 3.3.1 所示的七种方案中的Ⅱ轴的轴承选择的异同，并说明规律。

知识拓展

如前所述，一般场合，优先推荐使用滚动轴承。但是在工作转速特高、特大冲击与振动、径向空间尺寸受到限制或必须剖分安装、需在水或腐蚀性介质中工作等场合，滑动轴承就显示出它的优良性能。滑动轴承结构简单，易于制造、安装，但是摩擦损耗大，维护比较复杂。

按受载方向，滑动轴承分为受径向载荷的径向（向心）滑动轴承和受轴向载荷的止推（推力）滑动轴承。

一、径向(向心)滑动轴承

(一)整体式滑动轴承

整体式滑动轴承如图 6.1.16 所示。它由轴承座和轴套组成。这种轴承已经标准化，具体结构和尺寸可查 JB 2560－2007。轴承座通常采用铸铁材料制作,轴套采用减摩材料支撑并镶入轴承座中,轴套上开有油孔,可将润滑油输入至摩擦面上。整体式结构较简单,但装拆时要将轴或轴承作轴向移动,轴套磨损后轴承间隙也难以调整。因此,整体式轴承多用于轻载、低速且不经常拆装的场合。

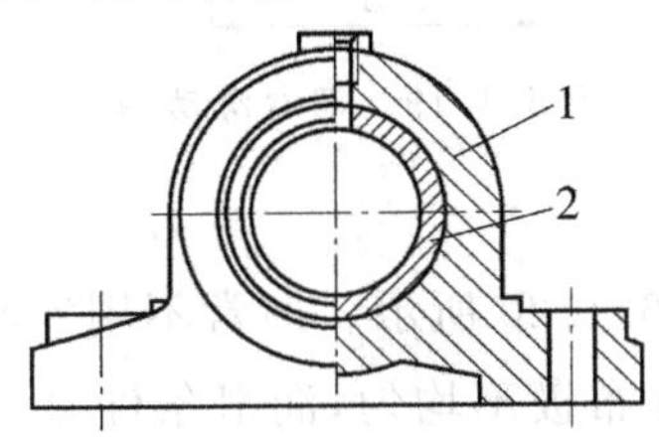

图 6.1.16　整体式滑动轴承

1—轴承座;2—轴套(轴承)

(二)剖分式滑动轴承

剖分式滑动轴承典型结构如图 6.1.17 所示。轴承盖和轴承座的剖分面常做成阶梯形,以便于对中和防止横向错动。轴承盖上部开有螺纹孔,用以安装油杯或油管。剖分式轴瓦由上下两半组成,通常下轴瓦承受载荷,上轴瓦不承受载荷。为了节省贵重金属通常在轴瓦内表面上贴附一层轴承衬。多数轴承的剖分面是水平的,也有做成倾斜的,如图 6.1.18 所示,以适应径向载荷作用线的倾斜度超过轴承垂直中心线各 35°范围的情况。

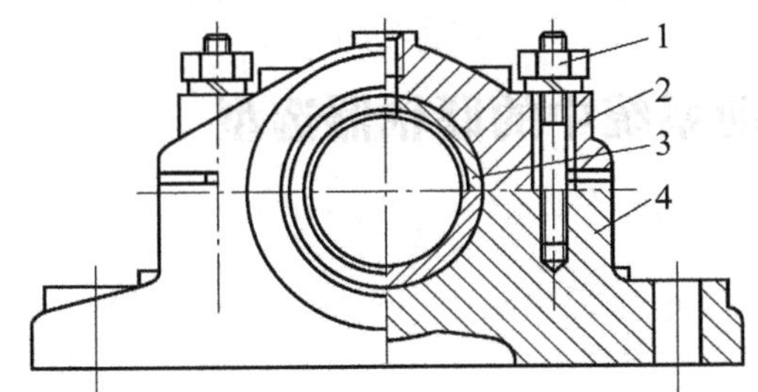

图 6.1.17　剖分式滑动轴承典型结构

1—双头螺柱;2—轴承盖;3—剖分式轴瓦;4—轴承座

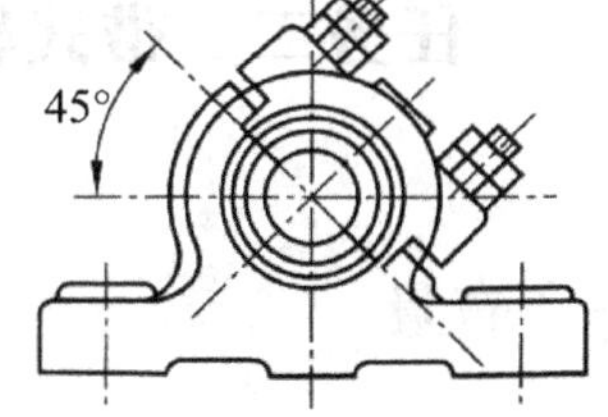

图 6.1.18　倾斜的剖分式滑动轴承

(三)调心式滑动轴承

调心滑动轴承如图 6.1.19 所示。当轴承宽度与轴颈直径之比大于 1.5 时,轴的变形可能会使轴瓦端部和轴颈出现边缘接触,导致轴承过早破坏。为防止这种情况发生,将轴瓦与轴承座配合做成球面,轴承可绕球形配合面自动调整位置,以自动适应轴或机架工作时的变形造成轴颈与轴瓦不同轴的情况,避免出现边缘接触。

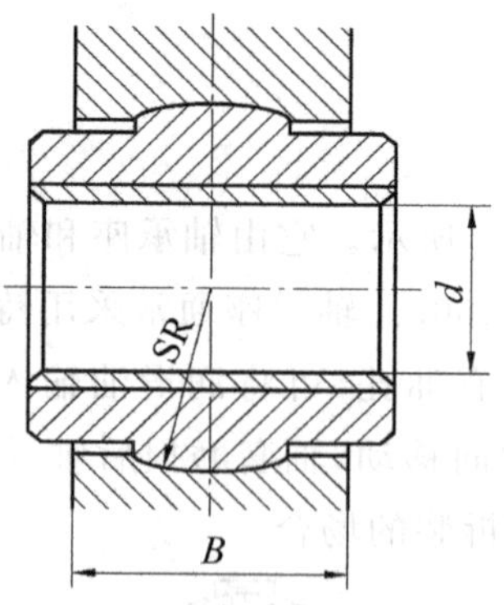

图 6.1.19　调心滑动轴承

二、止推(推力)滑动轴承

止推轴承的轴颈结构如图 6.1.20 所示。通常不用实心式轴颈(图 6.1.20(a)),因其虽结构简单,但端面上的压力分布极不均匀,润滑条件差。为改善这种缺点,常将轴颈设计成空心(图 6.1.20(b))或单环形(图 6.1.20(c))。如果采用多环形(图 6.1.20(d)),则不仅能承受双向轴向载荷,还可承受较大载荷。

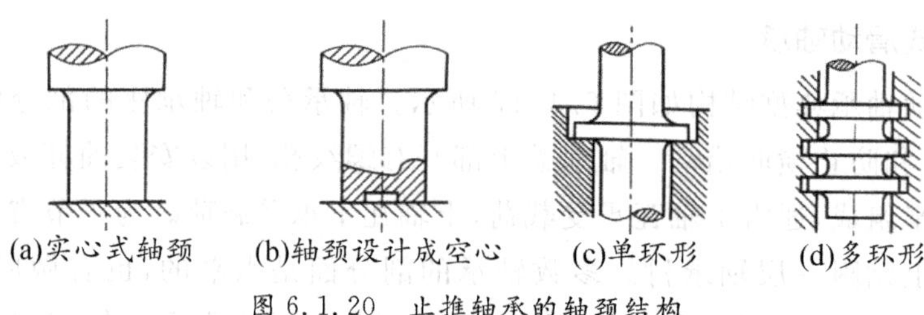

图 6.1.20　止推轴承的轴颈结构

任务二　带式输送机传动系统中的联轴器选型

任务布置

在机械传动中,常需将机器中不同机构的轴联接起来,以传递运动和动力。将两轴直接联接起来以传递运动和动力的联接形式称为轴间联接,通常采用联轴器和离合器来实现。联轴器是一种固定联接装置,在机器运转过程中不能使两轴的运动分离,而离合器则是一种能随时将两轴结合或分离的可动联接装置。

轴间联接的具体应用如下:

如图 3.3.1 所示,某带式输送机采用一级圆柱齿轮减速器和开式齿轮两级减速传动。带式输送机在常温下连续工作,单向运转;空载启动,工作载荷较平稳;两班制(每班工作 8h),要求减速器设计寿命为 8 年,大修期为 3 年,中批量生产;输送带工作速度 v 的允许误差为±5%,三相交流电源的电压为 380/220V。设输送带最大有效拉力为 F,输送带工

作速度 v，卷筒直径 D，其具体数值如表 3.1.1。

试合理选择该方案中的Ⅰ轴和Ⅱ轴的轴间联接方式。(以原始数据首列为例)。

任务准备

一、联轴器的类型和特点

联轴器所连接的两轴，由于制造及安装误差、承载后的变形以及温度变化的影响等，往往不能保证严格的对中，而是存在着某种程度的相对位移，如图 6.2.1 所示，要求设计联轴器时，要从结构上采取各种不同的措施，使之具有适应一定范围的相对位移的性能。

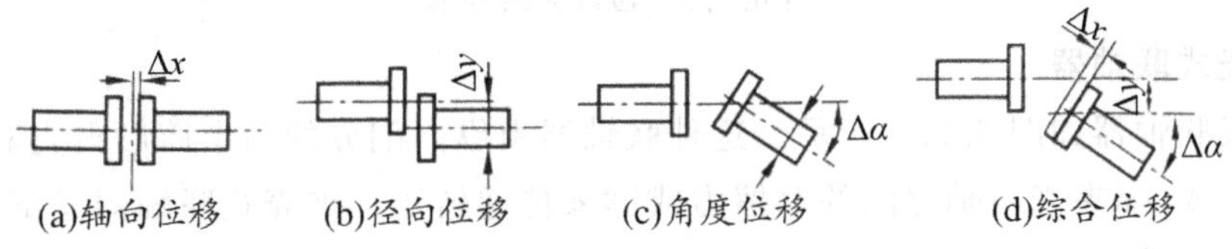

图 6.2.1 两轴的轴线误差

根据联轴器对各种相对位移有无补偿能力，即是否在发生相对位移条件下仍能保持联接的功能且可传递所需的转矩，联轴器可分为刚性联轴器(无补偿能力)和挠性联轴器(有补偿能力)两大类。

(一)刚性联轴器

刚性联轴器不具备补偿能力，且没有弹性元件，不能缓冲吸收震动，但是结构简单、零件少、重量轻、制造容易、成本低，适用于转速不高、载荷平稳、两轴偏移小的场合。刚性联轴器有套筒式、凸缘式、夹壳式等。

1. 套筒式联轴器

套筒式联轴器是结构最简单的刚性联轴器，如图 6.2.2 所示。这种联轴器由一个共用套筒和联接键或销钉组成，与轴相连接并传递转矩。套筒式联轴器装拆不方便，必须沿轴作较长的轴向移动，适用于轴的对中性能好、低速、轻载、无冲击、安装精度高的场合。

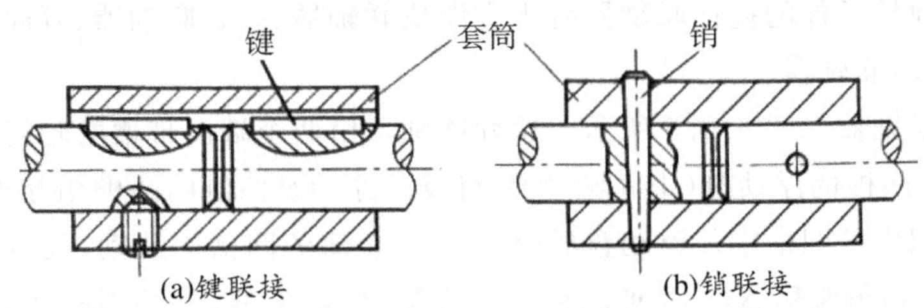

图 6.2.2 套筒式联轴器

2. 凸缘式联轴器

凸缘式联轴器是应用最广的一种刚性联轴器，如图 6.2.3 所示。这种联轴器由两个带凸缘的半联轴器和一组螺栓组成，有两种对中方式：一种是通过铰制孔用螺栓与孔的紧配合对中(图 6.2.3(a))；另一种是通过分别具有凸榫和凹槽的两个半联轴器的相互嵌合来对中，半联轴器之间采用普通螺栓联接(图 6.2.3(b))。当尺寸相同时后者传递的转矩较大，且装拆时轴不必轴向移动。凸缘式联轴器结构简单、成本低、传递的转矩较大，但要求两轴的同轴度要好，适用于刚性大、振动冲击小和低速大转矩的场合。

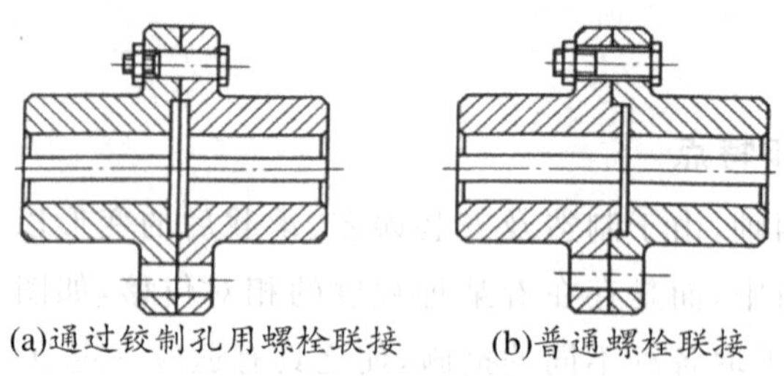

图 6.2.3 凸缘式联轴器

3. 夹壳式联轴器

夹壳式联轴器如图 6.2.4 所示。这种联轴器由纵向剖分的两半筒形夹壳和联接它们的螺栓所组成，靠夹壳与轴之间的摩擦力或键来传递转矩。夹壳式联轴器是剖分结构，在装拆时不用移动轴、使用方便，适用于低速、工作平稳的场合。

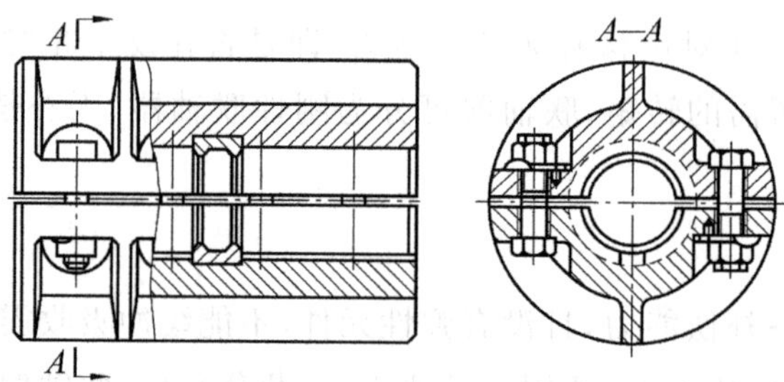

图 6.2.4 夹壳式联轴器

(二)挠性联轴器

挠性联轴器具备补偿能力，按是否具有弹性元件分为无弹性元件的挠性联轴器和有弹性元件的挠性联轴器两种。

1. 无弹性元件的挠性联轴器

常见的无弹性元件的挠性联轴器有十字滑块联轴器、齿式联轴器、万向联轴器等。

(1)十字滑块联轴器

十字滑块联轴器如图 6.2.5 所示。这种联轴器由两个端面带槽的套筒(半联轴器)1、3 和两侧面各有凸榫的浮动盘(中间圆盘)2 组成。浮动盘两侧的凸榫相互垂直，分别嵌入两个半联轴器相应的凹槽中。浮动盘的凸榫可在套筒的凹槽中滑动，故可补偿两轴之间的径向偏移 Δy 和角偏移 $\Delta\alpha$。此种联轴器结构简单、成本低，但是当转速较高时，因浮动盘作偏心圆周运动所产生的圆周力较大，轴系受到附加动载荷，会使联轴器滑动零件磨损加剧，主要用于两轴间相对径向位移较大、传递转矩大、无冲击、低速转动要求不高的场合。

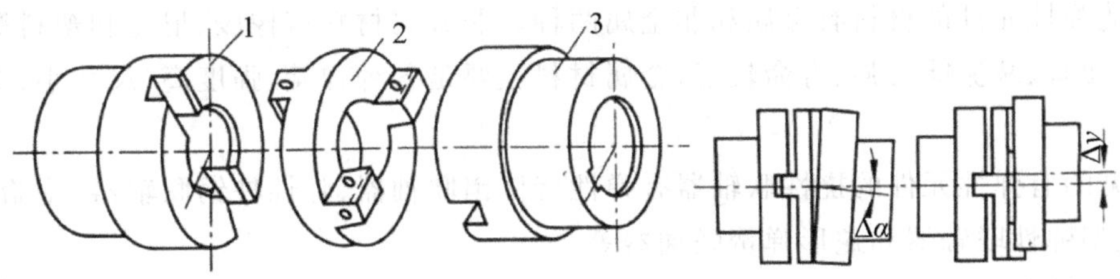

图 6.2.5 十字滑块联轴器

1、3—半联轴器;2—中间圆盘

(2)齿式联轴器

齿式联轴器如图 6.2.6 所示。这种联轴器由两个带有内齿及凸缘的外套筒和两个带有外齿的内套筒组成。两个内套筒分别用键与两轴联接,两个外套筒用螺栓连成一体,依靠内外齿相啮合以传递转矩。为了能补偿两轴的相对位移,将外齿的齿顶做成椭球面,且保证与内齿啮合后具有适当的顶隙和侧隙,故在传动时,套筒可有轴向和径向以及角位移。齿式联轴器同时啮合的齿多,承载能力大,外廓尺寸较紧凑,可靠性高,但是结构复杂,制造困难,要求精度高,成本较高,在重型机械中应用广泛。

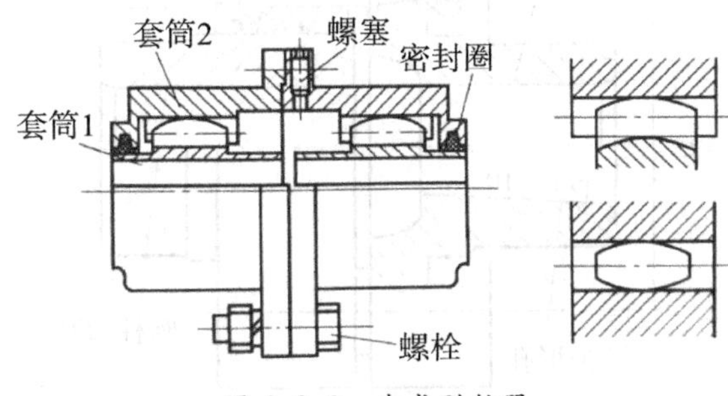

图 6.2.6 齿式联轴器

(3)万向联轴器

万向联轴器如图 6.2.7 所示。这种联轴器由两个叉形接头 1、3,一个中间连接件 2 和轴销 4、5 组成;销轴 4 与 5 互相垂直配置并分别把两个叉形接头与中间件 2 连接起来,构成一个可动联接。万向联轴器允许两轴间有较大夹角,但当夹角过大时,传动效率会显著降低。万向联轴器结构紧凑,维护方便,适用于角位移变化大的场合,例如汽车、拖拉机、多头钻床等机器的传动系统中。

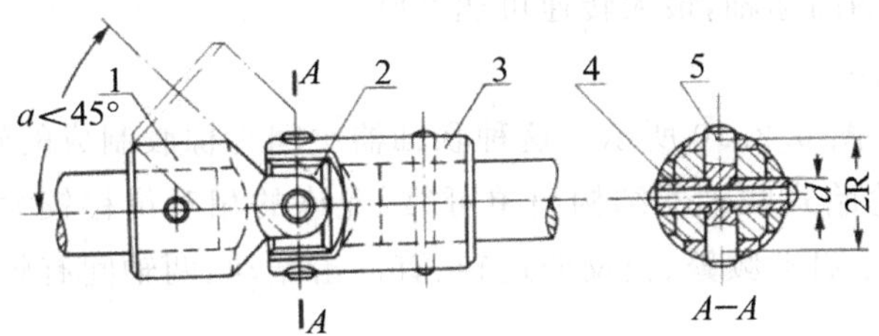

图 6.2.7 万向联轴器

1—叉形接头;2—中间连接件;3—叉形接头;4—轴销;5—轴销

2. 有弹性元件的挠性联轴器

因为弹性元件的存在,这种联轴器不仅可以补偿两轴间的相对位移,而且可以缓冲减振。制造弹性元件的材料有金属和非金属两种。非金属材料有橡胶、尼龙和塑料等，重量轻、价格便宜、减振能力强、寿命较短；金属材料主要是各种弹簧，强度高、尺寸小、寿命长、成本较高。

常见的有弹性元件的挠性联轴器有弹性套柱销联轴器、弹性柱销联轴器、轮胎式联轴器、梅花型弹性联轴器和蛇形弹簧联轴器等。

(1)弹性套柱销联轴器

弹性套柱销联轴器如图 6.2.8 所示。这种联轴器与凸缘联轴器很近似，只是以装有弹性套的柱销代替联接螺栓。弹性套的变形可以补偿两轴线的径向位移和角位移，并且缓冲吸振，但是弹性套易磨损，寿命较短。弹性套柱销联轴器适用于经常正反转、启动频繁、载荷平稳和高速运动的传动中，例如电动机与减速器轴之间的联接。

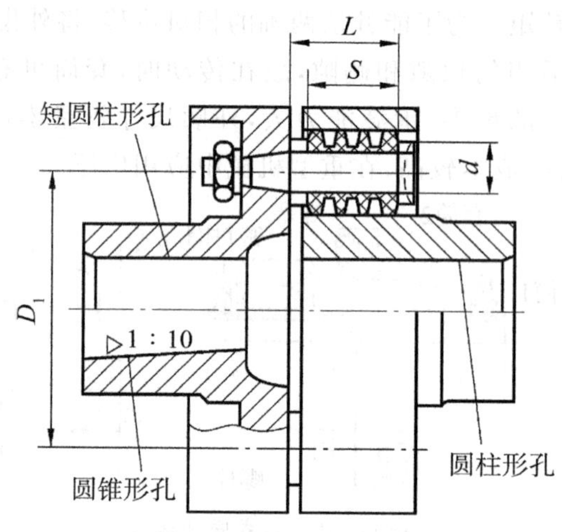

图 6.2.8 弹性套柱销联轴器

(2)弹性柱销联轴器

弹性柱销联轴器如图 6.2.9 所示。弹性柱销联轴器结构与弹性套柱销联轴器很近似，这种联轴器的弹性元件为尼龙柱销。为了防止柱销脱落，在半联轴器的外侧用螺钉固定了挡板。装配挡板时应注意留出间隙。弹性柱销联轴器传递转矩大、结构简单、质量小、使用寿命长、更换柱销方便，但是柱销对温度较敏感，适用于温度在－20～60℃、正反向变化多、启动频繁的高速轴，最大转速可达 8000r/min。

(3)轮胎式联轴器

轮胎式联轴器如图 6.2.10 所示。这种联轴器中间为橡胶制成的轮胎环，用止退垫板与半联轴器联接。轮胎式联轴器结构简单可靠、允许的相对位移较大、轴向尺寸较窄，但径向尺寸庞大，适用于启动频繁、正反向运转、有冲击振动、两轴间有较大的相对位移量以及潮湿多尘的场合。

(4)梅花型弹性联轴器

梅花型弹性联轴器如图 6.2.11 所示。这种联轴器有 1、2 两个半联轴器,它们的端面上各有凸齿,各凸齿的两侧面呈内凹形,并在齿侧间隙放置橡胶或尼龙弹性元件。梅花型弹性联轴器适用于工作温度范围为－35～80℃,短时工作温度可达 100℃,传递的公称转矩范围为 16～25000N·m 的场合。

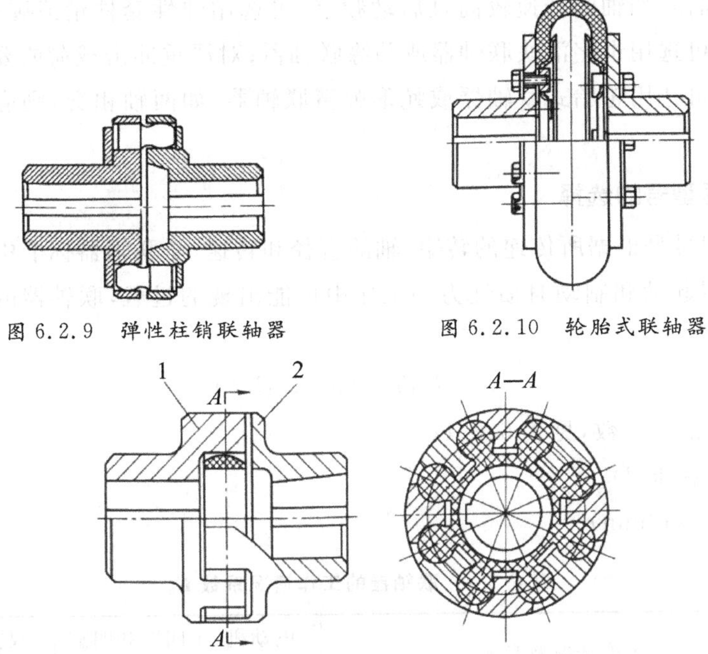

图 6.2.9　弹性柱销联轴器

图 6.2.10　轮胎式联轴器

图 6.2.11　梅花型弹性联轴器

1、2—半联轴器

(5)蛇形弹簧联轴器

蛇形弹簧联轴器如图 6.2.12 所示。这种联轴器弹性好,缓冲减振能力强,工作可靠,径向尺寸小,但弹簧制造工艺性差,加工困难,主要用于有严重冲击载荷的重型机械中。

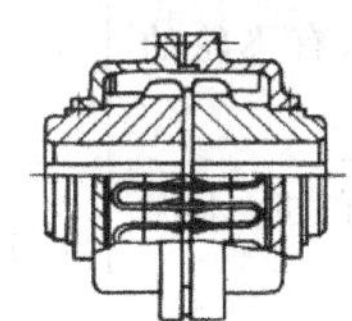

图 6.2.12　蛇形弹簧联轴器

二、联轴器的合理选用

常用联轴器的种类很多,大多数已标准化和系列化,一般不需要重新设计,直接从标准中选用即可。选择联轴器的步骤:先选择联轴器的类型,再选择型号,最后进行必要的强度校核。

(一)联轴器类型的选择

联轴器的类型应考虑以下因素:所需传递的转矩大小和性质以及对缓冲减振的要求;

联轴器的工作转速高低和引起的离心力大小；两轴相对位移的大小和方向；联轴器的可靠性和工作环境以及联轴器的制造、安装、维护和成本。

也可根据机器的工作特点和要求，结合各类联轴器的性能，并参照同类机器的使用经验来选择。一般如两轴的对中要求高、轴的刚度大，可选用套筒联轴器或凸缘联轴器；如两轴的对中困难或轴的刚度较小，应选用挠性联轴器；如所传递的转矩较大宜选用凸缘联轴器或齿式联轴器；如轴的转速较高且启动频繁，可选用弹性套柱销或弹性柱销联轴器；如轴转速较低，可选用十字滑块联轴器或凸缘联轴器；对严重冲击载荷或要求消除轴系扭转振动的传动，可选用轮胎式联轴器或蛇形弹簧联轴器；如两轴相交，则应选用万向联轴器等。

(二)联轴器型号的选择

联轴器的型号是根据所传递的转矩、轴的直径和转速，从联轴器标准中选用。

考虑到机器起动和制动时惯性力和工作中可能出现的过载，联轴器的计算转矩可按下式计算：

$$T_c = K_A T = 9550 K_A P/n \tag{6-18}$$

式中：K_A—工作情况系数，见表 6.2.1；

P—传递功率(kW)；

n—工作转速(r/min)。

表 6.2.1 联轴器的工作情况系数 K_A

分类	工作情况及举例	电动机 汽轮机	四缸和四缸 以上内燃机	双缸内 燃机	单缸内 燃机
Ⅰ	转矩变化很小，如发电机、小型通风机、小型离心泵	1.3	1.5	1.8	2.2
Ⅱ	转矩变化小，如透平压缩机、木工机床、运输机	1.5	1.7	2.0	2.4
Ⅲ	转矩变化中等，如搅拌机、增压机、有飞轮的压缩机、冲床	1.7	1.9	2.2	2.6
Ⅳ	转矩变化和冲击载荷中等，如织布机、水泥搅拌机、拖拉机	1.9	2.1	2.4	2.8
Ⅴ	转矩变化和冲击载荷大，如造纸机、挖掘机、起重机、碎石机	2.3	2.5	2.8	3.2
Ⅵ	转矩变化大并有强烈的冲击载荷，如压延机、有飞轮的活塞泵、重型初轧机	3.1	3.3	3.6	4.0

选择的型号应满足以下条件：

(1)计算转矩 T_c 应小于或等于所选联轴器型号的公称转矩 T_n，即

$$T_c \leqslant T_n \tag{6-19}$$

(2)工作转速 n 应小于或等于所选联轴器型号的许用转速 $[n]$,即

$$n \leqslant [n] \tag{6-20}$$

(3)轴的直径 d 在所选联轴器型号的孔径范围内,即

$$d_{\min} \leqslant d \leqslant d_{\max} \tag{6-21}$$

(三)强度校核

按上述方法从标准中选择的联轴器通常强度能够满足工作要求,但对于载荷较大或重要场合的联轴器,应对其主要承载零件(如凸缘联轴器的中的联接螺栓、弹性柱销联轴器中的柱销)进行强度校核。使用有非金属弹性元的联轴器时,还应注意联轴器所在部位的工作温度不要超过该弹性元件材料允许的最高温度。

任务实施

一、联轴器类型的选择

选择方案中的Ⅰ轴和Ⅱ轴的轴间联接方式,因为没有工作过程中需要分离或接合两轴的必要,选择联轴器联接两轴。且因为工作载荷较平稳,电机输出转速较高,选择弹性套柱销联轴器。

二、联轴器型号的选择

工作载荷平稳,原动机为电机,查表 6.2.1 可得 $K_A=1.3$,$T=73.10\text{N}\cdot\text{m}$,求联轴器的计算转矩可得

$$T_c=K_AT=9550K_AP/n=95.03\text{N}\cdot\text{m}$$

转速 $n=970\text{r/min}$,轴径 $d=25\text{mm}$,按计算转矩、转速和轴径,查联轴器的相关设计手册选用 LT5 型弹性套柱销联轴器。其公称转矩 $T_n=125\text{N}\cdot\text{m}$,许用转速 $[n]=3600\text{r/min}$,允许轴径有 25、28、30、32、35mm 几种,满足 $T_c \leqslant T_n$、$n \leqslant [n]$ 和联接直径 $d=25\text{mm}$ 的要求,故所选联轴器合适。

课后思考

试比较表 3.3.1 所示的七种方案中的Ⅰ轴和Ⅱ轴的轴间联接方式的异同,并说明规律。

知识拓展

离合器主要用于在机器运转中需要将传动系统随时分离或接合的场合。

对离合器的工作要求有:工作可靠,接合或分离迅速而平稳,调节和修理方便,外廓尺寸小,质量轻,操纵方便省力。

按照两轴接合和分离的过程,离合器可分为操纵离合器和自控离合器。操纵离合器必须通过操纵才具有接合或分离的功能。根据不同的操纵方式,操纵离合器可分为机械

离合器、电磁离合器、液压离合器、气压离合器四种。自控离合器不需要操纵，在主动部分或从动部分的某些性能参数(如转速、转矩等)发生变化时，能自行结合或分离。自控离合器可分为超越离合器、离心离合器和安全离合器三种。下面介绍常用离合器种类。

(一)牙嵌式离合器

牙嵌式离合器利用机械嵌合副的结合来传递转矩。牙嵌离合器由两个端面上有牙的半离合器组成。如图 6.2.13 所示。左侧半离合器固定在主动轴上，另一侧半离合器用导向平键或花键与从动轴联接，并可由操纵机构使其做轴向移动，以实现离合器的分离与接合。为使两个半离合器能够对中，在主动轴端的半离合器上固定一个对中环，从动轴可在对中环内自由移动。牙嵌离合器一般用于转矩不大，低速接合处。

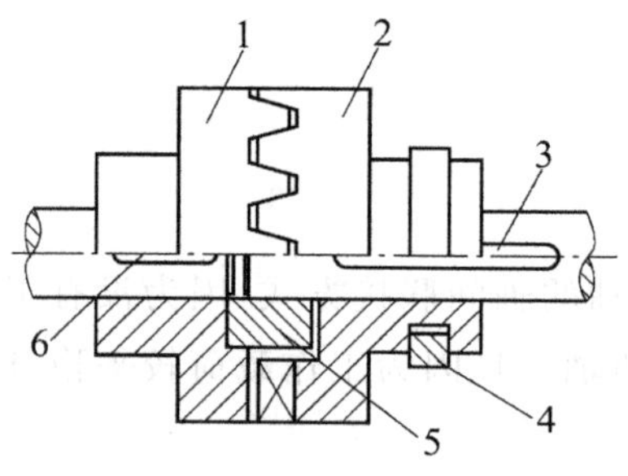

图 6.2.13　牙嵌式离合器

1、2—半离合器；3—导向键；4—移动滑环；5—对中环

牙嵌式离合器常用牙型有矩形、三角形、梯形和锯齿形，见图 6.2.14。矩形无轴向分力，但不便于接合与分离，磨损后无法补偿，故使用较少；三角形用于传递小转矩的低速离合器；梯形牙强度高，能传递较大的转矩，能补偿牙的磨损与间隙，从而减少冲击，所以应用较广；锯齿形牙强度高，只能传递单向转矩，用于特定的工作条件处。牙数一般取 3～60。

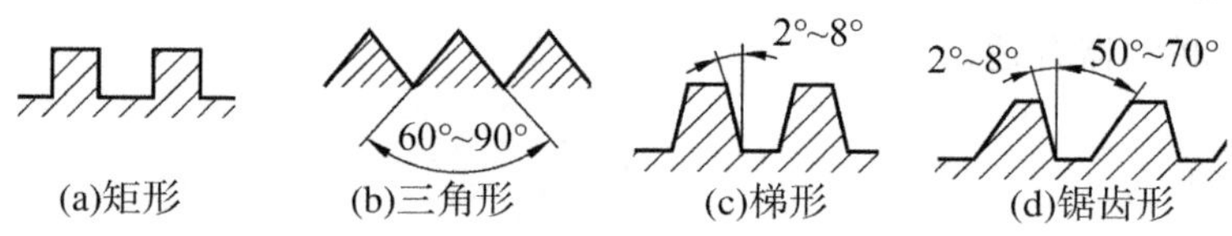

图 6.2.14　牙嵌式离合器的牙形

(二)摩擦式离合器

摩擦式离合器利用摩擦副的摩擦力来传递转矩。按结构不同可分为片式离合器、圆锥离合器、块式离合器、鼓式离合器等。摩擦式离合器与牙嵌式离合器相比，具有如下优点：不论在何种速度下两轴都可以接合或分离；接合过程平稳，冲击、振动小；过载时打滑，以确保重要零件不会损坏。缺点是：有时外廓尺寸较大；接合分离都会产生滑动摩擦，发热量大，磨损大，为了散热和减小磨损，可将摩擦离合器浸入油中工作。

片式摩擦离合器是在主动摩擦盘转动时，由主、从动盘的接触面间产生的摩擦力矩来传递转矩，有单片(图 6.2.15)和多片(图 6.2.16)两种。

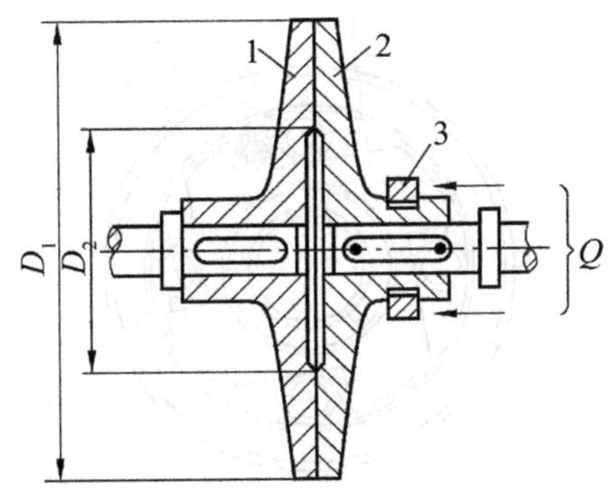

图 6.2.15　单片摩擦式离合器

1—主动摩擦片；2—从动摩擦片；3—操纵环

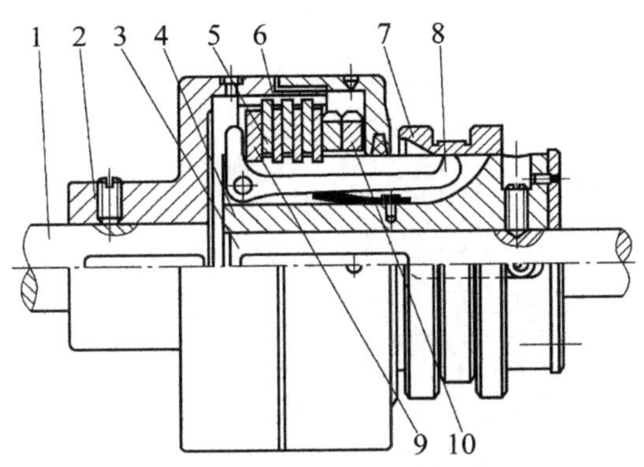

图 6.2.16　多片摩擦式离合器

1—主动轴；2—鼓轮；3—从动轴；4—套筒；5—外摩擦片；

6—内摩擦片；7—滑环；8—曲臂压杆；9—压板；10—调节螺母

(三)超越离合器

超越离合器也称定向离合器，如图 6.2.17 所示，当星轮作为主动件并顺时针转动时，滚珠受摩擦力作用而滚向星轮与外环空隙的收缩部分，被楔紧在星轮和外环间，从而带动外圈一起回转，离合器为接合状态；当星轮逆时针转动时，滚珠被推到楔形空间的宽敞部分而不再楔紧，离合器为分离状态。如果外圈随星轮作顺时针同向转动，同时外圈转速大于星轮转速时，离合器也将处于分离状态。因外圈可超越星轮的转速顺时针方向自由转动，因此称之为超越离合器。超越离合器的定向及超越特性，使其广泛应用于车辆、飞机、内燃机的起动装置等场合。

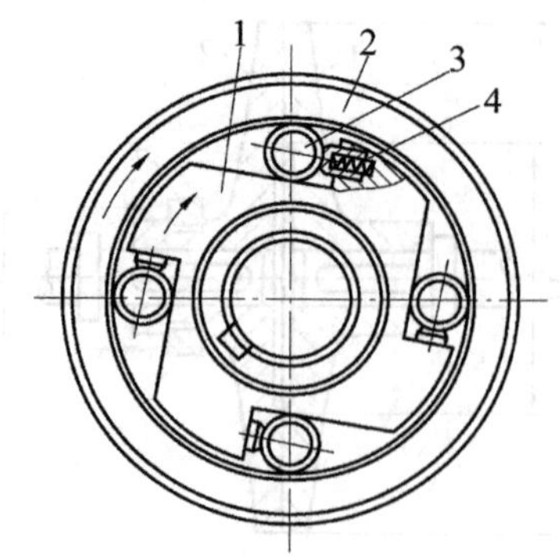

图 6.2.17　超越离合器

1—星轮；2—外圈；3 一滚柱；4—弹簧顶杆

7 项目 联接结构分析

知识目标：

- 熟悉螺纹、键和销的概念与参数；
- 熟悉螺纹连接件、键和销的类型及特点；
- 掌握常用螺纹连接件、键和销的联接方式；
- 了解必要的联接与防松措施。

技能目标：

- 通过特征能识别螺纹、键和销的类型；
- 能查国家标准手册，获得标准件的参数；
- 会选用螺纹连接件、键和销的种类与参数；
- 能进行常用的联接与防松设计。

素养目标：

- 培养爱岗敬业、实事求是、勇于创新的工作作风；
- 培养精益求精、质量第一、规范操作设备的做事态度；
- 具备良好的表达和沟通能力；
- 具备分析问题，解决问题的能力；
- 具备团队协同合作精神；
- 具备科技报国的科技情怀。

机器是零部件通过联接实现特定功能的有机组合体。联接是指为实现某种功能，使两个或两个以上的零件相互接触，并以某种方式保证一定的位置关系。如果被联接件间相互位置固定，不能作相对运动，称为静联接，能作相对运动的则称为动联接（如铰链等）。机械设计中的联接通常指的是静联接，简称联接。联接的方法很多，有些联接需要专门的联接件，如箱体与箱盖的螺纹联接，轴与轴上零件（如齿轮、带轮）的键联接。联接件又称紧固件，常见的有螺栓、螺母、键、销等；有些联接则不需要专门的联接件。

任务一　螺纹联接结构分析

任务布置

根据知识背景，请回答：

(1)常用螺纹联接的类型有哪几种？其应用场合是什么？

(2)提高螺栓联接强度的措施有哪些？

(3)螺纹联接为何要防松？常见的防松方法有哪些？

任务准备

一、螺纹的形成

将一直角三角形绕在直径为 d_2 的圆柱表面上，使三角形底边与圆柱体的底边重合，则三角形的斜边在圆柱体表面形成一条螺旋线，见图 7.1.1。三角形的斜边与底边的夹角，称为螺旋线升角。若取一平面图形，使其平面始终通过圆柱体的轴线并沿着螺旋线运动，则这平面图形在空间形成一个螺旋形体，称为螺纹。

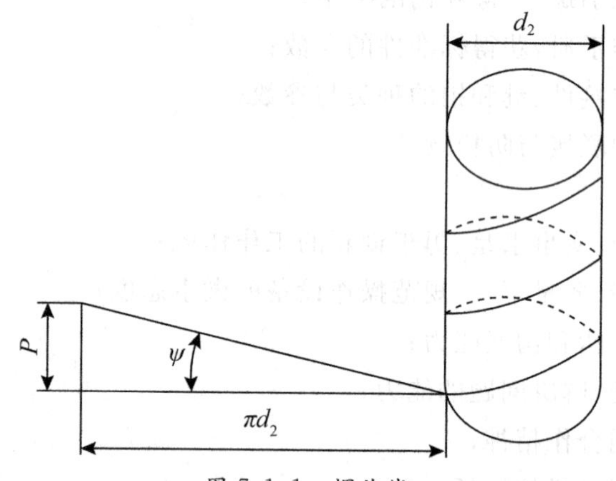

图 7.1.1　螺旋线

根据平面图形的形状，螺纹可分为三角形、矩形、梯形和锯齿形螺纹等(见图 7.1.2)。根据螺旋线的绕行方向，可分为左旋螺纹和右旋螺纹(见图 7.1.3)，规定将螺纹直立时螺旋线向右上升为右旋螺纹，向左上升为左旋螺纹。机械制造中一般采用右旋螺纹，有特殊要求时，才采用左旋螺纹。根据螺旋线的数目，可分为单线螺纹和等距排列的多线螺纹，图 7.1.4 为单线螺纹，图 7.1.5 为双线螺纹。

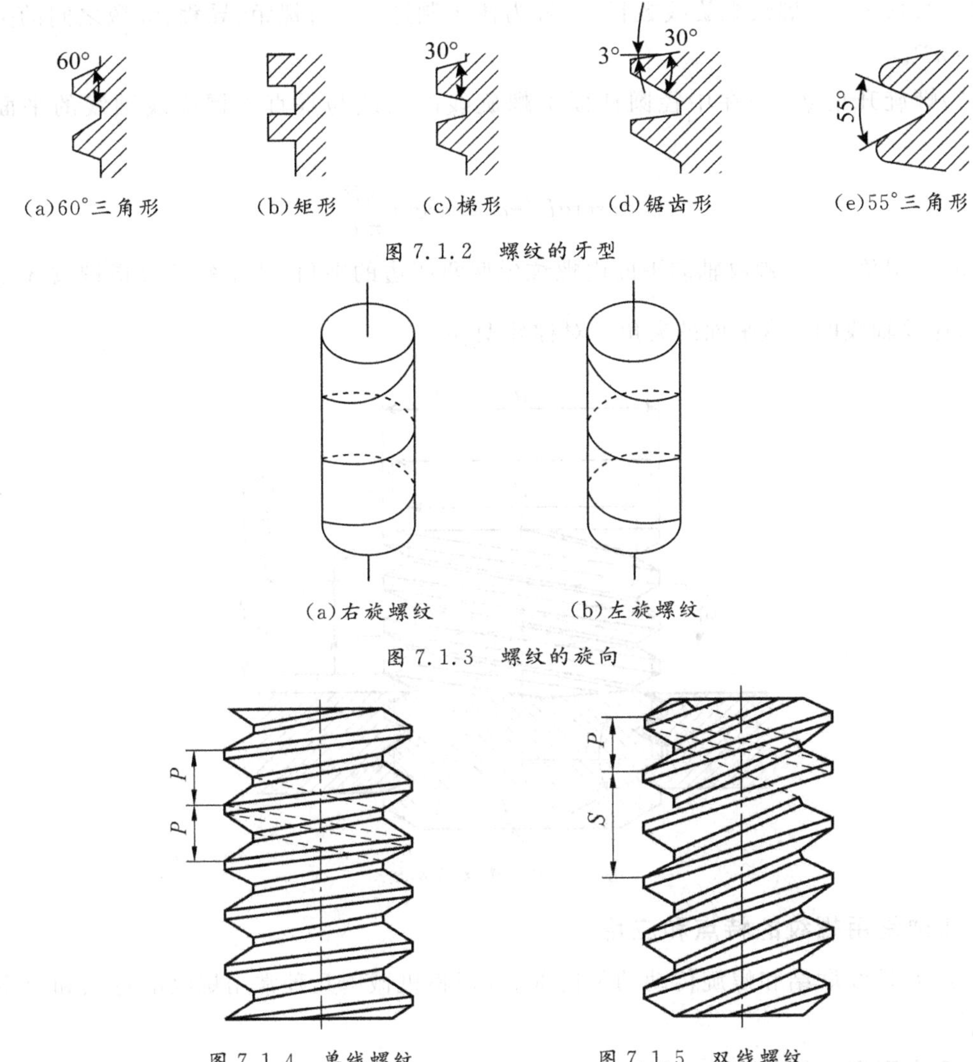

(a)60°三角形　(b)矩形　(c)梯形　(d)锯齿形　(e)55°三角形

图 7.1.2　螺纹的牙型

(a)右旋螺纹　(b)左旋螺纹

图 7.1.3　螺纹的旋向

图 7.1.4　单线螺纹

图 7.1.5　双线螺纹

二、螺纹的主要参数

要区分不同的螺纹，就要掌握说明螺纹特点的一些参数，见图 7.1.6。以广泛应用的圆柱普通螺纹为例，螺纹的主要参数如下：

(1)大径 d(外径)(D)——与外螺纹牙顶相重合的假想圆柱面直径，亦称公称直径。

(2)小径(内径)d_1(D_1)——与外螺纹牙底相重合的假想圆柱面直径，在强度计算中作危险剖面的计算直径。

(3)中径 d_2——在轴向剖面内牙厚与牙间宽相等处的假想圆柱面的直径，近似等于螺纹的平均直径 $d_2 \approx 0.5(d+d_1)$。

(4)螺距 P——相邻两牙在中径圆柱面的母线上对应两点间的轴向距离。

(5)导程(S)——同一螺旋线上相邻两牙在中径圆柱面的母线上的对应两点间的轴向距离。

(6)线数 n——螺纹螺旋线数目，一般为便于制造 $n\leqslant4$；螺距、导程、线数之间的关系为：$L=nP$。

(7)螺旋升角 ψ——在中径圆柱面上螺旋线的切线与垂直于螺旋线轴线的平面的夹角。

$$\psi=\mathrm{arctg}L/\pi d_2=\mathrm{arctg}\,\frac{nP}{\pi d_2}$$

(8)牙型角 α——螺纹轴向平面内螺纹牙型两侧边的夹角；牙型斜角 β 指螺纹牙型的侧边与螺纹轴线的垂直平面的夹角。对称牙型 $\beta=\frac{\alpha}{2}$

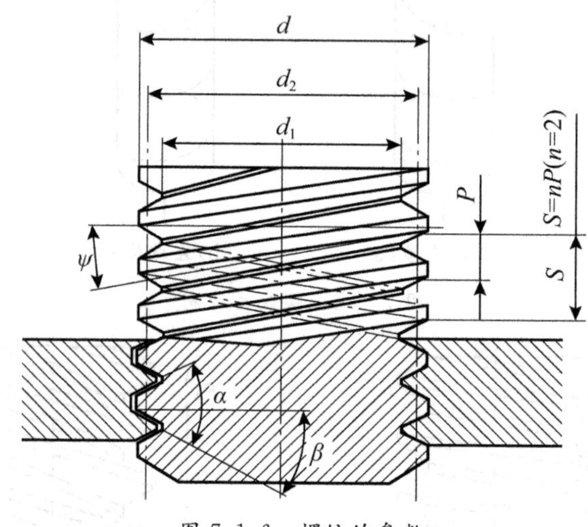

图 7.1.6　螺纹的参数

三、几种常用螺纹的特点和应用

螺纹是螺纹联结和螺旋传动的关键部分，现将机械中几种常用螺纹的特点和应用介绍如下：

1. 三角形螺纹

牙型角大，自锁性能好，而且牙根厚、强度高，故多用于联接。常用的有普通螺纹和英制螺纹。

(1)普通螺纹：国家标准中，把牙型角 $\alpha=60°$ 的三角形米制螺纹称为普通螺纹，大径 d 为公称直径。同一公称直径可以有多种螺距的螺纹，其中螺距最大的称为粗牙螺纹，其余都称为细牙螺纹，粗牙螺纹应用最广。细牙螺纹的小径大、升角小，因而自锁性能好、强度高，但不耐磨、易滑扣，适用于薄壁零件、受动载荷的联接和微调机构的调整。普通螺纹的基本尺寸可查机械设计手册相关表。

(2)英制螺纹：牙型角 $\alpha=55°$，以英寸为单位，螺距以每英寸的牙数表示，也有粗牙、细牙之分。

2. 圆柱管螺纹

牙型角 $\alpha=55°$，牙顶呈圆弧形，旋合螺纹间无径向间隙，紧密性好，公称直径为管子的公称通径，广泛用于水、煤气、润滑等管路系统联接中。

3. 矩形螺纹

牙型为正方形，牙型角 $\alpha=0°$，牙厚为螺距的一半，当量摩擦系数较小，效率较高，但牙根强度较低，螺纹磨损后造成的轴向间隙难以补偿，对中精度低，且精加工较困难，因此，这种螺纹已较少采用。

4. 梯形螺纹

牙型为等腰梯形，牙型角 $\alpha=30°$，效率比矩形螺纹低，但易于加工，对中性好，牙根强度较高，当采用剖分螺母时还可以消除因磨损而产生的间隙，因此广泛应用于螺旋传动中。

5. 锯齿形螺纹

锯齿形螺纹工作面的牙侧角为 3°，非工作面的牙侧角为 30°，兼有矩形螺纹效率高和梯形螺纹牙根强度高的优点，但只能承受单向载荷，适用于单向承载的螺旋传动。螺纹牙强度高，用于单向受力的传力螺旋，如螺旋压力机、千斤顶等。

四、螺旋副的受力分析、效率和自锁

（一）矩形螺纹

1. 受力分析

螺纹副中，螺母所受到的轴向载荷 Q 是沿螺纹各圈分布的（见图 7.1.7(a)），为便于分析，用集中载荷 F_a 代替，并设 Q 作用于中径 d_2 圆周的一点上。这样，当螺母相对于螺杆等速旋转时，可看作为一滑块（螺母）沿着以螺纹中径 d_2 展开，斜度为螺纹升角 ψ 的斜面上等速滑动。

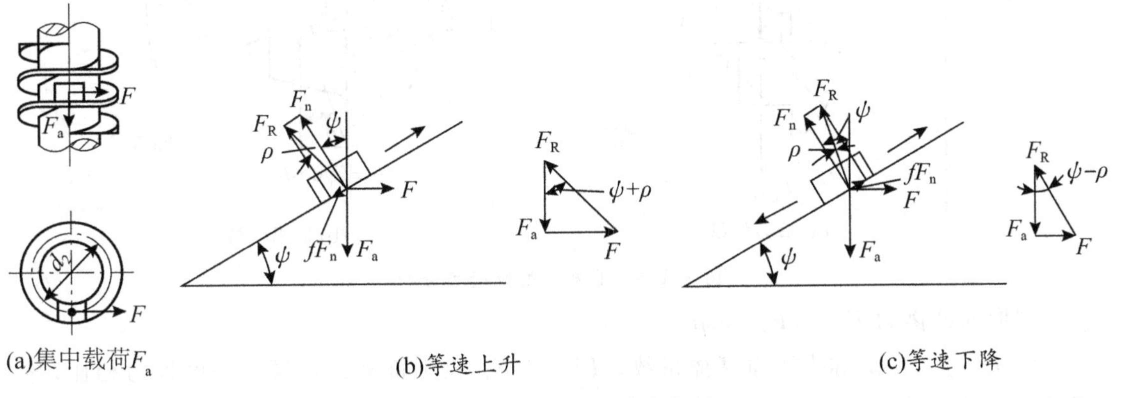

图 7.1.7　矩形螺纹受力分析

匀速拧紧螺母时，相当于以水平力推力 F 推动滑块沿斜面等速向上滑动。设法向反力为 F_N，则摩擦力为 fF_N，f 为摩擦系数，ρ 为摩擦角，$\rho=\arctan f$。由于滑块沿斜面上升时，摩擦力向下，故总反力 F_R 与 F_a 的的夹角为 $\psi+\rho$。由力的平衡条件可得：

如图 7.1.7(b)所示，使滑块等速运动所需要的水平力，等速上升：

$$F=F_a\tan(\psi+\rho) \tag{7-1}$$

等速上升所需力矩：

$$T=Fd_2/2=F_a\tan(\psi+\rho)d_2/2 \tag{7-2}$$

如图 7.1.7(c)所示，使滑块等速运动所需要的水平力，等速下降：

$$Ft=Q\tan(\psi-\rho) \tag{7-3}$$

等速下降所需力矩：

$$T=Fd_2/2=F_a\tan(\psi-\rho)d_2/2 \tag{7-4}$$

2. 螺纹的自锁

螺母等速松退时的受力分析：如图 7.1.7(c)，此时相当于滑块沿斜面等速下滑，由力的封闭三角形，得：若 $\psi\leqslant\rho$，则 $F\leqslant 0$，这时必须加一反向作用力 F 才会使滑块下滑，若不加外力，则不论 F_a 有多大，滑块也不会下滑，这种现象称自锁。自锁条件：

$$\psi\leqslant\rho \tag{7-5}$$

3. 螺旋副的效率

螺旋副的效率为有效功 W_2 与输入功 W_1 之比。螺母在力矩 T 作用下转动一周时，输入功 $W_1=2\pi T$，此时升举重物所作的有效功 $W_2=F_aS$；故螺旋副的效率为：$\eta=W_2/W_1=F_aS/2\pi T=\tan\psi/\tan(\psi+\rho)$。

(二)非矩形螺纹

螺纹的牙型角 $\alpha\neq 0$ 时的螺纹为非矩形螺纹，如图 7.1.8 所示。非矩形螺纹的螺杆和螺母相对转动时，可看成楔形滑块沿楔形斜面移动。

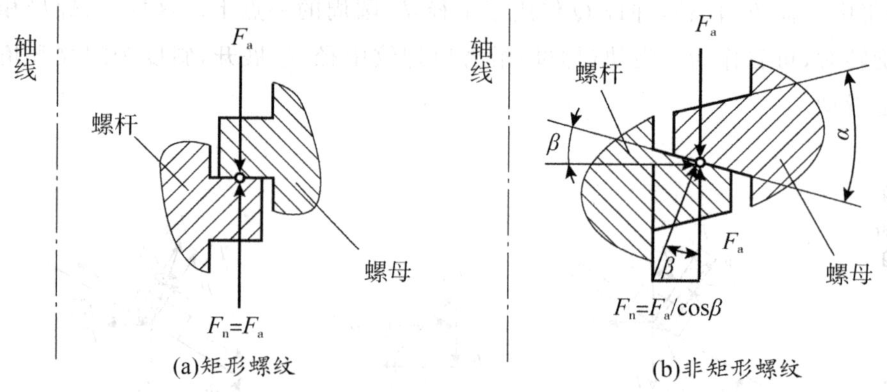

图 7.1.8 非矩形螺纹受力分析

楔形面摩擦力 $F_f^{\prime}=fF_a/\cos\beta$

令 $f^{\prime}=f/\cos\beta$，称为当量摩擦系数。$F_f^{\prime}=f^{\prime}F_a$；楔形面和矩形螺纹的摩擦力相比，与当量摩擦系数对应的摩擦角称为当量摩擦角，用 $\rho^{\prime}$ 表示。拧紧螺母时所需的水平推力及转矩：由于矩形螺纹与非矩形螺纹的运动关系相同，将 $\rho^{\prime}$ 代替 ρ 后可得：

使滑块等速运动所需要的水平力，等速上升：

$$F=F_a\tan(\psi+\rho^{\prime}) \tag{7-6}$$

等速上升所需力矩：

$$T=Fd_2/2=F_a\tan(\psi+\rho^{\prime})d_2/2 \tag{7-7}$$

使滑块等速运动所需要的水平力，等速下降：

$$F=F_a\tan(\psi-\rho')\tag{7-8}$$

等速下降所需力矩：

$$T=Fd_2/2=F_a\tan(\psi-\rho')d_2/2\tag{7-9}$$

自锁条件：

$$\psi\leqslant\rho'\tag{7-10}$$

效率为：$\eta=W_2/W_1=F_aS/2\pi T=\tan\psi/\tan(\psi+\rho')$。

由于三角形螺纹的 $\beta=\alpha/2=30°$；梯形螺纹 $\beta=\alpha/2=15°$；锯齿形螺纹 $\beta=3°$；矩形螺纹 $\beta=0°$，所以各种螺纹的当量摩擦系数之间有如下关系：

$$f'_{三角}>f'_{梯形}>f'_{锯齿}>f'_{矩形}$$

可见，三角形螺纹的 f' 越大，自锁性能越好，且牙根强度高，故常用于联结。梯形、锯齿形及矩形螺纹，多用于传动。

五、螺纹联接的基本类型及预紧和防松

(一)螺纹联接的基本类型

1. 螺栓联接

普通螺栓联接如图 7.1.9 所示。被联接件的孔中不切制螺纹，螺栓与孔之间有间隙，由于加工简便，装拆方便，成本低，所以应用最广。铰制孔用螺栓联接，被联接件上孔用高精度铰刀加工而成，螺栓杆与孔之间一般采用过渡配合，主要用于需要螺栓承受横向载荷或需靠螺杆精确固定被联接件相对位置的场合。

2. 双头螺柱联接

使用两端均有螺纹的螺柱，一端旋入并紧定在较厚被联接件的螺纹孔中，另一端穿过较薄被联接件的通孔(图 7.1.10)。适用于被联接件较厚，要求结构紧凑和经常拆装的场合。

3. 螺钉联接

螺钉直接旋入被联接件的螺纹孔中(图 7.1.11)，结构较简单，适用于被联接件之一较厚，或另一端不能装螺母的场合。但经常拆装会使螺纹孔磨损，导致被联接件过早失效，所以不适用于经常拆装的场合。

4. 紧定螺钉联接

将紧定螺钉拧入一零件的螺纹孔中，其末端顶住另一零件的表面(图 7.1.12)，或顶入相应的凹坑中。常用于固定两个零件的相对位置，并可传递不大的力或转矩。

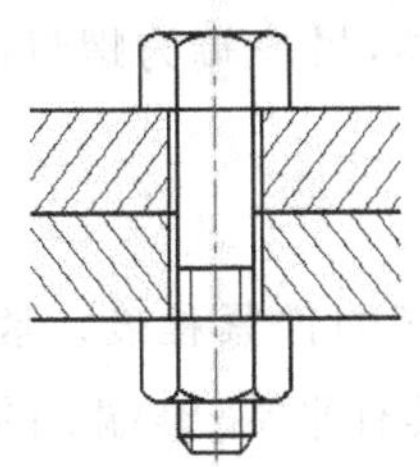

图 7.1.9　螺栓联接

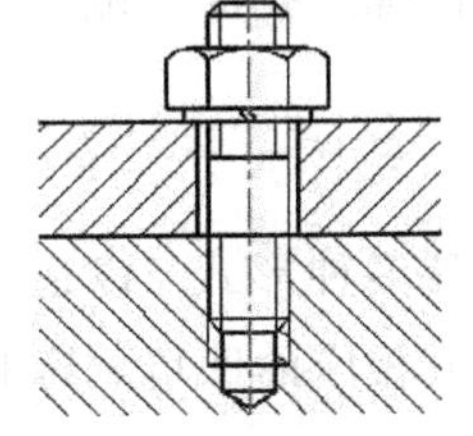

图 7.1.10　双头螺柱联接

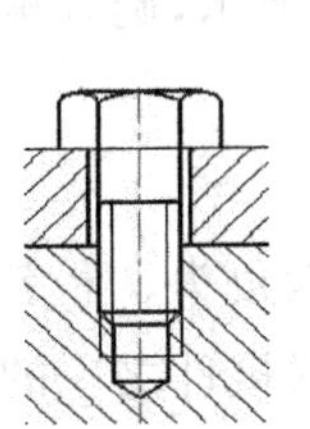

图 7.1.11　螺钉联接

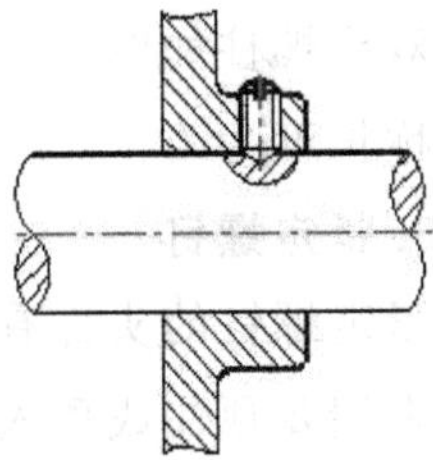

图 7.1.12　紧定螺钉联接

除以上四种基本螺纹联接类型外，还有把机器的底座固定在地基上的地脚螺栓联接，装在机器或者大型零部件的顶盖上便于起吊用的吊环螺钉联接，以及 T 型螺栓联接等，如图 7.1.13 所示。

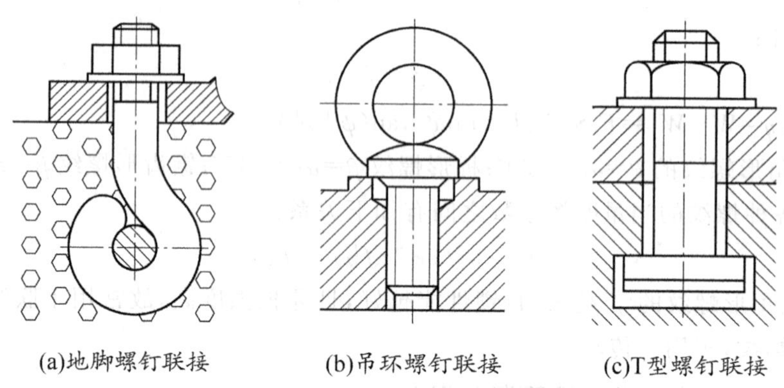

(a)地脚螺钉联接　(b)吊环螺钉联接　(c)T型螺钉联接

图 7.1.13　其它螺纹联接类型

(二)标准螺纹联接件

常用的标准连接零件有螺栓、螺钉、双头螺柱、螺母、垫圈和防松零件等，这些标准件品种、类型很多，它们的特点和有关尺寸可参考设计手册。

1. 螺栓和螺钉

螺栓的头部形状很多，最常用的有六角头和小六角头两种，如图 7.1.14 所示。使用时需要配置螺母，必要时加垫圈。这种连接强度高，主要用于尺寸较大、受力较大的场合。

螺钉的头部有圆柱的、六角槽或十字槽的、沉头或半沉头的。圆头螺钉是应用最广泛的一种。不需要特制工具，可承受中等拧紧力矩。六角槽或十字槽的螺钉，可承受较大的拧紧力矩而不致破裂，但需特制拆装工具。沉头或半沉头螺钉的钉头更薄，适用于较薄的联接及结构所限必须沉头之处，钉头有 90°锥面，拧紧时起定位作用。

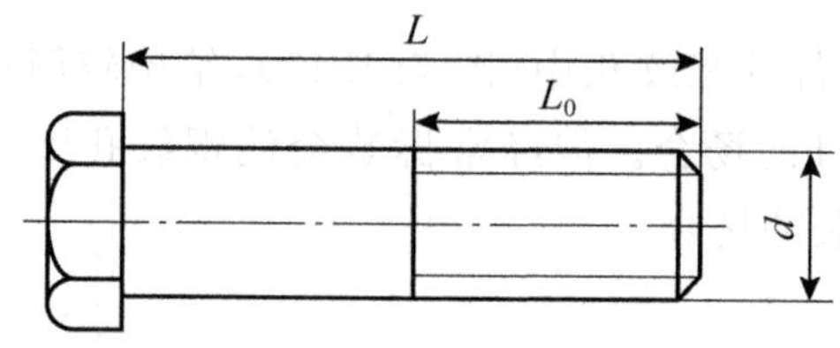

图 7.1.14　螺栓

2. 双头螺柱

双头螺柱如图 7.1.15 所示，旋入被联接件螺纹孔的一端称为座端，另一端为螺母端，其公称长度为 L。

3. 紧定螺钉

紧定螺钉的头部有内六角头、十字槽头等多种形式，以适应不同的拧紧程度。紧定螺钉末端要顶住或顶入被联接件之一的表面或相应的凹坑，其末端具有平端、锥端、圆尖端等各种形状。

4. 螺母

螺母的形状有六角形、圆形等，圆螺母如图 7.1.16 所示。六角螺母有两种不同厚度，薄螺母用于受剪力的螺栓上或空间尺寸受限制的场合。厚螺母用于经常装拆易于磨损之处。圆螺母常与止动垫圈配用，用于轴上零件的轴向固定。

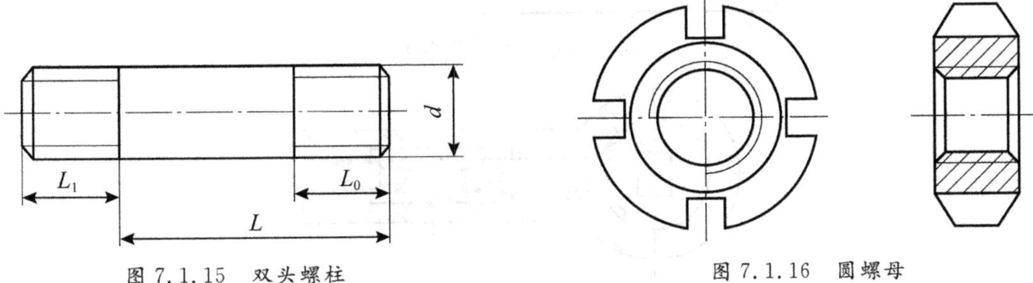

图 7.1.15　双头螺柱　　　图 7.1.16　圆螺母

5. 垫圈

垫圈是放置在螺母和被联接件之间起保护支承表面或防止松动的作用。有平垫圈、斜垫圈、弹簧垫圈等，如图 7.1 .17 所示。根据不同的支承表面使用不同的垫圈。

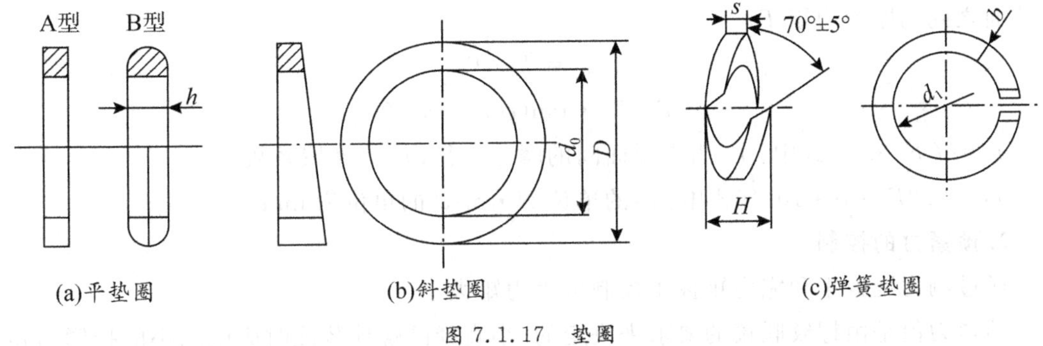

(a)平垫圈　　(b)斜垫圈　　(c)弹簧垫圈

图 7.1.17　垫圈

螺纹紧固件按制造精度分为 A、B、C 三级（不一定每个类别都备齐 A、B、C 三级，详见机械设计手册），A 级精度最高。A 级螺栓、螺母、垫圈组合可用于重要的、要求装备精度高的、受冲击或变载荷的联接；B 级用于较大尺寸的紧固件；C 级用于一般螺栓联接。

(三)螺纹联接的预紧

绝大多数螺纹联接在装配时要适当拧紧螺母(或螺钉)，称为预紧。预紧后，被联接件和螺栓都受到预紧力 F_0 的作用，只是螺栓受拉而被联接件受压。预紧的作用是增加联接的刚度、紧密性和提高联接在变载荷作用下的疲劳强度及防松能力。预紧力应适当，过大预紧力导致联接的结构尺寸增大，或联接件在装配时及偶然过载时易被拉断。通常规定，预紧后螺纹联接件的预紧力不得超过其材料屈服极限的 70%。预紧力的大小应根据载荷性质、联接刚度等具体工作条件确定。对于重要联接在装配时应控制预紧力，通常是利用控制拧紧力矩的方法来控制预紧力，如采用测力矩扳手(图 7.1.18)或定力矩扳手(图 7.1.19)。

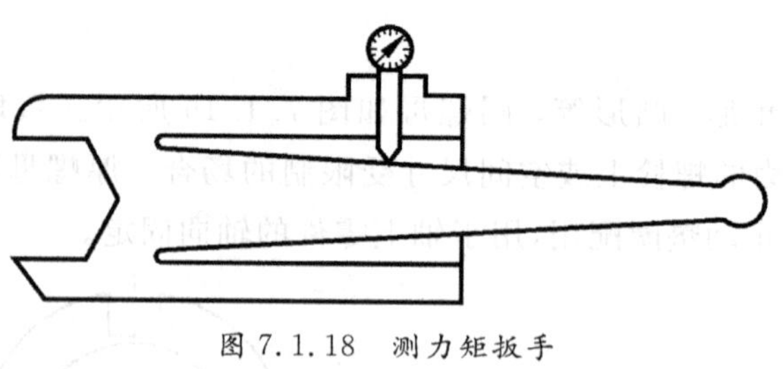

图 7.1.18 测力矩扳手

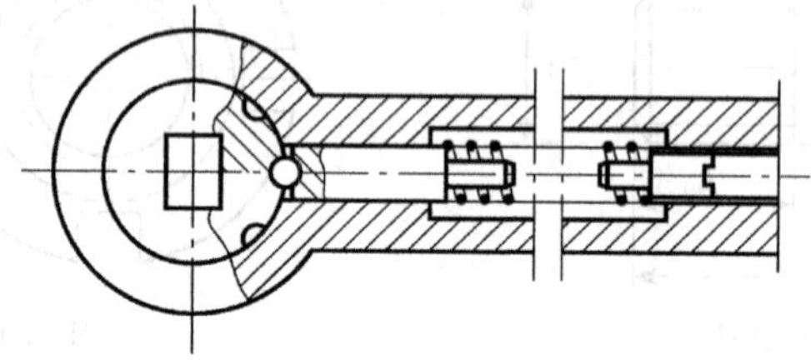

图 7.1.19 定力矩扳手

1. 拧紧力矩 T_Σ

在预紧螺栓联接时，加在扳手上的力矩 T_Σ必须克服螺旋副中的螺纹力矩 T 和螺母与支撑面之间的摩擦力矩 T_f

$$T_\Sigma = T + T_f$$

$$T = F_0 \cdot \tan(\psi + \rho')d_2/2$$

$T_f = f_c F_0 \cdot r_f$(式中：r_f 为支撑面间的摩擦半径；f_c 为摩擦系数)

$T_\Sigma = 0.2F_0 \cdot d \cdot 10^{-3}$(式中：$T_\Sigma$的单位 N·m；$d$ 的单位为 mm)

2. 预紧力的控制

通过测力矩扳手和完力矩扳手控制扳手力矩大小。

预紧力值是由螺纹联接的要求来决定的，小直径的螺栓装配时应施加小的拧紧力矩，否则就容易将螺栓杆拉断。

(四)螺纹联接的防松

螺纹连接一般具有自锁性，此外螺母及螺栓头部的支撑面上的摩擦力也有防松作用，故拧紧后一般不会松脱。但在冲击、振动或变载荷作用下，以及在高温或温度变化较大时，螺纹钢之间的摩擦力会顺时减小或消失，联接就可能松动。防松的关键就是防松螺旋钢的相对转动。

螺纹联接一旦出现失效，轻者会影响机器的正常运转，重者会造成机毁人亡。因此，对于上述情况下的螺纹联接，特别是机器内部不易检查的螺纹联接，必须采用有效的、合理的防松措施。

防松的目的在于防止螺纹副间的相对运动。根据工作原理不同，列于表 7.1.1 中。

表 7.1.1　常用的防松方法

<table>
<tr>
<td>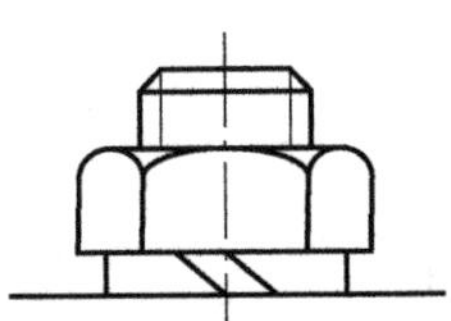
弹簧垫圈防松法：弹簧垫圈材料为弹簧钢，装配后垫圈被压平，其反弹力能使螺纹副内部保持压紧力和摩擦力</td>
<td>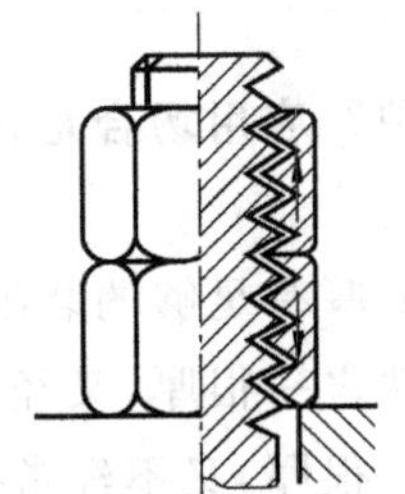
对顶螺母防松法：利用两螺母的对顶作用使螺纹副内始终受到附加的拉力和附加的摩擦力。结构简单，可用于低速重载场合</td>
<td>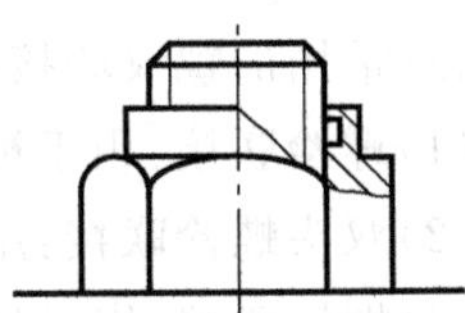
尼龙圈锁和紧螺母防松法：螺母中嵌有尼龙圈，拧上后尼龙圈内孔被涨大，涨紧螺栓</td>
</tr>
<tr>
<td>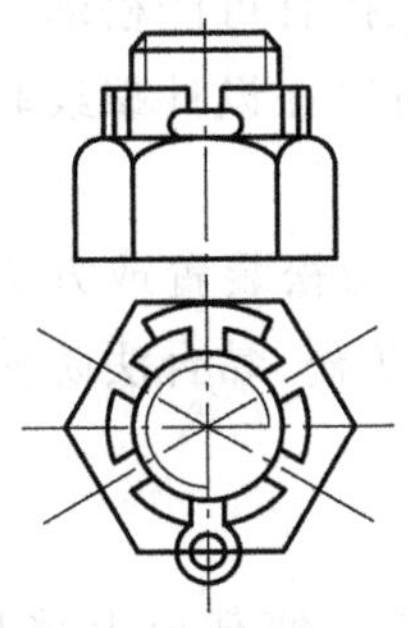
槽型螺母和开口销防松法：槽形螺母拧紧后，用开口销穿过螺栓尾部小孔和螺母的槽，也可以用普通螺母拧紧后，再配钻开口销孔</td>
<td>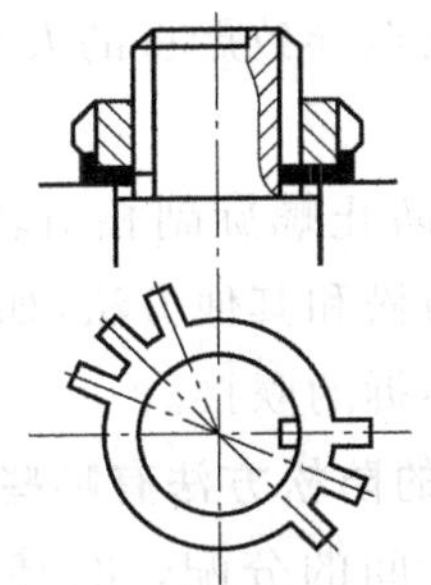
圆螺母防松法：使垫片内翅嵌入螺栓的槽内，拧紧螺母后将垫片外翅之一折嵌于螺母的一个槽内</td>
<td>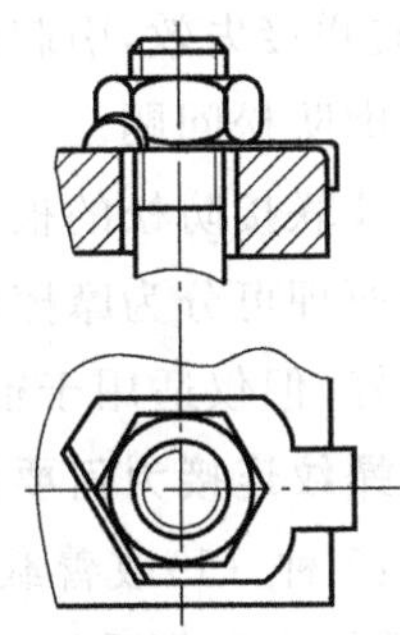
止动垫圈防松法：将垫片折边以固定螺母和被连接件的相对位置</td>
</tr>
<tr>
<td>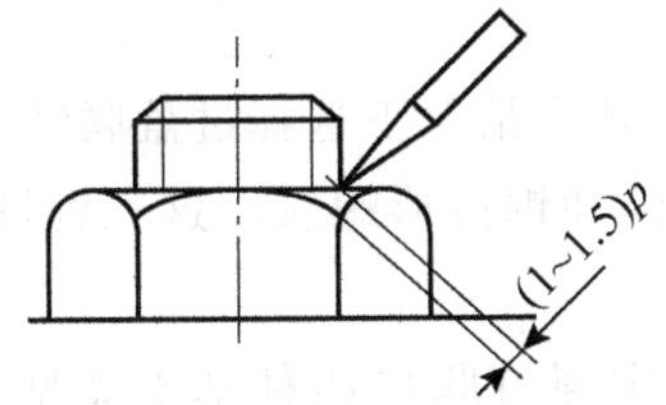

冲点防松法：该防松法也是一种破坏性防松法，在螺母拧紧后在螺栓螺纹末端与螺母旋合处冲点，破坏螺栓螺牙从而防止螺母松脱。该方法防松可靠；适用于防松要求高，不需要拆卸的场合</td>
<td colspan="2">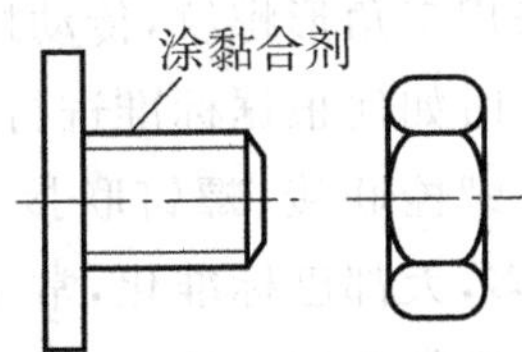

黏合防松法：用黏合剂涂于螺纹旋合表面，拧紧螺母后黏合剂能自行固化，防松，效果良好</td>
</tr>
</table>

任务实施

1. 常用螺纹联接的类型有哪几种？应用场合是什么？

答：常用的螺纹联接有4种类型：

(1)螺栓联接：用于被联接件不太厚有足够的装配空间的场合。

(2)双头螺栓联接：用于被联接件之一很厚，又经常拆装的场合。

(3)螺钉联接：用于被联接件之一很厚，又不经常拆装的场合。

(4)紧钉螺钉联接：用于固定两被联接件的相对位置，并且传动力和力矩不大的场合。

2. 提高螺栓联接强度的措施有哪些？

答：连接用螺纹紧固件一般都能满足自锁条件，并且拧紧后，螺母、螺栓头部等承压面处的摩擦也都有防松作用，因此在承受静载荷和工作温度变化不大时，螺纹连接一般都不会自动松脱。但在冲击、振动、变载荷及温度变化较大的情况下，联接有可能松动，甚至松开，造成联接失效，引起机器损坏，甚至导致严重的人身事故等。所以在设计螺纹联接时，必须考虑防松问题。

螺纹联接防松的根本问题在于防止螺旋副相对转动。具体的防松装置或方法很多，按工作原理可分为摩擦防松、机械防松和其他方法，如端面冲点法防松、黏合法防松，防松效果良好，但仅适用于很少拆开或不拆的联接。

3. 螺纹连接为何要防松？常见的防松方法有哪些？

答：5种：(1)改善载荷在螺纹牙间的分配，如：环槽螺母，目的是使载荷上移悬置螺母，使螺杆螺母都受拉。(2)减小螺栓的应力幅，如采用柔性螺栓，目的是减小联接件的刚度。(3)减小应力集中，如采用较大的过渡圆角或卸荷结构。(4)避免附加弯曲应力，如采用凸台和沉头座。(5)采用合理的制造工艺，如：滚压、表面硬化处理等。

课后思考

(1)常见联结的联接可分为可拆联接和不可拆联接两种。什么情况下选择过盈联结？

(2)联接螺纹采用三角形螺纹，传动螺纹主要采用梯形螺纹和锯齿形螺纹。这三种螺纹均已标准化，设计时如何根据标准进行设计？

(3)螺纹联接有螺栓联接、螺钉联接、双头螺柱联接和紧定螺钉联接四种基本类型。螺纹联接件品种很多，大都已标准化，常用的有螺栓、螺钉、双头螺柱、紧定螺钉、螺母和垫圈，如何确定这些标准件购买参数？

知识拓展

一、螺纹联接的强度计算

螺栓联接强度计算的目的，主要是根据联接的结构形式、材料性质和载荷状态等条件，分析螺栓的受力和失效形式，然后按相应的计算准则计算螺纹小径 d_1，再按照标准选

定螺纹公称直径 d 和螺距 P 等。螺栓其余部分尺寸及螺母、垫圈等，一般都可根据公称直径 d 直接从标准中选定，因为制定标准时，已经考虑了螺栓、螺母的各部分及垫圈的等强度和制造、装配等要求。

需要说明的是，螺栓联接、螺钉联接和双头螺柱联接的失效形式和计算方法基本相同，所以，本节对螺栓联接计算的讨论，其结论对螺钉联接和双头螺柱联接也基本适用。

(一)松螺栓联接

松螺栓联接的特点是装配时不拧紧螺母，在承受工作载荷前，联接并不受力。这种联接只能承受静载荷，故应用不广。起重滑轮中的螺栓联接就是典型的例子。当承受轴向工作载荷 F(N)时，螺纹部分的强度条件为：

$$\sigma=\frac{F}{\frac{\pi}{4}d_1^2}\leqslant[\sigma] \tag{7-11}$$

设计公式为：

$$d_1\geqslant\sqrt{\frac{4F}{\pi[\sigma]}} \tag{7-12}$$

式中：d_1—螺杆危险截面直径(mm)；

$[\sigma]$—许用拉应力 N/mm²(MPa)。

(二)受横向外载荷的紧螺栓联接

1. 采用普通螺栓

工作时联接受到与螺栓轴线相垂直的外载荷 F_R 的作用。被联接件在预紧力的作用下相互压紧，依靠结合面产生的摩擦力来抗衡外载荷，从而避免产生相对移动。显然，无论工作前还是工作后，螺栓本身仅受装配时由于拧紧螺母而产生的预紧力和螺纹副阻力矩的作用。预紧力使螺栓危险截面上产生拉应力：

$$F_0 f\cdot z\cdot m\geqslant KF_R \tag{7-13}$$

$$F_R\geqslant KF_R/f\cdot z\cdot m \tag{7-14}$$

式中：z—联接螺栓的数目；

m—结合面数目；

f—结合面间摩擦系数，对于钢或铸铁的干燥加工表面，可取 $f=0.1\sim0.15$；

K—可靠性系数，亦称防滑系数，通常取 $K=1.1\sim1.3$。

由此可得，单个螺栓所需的预紧应力为：$\sigma=4F_0/\pi d_1{}^2$ 若计入扭转切应力的影响，强度条件为：

$$\sigma_e=\frac{1.3F_0}{\frac{\pi}{4}d_1{}^2}\leqslant[\sigma] \tag{7-15}$$

设计公式为：

$$d_1=\sqrt{\frac{4\times1.3F_0}{\pi[\sigma]}} \tag{7-16}$$

式中：$[\sigma]$—许用拉应力 N/mm^2(MPa)。

3. 采用铰制孔用螺栓

绞制孔用螺栓联接一般均需拧紧，由预紧力产生的拉应力对联接强度的影响可以不计。螺栓杆受横向工作载荷 F_R 时，剪切强度条件为：

$$\tau=\frac{Fh}{m\ \frac{\pi}{4}d_s^2}\leqslant[\tau] \tag{7-17}$$

螺栓杆或孔壁的挤压强度条件：

$$\sigma_p=\frac{Fh}{d_s L_{\min}}\leqslant[\sigma_p] \tag{7-18}$$

式中：d_s—螺栓杆剪切面直径(mm)；

Z—联接螺栓数；

m—接合面数；

$[\tau]$—螺栓的许用剪切应力(MPa)，查设计手册；

$[\sigma_p]$—螺栓杆或孔壁中的低强度材料的许用挤压用力(MPa)，查设计手册；

h—螺栓杆与孔壁间的最小高度。

(三)受轴向外载荷的紧螺栓联接

这种承载形式在紧螺栓联接中比较常见，汽缸与汽缸盖螺栓组联接就是这种联接的典型例子。在这种联接中，螺栓实际承受的总拉力 F_0 并不等于预紧力和轴向工作载荷 F 之和。

二、螺纹联接件的材料和许用应力

(一)螺纹联接件的材料

螺栓的常用材料有低碳钢 Q215、10 号钢和中碳钢 Q235、35 和 45 钢等，重要和有特殊要求的场合可采用 15Cr、40Cr、30CrMnSi 和 15MnVB 等机械性能较高的合金钢。有防蚀或导电要求时，也可采用铜及其合金以及其他有色金属。近年来还发展了高强度塑料螺栓和螺母。常用螺栓材料的机械性能见表 7.1.2。

表 7.1.2 螺栓的常用材料及其机械性能

钢号	强度极限 s_B/MPa	屈服极限 s_S/MPa	钢号	强度极限 s_B/MPa	屈服极限 s_S/MPa
10	340～420	210	35	540	320
Q215	340～420	220	45	650	360
Q235	410～470	240	40Cr	340～420	650～900

(二)螺纹联接的许用应力和安全系数

螺栓的许用应力及安全系数可查机械设计手册相关表格。由表可知，不控制预紧力的紧螺栓联接中，安全系数 S 的选择与螺栓直径 d 有关，d 越小，S 越大，许用应力$[s]$也就越低。这是因为，如果不控制预紧力，螺栓直径越小，拧紧时螺杆因过载而损坏的可能性就越大。在设计时,因 d 未知,而 S 的选择与 d 有关,因此要用试算法,即根据经验,先假定一个螺栓直径,再根据这个直径查取 S,然后根据强度计算公式计算出 d_1 值,若 d_1 的计算值与所假定的直径相对应,则可将假定值作为设计结果,否则必须重算。

三、提高螺栓联接强度的措施

螺栓联接的强度主要取决于螺栓的强度。影响螺栓强度的因素很多,有结构、尺寸参数、装配工艺、材料、制造精度等级等。以下就几个主要方面作一介绍。

1. 提高螺栓的疲劳强度

理论和实践证明,变载荷工作时,在工作载荷和残余预紧力不变的情况下,减小螺栓刚度或增大被联接件刚度都能达到提高螺栓疲劳强度的目的,但应适当增大预紧力,以保证联接的密封性。

减小螺栓刚度的常用措施有:适当增加螺栓的长度、减小螺栓杆直径或做成中空的结构——柔性螺栓。柔性螺栓受力时变形大,吸收能量作用强,也适于承受冲击和振动。在螺母下面安装弹性元件,当工作载荷由被联接件传来时,由于弹性元件的较大变形,也能起到柔性螺栓的效果。为了增大被联接件的刚度,不宜采用刚度小的垫片。

2. 改善螺纹牙间的载荷分布

采用普通螺母时,轴向载荷在旋合螺纹各圈之间的分布是不均匀的,从螺母支承面算起,第一圈受载最大,以后各圈递减。理论分析和实验证明,旋合圈数越多,载荷分布不均的程度就越显著,第 8～10 圈以后的螺纹几乎不受载荷。所以,采用圈数多的厚螺母,并不能提高联接强度。若采用悬置(受拉)螺母,则螺母锥形悬置段与螺栓杆均为拉伸变形,有助于减少螺母和螺栓杆的螺距变化差,从而使载荷分布比较均匀。

3. 减轻应力集中

螺纹的牙根和收尾、螺栓头部与栓杆交接处,都有应力集中,是产生断裂的危险部位;特别是在旋合螺纹的牙根处,由于栓杆拉伸,牙受弯剪,而且受力不均,情况更为严重。适当加大牙根圆角半径以减轻应力集中,可提高螺栓疲劳强度达 20%～40%;在螺纹收尾处用退刀槽、在螺母承压面以内的栓杆有余留螺纹等,都有良好效果。航空、航天器螺栓采用新发展的 MJ 螺栓,其主要结构特点就是牙根圆角半径增大。

高强度钢螺栓对应力集中敏感,但由于可用更大的预紧力拧紧和更高的极限强度,结果还是有利的。

4. 采用合理的制造工艺

制造工艺对螺栓疲劳强度有很大影响。采用碾制螺纹时,由于冷作硬化的作用,表层有残余压应力,金属流线合理,螺栓疲劳强度可比车制螺纹高 30%～40%;热处理后再滚压的效果更好。另外,碳氮共渗、渗氮、喷丸处理都能提高螺栓疲劳强度。

任务二　键联接结构设计

任务布置

设计一齿轮与轴的键联接。已知轴的直径 $d=90$mm，轮毂宽 $B=110$mm，轴传递的扭矩 $T=1800$N·m，载荷平稳，轴、键的材料均为钢，齿轮材料为锻钢。试选择键联接（键的尺寸、代号标注、强度校核）。

任务准备

一、键联接的类型

键联接是一种可拆卸联接，多用来联接轴和轴上的转动零件（如带轮、齿轮、飞轮、凸轮等），实现轴和轴上零件之间的周向固定并传递转矩。有些类型的键还可实现轴上零件的轴向固定或轴向移动。

键是标准件，按照在工作前键联接中是否存在预紧力，将键分为两类：松联接和紧联接。

1. 松联接

松联接是由平键或半圆键与轴、轮载所组成的。键的两侧面是工作面，键的上表面没有斜度，因此构成松联接。这种联接在工作前，联接中没有预紧力的作用；工作时，依靠键的两侧面与轴及轮载上键槽侧壁的挤压来传递转矩。

平键通常分为普通平键及导向平键，如图 7.2.1(a)所示。导向平键较长，需用螺钉固定在轴槽中，为了便于装拆，在键上制出起键螺纹孔，如图 7.2.1(b)所示。这种键能实现轴上零件的轴向移动，构成动联接。如变速箱的滑移齿轮即可采用导向平键。

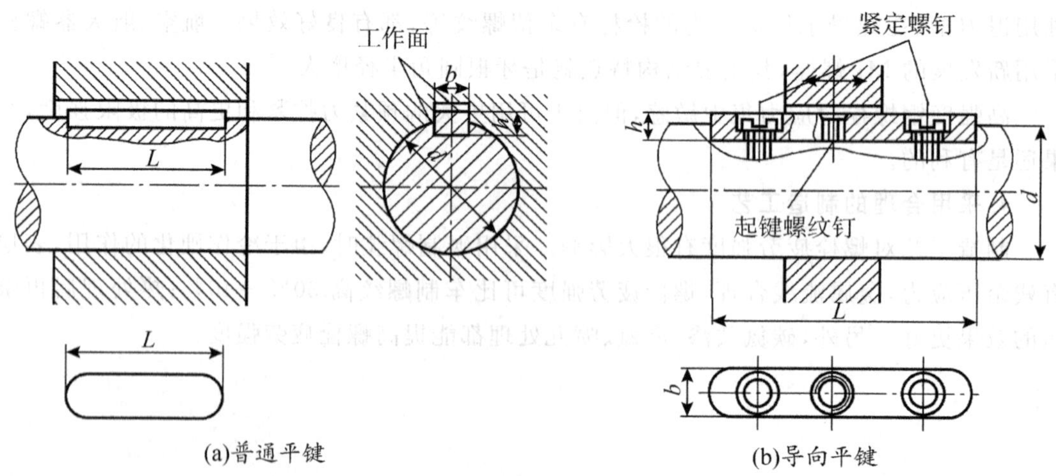

图 7.2.1　普通平键和导向平键联接

半圆键联接的制造简单，安装方便，同时它可以自动地适应轮载中键槽的斜度，如图 7.2.2(a)所示；缺点是轴上的深槽影响轴的强度，所以这种键主要用于轻载荷的联接。

锥形轴端采用半圆键联接在工艺上较为方便，如图 7.2.2(b)所示。

松联接的优点是轴与轴上零件的配合对中性好，因而可以应用于高速及精密的联接中，同时这种联接装拆也很方便。但是它仅能传递转矩，不能承受轴向力，因此，必须附加固定螺钉或定位轴环等才能把零件的轴向位置固定。

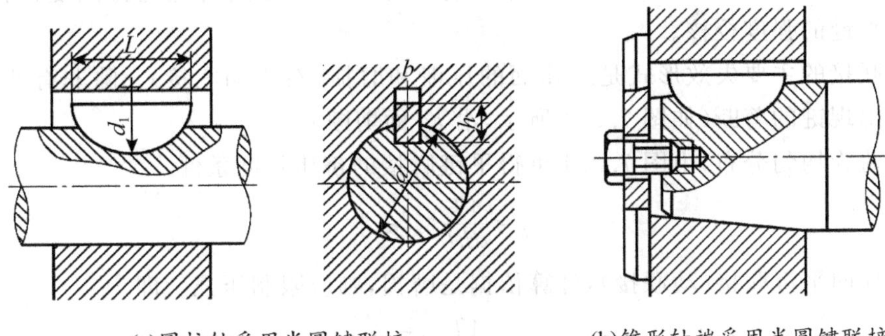

(a)圆柱轴采用半圆键联接　　(b)锥形轴端采用半圆键联接

图 7.2.2　半圆键联接

2. 紧联接

紧联接由楔键和轴、轮毂组成。键的上表面制成 1:100 的斜度，与此面相接触的轮毂键槽平面也制成 1:100 的斜度。装配时，将键楔楔紧，使键的上下两工作面与轴、轮毂的键槽工作表面压紧，而构成紧联接，即在工作前联接中有预紧力作用。键与键槽的侧壁互不接触。

楔键分为普通楔键和钩头楔键两种。钩头楔键的钩头是为了拆键用的。工作时楔键是靠键与键槽之间和轴与轮毂之间的摩擦，以及在转动时轴与轮载间有相对偏转，从而使键的一侧压紧来传递转矩和单向的轴向力的，但是由于预紧力会使轴上零件和轴偏向，如图 7.2.3 所示，因此楔键仅用于定心精度要求不高、载荷平稳和低速的联接场合。

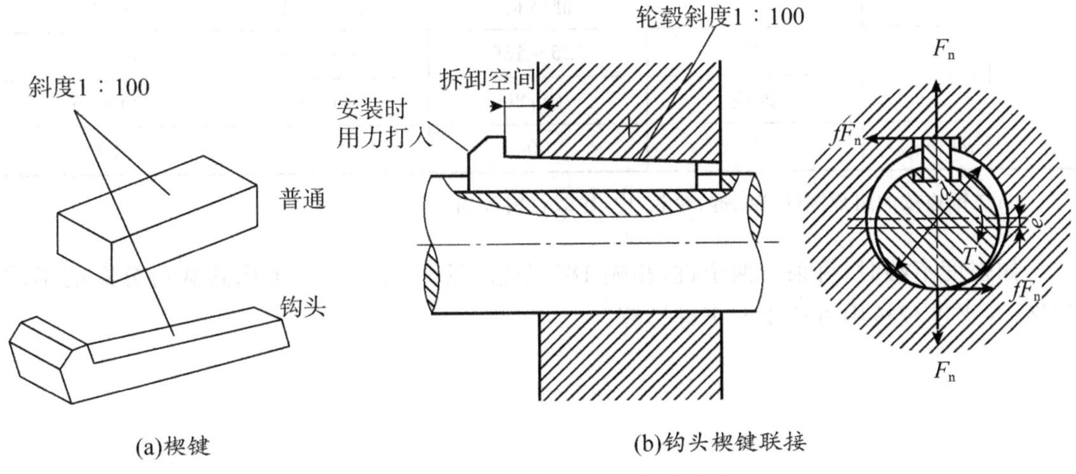

(a)楔键　　(b)钩头楔键联接

图 7.2.3　普通楔键和钩头楔键联接

二、键的选择及其强度校核

键是标准件，国标规定了平键联接的键和键槽的剖面尺寸。工作时，键受到挤压，所以键的材料多采用强度极限不小于 600MPa 的碳素钢，通常用 Q275 及 45 钢等。

设计时，通常先根据联接的工作要求，参照各种键的结构形式及其特点确定键的种类，随后键的截面尺寸应按轴径 d 从键的标准中查取，即键的宽度 b 和高度 h，键的长度 L 一般取 $1.5d$，可略小于轮载长度，并从系列标准中查取。必要时应进行强度校核。下面主要介绍平键的强度校核。

平键联接的主要失效形式是工作面的压溃和磨损(对于动联接)。除非有严重过载，一般不会出现键的剪断(如图 7.2.4 所示，沿 aa 面剪断)。

设载荷为均匀分布，由图 7.2.4 可得平键联接的挤压强度条件

$$\sigma_p=\frac{4T}{dhl}\leqslant[\sigma_p] \tag{7-19}$$

对于导向平键联接(动联接)，计算依据是磨损，则应限制压强。即

$$p=\frac{4T}{dhl}\leqslant[p] \tag{7-20}$$

式中：T—转矩，N·mm；

d—轴径，mm；

b—键的宽度，mm；

h—键的高度，mm；

l—键的工作长度，mm；

$[\sigma_p]$—许用挤压应力；

$[p]$—许用压强，MPa(见表 7.2.1)。

表 7.2.1 联接件的许用挤压应力和许用压强 单位：MPa

许用值	轮毂材料	载荷性质		
		静载荷	轻微冲击	冲击
$[\sigma_p]$	钢	125～150	100～120	60～90
	铸铁	70～80	50～60	30～45
$[p]$	钢	50	40	30

注：在键连接的组成零件(轴、键、轮毂)中，轮毂材料较弱。

如强度不够时，可采用两个键，相隔 180°布置(见图 7.2.5)。考虑到载荷分布的不均匀性，在强度校核中可按 1.5 个键计算。

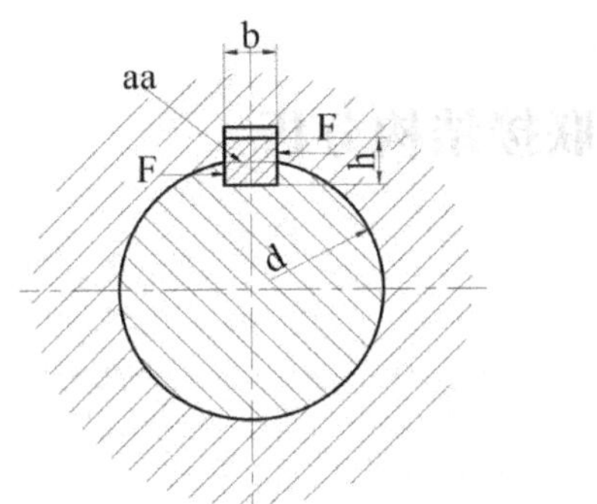

图 7.2.4 平键联接的载荷分析

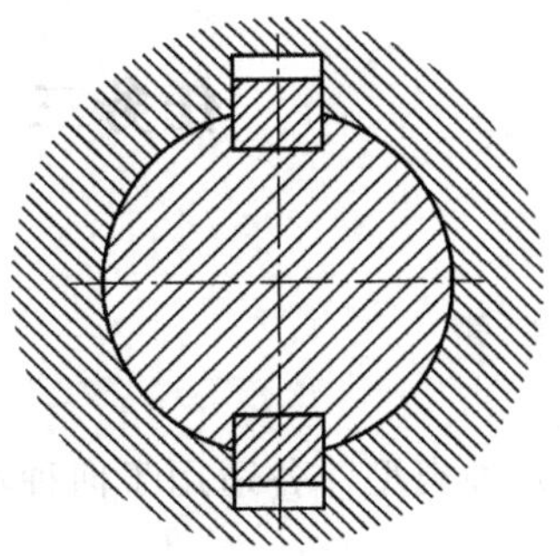

图 7.2.5 两个平键的联接

三、花键联接

轴和轮毂孔周向均布的多个键齿构成的联接称为花键联接。齿的侧面是工作面。由于是多齿传递载荷，所以花键联接比平键联接具有承载能力高，对轴削弱程度小（齿浅、应力集中小），定心好和导向性能好等优点。它适用于定心精度要求高、载荷大或经常滑移的联接。花键联接按其齿形不同，可分为一般常用的矩形花键（图 7.2.6(a)）和强度高的渐开线花键（图 7.2.6(b)）。

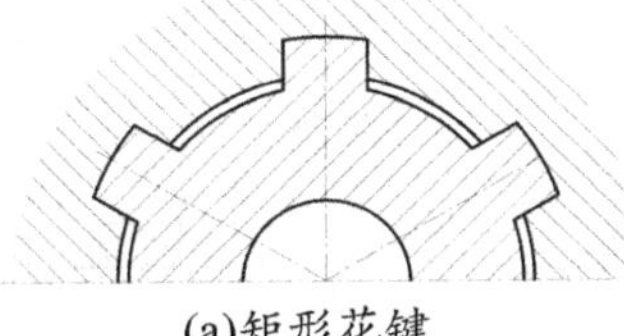

(a)矩形花键 (b)渐开线花键

图 7.2.6 花键联接

花键联接可以做成静联接，也可以做成动联接，一般只验算挤压强度和耐磨性。

任务实施

根据题意可知齿轮与轴的键联接，要求有一定的定心，故选择普通平键，圆头（A 型）。经查表得，当 $d=90$mm 时，键的剖面尺寸 $b=25$mm，$h=14$mm。由轮毂宽 $B=110$mm，选键长 $L=100$mm。因载荷平稳且轴、键的材料为钢，齿轮材料为锻钢，所以由机械手册查得许用挤压应力 $[\sigma_{jy}]=125\sim150$MPa，键的工作长度为 $l=L\cdot b=100.25=75$mm。

键联接工作面上的挤压应力 σ_p，即

$$\sigma_p=4T/(dhl)=(4\times1.8\times106)/(90\times14\times75)=76.2<[\sigma_{jy}]$$

由以上计算可知选择的键联接的挤压强度是足够的，故可用。

课后思考

为什么采用两个平键时，一般布置在沿周向相隔 180°的位置；采用两个楔键时相隔 120°左右；而采用两个半圆键时却布置在轴的同一母线上？

任务三　销联接结构分析

任务布置

销有哪几种类型？各适用于何种场合？

知识准备

销可用于定位、锁紧或联接。销的主要用途是固定零件之间的相互位置并可传递不大的载荷。也可用作过载保护元件，如减速器中的定位销、套筒联轴器里的联接销和安全联轴器中的安全销。

销的基本形式为圆柱销和圆锥销，如图 7.3.1 所示。圆柱销利用微量的过盈固定在铰过的销孔中多次装拆将有损于联接的紧固，其定位精度也会降低，如图 7.3.1(a)所示。圆锥销有 1∶50 的锥度，安装比圆柱销方便，多次装拆对定位精度的影响也较小，如图 7.3.1(b)所示。

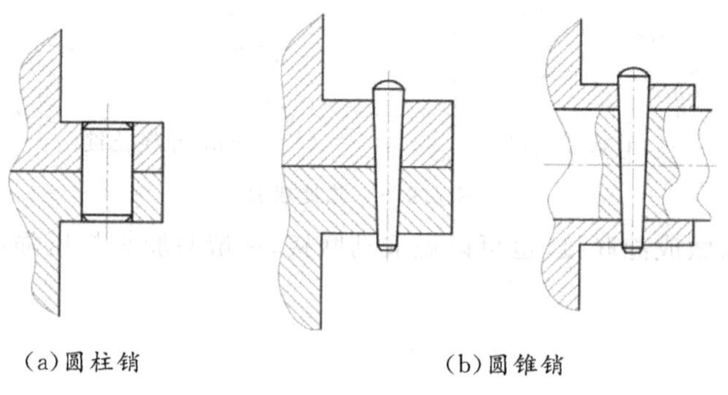

(a)圆柱销　　(b)圆锥销

图 7.3.1　销联接

销的常用材料为 35、45 钢。

销有许多特殊形式。大端具有外螺纹的圆锥销，便于拆卸，可用于盲孔；小端带外螺纹的圆锥销，可用螺母锁紧，适用于有冲击的场合。带槽的圆柱销上有三条压制的纵向沟槽；图 7.3.2 是放大的俯视图，其细线表示打入销孔前的形状，实线表示打入后变形的结果，这使销与孔壁压紧，不易松脱，能承受振动和变载荷。使用这种销联接时，销孔不需要铰制，且可多次装拆。

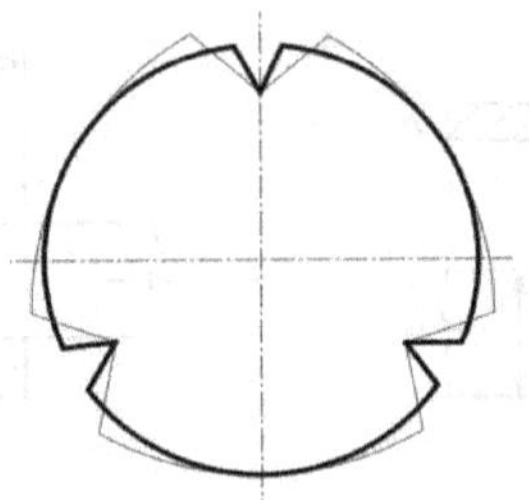

图 7.3.2　带槽的圆柱销

任务实施

答：销的类型有：圆柱销、圆锥销、带孔销、开口销和安全销等。销钉主要用作装配定位，也可用作联接、放松及安全装置中的过载剪断联接。

课后思考

在销的选择中要注意哪些问题？

知识拓展

(一)焊接基本知识

把两个或两个以上金属零件局部加热，通过材料之间原子或分子的结合和扩散，使熔融后而联接成为一个整体，这种联接方法称为焊接。焊接广泛用于机械制造中，它属于不可拆联接。不论同种金属、异种金属或某些非金属材料均可以进行焊接。焊接方法有多种，机械制造业中常用电焊、气焊和电渣焊，其中最常见的电焊。电焊又分电弧焊和接触焊两种，其中电弧焊操作简便，联接质量好，适用范围广。

在焊接过程中，被联接件接缝处达到熔融状态，融化的焊条金属填充接缝处的空隙而形成焊缝，构成联接。焊接具有节约原材料，减小零部件质量、简化工艺、减轻劳动强度和提高产品质量等优点。焊接广泛用于制造金属构架、容器壳体、机架等结构。在单件生产情况下，采用焊接一般制造周期短、成本低。

焊接时形成的接缝称为焊缝。焊缝大致可以分为对接焊缝，如图 7.3.3 所示；填角焊缝，如图 7.3.4 所示。对接焊缝用来联接在同一平面内的构件。填角焊缝用来联接不在同一平面内的构件。

按焊缝与载荷方向的不同可分为：与载荷方向垂直的称为端焊缝；平行于载荷方向的焊缝称为侧焊缝，与载荷方向既不平行又不垂直的焊缝称为斜焊缝，一个接头采用两种以上形式的焊缝称为组合焊缝。

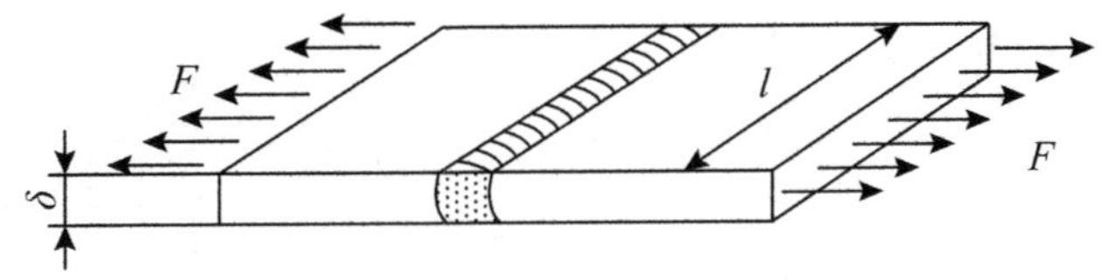

图 7.3.3　对接焊缝

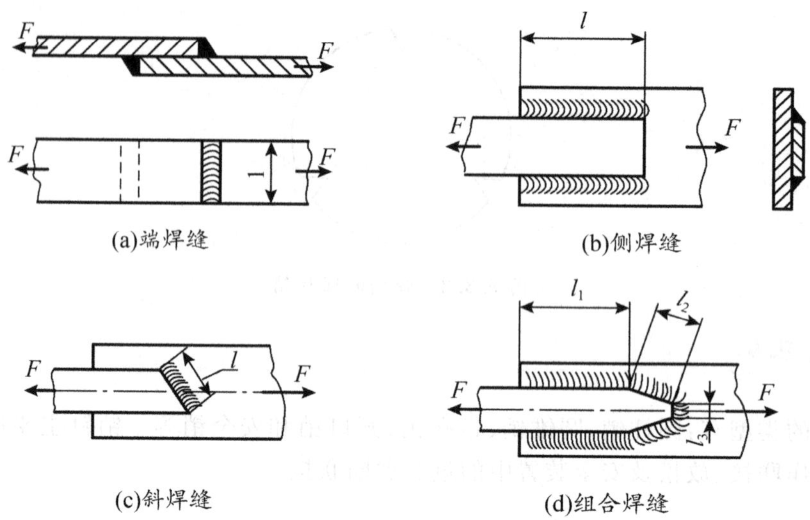

图 7.3.4 填角焊缝

在机械设计中，焊接件最常用的材料是钢，一般均是低碳钢和低碳合金钢，有时也采用中碳钢。

用于电弧焊的焊接材料有焊条、焊丝、焊剂、焊接用气体(如二氧化碳、氢气)等。用于钢零件的焊条有碳钢焊条、低合金焊条和不锈钢焊条。焊条材料应与被焊件材料相同或接近，所选焊条的抗拉强度应等于或稍高于被焊接材料的抗拉强度。

(二)胶接

胶接是将两种或两种以上的零件，用胶黏剂涂于被联接件之间并经固化所形成的一种联接工艺方法。现今，胶接已广泛应用于工业、交通、国防等各个部门。

胶接与焊接相比，胶接能用于异性、复杂、微小或薄壁构件的联接以及金属与非金属构件相互联接，结构复杂的部件采用胶接可一次完成，机械加工量少，可以大幅度地降低生产费用，经济效益明显。胶接具有密封、绝缘和防腐作用，胶接重量轻，外表光洁完整。但其缺点是胶黏剂易老化变脆，从而降低接头的承载能力，胶接接头的剥离强度很低，胶接强度将随温度的增高而显著下降；抗剥落、抗弯曲、抗冲击振动的性能差，胶接质量检查困难等。

如图 7.3.5 所示为一些金属机械零件的胶接实例。图 7.3.5(a)为胶接的蜗轮，图 8.3.5(b)为胶接的管道。

胶接接头的基本型式有对接、搭接、管接和角接。图 7.3.6(a)为对接，图 7.3.6(b)为搭接，图 7.3.6(c)为管接，图 7.3.6(d)为角接。为了提高胶接强度，应避免接头受剥离或扯离。

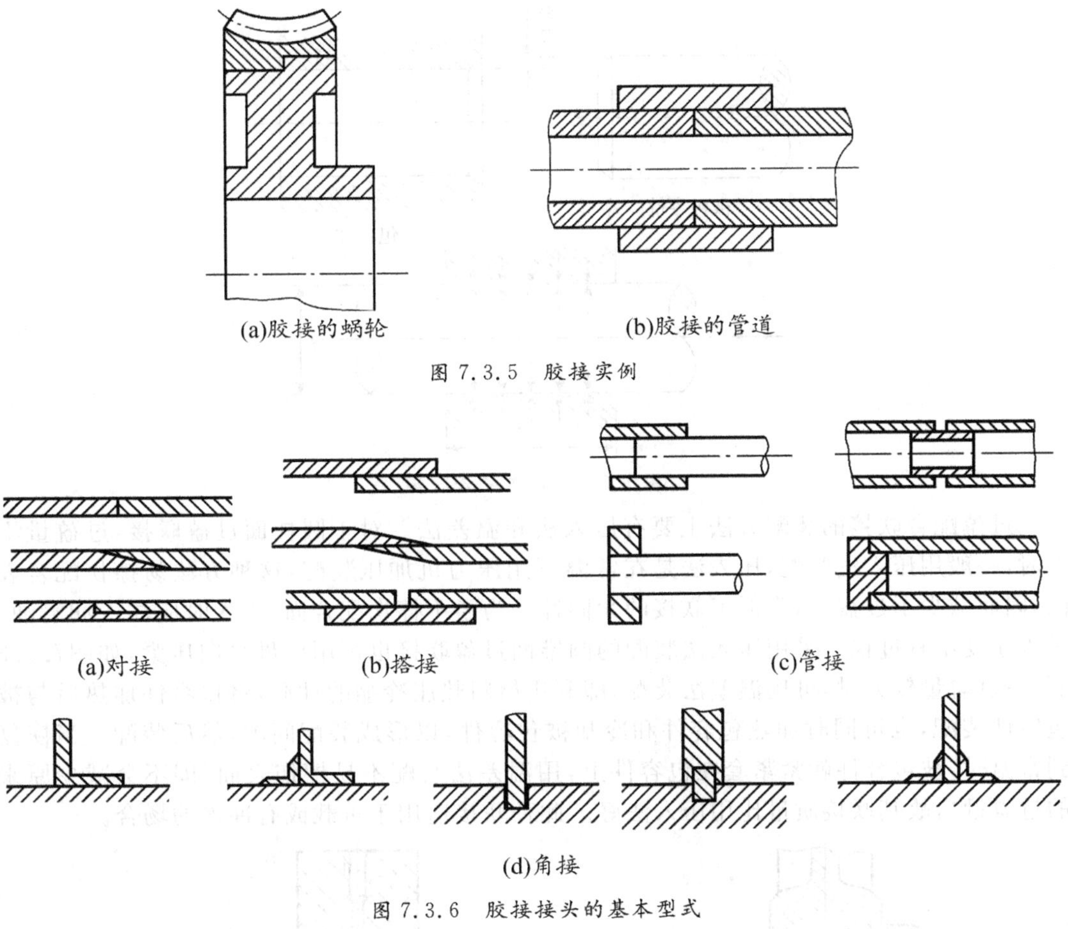

图 7.3.5　胶接实例

图 7.3.6　胶接接头的基本型式

(三)过盈配合联接

过盈配合联接常用于轴与轮毂的联接，由于包容件(一般是轮毂)与被包容件(一般是轴)间存在着过盈量，所以装配后在两者的配合表面间产生压力，工作时靠与此压力诱发的摩擦力传递转矩或轴向力，如图 7.3.7 所示。过盈量 δ 使包容件和被包容件的结合表面之间产生一定的径向正压力 P，当过盈联接承受轴向力 F_a 或转矩 T 时，结合面上产生足够的摩擦力或摩擦力矩与外载荷抗衡。在过盈联接中，结合面可以是圆柱面，也可以是圆锥面。这种联接结构简单，同轴性好，对轴的强度削弱少，耐冲击的性能好，但由于其承载能力主要取决于过盈量的大小，故对配合表面加工精度要求较高。过盈量不大时，允许拆卸，但多次拆卸将影响联接的工作能力；过盈量过大时，一般不允许拆卸。

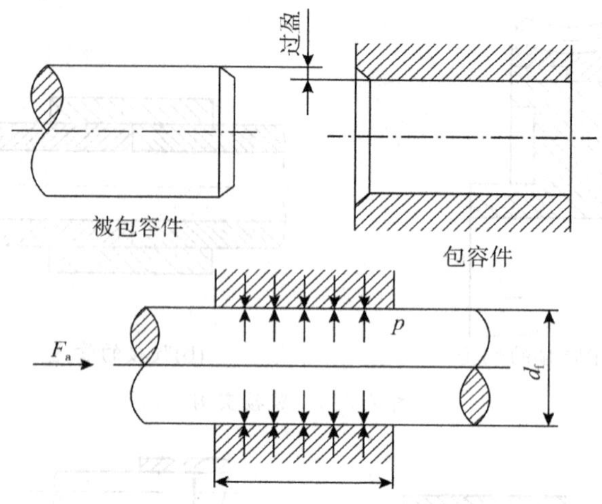

图 7.3.7　过盈配合联接

过盈配合联接的装配方法主要有压入法和温差法。对于圆柱面过盈联接，过盈量不大时，一般用压入法装配，压入法是在常温下用压力机加压装配，这种方法易擦伤配合表面，因而减少了过盈量，降低了联接的紧固性。为了不擦伤配合面，压入时应注入润滑油，压入速度不宜过快。采用压入法装配的圆锥面过盈联接也可用螺母纵向压紧，如图7.3.8所示；过盈量较大时，可用温差法装配，即利用材料热胀冷缩的性质，将包容件加热后与被包容件装配，也可同时加热包容件和冷却被包容件，以形成装配间隙，然后装配。当恢复到常温时，被包容件就紧紧套在包容件上，用温差法装配不易擦伤表面(即不会减少原来的过盈量)，故其联接质量比用压入法好。此种联接适用于重载或有冲击的场合。

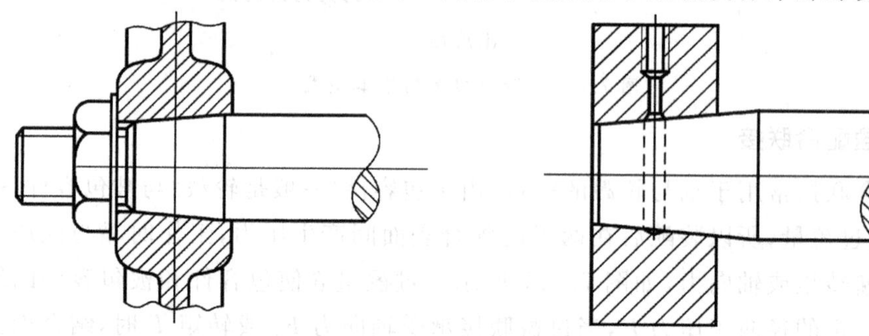

图 7.3.8　螺母纵向压紧　　图 7.3.9　采用液压拆卸

由于过盈配合联接经过多次装拆后，配合面会受到严重损伤，当装配过盈量很大时，装好后再拆开就更加困难。因此，为了保证多次装拆后的配合仍能具有良好的紧固性，可采用液压拆卸，如图 7.3.9 所示。压力大于 2MPa 的高压油可从包容件泵入配合表面，也可从被包容件(轴端)泵入，使包容件胀大和被包容件缩小，同时施加不大的轴向力将零件推至预定的位置，然后排出高压油而构成联接；拆卸联接时，只需重新泵入高压油即可分离。圆锥面的锥度通常取 1∶50、1∶30，用液压拆卸装配时，配合面间因存在油膜，不易擦伤，联接质量较高，可多次装拆而不破坏零件，但对配合面的接触精度要求高，而且要求有高压油泵等专用设备。适用于重载、大型零件。

一些同轴度要求较高，受载较大，或者有冲击的轴载联接，往往同时应用键(销)联接和过盈联接来保证其联接可靠和同轴度要求，例如重载齿轮或涡轮与轴的联接。

项目8 零件结构设计

知识目标：

- 掌握零件结构设计的基本原则；
- 掌握典型零件的结构特点；
- 掌握一体化结构的应用范围。

技能目标：

- 具有丰富的空间设计思维能力；
- 认真制定工作计划，并认真执行的能力；
- 会进行零件的结构设计。

素质目标：

- 培养爱岗敬业、实事求是、勇于创新的工作作风；
- 培养精益求精、质量第一、规范操作设备的做事态度；
- 具备良好的表达和沟通能力。

任务一　轴类零件结构设计

任务布置

设计如图 5.1.1 所示的带式输送机传动装置中的一级斜齿圆柱齿轮减速器的输出轴，轴输出端与联轴器相接。已知：该轴传递的功率为 $P=6\text{kW}$，转速 $n=170\text{r/min}$，轴上齿轮的分度圆直径 $d=180\text{mm}$，齿宽 $b=70\text{mm}$，螺旋角 $\beta=12°$，法向压力角 $\alpha_n=200$。载荷基本平稳，工作时单向运转。

任务准备

轴是组成机器的重要零件，机器中做回转运动的零件一般需安装在轴上，通过轴实现传动。轴的工作状况好坏直接影响到机器的性能和质量。

一、轴的分类

根据承载情况不同，轴可分为心轴、传动轴和转轴三类。各类轴的承载情况及特点见表 8.1.1。

表 8.1.1　心轴、传动轴和转轴的承载情况及特点

<table>
<tr><th>种类</th><th colspan="2">举例</th><th>受力简图</th><th colspan="2">特点</th></tr>
<tr><td rowspan="2">心轴</td><td>固定心轴</td><td>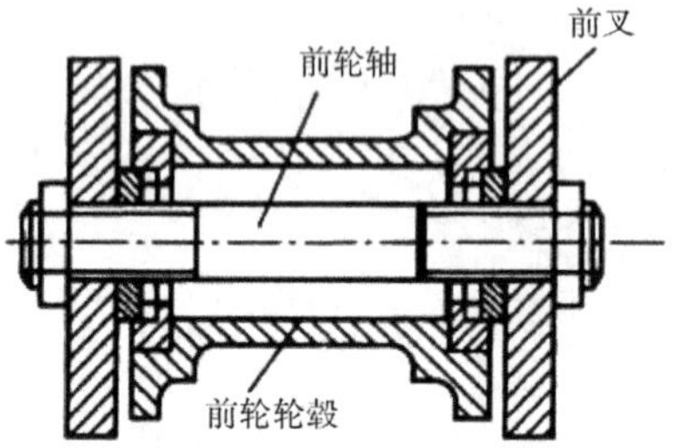
自行车前轴</td><td>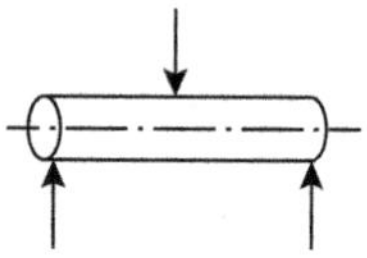</td><td rowspan="2">只承受弯矩，不承受转矩，起支承作用</td><td>截面上的弯曲应力 σ 为静应力，
$\sigma=\frac{M}{W_z}$
M—截面上的弯矩
W_z—抗弯截面系数</td></tr>
<tr><td>转动心轴</td><td>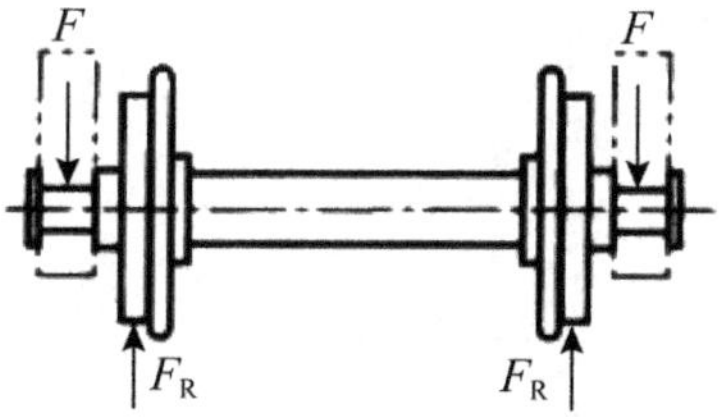
车轮轴</td><td>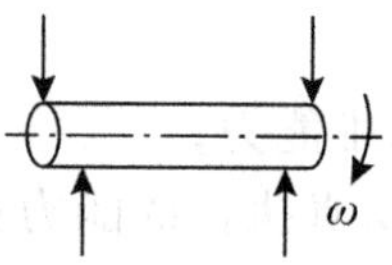</td><td>截面上的弯曲应力 σ 为变应力
$\sigma=\frac{M}{W_z}$</td></tr>
<tr><td>传动轴</td><td colspan="2">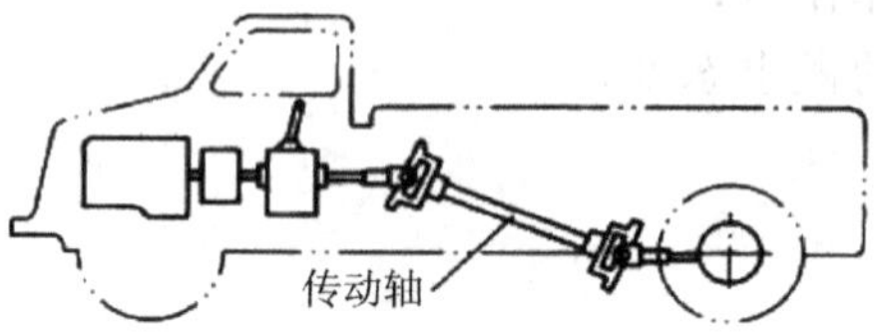
汽车变速箱与后桥之间的轴</td><td>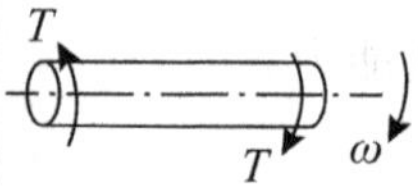</td><td colspan="2">主要承受转矩，不承受弯矩或承受很小的弯矩；仅起传递动力的作用；截面上的扭转切应力
$\tau=\frac{T}{W_p}$
T—截面上的扭矩
W_p—抗扭截面系数</td></tr>
<tr><td>转轴</td><td colspan="2">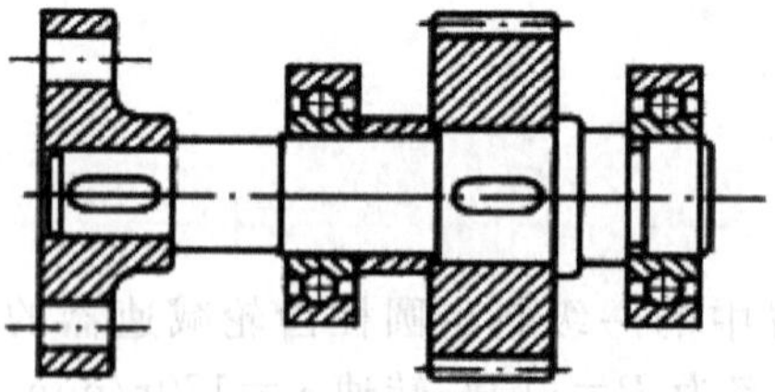
减速器中的轴</td><td>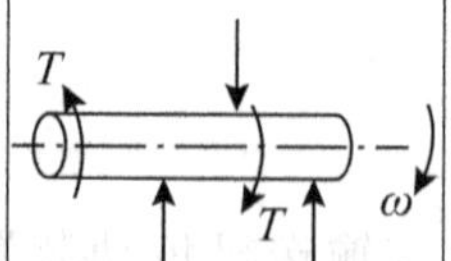</td><td colspan="2">既承受弯矩又承受转矩；是机器中最常用的一种轴，截面上受弯曲应力 σ 和扭转切应力 τ 的复合作用，其当量应力
$\sigma_e=\frac{M_e}{W_z}$
M_e—截面上的当量弯矩
W_z—抗弯截面系数</td></tr>
</table>

根据轴线形状，轴可分为直轴（图 8.1.1）、曲轴（图 8.1.2）、挠性钢丝轴（图 8.1.3）。

直轴应用较广，根据外形，分为直径无变化的光轴（图 8.1.1(a)）和直径有变化的阶梯轴（图 8.1.1(b)）。为了减轻重量等原因，有时制成空心轴，空心轴一般直径较大，其内孔可以用于输送液体和机构等，车床主轴是典型的空心轴之一，如图 8.1.1(c)所示。

曲轴是用于将直线往复运动转换为旋转运动或将旋转运动转换为直线往复运动的轴，如汽车发动机曲轴、内燃机曲轴、空气压缩机曲轴等，如图 8.1.2 所示。

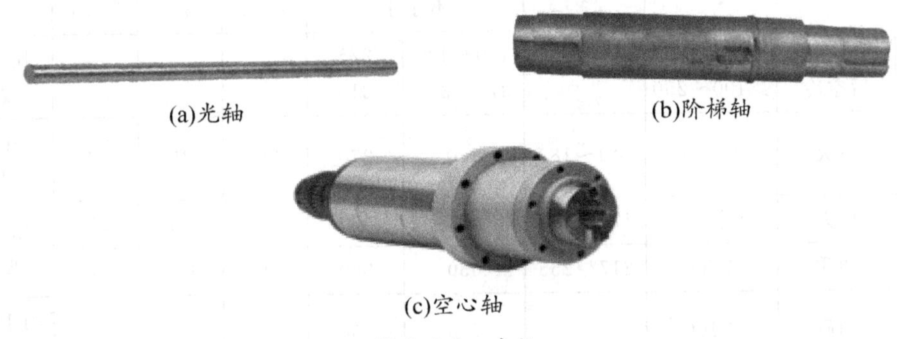

(a)光轴　(b)阶梯轴

(c)空心轴

图 8.1.1　直轴

挠性钢丝轴是由几层紧贴在一起的钢丝层构成，如图 8.1.3 所示。其挠性好，可以在传递转矩的同时在一定范围内改变轴线方向，将运动灵活地传递到指定位置。但传递的转矩较小，且不能承受弯矩，主要用于传递运动为主的机械装置中，如装配流水线上的电动螺丝扳手、医疗器械等。

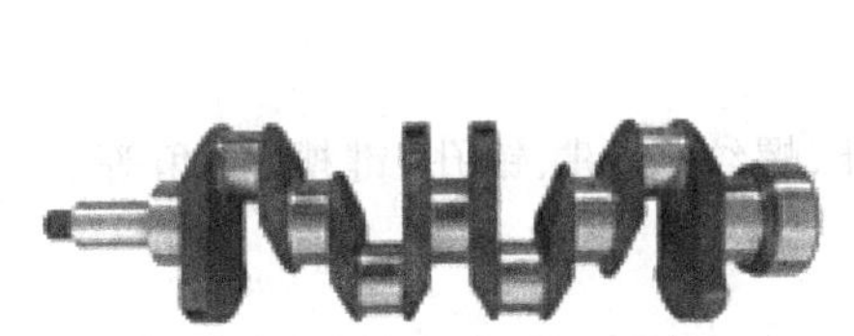

图 8.1.2　曲轴

图 8.1.3　挠性钢丝轴

二、轴的常用材料

轴的主要失效形式为疲劳破坏，轴的材料应具有较好的强度、韧性及耐磨性。一般用途的轴常用优质碳素结构钢，如 35、45、50 牌号的钢，45 钢应用最广泛；轻载或不重要的轴可采用 Q235、Q275 等普通碳素钢；重载或重要的轴可选用合金结构钢，其力学性能高，但价格较贵，选用时应综合考虑。轴的毛坯一般采用轧制圆钢和锻件，轴的常用材料及其主要力学性能见表 8.1.2。

表 8.1.2　轴的常用材料及其主要力学性能

材料牌号	热处理方法	毛坯直径/mm	硬度/HBW	抗拉强度 σ_b/MPa	屈服点 σ_s/MPa	许用弯曲应力/MPa			备注
				不小于		$[\sigma_{+1}]_b$	$[\sigma_0]_b$	$[\sigma_{-1}]_b$	
Q235-A	热轧或锻后空冷	≤100 >100～250		400～420 375～390	225 215	125	70	40	用于不重要的轴
35	正火	≤100	149～187	520	270	170	75	45	用于一般轴
45	正火	≤100	170～217	600	300	200	95	55	用于较重要的轴
	调质	≤200	217～255	650	360	215	108	60	
40Cr	调质	≤100	241～286	750	550	245	120	70	用于截荷较大，但冲击不太大的重要轴
	调质	>100～300		700	500				
35SiMn	调质	≤100	229～286	800	520	270	130	75	用于中、小型轴，可代替 40Cr
42SiMn	调质								
40MnB	调质	≤200	241～286	750	500	245	120	70	用于小型轴，可代替 40Cr

三、轴的结构设计

轴的表面结构特征主要有：外圆、内孔、圆锥、螺纹、花键、销孔、键槽、倒角等。

（一）轴的结构设计基本要求

轴的结构设计是确定轴的结构形状和尺寸。由于影响轴结构的因素很多，故轴的结构设计具有较大的灵活性和多样性，但应满足下列基本要求：

（1）轴和轴上的零件要有准确的轴向和周向的定位与固定。

（2）轴上的零件应便于装拆和位置调整。

（3）为节省材料和减轻重量，轴的尺寸在满足强度和刚度要求的同时应尽量小。

（4）应具有良好的工艺性。

（5）受力布局要合理，以提高轴的刚度和强度。

（6）结构应尽量避免应力集中，以提高疲劳强度。

由于要满足轴的上述要求，轴的结构多数是阶梯轴。图 8.1.4 是阶梯轴的典型结构，自右向左由①～⑦7 段组成，各段的名称如下：①、④两段用于安装轮毂的轴段称为轴头，③、⑦两段用于安装轴承的轴段称为轴颈，②、⑥两段用于联接轴头和轴颈的轴段称为轴身，⑤段称为轴环，直径不等的相邻两轴段之间的环型轴端称为轴肩。

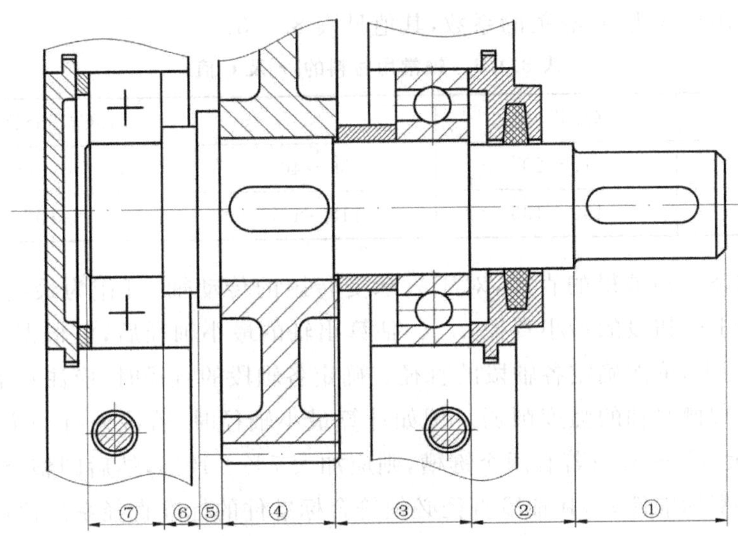

图 8.1.4　阶梯轴的典型结构

(二)轴结构设计的步骤和方法

1.拟定轴上零件的装配方案

轴的结构形式取决于轴上零件的装配方案，因而进行轴的结构设计时，必须拟定合理的装配方案。图 8.1.4 所示阶梯轴的结构方案，中间段直径大，分别向左右两端直径逐渐减小，圆柱齿轮、套筒、右端轴承及轴承端盖和联轴器依次由轴的右端装配与拆卸，左端轴承和轴承端盖依次由轴的左端装配与拆卸。

2.确定轴的各段直径

由于设计初期，轴的长度、支反力作用点和跨距等都是未知的，往往无法确定弯矩的大小和分布情况，因而还不能按轴所受的实际载荷来计算和确定轴的直径。此时，通常先根据轴所传递的转矩，按扭转强度来初步估算轴的直径，其方法如下：

设轴所传递的转矩为 T，其强度条件为

$$\tau=\frac{T}{W_p}\approx\frac{9.55\times10^6\dfrac{P}{n}}{0.2d^3}\leqslant[\tau] \tag{8-1}$$

式中：τ—扭转切应力(MPa)；

T—转矩(N·mm)；

W_p—轴的抗扭截面系数(mm^3)；

n—轴的转速(r/min)；

P—轴传递的功率(kW)；

d—计算剖面处轴的直径(mm)；

$[\tau]$—许用扭转切应力(MPa)，见表 8.1.3。

由上式可得轴的直径计算公式为

$$d\geqslant\sqrt[3]{\frac{9.55\times10^6 P}{0.2[\tau]n}}=\sqrt[3]{\frac{9.55\times10^6}{0.2[\tau]}}\sqrt[3]{\frac{P}{n}}=C\sqrt[3]{\frac{P}{n}} \tag{8-2}$$

式中：C 是与许用切应力$[\tau]$有关的系数，其值见表 8.1.3。

表 8.1.3　轴常用材料的$[\tau]$及 C 值

轴的材料	Q235、20	45	40Cr、35SiMn、2Crl3
$[\tau]$/MPa	12～20	30～40	40～52
C	160～135	118～107	107～90

注意：用式(8－2)求得的直径，对于只承受转矩的传动轴，可作为最终计算；对于转轴，只能作为轴上受扭段的最小直径 $d_{\min}$。估算出轴的最小轴径后，可根据轴上零件的装配方案和定位要求，依次确定各轴段的直径。确定各轴段的直径时，应注意下列几点：

(1)应考虑键槽对轴的强度削弱。例如计算最小轴径时，若该处有一个键槽，则直径的计算值应加大 3%～5%；若有两个键槽，则应加大 7%～10%，然后圆整至标准值。

(2)轴上装配标准件处，其轴段直径必须符合标准件的标准直径系列值（如联轴器、滚动轴承、密封件等)。

(3)轴上车制螺纹部分的直径，必须符合外螺纹大径的标准系列值。

(4)与零件（如齿轮、带轮等)相配合的轴头直径，应采用按优先数系制定的标准尺寸，见表 8.1.4。

(5)非配合轴段的直径，可不取标准值，但一般应取成整数。

表 8.1.4　按优先数系制定的轴头标准直径(GB/T 2822—2005)

12	14	16	18	20	22	24	25	28	30	32	34	36
38	40	42	45	48	50	53	56	67	71	75	80	85
90	95	100	105	110	120	130	140	160	170	180	190	200

3. 确定轴的各段长度

根据各轴段处装配零件的宽度、相邻零件间的间距要求以及机器（或部件）总体布局要求等，可确定各轴段的长度。确定轴的各段长度时，应注意以下几点：

(1)当零件需要轴向定位时，则该处轴段的长度应比所装零件的宽度（或长度）短 2～3mm，以保证零件沿轴向可靠定位，如装齿轮和带轮的轴段。

(2)装轴承处的轴段长度一般与轴承宽度相同。

(3)轴段长度的确定应考虑轴系中各零件之间的相互关系和装拆工艺要求，如图 8.1.4中联轴器和右端轴承之间的轴段②即是根据轴承端盖的装拆要求和厚度确定的。

4. 轴上零件的定位与固定

为了保证机器能够正常工作，轴上零件和轴本身都应进行准确的定位和可靠的固定。轴上零件的定位和固定一般分为轴向定位与固定和周向固定两大类。

(1)轴上零件的轴向定位与固定

轴向定位与固定的方法很多，常见的有轴肩、轴环、套筒、各种挡圈、圆锥面、圆螺母及紧定螺钉等定位方式，其特点和应用见表 8.1.5。

表 8.1.5 轴上零件的轴向固定方法及特点

固定方法	简图	特点
轴肩、轴环	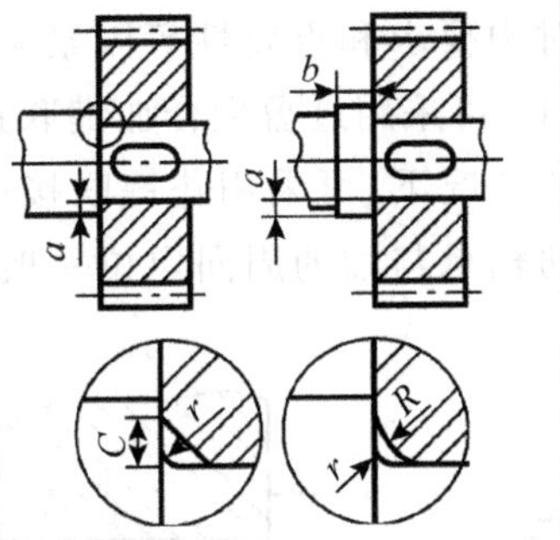	结构简单，定位可靠，可承受较大的轴向力，常用于齿轮、链轮、带轮、联轴器和轴承等轴向定位；定位轴肩高度 a 应大于 R 或 C，通常取 $a=(0.07-0.1)d$，同时为保证零件紧靠定位面，应使 $a>R$（或 C），R、r、C 值见表 8.1.6，定位轴肩的高度 h 一般取$(0.07\sim0.1)d$，d 为与零件相配处的轴径尺寸；非定位轴肩是为了加工和装配方便而设置，其高度没有严格的规定，一般取 1～2mm；轴环宽度 $b\approx1.4h$；与滚动轴承配合处的 a 与 R 值应根据滚动轴承的类型与尺寸确定
套筒	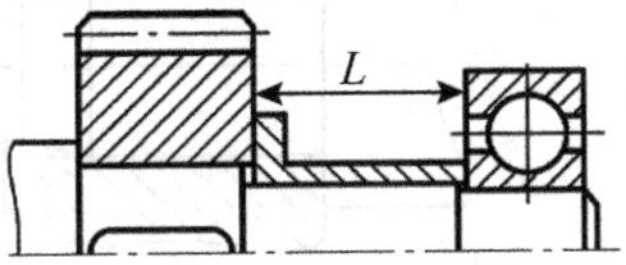	结构简单，定位可靠，轴上不需开槽、钻孔和切制螺纹，因而不影响轴的疲劳强度。一般用于零件间距较小的场合，以免增加结构重量。轴的转速很高时不宜采用
圆螺母		固定可靠，装拆方便，可承受较大轴向力。由于轴上需切制螺纹，使轴的疲劳强度降低。常用双圆螺母或圆螺母与止动垫圈固定轴上零件，当零件间距较大时，也可用圆螺母代替套筒以减小结构质量；圆螺母和止动垫圈的结构尺寸见 GB/T 812—1988 和 GB/T 858—1988
轴端挡圈	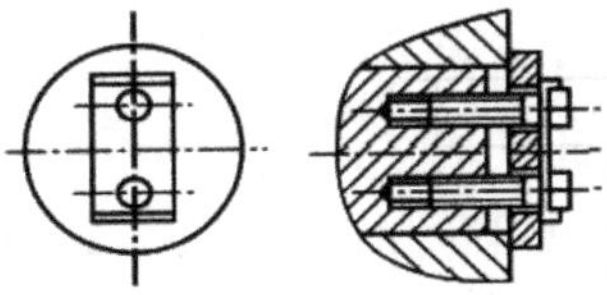	适用于固定轴端零件，可承受剧烈振动和冲击载荷；螺栓紧固轴端挡圈的结构尺寸见 GB/T 892—1986
弹性挡圈	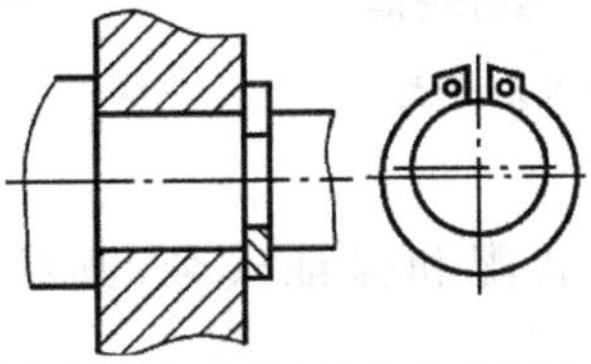	结构简单紧凑，只能承受很小的轴向力，常用于固定滚动轴承；轴用弹性挡圈的结构尺寸见 GB/T 8941—1986
挡环与紧定螺钉	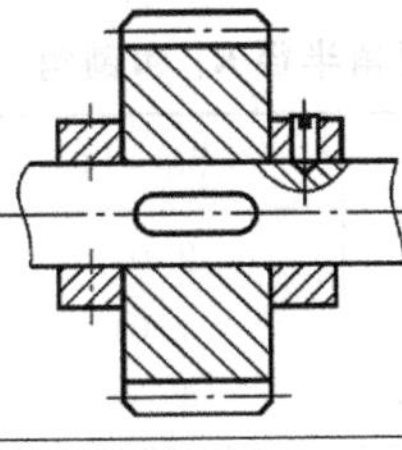	用紧定螺钉把挡环与轴固定，结构简单，定位方便，但只能承受较小的轴向力，且转速较低的场合
销联接	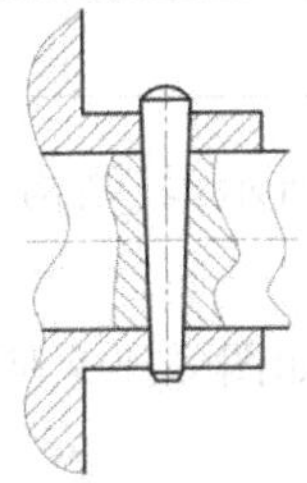	结构简单，可同时起周向固定作用，但轴上的应力集中较大，对轴的强度削弱较大

(2)轴上零件的周向固定

为了传递转矩,防止零件与轴产生相对转动,轴上零件与轴必须有可靠的周向固定。固定方法应根据载荷的大小和性质、轮毂与轴的对中要求和重要性等因素来确定。如齿轮与轴多采用平键联接;在重载、冲击或振动情况下,可采用过盈配合加键联接;在传递转矩较大,轴上零件需做轴向移动或对中要求较高的情况下,可采用花键联接;轻载或不重要的情况下可采用销联接或紧定螺钉联接;而滚动轴承与轴的周向定位一般通过过盈配合来实现。具体形式如图 8.1.5 所示。

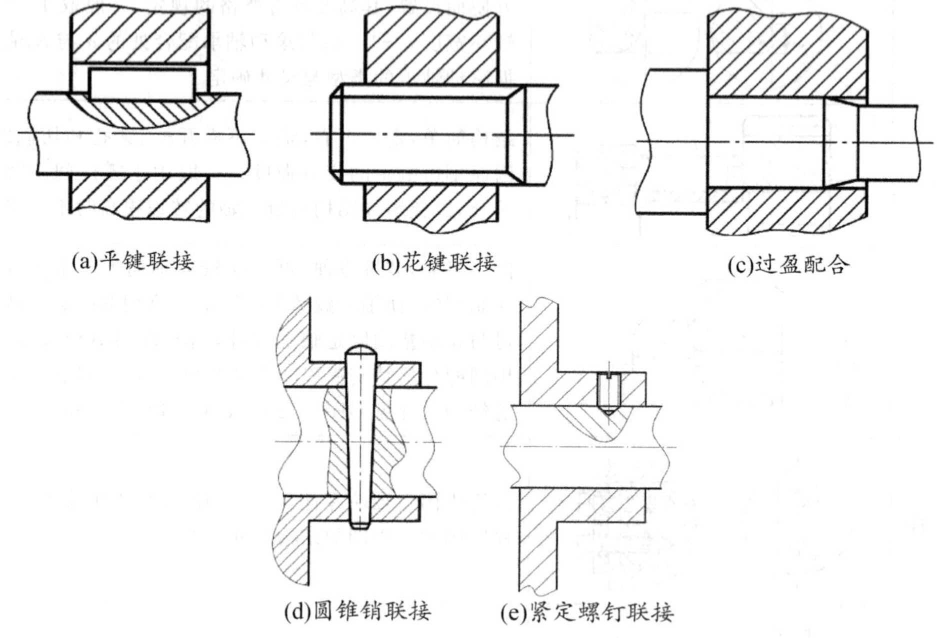

图 8.1.5　轴上零件的周向固定方式

5. 良好的制造和装配工艺性设计

(1)轴端、轴头、轴颈的端部都应有倒角,以便装配和保证安全,其结构尺寸见表 8.1.6。

表 8.1.6　轴环与轴肩尺寸 b、r 及零件孔端圆角半径 R_1 和倒角　(单位:mm)

轴径 d	>10～18	>18～30	>30～50	>50～80	>80～100
r	0.8	1.0	1.6	2.0	2.5
R 或 C	1.6	2.0	3.0	4.0	5.0
a_{min}	2	2.5	3.5	4.5	5.5
b	$b \approx 1.4a$				

(2)为了车制完整的螺纹,应留有退刀槽,如图 8.1.6 所示,其结构尺寸参见国家标准 GB/T 3—1997。

(3)为了磨削出准确的定位轴肩,应留有砂轮越程槽,如图 8.1.7 所示,其结构尺寸参见国家标准 GB/T 6403.5—2008。

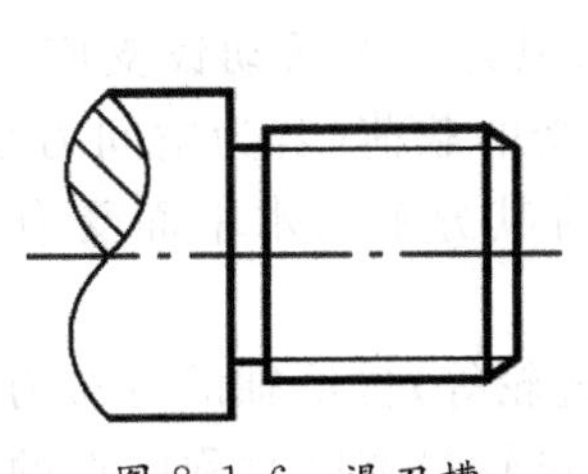
图8.1.6　退刀槽

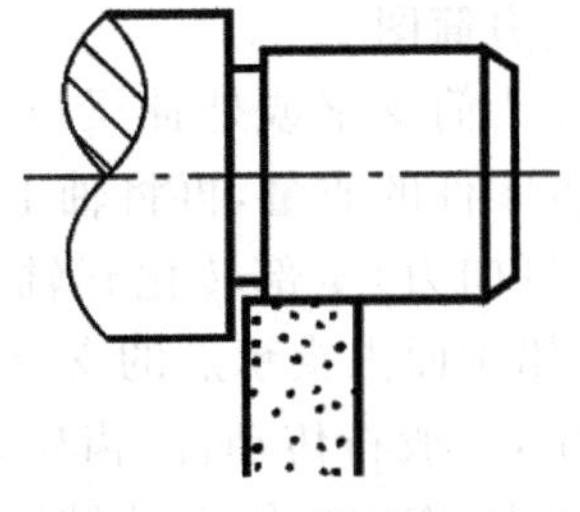
图8.1.7　砂轮越程槽

(4)为了便于拆卸滚动轴承,轴肩高度 h 一般为轴承内圈高度的2/3。若因结构上的原因轴肩高度超出允许值时,可利用锥面过渡,如图8.1.8所示。

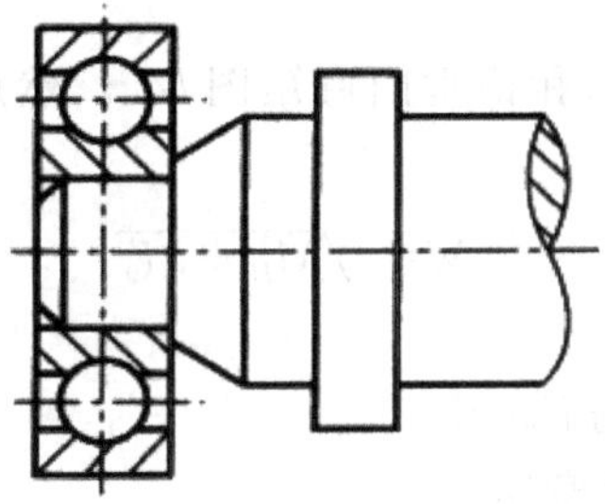
图8.1.8　锥面过渡

(5)当轴上有两个以上的键槽时,应将键槽置于同一方向上,槽宽应尽量统一,以利于加工。

(6)为了测量和磨削轴的外圆,在轴的端部应制有定位中心孔,如图8.1.9所示,其结构尺寸见GB/T 145—2001。

(7)对过盈配合表面的压入端,最好加工成导向锥面,如图8.1.10所示,以便装配时压入零件,图中 $e \geqslant 0.01d+2\text{mm}$。

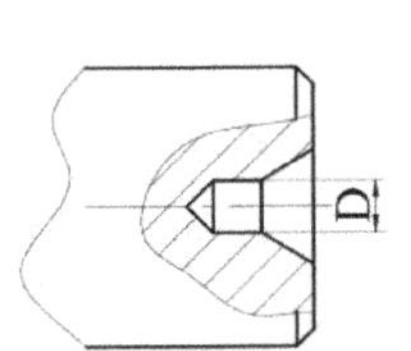

图8.1.9　定位中心孔

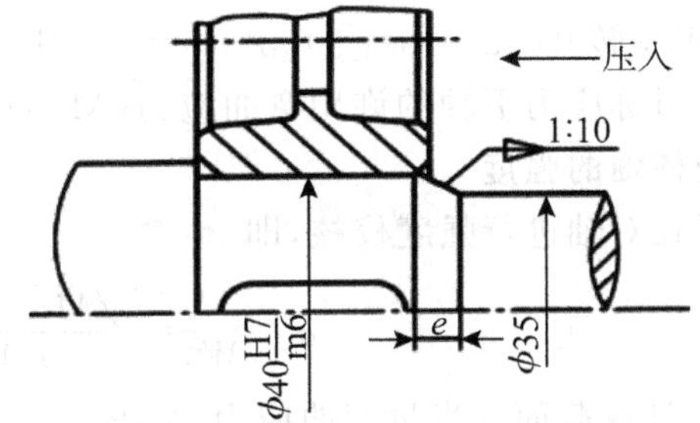

图8.1.10　压入端的导向锥面

四、轴的强度与刚度计算

(一)轴的强度计算

轴的强度计算应根据轴的具体受载情况采取相应的计算方法。传动轴仅受转矩的作用,按扭转强度计算;心轴仅受弯矩的作用,按弯曲强度计算;转轴既受转矩作用又受弯矩作用,一般按弯扭合成强度计算。下面以应用较广的实心转轴为例,讨论有关计算问题。

当转轴的结构设计完成后,轴的形状和尺寸、轴上外载荷和支反力作用点均已确定,即可按弯扭合成强度条件计算轴的强度。一般步骤如下:

1. 绘制轴的受力简图

通常将轴简化为简支梁或外伸梁(两端轴承视为一端活动铰支座,另一端固定铰支座),且忽略轴系各零件的质量,再将轴上零件所受的载荷(若为空间力系,应将其分解为圆周力、径向力和轴向力)全部转化到轴上。并将其分解为水平面受力图和铅垂面受力图,求出水平面和铅垂面内支承点的支反力。

在计算简图中,一般将传动件(齿轮、带轮、链轮等)传给轴的分布力简化为作用于轮缘宽度中点的集中力;作用在轴上的转矩简化为过轮毂宽度对称中点的集中转矩。若轴的外伸端安装的是带轮或链轮,则轴在此处除受转矩外,还受由压轴力引起的弯矩。

支反力的位置由支承形式确定,常见轴承的支反力位置可根据机械设计手册确定。

2. 绘制弯矩图

分别绘制水平面弯矩图 M_H 和铅垂面弯矩图 M_v。然后按下式计算出合成弯矩,并绘制合成弯矩图 M,即

$$M=\sqrt{M_H^2+M_v^2} \tag{8-3}$$

3. 绘制扭矩图

根据轴所受的转矩 T 绘制扭矩图。

4. 判断危险截面,计算当量弯矩

轴的危险截面一般按合成弯矩图进行判断。理论研究和实践都表明,轴上弯矩最大的截面以及弯矩次大,但轴径小的截面均为危险截面。危险截面确定后,应根据以上求出的合成弯矩 M 和转矩 T,按第三强度理论求当量弯矩 M。

$$M_e=\sqrt{M^2+(\alpha T)^2} \tag{8-4}$$

式中:α 为考虑弯曲应力和扭转切应力的循环特性不同而引入的修正系数。

通常,弯曲应力是对称循环变化,而扭转切应力则随工作情况变化。当转矩稳定不变时,$\alpha=[\sigma_{-1}]_b/[\sigma_{+1}]_b\approx0.3$;当转矩脉动变化时,$\alpha=[\sigma_{-1}]_b/[\sigma_o]_b\approx0.6$;当转矩对称变化(轴频繁正反转)时,$\alpha=[\sigma_{-1}]_b/[\sigma_{-1}]_b=1$。其中,$[\sigma_{+1}]_b$、$[\sigma_o]_b$ 和 $[\sigma_{-1}]_b$ 分别是静应力、脉动应力和对称应力下轴的许用弯曲应力(MPa)。

5. 校核轴的强度

按下式对轴进行强度校核,即

$$\sigma_e=\frac{M_e}{W_z}=\frac{\sqrt{M^2+(\alpha T)^2}}{0.1d^3}\leqslant[\sigma] \tag{8-5}$$

式中:σ_e—计算截面的当量弯曲应力(MPa);

M、T、M_e—计算截面的合成弯矩、转矩和当量弯矩(N·mm);

d—计算截面的直径(mm);

$[\sigma]$—轴的许用弯曲应力(MPa)。

对于转动的轴,$[\sigma]=[\sigma_{-1}]_b$;对于固定不动的轴,考虑启动,停止等影响,$[\sigma]=[\sigma_o]_b$。

(二)轴的刚度计算

轴的刚度不足,在工作时将产生过大的弹性变形,影响机器的正常工作。例如,机床主轴刚度不足,将影响加工精度;发动机凸轮轴变形过大,会引起较大的振动,扰乱阀门的正常启闭。因此对于有刚度要求的轴,必须进行刚度计算。

轴的刚度主要是弯曲刚度和扭转刚度，前者以挠度 y 或偏转角 θ 度量，后者以扭转角 φ 度量。轴的刚度计算就是计算出轴受载时的变形量，并使其控制在允许的范围内，即

$$\left.\begin{aligned} y&\leqslant[y]\\ \theta&\leqslant[\theta]\\ \varphi&\leqslant[\varphi]\end{aligned}\right\}\tag{8-6}$$

$[y]$、$[\theta]$、$[\varphi]$根据各类机器的实际要求而确定，其值可参考表 8.1.7。y、θ、φ 可按材料力学公式计算。

表 8.1.7　轴的许用变形量

变形种类	应用范围	许用值	变形种类	应用范围	许用值/rad
许用挠度 $[y]$/mm	一般用途轴 机床主轴 感应电动机轴 安装齿轮的轴 安装蜗轮的轴	$(0.0003\sim0.0005)l$ $0.0002l$ $0.1\triangle$ $(0.01\sim0.03)m_n$ $(0.02\sim0.05)m$	许用偏转角 $[\theta]$/rad	滑动轴承 深沟球轴承 调心球轴承 圆柱滚子轴承 圆锥滚子轴承 安装齿轮处	0.001 0.005 0.05 0.0025 0.0016 0.001～0.002
	l—跨距 △— 电动机定子与转子间气隙 m_n—齿轮法面模数 m—蜗轮端面模数		许用扭转角 $[\varphi]$/(°/m)	对于精密传动 对于一般传动 对于要求不高的传动	(0.25～0.50) (0.5～1.0) >1

任务实施

一、选择轴的材料、确定许用应力

选用轴的材料为 45 钢，正火处理，由设计手册查得，$\sigma_b=600\text{MPa}$，$\sigma_s=300\text{MPa}$，$[\sigma_{-1}]_b=55\text{MPa}$、$[\sigma_0]_b=95\text{MPa}$、$[\sigma_{+1}]_b=200\text{MPa}$。

二、按扭转强度估算轴的最小直径

一级齿轮减速器的低速轴为转轴，输出轴与联轴器相接，从结构要求考虑，输出端轴径应最小。查表 8.1.3，得 $C=110$，由式(8-2)可知其最小直径为

$$d\geqslant c\sqrt[3]{\frac{P}{n}}=110\times\sqrt[3]{\frac{6}{170}}=36.1\text{mm}$$

考虑有键槽，轴径应增加 5%，36.1＋36.1×5%＝37.9mm。

为了使所选轴径与联轴器孔径相适应，需要同时选取联轴器。选用弹性联轴器 HL3 型弹性柱销联轴器，其轴孔直径为 38mm，和轴配合部分长度为 82mm，故取与联轴器连接的轴径为 $d_1=38\text{mm}$。

三、轴的结构设计

1. 主要零件的布置图

根据齿轮减速器的简图确定轴上主要零件的布置图(图 8.1.11)和轴的初步估算定出轴径，并进行轴的结构设计。

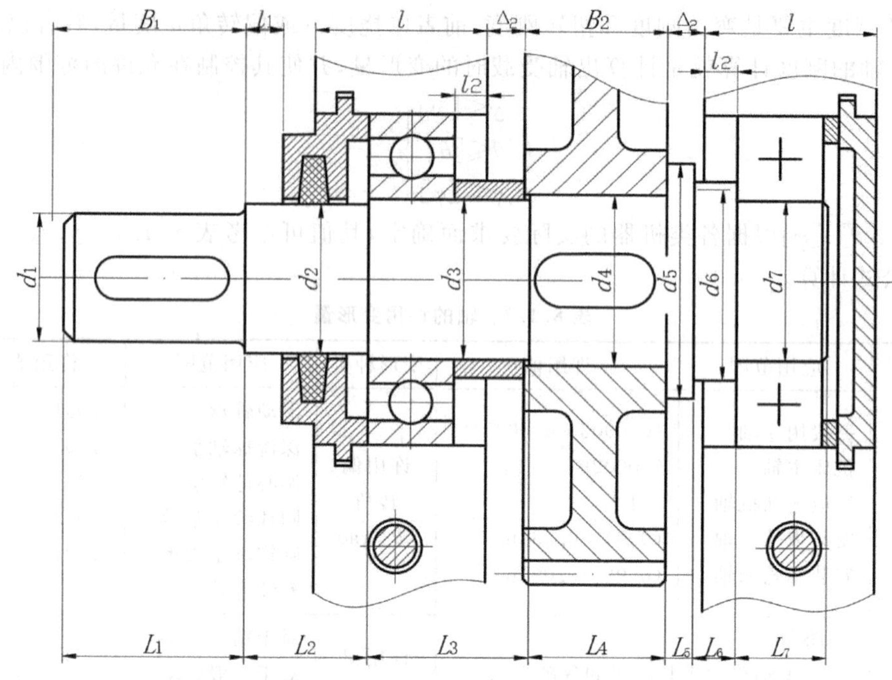

图 8.1.11 轴上主要零件的布置图

一级齿轮减速器，将齿轮布置在箱体内壁的中央，轴承对称布置在齿轮两边，轴外伸端安装联轴器。

齿轮用轴环和套筒做轴向定位，用平键连接及过盈配合（H7/r6）作向固定，右端轴承用轴肩和过渡配合（H7/k6）固定内套圈。轴的定位由两端的轴承端盖单面轴向固定轴承的外套圈来实现。输出轴的联轴器用轴肩和挡板作轴向固定，用平键作周向固定。

两端采用角接触球轴承，轴承采用脂润滑，齿轮采用油浴润滑。

2. 确定轴的各段直径和长度

各轴段直径分为 7 段来确定。

轴段①：为轴的最小直径，由前可知，$d_1=38$mm。

轴段②：考虑到联轴器用轴肩实现轴向定位，轴肩高度 $h=(0.07\sim0.1)d_1=3.15\sim4.5$mm，取 $h_1=3.5$mm，$d_2=d_1+2h_1=45$mm。

轴段③：d_3 为安装轴承的轴颈，查轴承内径标准值，取 $d_3=50$mm。

轴段④：$d_4=d_3+2h_3$，h_3 为非定位轴肩，考虑到加工，取 $h_3=3$rnm，则 $d_4=56$rnm。

轴段⑤：$d_5=d_4+2h_4$，h_4 为定位轴肩，取 $h_4=4$rnm，则 $d_5=64$rnm。

轴段⑥：选用 7210C 角接触球轴承，查机械设计手册，其安装尺寸为 $d_a=57$mm，故 $d_6=57$mm。

轴段⑦：同一轴的两轴承一般取相同型号，故 $d_7=50$mm。

各轴段长度的确定：

HL3 型弹性柱销联轴器 J 型轴孔长度为 $B_1=60$mm，L_1 比 B_1 短 1～3mm，故取 $L_1=58$mm；因轮毂宽度 $B_2=70$mm，L_4 比 B_2 短 1～3mm，故取 $L_4=68$mm；因轴环宽度 $b\geqslant1.4h$，故取 $L_5=8$mm；轴承宽度 $B_3=20$mm，挡油环厚 1mm，故取 $L_7=21$mm。

根据减速器结构设计的要求，初步确定 $\Delta_2=10\sim15\text{mm}$，$l_2=5\sim10\text{mm}$，则

$$L_6=\Delta_2+l_2-L_5=(10\sim15)+(5\sim10)-8=11\text{mm}$$

$$L_3=B_3+\Delta_2+l_2+(1\sim3)=20+(10\sim15)+(5\sim10)+(1\sim3)=42\text{mm}$$

3. 考虑轴的结构工艺性

考虑轴的结构工艺性，在轴的左端与右端均制成 2×45°倒角；右端支撑轴承的轴径为磨削加工，留有砂轮越程槽；为便于加工，齿轮、半联轴器处的键槽布置在同一母线上，并取同一剖面尺寸。

4. 按弯扭合成强度校核轴的强度

(1)绘制轴的受力简图，如图 8.1.12(a)所示。

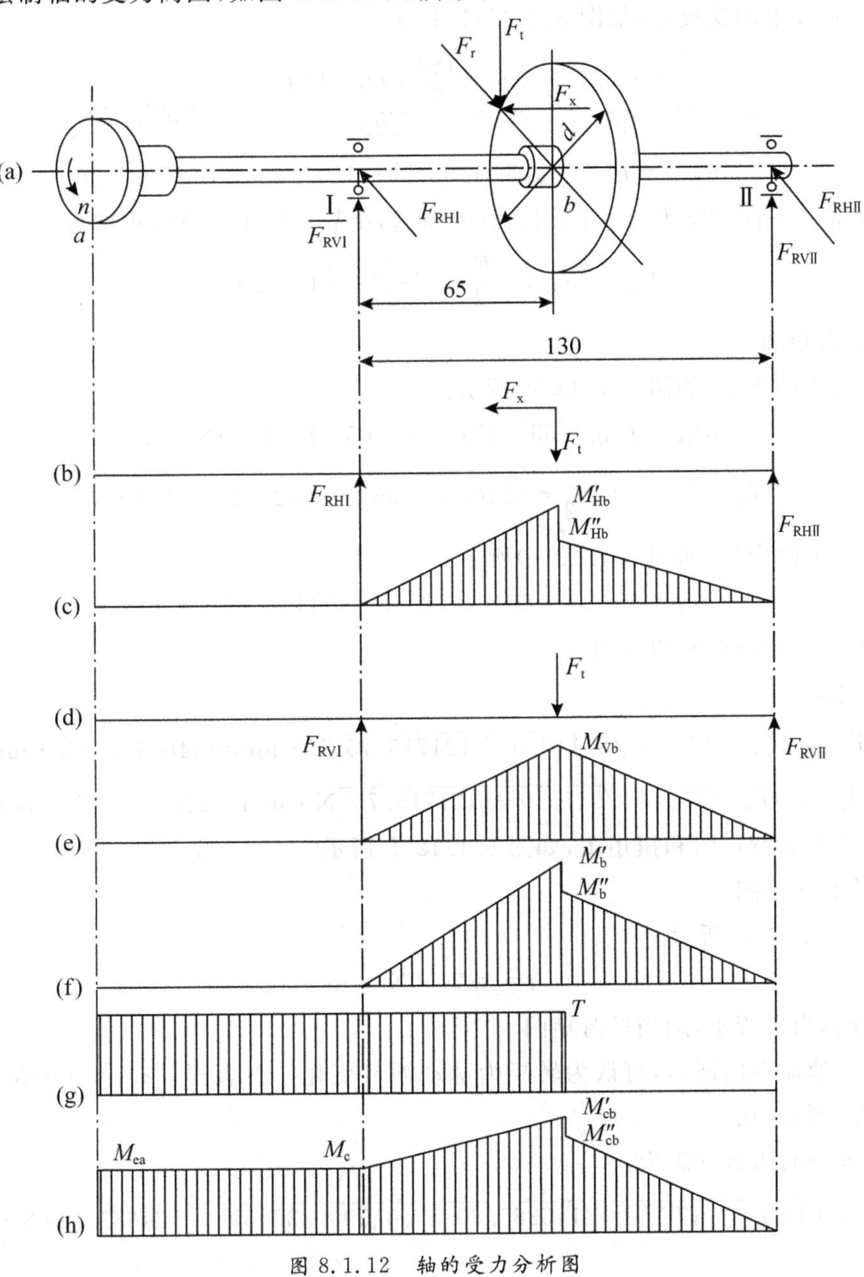

图 8.1.12　轴的受力分析图

(2)求齿轮上作用力的大小和方向

如图 8.1.12(a)所示，取集中载荷作用于齿轮及轴承的中点；

齿轮所受的转矩为：$T=9.55\times106P/n=9.55\times106\times6/170=337059\text{N}\cdot\text{m}$

齿轮作用力：

圆用力：$Ft=2T/d=2\times238750/180=3745.1\text{N}$

径向力：$Fr=Ft\tan\alpha n/\cos\beta=3745.1\times\tan20°/\cos120=1393.56\text{N}$

轴向力：$Fa=Ft\tan\beta=3745.1\times\tan12°=796\text{N}$

(3)求轴承的支反力

水平面 H 上的支反力，如图 8.1.12(b)所示：

$$F_{RHI}=\frac{\frac{F_a d}{2}+65F_r}{130}=\frac{796\times\frac{180}{2}+65\times1393.56}{130}=1247.86\text{N}$$

$$F_{RHII}=F_r-F_{RHI}=1393.56-1247.86=145.7\text{N}$$

垂直面 V 上的支反力，如图 8.1.12(d)所示，由静力学平衡方程可求得：

$$F_{RVI}=F_{RVII}=\frac{F_t}{2}=\frac{3745.1}{2}=1872.55\text{N}$$

(4)画弯矩图

水平面上的弯矩，如图 8.1.12(c)所示：

$$M'_{Hb}=F_{RHI}\times65=1247.86\times65=81110.9\text{N}\cdot\text{m}$$

$$M''_{Hb}=M'_{Hb}-F_a\frac{d}{2}=8110.9-796\times180/2=9470.9\text{N}\cdot\text{m}$$

垂直面上的弯矩，如图 8.1.12(e)所示：

$$M_{Vb}=65F_{RVI}=65\times1872.55=121715.75\text{N}\cdot\text{m}$$

(5)画合成弯矩图和扭矩图

合成弯矩

$$M'_b=\sqrt{M_{Hb}^2+M_{Vb}^2}=\sqrt{81110.9^2+121715.75^2}\ \text{N}\cdot\text{mm}=146265.86\text{N}\cdot\text{mm}$$

$$M''_b=\sqrt{M_{Hb}''^2+M_{Vb}^2}=\sqrt{9470.9^2+121715.75^2}\ \text{N}\cdot\text{mm}=122083.67\text{N}\cdot\text{mm}$$

画出各平面弯矩图和扭矩图，如图 8.1.12(f)所示。

(6)绘制扭矩图

如图 8.1.12(g)所示。

$$T=337059\text{N}\cdot\text{m}$$

(7)计算当量弯矩，画当量弯矩图

因为减速器单向回转，可认为转矩为脉动循环变化。查表得：$[\sigma_{-1}]_b=60\text{MPa}$，$[\sigma_0]_b=102\text{MPa}$，则 $\alpha\approx0.59$。

剖面 b 处的当量弯矩为：

$$M'_{eb}=\sqrt{(M'_b)^2+(\alpha T)^2}=\sqrt{146265.86^2+(0.59\times337059^2)}=246862.14\text{N}\cdot\text{mm}$$

$$M'_{eb}=\sqrt{(M'_b)^2+(\alpha T)^2}=\sqrt{122083.67^2+0}=122083.67\text{N}\cdot\text{mm}$$

画出当量弯矩图，如图 8.1.12(h)所示。

(7)判断危险截面并验算强度

根据合成弯矩图、扭矩图和轴的结构设计图的判断，a、b 截面为危险剖面。

①校核 a 截面直径

$$M_{ea}=\alpha T=0.59\times337059=198864.81\text{N}\cdot\text{m}$$

$$d_a\geqslant\sqrt[3]{\frac{M_{ea}}{0.1[\sigma_{-1}]_b}}=\sqrt[3]{\frac{198864.81}{0.1\times55}}=33.07\text{mm}$$

考虑该结构的键槽后，$d_a=33.07+33.07\times5\%=34.72\text{mm}<d_1=38\text{mm}$，故 a 截面安全。

②校核 b 截面直径

$$M_{eb\max}=246862.14\text{N}\cdot\text{mm}$$

$$d_b\geqslant\sqrt[3]{\frac{M_{eb\max}}{0.1[\sigma_{-1}]_b}}=\sqrt[3]{\frac{246862.14}{0.1\times55}}=35.54\text{mm}$$

考虑该结构的键槽后，$d_b=35.54+35.54\times5\%=37.32\text{mm}<d_4=56\text{mm}$，故 b 截面安全。

由上计算可知，危险截面 a、b 均安全，故所设计的轴有足够的强度。

(8)绘制轴的零件图(略)。

课后思考

(1)轴的功用是什么？列举 3 个应用实例。

(2)心轴、传动轴、转轴工作时有何特点？

(3)轴的结构设计应考虑哪些问题？

(4)轴上零件的周向和轴向定位、固定方式有哪些？

知识拓展

一、轴类零件的主要技术要求

(1)尺寸精度

轴颈是轴类零件的主要表面，它影响轴的回转精度及工作状态。轴颈的直径精度根据其使用要求通常为 IT6-9，精密轴颈可达 IT5。

(2)几何形状精度

轴颈的几何形状精度(圆度、圆柱度)，一般应限制在直径公差点范围内。对几何形状精度要求较高时，可在零件图上另行规定其允许的公差。

(3)位置精度

主要是指装配传动件的配合轴颈相对于装配轴承的支承轴颈的同轴度，通常是用配合轴颈对支承轴颈的径向圆跳动来表示的；根据使用要求，规定高精度轴为 0.001～

0.005mm，而一般精度轴为0.01～0.03mm。

此外还有内外圆柱面的同轴度和轴向定位端面与轴心线的垂直度要求等。

(4)表面粗糙度

根据零件的表面工作部位的不同，可有不同的表面粗糙度值，例如普通机床主轴支承轴颈的表面粗糙度为Ra0.16～0.63μm，配合轴颈的表面粗糙度为Ra0.63～2.5μm，随着机器运转速度的增大和精密程度的提高，轴类零件表面粗糙度值要求也将越来越小。

二、轴类零件的毛坯种类

轴类零件的毛坯最常用的是圆棒料和锻件，只有某些大型的、结构复杂的轴采用铸件。

三、大批生产和小批生产工艺过程的比较

(1)轴端两顶尖孔的加工

在单件小批生产时，多在车床或钻床上通过划线找正加工。

在成批生产时，可在中心孔钻床上加工。专用机床可在同一工序中铣出两端面并打好顶尖孔。

(2)外圆表面的加工

在单件小批生产时，多在普通车床上进行；而在大批生产时，则广泛采用高生产率的多刀半自动车床或液压仿形车床等设备。

(3)深孔加工

在单件小批生产时，通常在车床上用麻花钻头进行加工。在大批量生产中，可采用锻造的无缝钢管作为毛坯，从根本上免去了深孔加工工序；若是实心毛坯，可用深孔钻头在深孔钻床上进行加工；如果孔径较大，还可采用套料的先进工艺。

(4)花键轴加工

在单件小批生产时，常在卧式铣床上用分度头分度以圆盘铣刀铣削；而在成批生产(甚至小批生产)都广泛采用花键滚刀在专用花键轴铣床上加工。

(5)两段支承轴颈以及与其有较严格的位置精度要求的表面精加工

在单件小批生产时，多在普通外圆磨床上加工；而在成批大量生产中多采用高效的组合磨床加工。

任务二　铸造类零件结构设计

任务布置

设计的带式输送机中一级直齿圆柱齿轮减速器的箱体结构。已知两个轴和两个齿轮的零件图和四个轴承的代号。

任务准备

铸造是将熔融金属浇注、压射或吸入铸型型腔，冷却凝固后获得一定形状和性能的零件或毛坯的金属成型工艺。铸造构件常用于对刚度、强度有较高要求及造型与内部结构比较复杂的产品，如图 8.2.1 所示的旋塞阀和齿轮减速器。

(a)旋塞阀

(b)齿轮减速器

图 8.2.1　旋塞阀和齿轮减速器

一、铸造件的特点

与其他成型制造方式相比，铸造构件具有以下特点：

(1)有较高的刚度、强度

铸造箱体一般壁厚较大，适合于对刚度、强度要求较高的产品外壳，如齿轮减速器的箱体等。除了作为外壳，还可在铸件上制作其他结构部件，如汽车发动机将活塞缸体直接制作在壳体上。铸造件也可以作为底座或支架，如轴承支座。

(2)形状和尺寸的适应性强

它可以是各种形状、各种尺寸的毛坯，特别适宜具有复杂内腔的零件。铸件的尺寸可小至几毫米，大至几十米；重量从几克至数百吨。

(3)对材料的适应性强

可适应大多数金属材料的成形，对不宜锻压和焊接的材料，铸造具有独特的优点。

(4)成本低

这是由于铸造原材料来源丰富，铸件的形状接近于零件，可减少切削加工量，从而降低铸造成本。

(5)其他

铸铁材料具有减振、抗振性能和耐磨、润滑性能。作为高速运动部件的壳体能起到一定的减振、降噪作用，如发动机、压缩机作为运动部件的支撑。还能起到减少摩擦、磨损作用，如机床的导轨。

二、铸造件的常用材料

(1)铸铁

铸铁流动性好、体收缩和线收缩小、容易获得形状复杂的铸件，在铸造时加入少量合金元素可提高耐磨性能。铸铁的内摩擦大、阻尼作用强，故动态刚性好；铸铁内存在游离态石墨，故具有良好的减磨性和切削加工性，且价格便宜，易于大量生产。但铸件的壁厚超过临界值时，力学性能显著下降，故不宜设计成很厚大的结构件。

(2)铸钢

铸钢熔点高、流动性差、收缩率大，吸振性低于铸铁，弹性模量较大。铸钢的综合力学性能高于铸铁，不仅强度高，且具有优良的塑性和韧性。此外，铸钢的焊接性好，可实现铸焊联合制造重型零件。

(3)铝合金

纯铝强度低、硬度小，因此，制造产品壳体常采用铝合金材料。铝与一些元素形成的铸铝合金密度小，而且大多数可以通过热处理强化，使其具有足够高的强度、较好的塑性、良好的低温韧性和耐热性、良好的机加工性能，非常适合制作产品外壳，如硬盘壳体等。

(4)铸造铜合金

铸造铜合金有高的力学性能、良好的耐磨性和耐蚀性能，并可以焊接。用于要求强度高，耐磨、耐蚀的铸件，如轴套、水龙头配件等。

三、铸造件的结构

1. 铸造件的结构设计要求

(1)易铸

造型简单、起模方便。

(2)无缺陷

无缩孔、变形、开裂等缺陷。

(3)省材

尽量做到无冒口。

(4)生产率高

工艺简单、易机械化生产，降低工人劳动强度。

2. 外形结构

(1)尽量使分型面少且平。如图 8.2.2 所示。

(2)外形尽量简单、平直、少凸台。如图 8.2.3 所示。

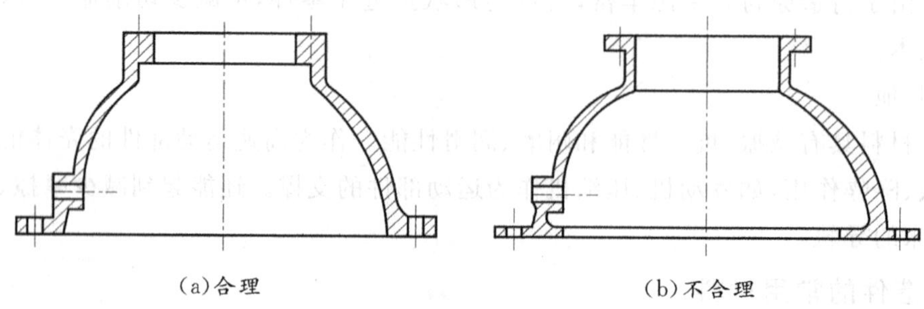

图 8.2.2 尽量使分型面少且平

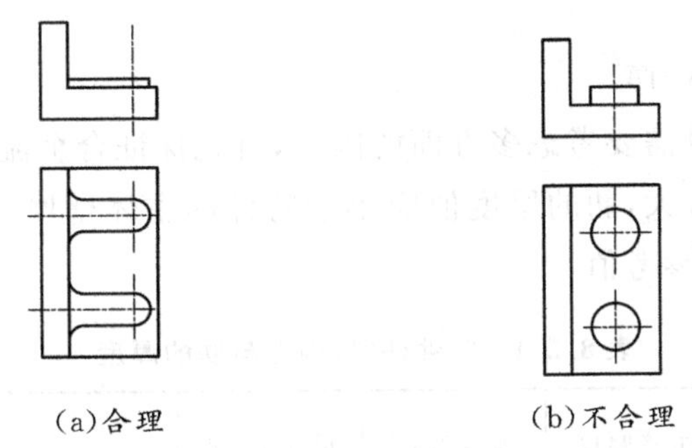

(a)合理　(b)不合理

图 8.2.3　外形尽量简单、平直、少凸台

(3)拔模斜度

为了让成型件顺利顶出脱离模具，在与模具开合相同方向的壁面(包括侧型芯与加强肋)，必须设定拔模斜度以利脱模。如图 8.2.4(a)所示。材料的收缩阻力大时，收缩量大、浇注温度高时，制件需要拔模部分尺寸大时，拔模斜度应取大；模具型腔表面粗糙度越小，拔模斜度越小。铸模的高度在 1 米以下时，木模的拔模斜度 $\alpha=0.5^{\circ}\sim3^{\circ}$。金属模的起模斜度可比木模稍小些。

(4)铸造圆角

对相交壁的交角需做成圆弧过渡，该圆弧称为铸造圆角。其目的是防止铸件交角处产生粘砂、缩孔，以及由于应力集中而产生裂纹等缺陷。铸造圆角的半径应不小于连接的最薄壁厚的一半。如图 8.2.4(b)所示。

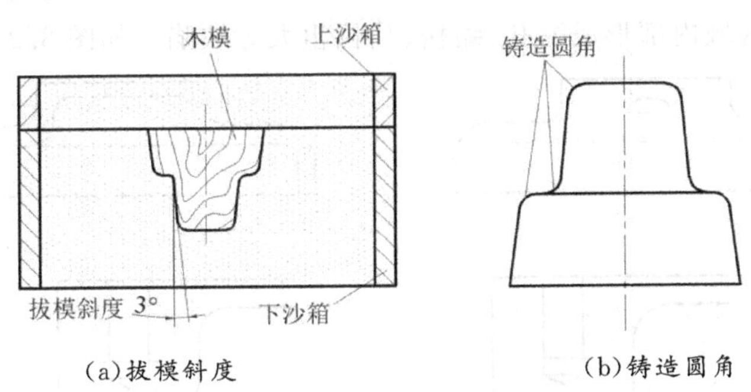

(a)拔模斜度　(b)铸造圆角

图 8.2.4　拔模斜度和铸造圆角度

3. 内腔结构要求

(1)制芯简单；

(2)下芯容易；

(3)安装稳固；

(4)排气通畅；

(5)清理方便；

(6)尽量减少型芯；

(7)型芯要稳固、易于清理。

4. 壁厚设计

(1)合理设计铸造件壁厚

铸造件的壁厚设计时需要考虑多方面的因素，首先保证合金流动性的要求，然后再考虑尽量不使铸件的壁厚过大，肋的厚度值应小于铸件的主体壁厚。表 8.2.1 给出了铸件的外壁、内壁与肋的厚度参考值。

表 8.2.1 铸件外壁、内壁与肋的厚度 (单位:mm)

零件质量/kg	零件最大外形尺寸	外壁厚度	内壁厚度	肋的厚度	应用举例
5	300	7	6	5	盖、拔叉、杠杆、端盖、轴套
6～10	500	8	7	5	盖、门、轴套、挡板、支架、箱体
11～60	750	10	8	6	盖、箱体、电动机支架、支架、托架
61～100	1250	12	10	8	盖、箱体、液压缸体、支架、溜板箱体
101～500	1700	14	12	8	油盘、盖、壁、带轮
501～800	2500	16	14	10	箱体、床身、轮缘、盖
801～1200	3000	18	16	12	小立柱、箱体、滑座、床身、床鞍、油盘

(2)铸造件壁厚应尽可能均匀

铸造件壁厚应尽可能均匀，如果厚薄间没有很好的过渡可能导致产品变形，或产生裂纹，并且在较厚的区域内部形成缩孔、缩松、晶粒粗大等缺陷。如图 8.2.5 所示。

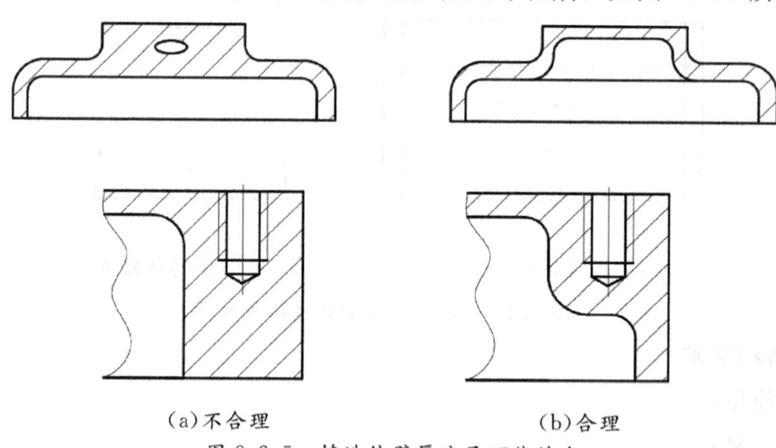

(a)不合理　　(b)合理

图 8.2.5 铸造件壁厚应尽可能均匀

表 8.2.2 给出了壁厚的过渡形式与尺寸。

表 8.2.2　壁厚的过渡形式与尺寸　　（单位 mm）

图例	过渡尺寸												
	$b\leqslant 2a$	铸铁	$R\geqslant(1/3)((a+b)/2)$										
		铸钢可锻铸铁非铁合金	$(a+b)/2$	<12	12～16	16～20	25～27	27～35	35～45	45～60	60～80	80～110	110～150
			R	6	8	10	12	15	20	25	30	35	40
	$b>2a$	铸铁	$L\geqslant 4(b-a)$										
		铸钢	$L\geqslant 5(b-a)$										
	$b\leqslant 1.5a$	$R\geqslant(2a+b)/2$											
	$b>1.5a$	$L=4(b+a)$											

5. 防裂结构

在易出现裂缝处设防裂筋，比如铸造件壁与壁的连接处，如图 8.2.6 所示。

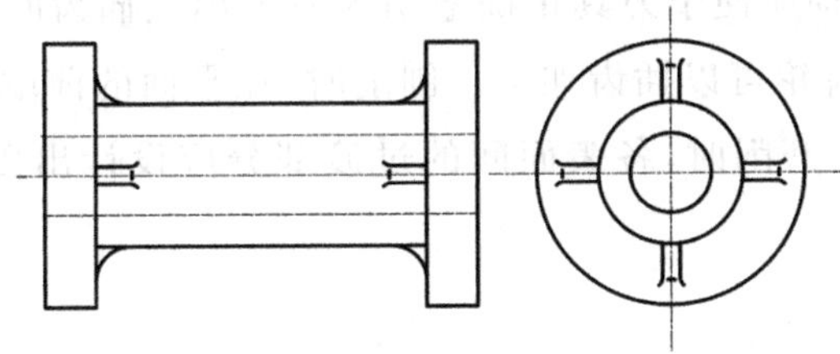

图 8.2.6　防裂结构

6. 孔的结构

孔的轴线应与进口和出口的端面垂直，孔的轴线不垂直于孔的进口或出口的端面时，钻头容易产生偏斜或弯曲，甚至折断，应尽量避免在曲面或斜壁上钻孔，提高生产率，保证精度，如图 8.2.7 所示。

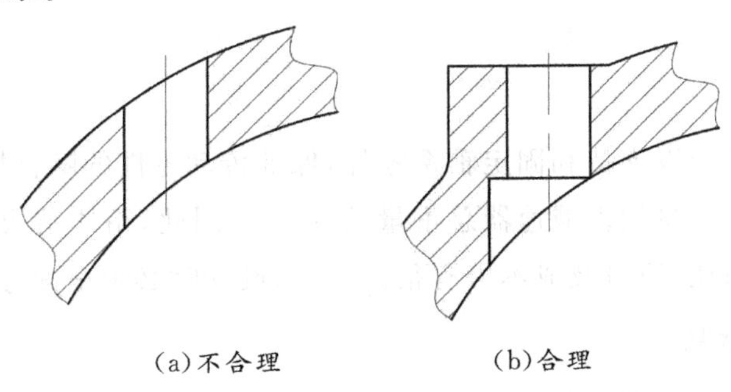

(a)不合理　　(b)合理

图 8.2.7　孔的结构

7. 减少机械加工面积的结构

减少机械加工面积，可减少加工工时，降低机械加工成本。如图 8.2.8 所示，在原始的设计图(a)中，支座零件的螺栓孔上表面加工面积较大。在改进的设计图(b)(c)中，通过增加凸台或沉孔的方式优化零件设计，减少了加工面积，从而减少机械加工量和刀具消耗。

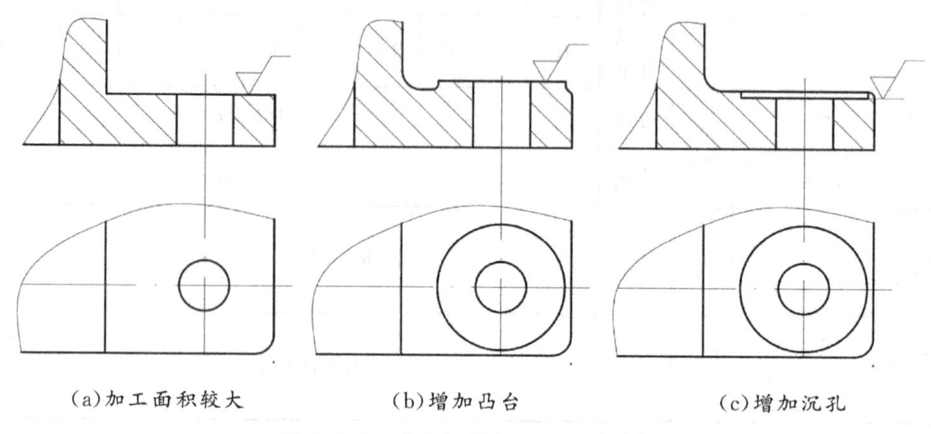

(a)加工面积较大　(b)增加凸台　(c)增加沉孔

图 8.2.8　减少机械加工面积的结构

8. 让刀槽、退刀槽、越程槽结构

零件加工部位的结构应便于刀具正确地切入及退出。插齿时要留有空刀槽，这样大齿轮可滚齿或插齿，小齿轮可以插齿加工。刨削时，在平面的前端要有让刀的部位，即让刀槽，如图 8.2.9 所示。磨削时，各表面间的过渡部分应设计出砂轮越程槽。车削螺纹时，应设计螺纹退刀槽。

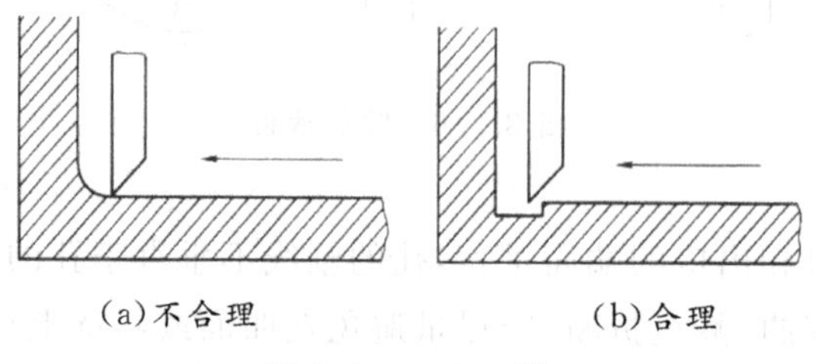

(a)不合理　(b)合理

图 8.2.9　让刀槽

任务实施

减速器的箱体是用以支持和固定轴系零件，保证传动零件的啮合精度、良好润滑及密封的重要零件。箱体重量约占减速器总重量的 50%。因此，箱体结构对减速器的工作性能、加工工艺、材料消耗、质量及成本等有很大影响，设计时必须全面考虑。

一、选择箱体的材料

减速机箱体是装置各传动轴的基础部件，由于减速机工作时各轴传递转矩时会发生比较大的反作用力，并作用在箱体上，因此要求箱体具有较大的强度和刚度，以确保各传动轴的相对位置精度，并且结构应比较紧凑、重量较轻。一般减速机箱体的原料分为三种：分别是灰铸铁(HT200、HT250)、球墨铸铁和 Q345。这里箱体材料选用 HT200，材料性能不得低于 GB/T 9439—2021 的要求。

二、箱体的结构要素

减速器箱体从结构形式上可以分为剖分式箱体和整体式箱体。此任务箱体采用分离式，沿两轴线平面分为箱座和箱盖，二者采用螺栓连接，剖分面为水平面，与传动零件轴心线平面重合，有利于轴系部件的安装和拆卸。剖分面应有一定的宽度，如图 8.2.10 所示。

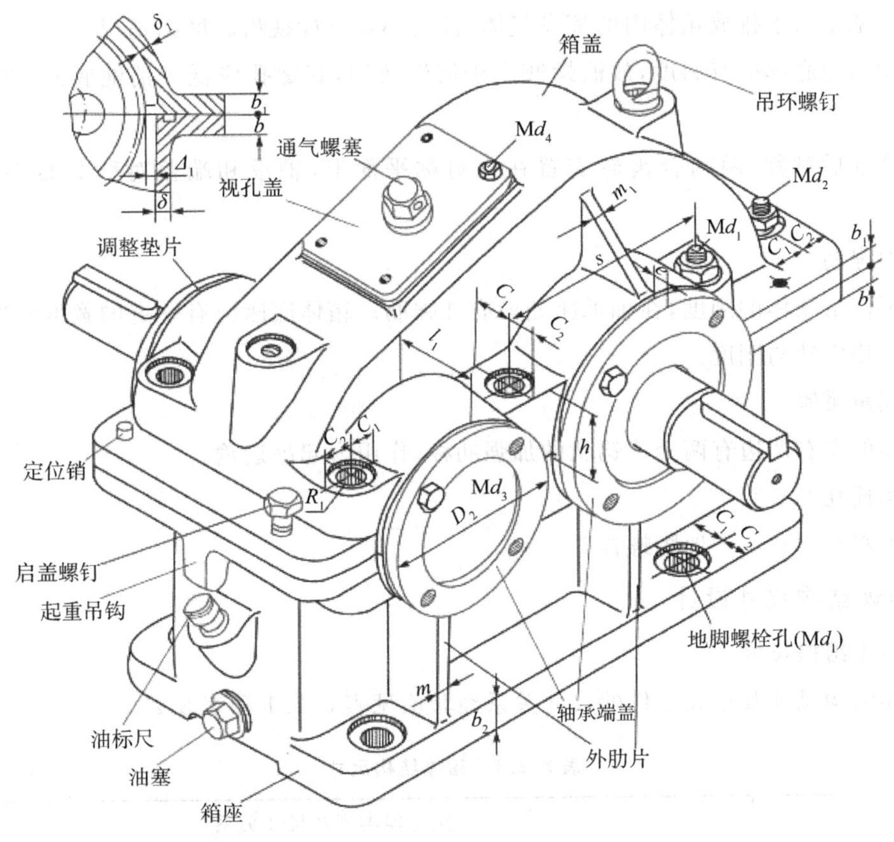

图 8.2.10　减速器箱体

1. 轴孔

安装轴的孔，为了保证箱体上安装轴承和端盖的孔的正确形状，两零件上的孔是合在一起加工的。

2. 定位销孔

箱座和箱盖的装配需要采用两锥销定位，销孔钻成通孔，便于拔销。

3. 启盖螺钉孔

为了保证减速器的密封性，常在箱体剖分面上涂有水玻璃或密封胶，这样箱盖和箱座便黏附在一起，给箱体拆分造成困难。为便于拆卸箱盖，通常在箱盖凸缘上设置1～2个启盖螺钉。拆卸箱盖时，拧动启盖螺钉，便可顶起箱盖。

4. 油标尺安装孔

齿轮采用飞溅润滑方式，箱座下部为油池，内装机油，供齿轮润滑。设置油标用于检查箱体内油面高度，以保证传动零件的润滑。一般油标应设置在箱体上便于观察、油面较稳定的部位。

油面高度通过油面观察结构（油标尺）观察。

5. 通气塞、放油螺塞的安装孔和窥视孔

通气塞是为了排放箱体内的挥发气体，拆去小盖可检视齿轮磨损情况。

加油油池底部应有斜度，放油螺塞用于清洗放油，其螺孔应低于油池底面，以便放尽机油。

箱体前后对称，两啮合齿轮安置在该对称平面上，轴承和端盖对称分布在齿轮的两侧。

6. 加强肋

为了保证箱体的刚度，在轴承座处设有加强肋。箱体底座应有一定的宽度和厚度，以保证安装稳定性与刚度。

7. 起重吊钩

箱体的左右两边有两个成钩状的加强肋板，作用为起吊运输。

8. 螺栓孔

多组螺栓孔和4个地脚螺栓孔。

三、箱体结构尺寸设计

1. 箱体结构尺寸

箱体结构尺寸及相关零件的尺寸关系经验值见表8.2.1和表8.2.2。

表8.2.1　箱体结构尺寸　（单位：mm）

名称	符号	减速器类型及尺寸关系			
		齿轮减速器		圆锥齿轮减速器	蜗杆减速器
箱座壁厚	δ	一级	$0.025a+1\geqslant 8$	$0.0125(d_{m1}+d_{m2})+1\geqslant 8$ 或 $0.01(d_1+d_2)+1\geqslant 8$ d_1、d_2—小、大圆锥齿轮的大端直径 d_{m1}、d_{m2}—小、大圆锥齿轮的平均直径	$0.04a+3\geqslant 8$
		二级	$0.025a+3\geqslant 8$		
		三级	$0.025a+5\geqslant 8$		
		考虑铸造工艺，所有壁厚都不应小于8			

续表

<table>
<tr><th rowspan="2">名称</th><th rowspan="2">符号</th><th colspan="4">减速器类型及尺寸关系</th></tr>
<tr><th colspan="2">齿轮减速器</th><th>圆锥齿轮减速器</th><th>蜗杆减速器</th></tr>
<tr><td rowspan="3">箱盖壁厚</td><td rowspan="3">δ_1</td><td>一级</td><td>$(0.8\sim0.85)\delta\geqslant8$</td><td rowspan="3">$(0.8\sim0.85)\delta\geqslant8$</td><td rowspan="3">蜗杆在上：$\approx\delta$
蜗杆在下：
$0.85\delta\geqslant8$</td></tr>
<tr><td>二级</td><td>$(0.8\sim0.85)\delta\geqslant8$</td></tr>
<tr><td>三级</td><td>$(0.8\sim0.85)\delta\geqslant8$</td></tr>
<tr><td>箱座凸缘厚度</td><td>b</td><td colspan="4">1.5δ</td></tr>
<tr><td>箱盖凸缘厚度</td><td>b_1</td><td colspan="4">$1.5\delta_1$</td></tr>
<tr><td>箱座底凸缘厚度</td><td>b_2</td><td colspan="4">2.5δ</td></tr>
<tr><td>地脚螺栓直径</td><td>d_f</td><td colspan="2">$0.036a+12$</td><td>$0.018(d_{m1}+d_{m2})+1\geqslant12$ 或
$0.015(d_1+d_2)+1\geqslant12$</td><td>$0.036a+12$</td></tr>
<tr><td>地脚螺栓数目</td><td>n</td><td colspan="2">$a<250$ 时，$n=4$
$a=250\sim500$ 时，$n=6$
$a>500$ 时，$n=8$</td><td>$n=\dfrac{\text{箱座底凸缘周长之半}}{200\sim300}\geqslant4$</td><td>4</td></tr>
<tr><td>轴承旁连接螺栓直径</td><td>d_1</td><td colspan="4">$0.75d_f$</td></tr>
<tr><td>箱盖与箱座连接螺栓直径</td><td>d_2</td><td colspan="4">$(0.5\sim0.6)d_f$</td></tr>
<tr><td>连接螺栓 d_2 的间距</td><td>l</td><td colspan="4">$150\sim200$</td></tr>
<tr><td>轴承端盖螺钉直径</td><td>d_3</td><td colspan="4">$(0.4\sim0.5)d_f$</td></tr>
<tr><td>视孔盖螺钉直径</td><td>d_4</td><td colspan="4">$(0.3\sim0.4)d_f$</td></tr>
<tr><td>定位销直径</td><td>d</td><td colspan="4">$(0.7\sim0.8)d_2$</td></tr>
<tr><td>d_f、d_1、d_2 至外箱壁距离</td><td>C_1</td><td colspan="4">见表 8.2.2</td></tr>
<tr><td>d_f、d_1、d_2 至凸缘边缘距离</td><td>C_2</td><td colspan="4">见表 8.2.2</td></tr>
<tr><td>轴承旁凸台半径</td><td>R_1</td><td colspan="4">C_2</td></tr>
<tr><td>凸台高度</td><td>h</td><td colspan="4">根据低速级轴承座外径确定，以便于扳手操作为准</td></tr>
<tr><td>外箱壁至轴承座端面距离</td><td>l_1</td><td colspan="4">$C_1+C_2+(5\sim8)$</td></tr>
</table>

表 8.2.2　螺栓孔的位置尺寸

单位 mm

螺栓直径	MS	M10	M12	(M14)	M16	(M18)	M20	(M22)	M24	(M27)	M30
$C_1 \geqslant$	13	16	18	20	22	24	26	30	34	36	40
$C_2 \geqslant$	11	14	16	18	20	22	24	26	28	32	34
沉头座直径	18	22	26	30	33	36	40	43	48	53	61

2. 各零件之间的位置尺寸

为了避免因箱体铸造误差造成齿轮与箱体间的距离过小造成运动干涉，应使大齿轮齿顶圆至箱体内壁之间、齿轮端面至箱体内壁之间分别留有适当距离 Δ_1 和 Δ_4。

减速器各零件之间的位置尺寸见表 8.2.3。

表 8.2.3　各零件间的位置尺寸

单位 mm

代号	名称	荐用值	代号	名称	荐用值
Δ_1	齿轮顶圆至箱体内壁的距离	$\geqslant 1.2\delta$，δ 为箱座壁厚	Δ_2	齿轮端面至箱体内壁的距离	$>\delta$（一般取$\geqslant$10）
Δ_3	轴承端面至箱体内壁的距离 轴承用脂润滑时 轴承用油润滑时	$\Delta=10\sim12$ $\Delta_3=3\sim5$	H	减速器中心高	$\geqslant r_a+\Delta_6+\Delta_7$
Δ_4	旋转零件间的轴向距离	10～15	L_1	箱体内壁至轴承座孔端面的距离	$=\delta+C_1+C_2+(5\sim8)$，C_1，C_2 见表 8.2.2
Δ_5	齿轮顶圆至轴表面的距离	$\geqslant$10	e	轴承端盖凸缘厚度	1.2 倍的螺栓公称直径

四、箱体零件图（略）

课后思考

（1）铸造件的特点是什么？

（2）铸造件的结构设计应考虑哪些问题？

（3）铸造件的材料有哪些？

知识拓展

一、铸造工艺

铸造工艺可分为特种铸造工艺和砂型铸造工艺。

(一)特种铸造

1. 压力铸造

压力铸造是指金属液在其他外力(不含重力)的作用下注入铸型的工艺。广义的压力铸造包括压铸机的压力铸造和真空铸造、低压铸造、离心铸造等;窄义的压力铸造专指压铸机的金属型压力铸造,简称压铸。这几种铸造工艺是有色金属铸造中最常用的,也是相对价格最低的。

2. 金属型铸造

金属型铸造是用金属(耐热合金钢,球墨铸铁,耐热铸铁等)制作的铸造用中空铸型模具的现代工艺。

金属型既可采用重力铸造,也可采用压力铸造。金属型的铸型模具能反复多次使用,每浇注一次金属液,就获得一次铸件,寿命很长,生产效率很高。金属型的铸件不但尺寸精度好,表面光洁,而且在浇注相同金属液的情况下,其铸件强度要比砂型的更高,更不容易损坏。因此,在大批量生产有色金属的中、小铸件时,只要铸件材料的熔点不过高,一般都优先选用金属型铸造。但是,金属型铸造也有一些不足之处:因为耐热合金钢和在它上面做出中空型腔的加工都比较昂贵,所以金属型的模具费用不菲,不过总体和压铸模具费用比起来则便宜多了。对小批量生产而言,分摊到每件产品上的模具费用明显过高,一般不易接受。又因为金属型的模具受模具材料尺寸和型腔加工设备、铸造设备能力的限制,所以对特别大的铸件也显得无能为力。因而在小批量及大件生产中,很少使用金属型铸造。此外,金属型模具虽然采用了耐热合金钢,但耐热能力仍有限,一般多用于铝合金、锌合金、镁合金的铸造,在铜合金铸造中已较少应用,而用于黑色金属铸造就更少了。

3. 压铸

压铸是在压铸机上进行的金属型压力铸造,是生产效率最高的铸造工艺。

压铸机分为热室压铸机和冷室压铸机两类。热室压铸机自动化程度高,材料损耗少,生产效率比冷室压铸机更高,但受机件耐热能力的制约,还只能用于锌合金、镁合金等低熔点材料的铸件生产。当今广泛使用的铝合金压铸件,由于熔点较高,只能在冷室压铸机上生产。压铸的主要特点是金属液在高压、高速下充填型腔,并在高压下成形、凝固,压铸件的不足之处是:因为金属液在高压、高速下充填型腔的过程中,不可避免地把型腔中的空气夹裹在铸件内部,形成皮下气孔,所以铝合金压铸件不宜热处理,锌合金压铸件不宜表面喷塑(但可喷漆)。否则,铸件内部气孔在做上述处理加热时,将遇热膨胀而致使铸件变形或鼓泡。此外,压铸件的机械切削加工余量也应取得小一些,一般在0.5mm左右,既可减轻铸件重量、减少切削加工量以降低成本,又可避免穿透表面致密层,露出皮下气孔,造成工件报废。

4. 熔模铸造

熔模铸造亦称失蜡法铸造，所谓熔模铸造工艺，简单说就是用易熔材料（例如蜡料或塑料）制成可熔性模型（简称熔模或模型），在其上涂覆若干层特制的耐火涂料，经过干燥和硬化形成一个整体型壳后，再用蒸汽或热水从型壳中熔掉模型，然后把型壳置于砂箱中，在其四周填充干砂造型，最后将铸型放入焙烧炉中经过高温焙烧（如采用高强度型壳时，可不必造型而将脱模后的型壳直接焙烧），铸型或型壳经焙烧后，于其中浇注熔融金属而得到铸件。

熔模铸件尺寸精度较高，一般可达 CT4-6（砂型铸造为 CT10～13，压铸为 CT5～7），当然由于熔模铸造的工艺过程复杂，影响铸件尺寸精度的因素较多，例如模料的收缩、熔模的变形、型壳在加热和冷却过程中的线量变化、合金的收缩率以及在凝固过程中铸件的变形等，所以普通熔模铸件的尺寸精度虽然较高，但其一致性仍需提高（采用中、高温蜡料的铸件尺寸一致性要提高很多）。

熔模铸造最大的优点就是由于熔模铸件有着很高的尺寸精度和表面光洁度，所以可减少机械加工工作，只是在零件上要求较高的部位留少许加工余量即可，甚至某些铸件只留打磨、抛光余量，不必机械加工即可使用。由此可见，采用熔模铸造方法可大量节省机床设备和加工工时，大幅度节约金属原材料。

熔模铸造方法的另一优点是，它可以铸造各种合金的复杂的铸件，特别可以铸造高温合金铸件。如喷气式发动机的叶片，其流线型外廓与冷却用内腔，用机械加工工艺几乎无法形成。用熔模铸造工艺生产不仅可以做到批量生产，保证了铸件的一致性，而且避免了机械加工后残留刀纹的应力集中。

熔模铸造是在古代蜡模铸造的基础上发展起来的。早在公元前数百年，我国古代劳动人民就创造了这种失蜡铸造技术，用来铸造带有各种精细花纹和文字的钟鼎及器皿等制品，如春秋时的曾侯乙墓尊盘等。曾侯乙墓尊盘底座为多条相互缠绕的龙，它们首尾相连，上下交错，形成中间镂空的多层云纹状图案，这些图案用普通铸造工艺很难制造出来，而用失蜡法铸造工艺，可以利用石蜡没有强度、易于雕刻的特点，用普通工具就可以雕刻出与所要得到的曾侯乙墓尊盘一样的石蜡材质的工艺品，然后再附加浇注系统，涂料、脱蜡、浇注，就可以得到精美的曾侯乙墓尊盘。

现代熔模铸造方法在工业生产中得到实际应用是在 20 世纪 40 年代。当时航空喷气发动机的发展，要求制造像叶片、叶轮、喷嘴等形状复杂，尺寸精确以及表面光洁的耐热合金零件。由于耐热合金材料难于机械加工，零件形状复杂，以致不能或难于用其他方法制造，因此，需要寻找一种新的精密的成型工艺，于是借鉴古代流传下来的失蜡铸造，经过对材料和工艺的改进，现代熔模铸造方法在古代工艺的基础上获得重要的发展。所以，航空工业的发展推动了熔模铸造的应用，而熔模铸造的不断改进和完善，也为航空工业进一步提高性能创造了有利的条件。

我国是于 20 世纪五、六十年代开始将熔模铸造应用于工业生产。其后这种先进的铸造工艺得到巨大的发展，相继在航空、汽车、机床、船舶、内燃机、气轮机、电讯仪器、武器、医疗器械以及刀具等制造工业中被广泛采用，同时也用于工艺美术品的制造。

5. 消失模铸造

消失模铸造技术（EPC 或 LFC）是用泡沫塑料制作成与零件结构和尺寸完全一样的实型模具，经浸涂耐火黏结涂料，烘干后进行干砂造型，振动紧实，然后浇入金属液使模样受热气化消失，而得到与模样形状一致的金属零件的铸造方法。消失模铸造是一种近无余量、精确成形的新技术，它不需要合箱取模，使用无黏结剂的干砂造型，减少了污染，被认为是 21 世纪最可能实现绿色铸造的工艺技术。

消失模铸造技术主要有以下几种：

（1）压力消失模铸造技术

压力消失模铸造技术是消失模铸造技术与压力凝固结晶技术相结合的铸造新技术，它是在带砂箱的压力灌中，浇注金属液使泡沫塑料气化消失后，迅速密封压力灌，并通入一定压力的气体，使金属液在压力下凝固结晶成型的铸造方法。这种铸造技术的特点是能够显著减少铸件中的缩孔、缩松、气孔等铸造缺陷，提高铸件致密度，改善铸件力学性能。

（2）真空低压消失模铸造技术

真空低压消失模铸造技术是将负压消失模铸造方法和低压反重力浇注方法复合而发展的一种新铸造技术。真空低压消失模铸造技术的特点是：综合了低压铸造与真空消失模铸造的技术优势，在可控的气压下完成充型过程，大大提高了合金的铸造充型能力；与压铸相比，设备投资小、铸件成本低、铸件可热处理强化；而与砂型铸造相比，铸件的精度高、表面粗糙度小、生产率高、性能好；反重力作用下，直浇口成为补缩短通道，浇注温度的损失小，液态合金在可控的压力下进行补缩凝固，合金铸件的浇注系统简单有效、成品率高、组织致密；真空低压消失模铸造的浇注温度低，适合于多种有色合金。

（3）振动消失模铸造技术

振动消失模铸造技术是在消失模铸造过程中施加一定频率和振幅的振动，使铸件在振动场的作用下凝固，由于消失模铸造凝固过程中对金属溶液施加了一定时间振动，振动力使液相与固相间产生相对运动，而使枝晶破碎，增加液相内结晶核心，使铸件最终凝固组织细化、补缩提高，力学性能改善。该技术利用消失模铸造中现成的紧实振动台，通过振动电机产生的机械振动，使金属液在动力激励下生核，达到细化组织的目的，是一种操作简便、成本低廉、无环境污染的方法。

（4）半固态消失模铸造技术

半固态消失模铸造技术是消失模铸造技术与半固态技术相结合的新铸造技术，由于该工艺的特点在于控制液固相的相对比例，也称转变控制半固态成形。该技术可以提高铸件致密度、减少偏析、提高尺寸精度和铸件性能。

（5）消失模壳型铸造技术

消失模壳型铸造技术是熔模铸造技术与消失模铸造结合起来的新型铸造方法。该方法是将用发泡模具制作的与零件形状一样的泡沫塑料模样表面涂上数层耐火材料，待其硬化干燥后，将其中的泡沫塑料模样燃烧气化消失而制成型壳，经过焙烧，然后进行浇注，而获得较高尺寸精度铸件的一种新型精密铸造方法。它具有消失模铸造中的模样尺寸大、精密度高的特点，又有熔模精密铸造中结壳精度、强度等优点。与普通熔模铸造相比，其特点是泡沫塑料模料成本低廉，模样黏接组合方便，气化消失容易，克服了熔模铸造模料容易软化而引起的熔模变形的问题，可以生产较大尺寸的各种合金复杂铸件

(6)消失模悬浮铸造技术

消失模悬浮铸造技术是消失模铸造工艺与悬浮铸造结合起来的一种新型实用铸造技术。该技术工艺过程是金属液浇入铸型后，泡沫塑料模样气化，夹杂在冒口模型的悬浮剂(或将悬浮剂放置在模样某特定位置，或将悬浮剂与 EPS 一起制成泡沫模样)与金属液发生物化反应从而提高铸件整体(或部分)组织性能。

由于消失模铸造技术成本低、精度高、设计灵活、清洁环保、适合复杂铸件等特点，符合新世纪铸造技术发展的总趋势，有着广阔的发展前景。

6. 细晶铸造

细晶铸造技术或工艺(FGCP)的原理是通过控制普通熔模铸造工艺，强化合金的形核机制，在铸造过程中使合金形成大量结晶核心，并阻止晶粒长大，从而获得平均晶粒尺寸小于 1. 6μm 的均匀、细小、各向同性的等轴晶铸件，较典型的细晶铸件晶粒度为美国标准 ASTM0～2 级。细晶铸造在使铸件晶粒细化的同时，还使高温合金中的初生碳化物和强化相 γ'尺寸减小，形态改善。因此，细晶铸造的突出优点是大幅度地提高铸件在中低温(≤760℃)条件下的低周疲劳寿命，并显著减小铸件力学性能数据的分散度，从而提高铸造零件的设计容限。同时该技术还在一定程度上改善铸件抗拉性能和持久性能，并使铸件具有良好的热处理性能。

细晶铸造技术还可改善高温合金铸件的机加工性能，减小螺孔和刀刃形锐利边缘等处产生加工裂纹的潜在危险。因此该技术可使熔模铸件的应用范围扩大到原先使用锻件、厚板机加工零件和锻铸组合件等领域。在航空发动机零件的精铸生产中，使用细晶铸件代替某些锻件或用细晶铸造的锭料来做锻坯已很常见。

7. “短流程”铸造工艺

“短流程”铸造工艺，是用高炉铁液直接注入电炉中进行升温和调整成分，经变质处理后浇注铸件，省去了用生铁锭再重熔成铁液的过程，是一种节能、高效、降成本的铸造生产方法，是铸造协会重点推广的优化技术之一。

“短流程”工艺在山东等省已经得到了较好的应用。其为加强铸造生铁基地建设，优化铸造产业集群的发展发挥了很大的推进作用，将会促进铸造业向更高的层次迈进。

(二)砂型铸造

砂型铸造主要采用重力铸造工艺：

重力铸造是指金属液在地球重力作用下注入铸型的工艺，也称浇铸。广义的重力铸造包括砂型浇铸、金属型浇铸、熔模铸造、泥模铸造等；窄义的重力铸造专指金属型浇铸。

砂型一般采用重力铸造，有特殊要求时也可采用低压铸造、离心铸造等工艺。砂型铸造的适应性很广，小件、大件，简单件、复杂件，单件、大批量都可采用。砂型铸造用的模具，以前多用木材制作，通称木模。木模缺点是易变形、易损坏；除单件生产的砂型铸件外，可以使用尺寸精度较高，并且使用寿命较长的铝合金模具或树脂模具。虽然价格有所提高，但仍比金属型铸造用的模具便宜得多，在小批量及大件生产中，价格优势尤为突出。此外，砂型比金属型耐火度更高，因而如铜合金和黑色金属等熔点较高的材料也多采用这种工艺。但是，砂型铸造也有一些不足之处：因为每个砂质铸型只能浇注一次，获得铸件后铸型即损坏，必须重新造型，所以砂型铸造的生产效率较低；又因为砂的整体性质软而多孔，所以砂型铸造的铸件尺寸精度较低，表面也较粗糙。

二、铸造件的热处理工艺

铸造件的热处理工艺主要有：

(1)去除应力退火处理

热处理的目的主要是消除铸造应力，改善力学功能和机械加工功能。

(2)石墨化退火

假如减速机截面尺度差别比较大的话，在薄的截面简单构成白口，这样需求进行石墨化退火，主要是为了消除白口造成的影响。

(3)均匀化退火

比较重要的减速机或其他铸铁材料的减速机，为了提高力学功能，需求进行均匀化退火因为铸造进程中构成许多化学成分偏析。目的是均匀安排，差异减速机箱体各个截面力学功能可以到达共同，提高力学功能。

(4)其他材料的减速机箱体

也有铝合金的减速机，所进行的热处理跟铸铁类似，但是重要的铝合金零件为了提高力学功能需求进行固溶处理＋时效处理。

任务三　塑料件结构设计

任务布置

给定扩音器的内部元器件，包括：电路板、喇叭、电池等。喇叭形状与尺寸，如图8.3.1所示。电路板形状与尺寸，如图8.3.2所示。设计扩音器的外观造型及结构。根据给定的已知条件，建立各零件的三维模型，建立扩音器的效果图、爆炸图。掌握美工槽、螺钉连接、电池仓和电池门的结构设计。设计要求：

(1)在满足功能的前提下，尽量降低产品成本。

(2)扩音器有一个可拆卸的挂钩设计，便于使用时挂在腰间。

(3)壳体采用塑料材料,应有足够的强度。

(4)产品结构合理。

(5)前盖、后盖、电池盖连接牢固。

(a)喇叭实物

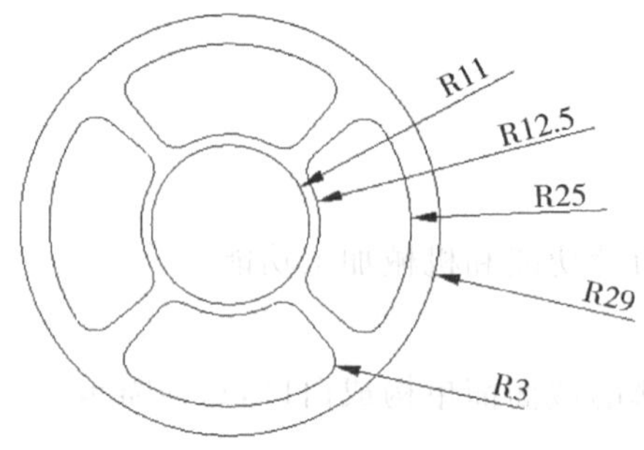

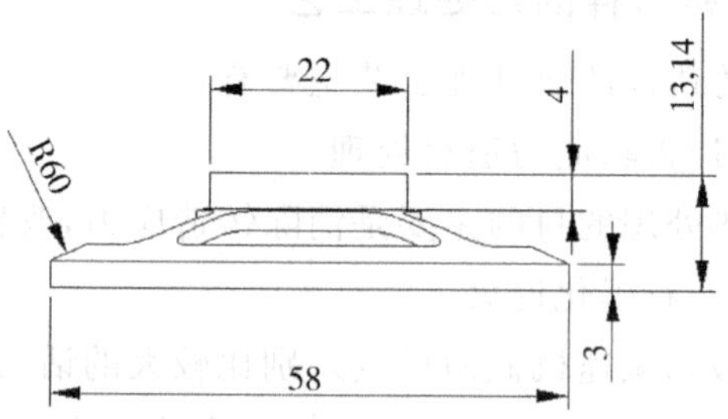

(b)喇叭尺寸图

图 8.3.1 喇叭

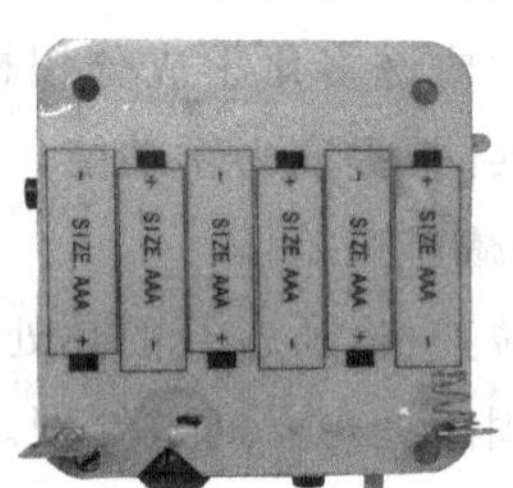

(a) 电路板实物

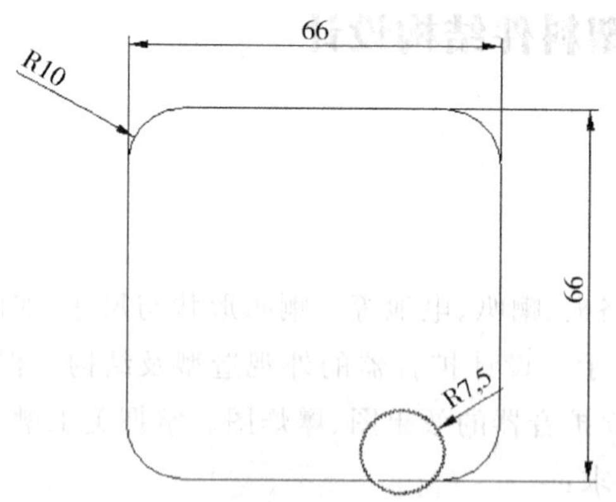

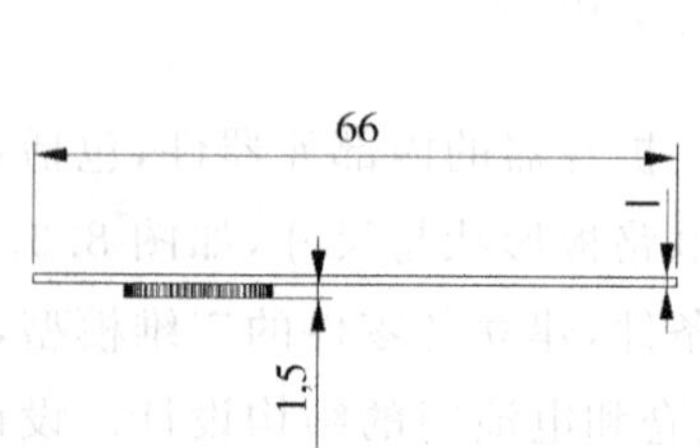

(b)电路板尺寸

图 8.3.2 电路板形状与尺寸

任务准备

塑料在工业产品方面的应用很广泛，但主要应用在壳体方面，如图 8.3.3 所示的遥控器、鼠标等。在此主要研究塑料壳体类产品的结构。

图 8.3.3　遥控器、鼠标

一、概述

1. 壳体的功能与作用

尽管各种产品的功能、用途及构成产品外壳的壳体的构造、材料不尽相同，但产品外壳的主要功能与作用相同。壳体的主要功能如下：

(1)包容作用

将产品构成的功能部件容纳于内。

(2)支撑作用

支撑、确定产品构成各零件的位置。

(3)防护作用

防止构成产品的零件受环境的影响、破坏，或防止其对使用者与操作者造成危险与侵害。

(4)美化作用

优美造型的壳体将产品复杂的功能部件容纳于内，起到装饰和美化作用。

2. 壳体的结构要求

作为产品外壳的壳体，在满足强度等设计要求的基础上，通常采用薄壁结构，并设置有容纳、固定其他零部件的结构和方便安装、拆卸等结构。在具体结构设计上，除考虑其主要功能外，还应考虑以下几个要素：

(1)定位产品的组成零件

对于固定的零件和运动的零件在结构上需有不同的考虑。

(2)便于拆、装

考虑产品的组装、拆卸和维修、维护方便。壳体、箱体多设计成分体结构，各部分通过螺丝、锁扣等进行组合连接。对于长久使用或可能多次拆卸的产品，需考虑采用便于拆卸、耐用的结构，如在塑料壳上内嵌金属螺纹件。对经常拆卸的产品，需考虑采用便于快速拆卸、组装的结构。

(3)材料及加工、生产方式

产品的功能和使用目的决定产品外壳应采用的材料。产品的生产批量和成本等因素,决定其加工和生产方式,进而决定了壳体的结构设计。铸造件结构、冲压件结构、模塑结构在设计上考虑的因素和结构特点不同。

(4)装饰与造型

装饰与造型的设计应结合产品的功能、构件的材料及加工、生产方式进行。

3. 壳体的结构设计步骤

(1)初步确定形状、主要结构和尺寸

考虑安装在内部与外部的零件形状、尺寸、配置及安装与拆卸等要求,综合加工工艺、所承受的载荷、运动等情况,利用经验参考同类产品,初步拟定结构方案。

(2)常规计算

利用材料力学、弹性力学等力学理论和计算公式进行强度、刚度和稳定性等方面的校核。

(3)静动态分析、模型或实物试验及优化设计

通常对于复杂和要求高的产品进行此步骤,并据此对设计方案进行修正和优化。

(4)制造工艺性和经济性分析

(5)完善结构细节

二、塑料件的形状结构

1. 塑料件的整体结构

好的塑料产品既要美观大方、好用,又要有好的结构工艺性。

(1)应尽量避免与脱模方向不平行的倒扣结构

为了模具简单,避免采用瓣合分型或侧抽芯等复杂的模具结构。如图 8.3.4 所示,其中图(a)需要采用侧抽芯或瓣合分型凹模(或凸模)结构,改为图(b)即可简化模具结构,可采用整体式凹模(或凸模)结构。

(2)强行脱模方式

对于较浅的内侧凹槽并带有圆角或斜面过渡结构的塑料件,同时成型塑件的材料为聚乙烯、聚丙烯、聚甲醛等带有足够弹性的塑料,可利用塑料在脱模温度下具有足够弹性的特性以强行脱模的方式脱模,而不必采用组合型芯的方法。如图 8.3.5 所示的防滑凹槽。为使强制脱模时的脱模阻力不要过大引起塑件损坏和变形,塑件侧凹深度必须在要求的合理范围内,并应有避位空间。

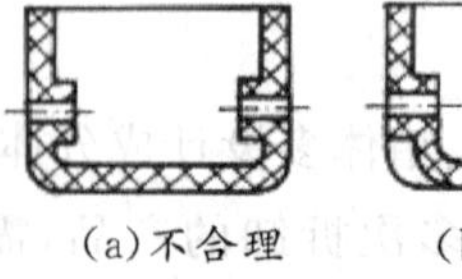

(a)不合理　(b)合理

图 8.3.4　倒扣结构

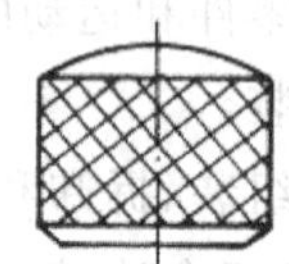

图 8.3.5　防滑凹槽

(3)塑料产品的形状要有利于提高塑料件的强度

为了提高注塑产品结构的刚性，减少变形。应尽量避免平板结构，合理设置翻边和凹凸结构。或把薄壳状的塑料产品设计成球面或拱形曲面。如图 8.3.6 所示。对于薄壁容器的边缘可按如图 8.3.7 所示的设计来增加强度和减少变形。

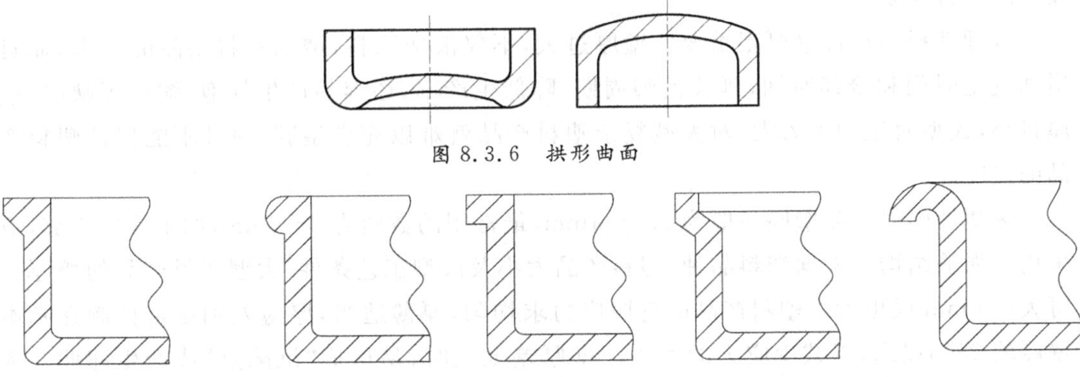

图 8.3.6　拱形曲面

图 8.3.7　薄壁容器的边缘

(4)紧固用的凸耳或台阶应有足够的强度

紧固用的凸耳或台阶用来承受连接时的作用力，应避免台阶的突然过渡和尺寸过小，如图 8.3.8 所示的塑料连接用凸耳结构。

(5)加胶容易减胶难

设计时要注意加胶容易减胶难的问题。对一些要进行紧配合的产品，一般可先行做松一点，然后再进行适当的加胶。因一般加胶在改模时只要用铜公再打一次火花即可，减胶则要烧焊，工艺麻烦。

(6)尽量做成穿插结构，避免做成行位结构

为了模具结构简单，产品应尽量做成穿插孔结构，避免做成行位结构。如图 8.3.9 所示的猫砂铲，在挂钩结构对应的手柄处挖出相应的孔，使得行位结构变为穿插结构，简化了模具结构。

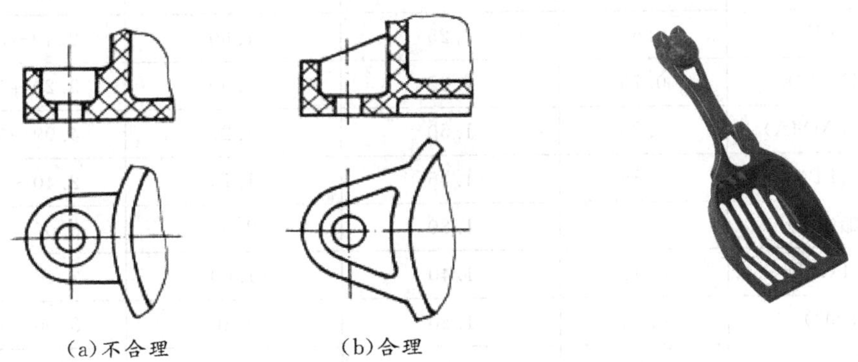

(a)不合理　　(b)合理

图 8.3.8　凸耳

图 8.3.9　猫砂铲

2. 塑料产品的壁厚

任何塑料产品均需要有一定的壁厚。这是因为塑料在成型时要有良好的流动性，并保证产品有足够的强度和刚度，也便于从模具里顶出产品。利用注塑工艺生产产品时，由

于塑料在模腔中的不均匀冷却和不均匀收缩以及产品结构设计的不合理，容易引起产品的各种缺陷：缩印、熔接痕、气孔、变形、拉毛、顶伤、飞边等。

塑料产品的外壳壁厚取决于塑料件的使用条件，即强度、结构、电性能、尺寸稳定性以及装配等各项要求。

合理选择塑料件壁厚很重要。壁厚过大，不仅浪费原料，增加塑料制品的成本，而且增加成型时间和冷却时间，延长模塑周期，降低生产率，还容易产生气泡、缩孔等缺陷；壁厚过小，成型时流动阻力大，对大型复杂塑料产品就难以充满型腔，而且不能保证塑料产品的强度。

热塑性塑料产品壁厚一般为0.5～4mm，最常用的数值为2～3mm；如果强度不够，应采用加强筋结构。根据塑料品种、塑料产品大小及成型工艺条件，大型塑料产品的壁厚也可大至6mm或更大。塑料产品的壁厚应力求均匀，厚薄适当，厚薄差别尽量控制在基本壁厚的25%以内，以减少应力的产生。壁厚差太大时，易形成“沉陷点”或产生翘曲。为此，常将厚的部分挖空，采用适当的修饰半径以缓慢过渡厚薄部分的空间。壁厚设计对比如图8.3.10所示。

一般情况下：

(1)平均壳体厚度≥1.2mm。

(2)周边壳体厚度≥1.4mm。

(3)壁厚突变不能超过1.6倍。

(4)筋条厚度与壁厚的比例不大于0.75。

(5)可接触的外观面不允许尖角，应作成圆角，半径$R \geqslant 0.3$。

塑料制品的最小壁厚及常见壁厚推荐值见表8.3.1。

表8.3.1　塑料制品的最小壁厚及常见壁厚推荐值　(单位：mm)

工程塑料	最小壁厚	小型制品壁厚	中型制品壁厚	大型制品壁厚
尼龙(PA)	0.45	0.76	1.50	2.40～3.20
聚乙烯(PE)	0.60	1.25	1.60	2.40～3.20
聚苯乙烯(PS)	0.75	1.25	1.60	3.20～5.40
有机玻璃(PMMA)	0.80	1.50	2.20	4.00～6.50
聚丙烯(PP)	0.85	1.45	1.75	2.40～3.20
聚碳酸酯(PC)	0.95	1.80	2.30	3.00～4.50
聚甲醛(POM)	0.45	1.40	1.60	2.40～3.20
聚砜(PSU)	0.95	1.80	2.30	3.00～4.50
ABS	0.80	1.50	2.20	2.40～3.20
PC+ABS	0.75	1.50	2.20	2.40～3.20

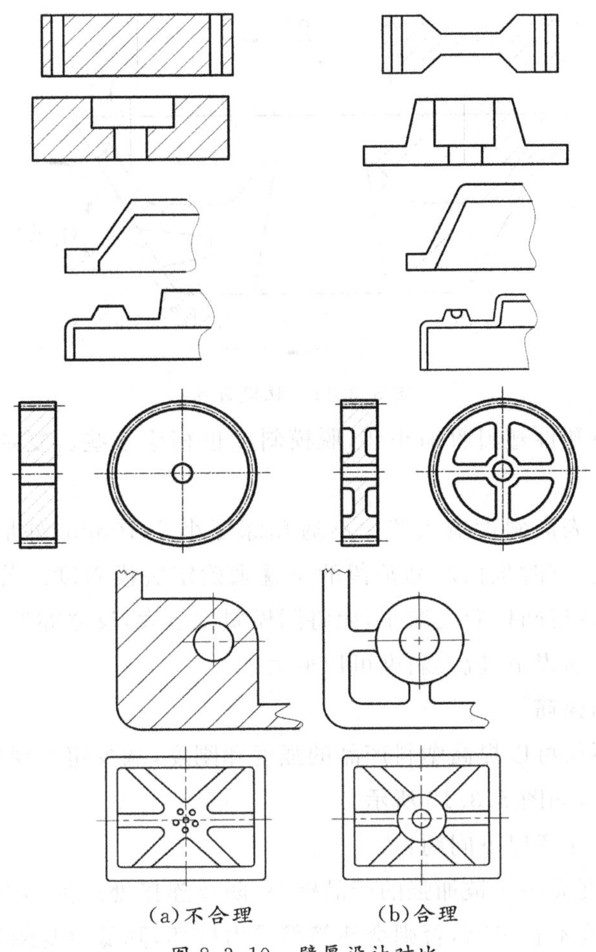

(a)不合理　(b)合理

图 8.3.10　壁厚设计对比

3. 塑料产品的脱模斜度

塑料成型后塑料产品紧紧抱住模具型芯或型腔中凸出部位，给取出产品带来困难。为便于从模具内取出产品或从产品内抽出型芯，设计塑料产品结构时，必须考虑足够的脱模斜度。脱模斜度又称拔模斜度、出模斜度，如图 8.3.11 所示。塑料产品的内表面、外表面沿脱模方向均应有脱模斜度，必须限制在制造公差范围内。所取数值按经验确定，一般脱模斜度为 1°～2°，最小为 0.5°。

塑料产品的凸起或加强肋，单边应有 4°～5°的脱模斜度。

厚壁产品会因壁厚使成型收缩增大，故斜度应放大。若斜度不妨碍产品的使用，则可将斜度值取大些。

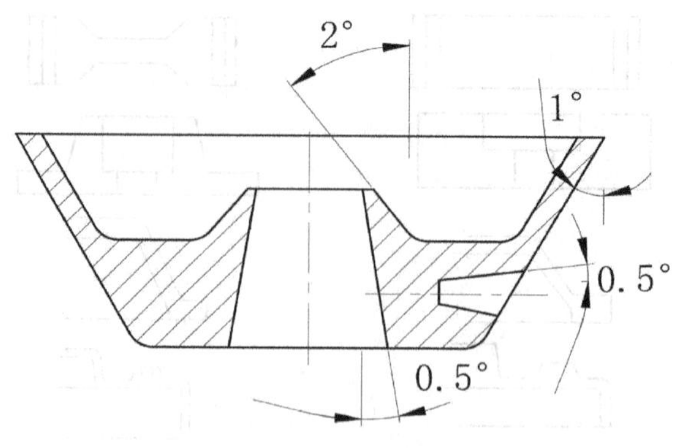

图 8.3.11 脱模斜度

热固性塑料较热塑性塑料收缩小些，脱模斜度也相应小些。复杂及不规则形状产品其斜度应大些。

内表面斜度比外表面斜度应大些。不通孔深度小于 10mm，外形高度不大于 20mm 时，允许不设计斜度。有时根据产品预留的位置来确定脱模斜度。若为了在开模后让产品留在凸模上，则有意将凸模斜度减小，而将凹模斜度放大，反之亦然。总之，在满足塑料产品尺寸公差要求的前提下，脱模斜度可以取大些。

4. 塑料产品的加强筋

加强筋的作用不仅可以提高塑料产品的强度和刚度，减少扭歪现象，而且可以使塑料成型时容易充满型腔，如图 8.3.12 所示。

设计加强筋时应注意以下问题：

(1)加强筋的厚度应小于被加强的产品壁厚，防止连接处产生凹陷。

(2)加强筋的高度不宜过高，否则会使筋部受力破坏，降低自身刚性。如图 8.3.13 所示为加强筋尺寸比例关系。如图 8.3.14 所示，图(a)的加强筋底部厚度等于壁厚，高度较高，在交汇处产生缩印。图(b)的加强筋底部厚度为壁厚的一半，高度较矮，不易产生缩印。为了增加产品的刚度，应增加加强筋的数目而不应增加其高度。如图 8.3.15 所示为筋板的设计尺寸图。

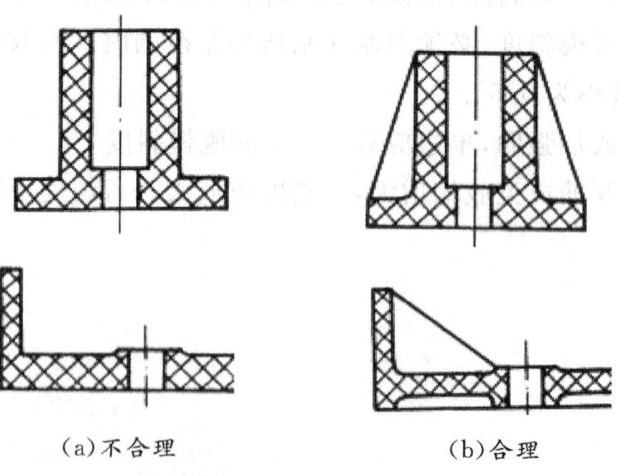

图 8.3.12 加强筋

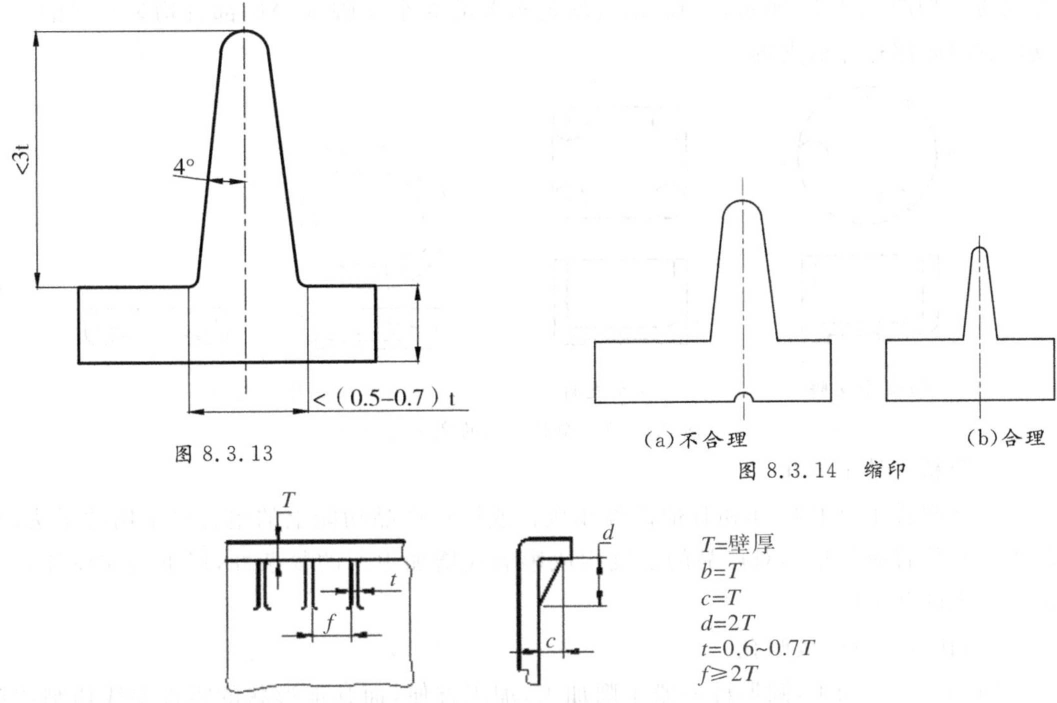

图 8.3.13

图 8.3.14　缩印

图 8.3.15　筋板的设计尺寸图

(3)加强筋的斜度可大些,一般应大于 1.5°,以避免顶伤,以利脱模。

(4)使多数加强筋的方向与型腔塑料的流向一致,避免塑料流向的干扰而损害产品的质量。

(5)多条加强筋要分布得当,排列相互错开,以减少收缩不均。如图 8.3.16 所示为熨衣架的加强筋。为保证塑料件平整,加强筋的端面不应与支承面相平,至少低于支承面 0.5mm。

(6)一般加强筋都加斜骨,目的是避免困气,有利于注塑及强度。

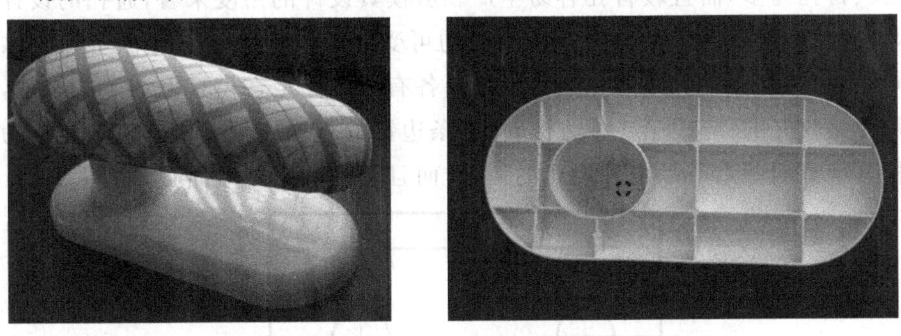

图 8.3.16　熨衣架的加强筋

5. 塑料产品的底部支承面

因为面越大越不易作平,要使整个平面达到绝对平直是做不到的,所以塑料产品的底部支承面不能设计成整平面结构,易采用凸台结构效果较好。凸台以三个为宜,高度应高出平面 0.5mm 以上,位置应均匀设置在制品的边角,有足够的强度、适宜的出模斜度和过渡联接。如图 8.3.17 所示,(a)底部有均匀布置的 3 个支脚、(b)底部有均匀布置的 4 个支脚、(c)底部有环形支脚。

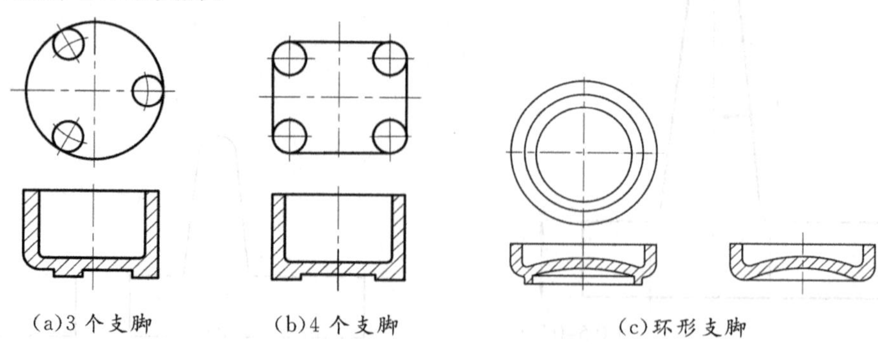

图 8.3.17 塑料产品的底部支承面

6. 塑料产品上的孔

在塑料件上开孔使其和其他部件相接合或增加产品功能上的组合是常用的手法,孔的大小及位置应尽量不对产品的强度构成影响或增加生产的复杂性,以下是在设计孔时需要考虑的几个因素。

(1)孔应尽量做成圆孔

因圆形孔易加工,圆形件一般车削加工,加工方便,而其他形状的零件要线切割或铣削加工。

(2)塑料件上的通孔

孔的位置应尽可能设置在最不易削弱塑料产品强度的地方,在相邻孔之间以及孔和零件边缘之间,均应留出适当的距离,相邻孔的距离 L2 或孔与相邻产品直边之间的距离 L1、L3 不可小于孔的直径。如图 8.3.18 所示。孔的壁厚应尽量大,否则通孔位置容易产生断裂的情况。如果孔内附有螺纹,设计上的要求即变得复杂,因为螺纹的位置容易形成应力集中。螺孔边缘与产品边缘的距离须大于螺孔直径的三倍。从装配的角度来看,通孔的应用较盲孔为多,而且较盲孔容易生产。从模具设计的角度来看,通孔的设计在结构上亦较好,因为用来通孔成型的边钉的两端均可受到支撑。通孔的做法可以是靠单一边钉两端同时固定在模具上、或两只边钉相接而各有一端固定在模具上。一般来说,第一种方法被认为是较好的;应用第二种方法时,两条边钉的直径应稍有不同以避免因为两条边钉轴心稍有偏差而导致产品出现倒扣的情况,而且相接的两个端面必须磨平。

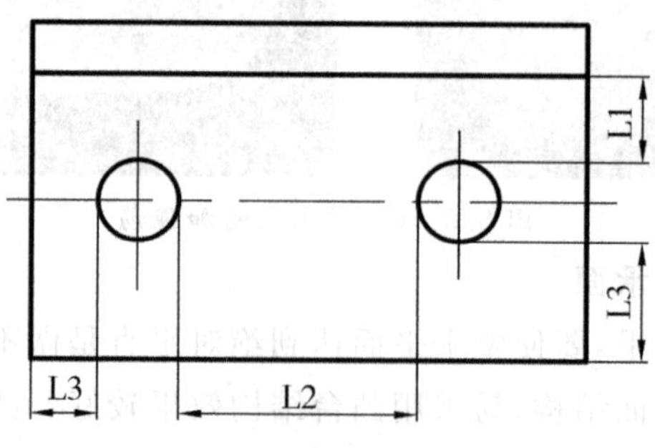

图 8.3.18 塑料件上的通孔

(3)盲孔

盲孔是靠模具上的哥针形成的,而哥针的设计只能单边支撑在模具上,熔融的塑料很容易使其弯曲变形,造成盲孔出现椭圆的形状,所以哥针的长度不能过长。一般来说,盲孔的深度应小于直径的两倍,盲孔的长径比一般不超过 4。如果盲孔的直径≤1.5mm,盲孔的深度则不应大于直径的尺寸。盲孔底壁厚度不能小于孔径的 1/6,否则易出现如图 8.3.19 所示的变形。

(4)台阶孔

台阶孔是多个不同直径同轴相连的孔,孔的深度比单一直径的孔长;此外,将模具件部分孔位挖空,亦可将孔的深度缩短。台阶孔结构如图 8.3.20 所示。

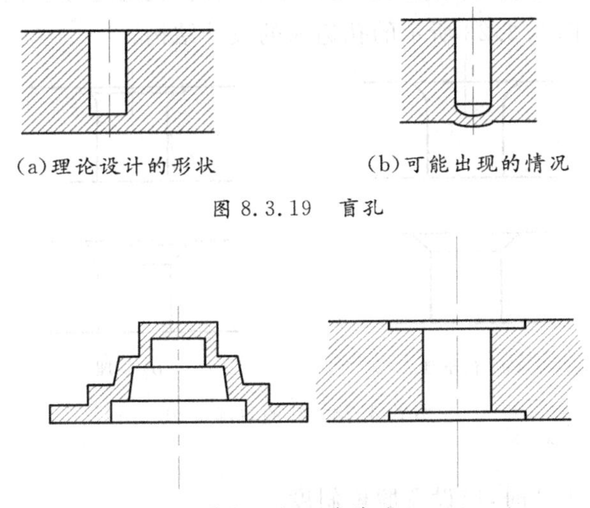

(a)理论设计的形状　　(b)可能出现的情况

图 8.3.19　盲孔

图 8.3.20　台阶孔

(5)斜孔

孔的轴向和开模方向一致,可以避免侧抽芯。对于斜孔与形状复杂孔的成型方法,可采用拼合型芯来完成,以避免抽侧型芯结构。在不影响使用功能的情况下,可将如图 8.3.21(a)所示的侧抽孔改进为如图 8.3.21(b)所示的沿开模方向的孔。

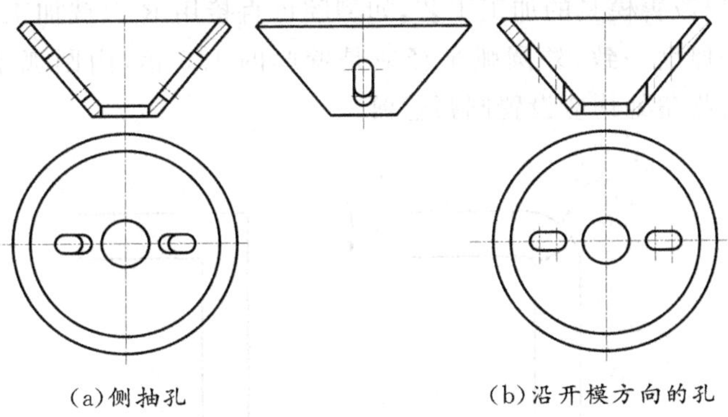

(a)侧抽孔　　(b)沿开模方向的孔

图 8.3.21　斜孔

(6)侧孔及侧凹

塑料产品上出现侧孔及侧凹时,为便于出模,必须设置滑块或侧抽芯机构,从而使模具结构复杂，成本增加，可对产品的结构加以改进。在不影响使用功能的情况下，可将如图8.3.22(a)所示的带侧孔容器改变为图 8.3.22(b)所示的侧凹。

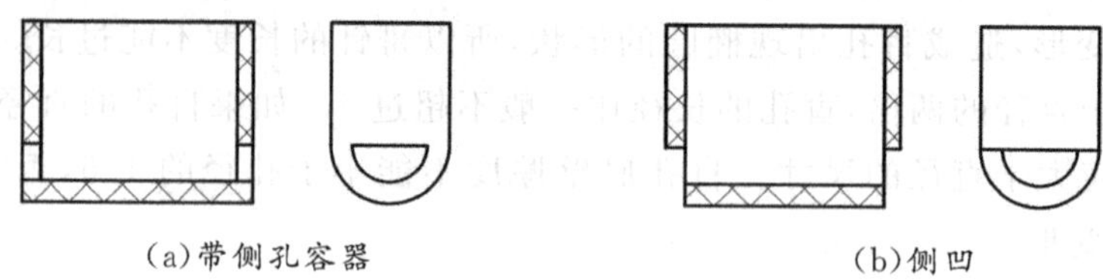

(a)带侧孔容器　　(b)侧凹

图 8.3.22　侧孔及侧凹

(7)孔的边缘结构

在孔边缘设计一个完整的倒角或圆角是不合理的，孔的边缘应预留至少 0.4mm 的直身位结构。可参考如图 8.3.23 所示的孔边缘的设计结构。

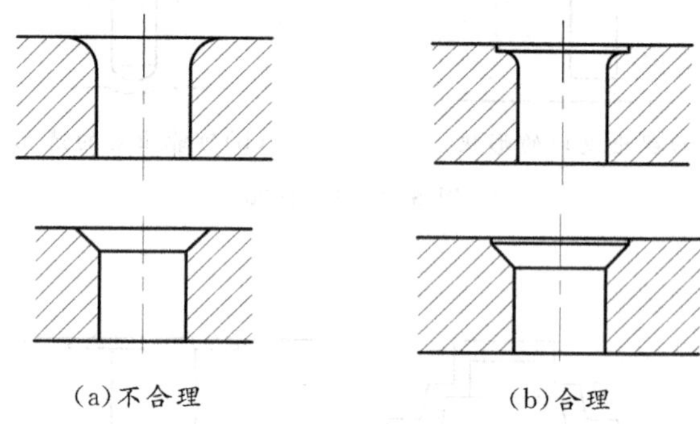

(a)不合理　　(b)合理

图 8.3.23　孔的边缘结构

(8)脱模斜度

当孔的长径比大于 2 时，应设置脱模斜度。

7. 塑料产品的圆角

在塑料产品的拐角处设置圆角，可增加产品的强度，改善成型时材料的流动性，也有利于产品的脱模。因此，在设计塑料产品结构时，应尽可能采用圆角，如图 8.3.24 所示。在两部位交接处的内、外角上采用圆弧过渡能减小应力集中，避免和模具型腔开裂。设置合理的圆角，还可以改善模具的加工工艺，如型腔可直接用 R 刀铣加工，而避免低效率的电加工。为使壁的厚度一致，外圆弧半径应是壁厚的 1.5 倍，内圆弧半径是壁厚的 0.5 倍。塑料产品所有拐角处均应设置圆弧过渡。

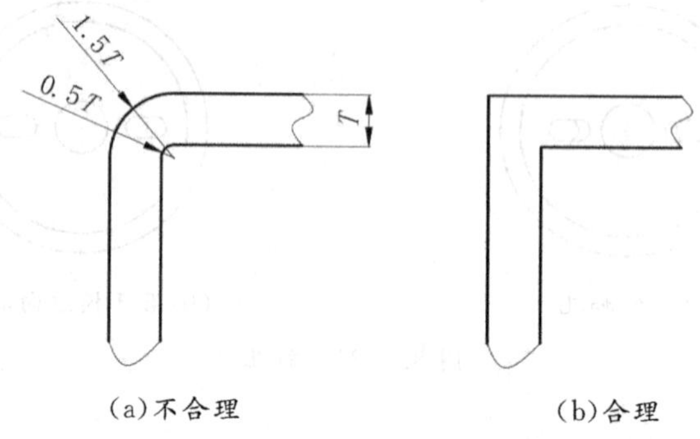

(a)不合理　　(b)合理

图 8.3.24　拐角处设置圆角

8. 塑料产品的标志和花纹

根据装饰或某种使用上的要求，塑料产品上常需要直接制出花纹、标记、符号及文字。为了工艺上的要求及方便模具制造，塑料产品侧壁的花纹或文字等是依靠侧壁斜度保证脱模。

塑料产品上的标记、符号或文字可以设计成三种不同的形式。第一种为凸字（图 8.3.25(a)），它在模具制造时比较方便，可用机械或手工将字雕刻在模具上，但使用过程中凸字容易损坏。第二种为凹字（图 8.3.25(b)），它可以填上各种颜色的油漆，使字迹更为鲜明。这种形式如果用机械加工模具则较麻烦，现在多采用电铸、冷挤压或电火花方法来制造模具。第三种为凹坑凸字（图 8.3.25(c)），在凸字的周围带来凹入的装饰框。制造这种结构形式模具可以采用镶块，镶入模具体中。制造比较方便，凸字在使用时也可避免碰坏及磨损。

产品标识一般设置在产品内表面较平坦处，并采用凸起形式，选择其所在面的法向方向与开模方向尽可能一致的面处设置标识，可以避免拉伤。

花纹还应注意其凸凹纹方向与脱模方向的一致性，如图 8.3.26 所示。

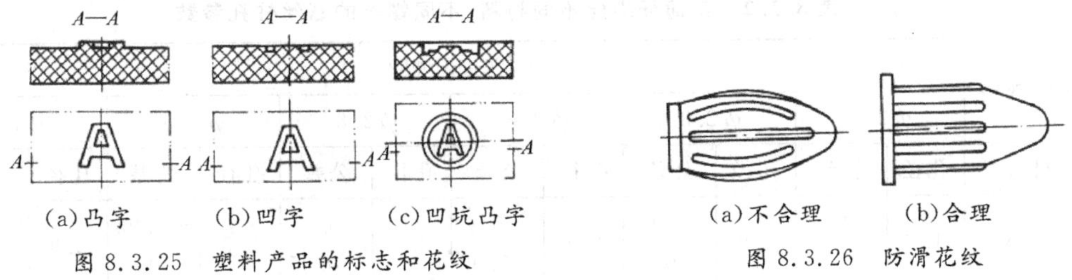

(a)凸字　(b)凹字　(c)凹坑凸字

图 8.3.25　塑料产品的标志和花纹

(a)不合理　(b)合理

图 8.3.26　防滑花纹

9. 支柱结构

支柱通常是用作连接两件部件的。其外径应是内孔径的两倍，高度不应超过外径的两倍。当支柱离零件边壁较远时，尽量避免独立一支支柱而无任何支撑。应加加强筋加强支柱的强度，如图 8.3.27 所示为支柱远离外壁的支柱结构。当支柱离零件边壁不远应以肋骨将柱和边相连在一起，如图 8.3.28 所示为支柱靠近外壁的支柱结构。

T=壁厚

b=支柱顶部圆孔之直径

c=0.6T

d=3T

e=斜度1/20

g=0.9d

h=(0.3~1)g

t=0.5T

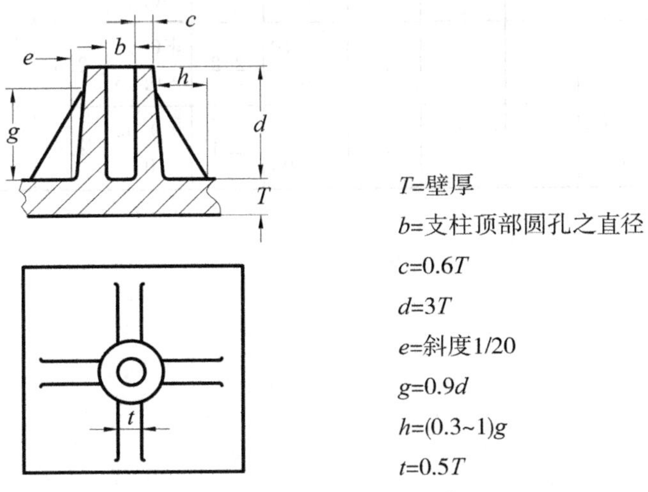

图 8.3.27　远离外壁的支柱结构

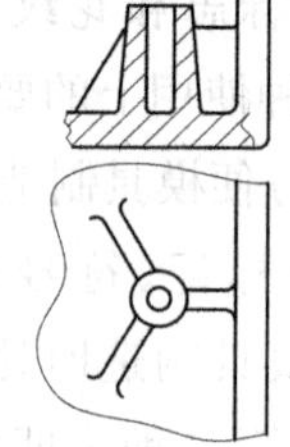

$T>3$，$t=0.6T$，当$T<1/8''$时

$T<3$，$t=0.4T$，当$T<1/8''$时

图 8.3.28 靠近外壁的支柱结构

用于自攻螺丝的螺丝柱的设计原则：其外径应该是螺丝钉外径的 2.0～2.4 倍。设计时可按下列关系计算：螺丝柱外径＝2×螺丝外径；螺柱内径（ABS，ABS＋PC）＝螺丝外径—0.4mm；螺柱内径（PC）＝螺丝外径—0.30mm（或—0.35mm）（可以先按 0.30mm 来设计，待测试通不过再修模加胶）。

不同材料、不同螺丝的螺丝柱孔设计参数如表 8.3.2 和表 8.3.3 所示。

表 8.3.2 普通牙螺丝不同材料、不同螺丝的螺丝柱孔参数

螺丝规格	普通牙螺丝											
	ϕ2.0		ϕ2.3		ϕ2.6		ϕ2.8		ϕ3.0		ϕ3.5	
材料	孔径	公差	孔径	公差	孔径	公差	孔径	公差	孔径	公差	孔径	公差
ABS	1.7	0 −0.05	1.9	+0.05 0	2.2	0 −0.05	2.4	0 −0.05	2.5	+0.05 0	2.9	+0.05 −0.05
PC	1.7	+0.05 0	2.0	0 −0.05	2.3	0 −0.05	2.4	+0.05 0	2.6	0 −0.05	3.0	+0.05 −0.05
POM	1.6	+0.05 0	1.8	+0.05 0	2.1	+0.05 0	2.3	0 −0.05	2.4	+0.05 0	2.8	+0.10 0
PA	1.6	+0.05 0	1.8	+0.05 0	2.1	+0.05 0	2.3	0 −0.05	2.4	+0.05 0	2.8	+0.10 0
PP					2.0	+0.10 0	2.2	+0.05 −0.05	2.3	+0.10 0	2.7	+0.10 0
PC＋ABS	1.7	+0.05 0	2.0	0 −0.05	2.3	0 −0.05	2.4	+0.05 0	2.6	0 −0.05	3.0	+0.05 −0.05

表 8.3.3　快牙螺丝不同材料、不同螺丝的螺丝柱孔参数

螺丝规格	快牙螺丝											
	φ2.0		φ2.3		φ2.6		φ2.8		φ3.0		φ3.5	
材料	孔径	公差	孔径	公差	孔径	公差	孔径	公差	孔径	公差	孔径	公差
ABS	1.6	+0.05 0	1.9	0 −0.05	2.1	+0.05 0	2.3	0 −0.05	2.5	0 −0.05	2.9	+0.05 −0.05
PC	1.6	+0.05 0	1.9	+0.05 0	2.2	+0.05 0	2.4	0 −0.05	2.6	0 −0.05	3.0	+0.05 −0.05
POM	1.6	0 −0.05	1.8	+0.05 0	2.0	+0.05 0	2.2	+0.05 0	2.4	+0.05 0	2.8	+0.05 0
PA	1.6	0 −0.05	1.8	+0.05 0	2.0	+0.05 0	2.2	+0.05 0	2.4	+0.05 0	2.8	+0.05 0
PP					2.0	+0.05 0	2.1	+0.10 0	2.3	+0.05 −0.05	2.7	+0.05 −0.05
PC+ABS	1.6	+0.05 0	1.9	+0.05 0	2.2	+0.05 0	2.4	0 −0.05	2.6	0 −0.05	3.0	+0.05 −0.05

三、塑料件的装配结构

(一)卡扣连接结构

MP3 的上下壳体,电池门与壳体均靠卡扣连接结构连接,如图 8.3.29 所示。如图 8.3.30所示为常见电池门卡扣结构剖面图。如图 8.3.31 所示为常见的包带的卡扣结构。卡扣有很多种类,如环形卡扣(图 8.3.32)、永久式单边扣(图 8.3.33)、可拆卸式单边扣(图8.3.34)、需施加另一边外力才可拆卸的单边扣(图 8.3.35)、球形卡扣(图 8.3.36)。

设计卡扣结构时,应注意预留弹性变形空间。

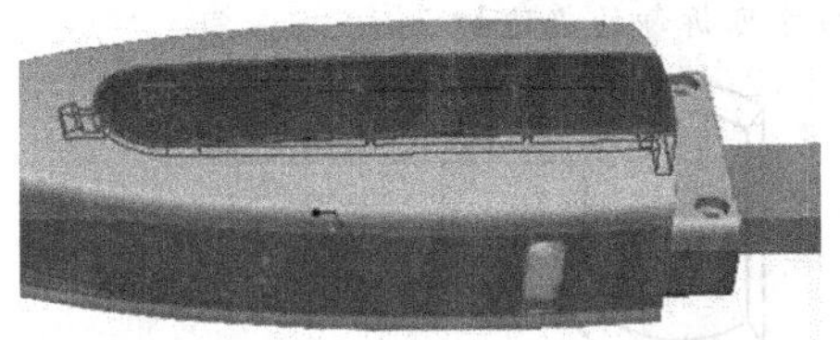

图 8.3.29　MP3

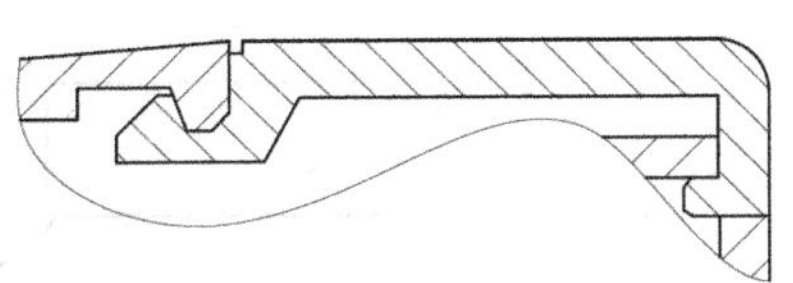

图 8.3.30　常见电池门卡扣结构剖面图

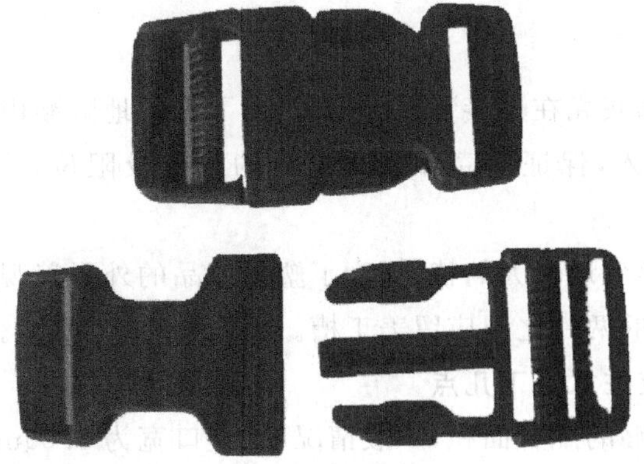

图 8.3.31　常见的包带的卡扣结构

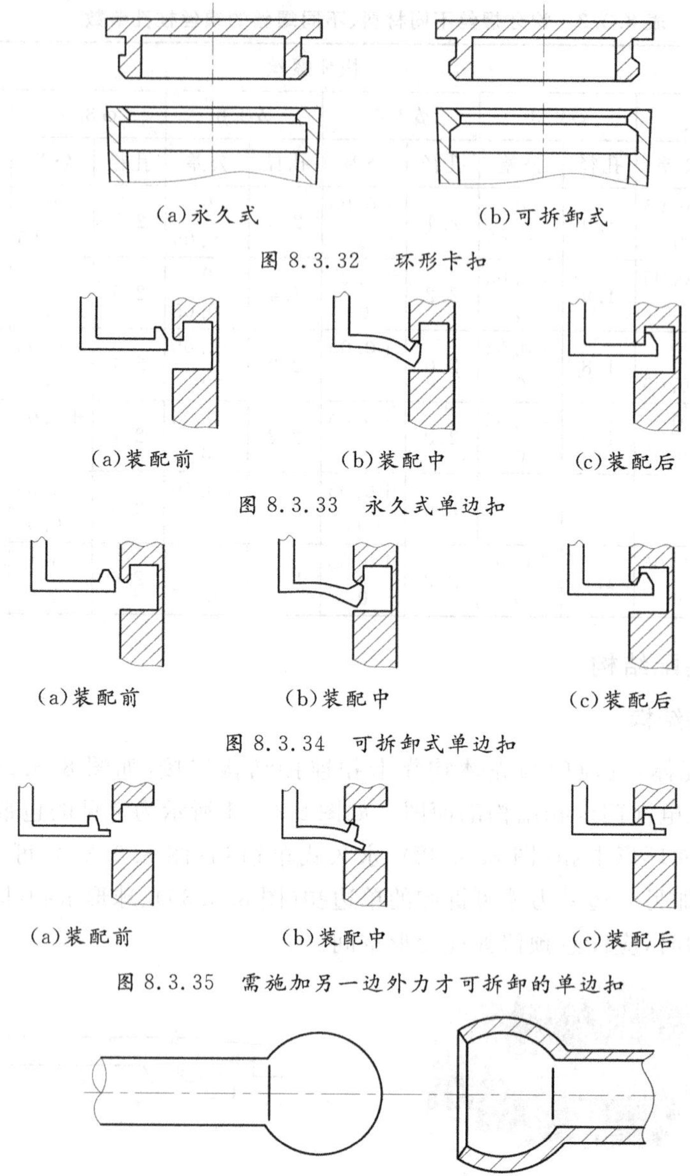

(a)永久式　(b)可拆卸式

图 8.3.32　环形卡扣

(a)装配前　(b)装配中　(c)装配后

图 8.3.33　永久式单边扣

(a)装配前　(b)装配中　(c)装配后

图 8.3.34　可拆卸式单边扣

(a)装配前　(b)装配中　(c)装配后

图 8.3.35　需施加另一边外力才可拆卸的单边扣

图 8.3.36　球形卡扣

(二)止口结构

塑料材质的面壳和底壳在连接装配结构时，为了有效地隔断内部空间与外界的导通，阻隔灰尘、静电等的进入，保证面壳和底壳壳体的定位及限位，一般情况下应设置止口结构。

由于塑料具有塑形变形量大的特质，为了塑料产品的外形美观，保证塑料件结合处的连接质量，一般在结合的两件之间应留美工槽。如图 8.3.37 所示。

1. 止口结构设计应注意以下几点

(1)保证止口有足够的配合面积，一般情况下，止口宽为 0.65mm，高度为 0.8mm。

(2)为了方便装配，非配合面的止口深度间隙设置为 0.15，非配合面的止口深度间隙 B 应该比止口配合面单边间隙 A 大。因为 B 间隙过小会导致两配合零件的外观美工槽缝隙过大。一般情况下，产品中小型的件都可以参考 A:0.01mm，B:0.15mm，大件可以适当增大。止口配合面设置 5°拔模斜度。如图 8.3.38 所示。

(3)美工槽尺寸 0.3mm×0.3mm～0.5mm×0.5mm。

(4)设计美工槽时，一般情况下，在后装配的零件上设置凸止口，在先装配的零件上设置凹止口。

2. 反止口结构

为了增加产品的连接强度，防止产品变形、保证两零件之间的间隙和定位。需要对有止口的产品添加反止口，反止口的尺寸大小既要保证其强度，又要防止产品表面缩水。为了方便装配和模具成型，反止口结构上应设置倒角。如图 8.3.39 所示。

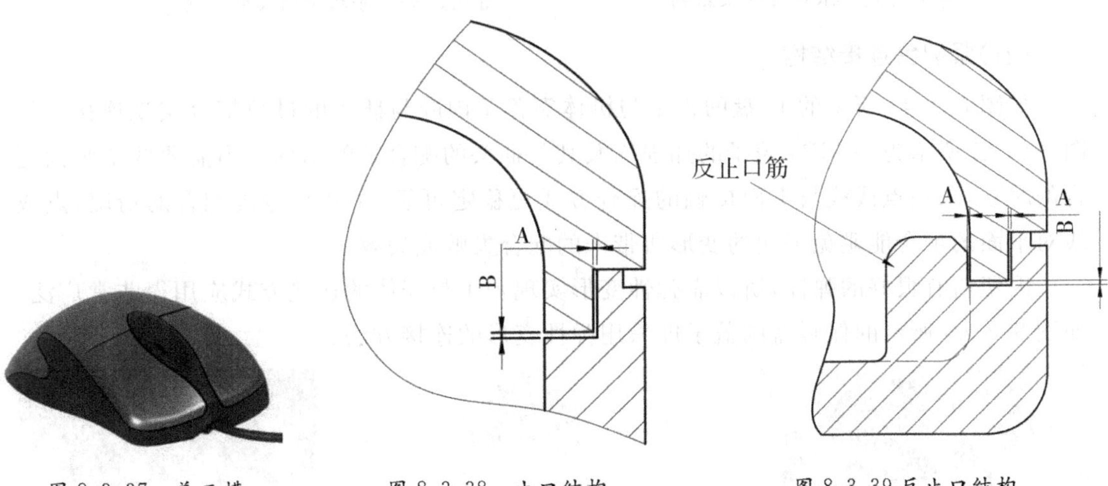

图 8.3.37　美工槽　　图 8.3.38　止口结构　　图 8.3.39 反止口结构

(三)上下壳体结合处孔的结构

为了减少模具行位，安装方便，上下壳体结合处的孔应由上下壳体两部分组成。如图 8.3.40 所示为鼠标出线孔的结构，鼠标上下壳体结合处连接线的孔由上下两部分组成，并应注意避免尖角结构。

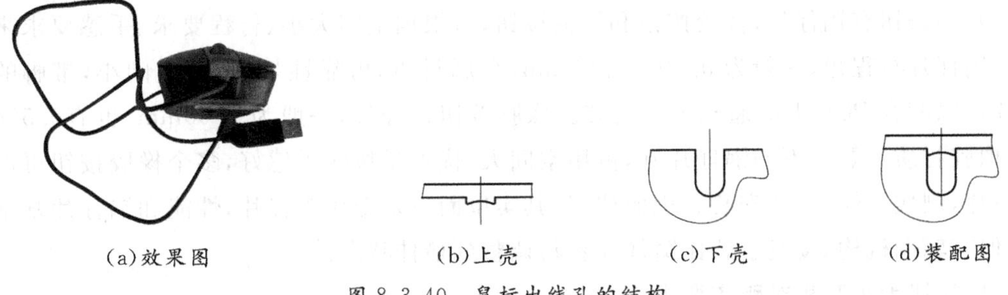

(a)效果图　(b)上壳　(c)下壳　(d)装配图

图 8.3.40　鼠标出线孔的结构

(四)安装防呆结构

防呆是一种预防矫正的行为约束手段，运用避免产生错误的限制方法，让操作者不需要花费注意力、也不需要经验与专业知识即可直接无误完成正确的操作。防呆是一个源自于日本围棋与将棋的术语，后来运用在工业管理上，基本概念应用在日本丰田汽车的生产方式，由新乡重夫(Shigeo Shingo)提出，之后随着工业品质管理的推展传播至全世界。如图 8.3.41 所示的零件采用不对称结构作为安装防呆结构，如图 8.3.42 所示的手机卡也采用了防呆的安装结构。

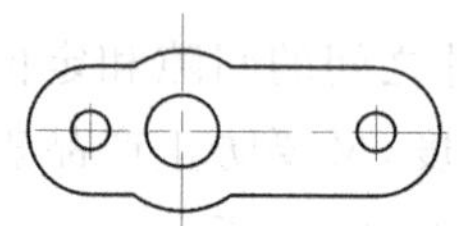
图 8.3.41 不对称防呆结构

图 8.3.42 手机卡的安装结构

(五)紧配合连接结构

如图 8.3.43 所示的 U 盘的盖子与机体靠盖子内腔与插头的过盈配合实现连接。如图 8.3.44 所示为一 MP3 盖子的加强筋及其与插头的配合处的结构。当需要两个平面配合的时候，采用点或线与平面接触的配合方式更稳定可靠，尤其是过盈配合的情况，点或线对平面的配合能避免平面的变形所带来的配合失败或失效。

因塑料有很好的弹性，所以靠弹性变形实现盖子与壳体的连接方式应用得非常广泛。如图 8.3.45 所示的保鲜盒的盖子即采用弹性变形的连接方法。

图 8.3.43 U 盘

图 8.3.44 MP3 盖子的加强筋

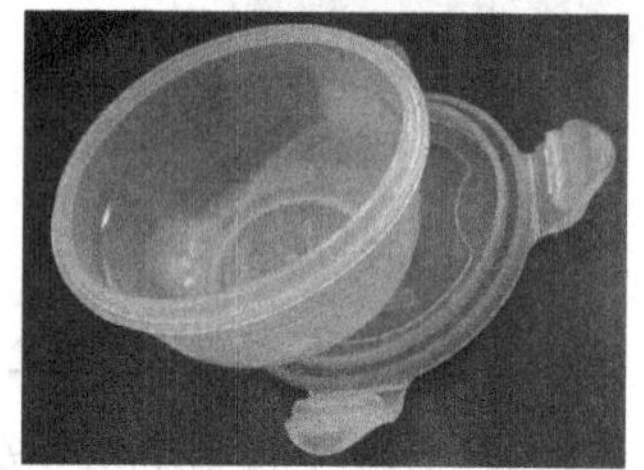
图 8.3.45 保鲜盒

(六)按钮、按钮与面板壳体之间的装配结构

常用按钮有锅仔片、橡胶按钮和机械按钮，可根据空间大小、行程要求、手感要求来选择。锅仔片行程短，一般为 0.20～0.50mm，金属材质，可靠性好，占用空间小，带脚的锅仔片可以配合 PCB 上的通孔定位安装。橡胶按钮行程长，一般为 1.00mm，也有0.50mm的，橡胶材质可靠性不如锅仔片好，占用空间大，优点是按钮手感好，多个橡胶按钮可以连成一片，制成一体，方便安装。机械按钮，其实里面还是金属锅仔片，性能和锅仔片基本一样，但有辅助机构，按钮手感比窝仔片容易调整到最佳状态。

1. 按钮大小及相对距离要求

在操作按钮中心时，不能引起相邻按钮的联动，依据人机工学参数，相邻按钮的中心距设计原则如下：

(1)竖排分离按钮中,两相邻按钮中心的距离 $a>9.0$mm。

(2)横排成行按钮中,两相邻按钮中心的距离 $b>13.0$mm。

(3)为方便操作,常用的功能按钮的最小尺寸为:3.0mm×3.0mm。

2. 按钮与面板壳体的设计间隙

按钮与壳体之间须留一定的间隙,保证按钮与面板壳体之间的运动自如,间隙一般取0.2～0.5mm。并应保证按下去时不能被卡住,可以顺利回弹,这种不良情况多出现在行程较长的橡胶按钮上,对策是加高按钮深度,如行程为1.00mm的橡胶按钮,上面的塑胶按钮帽要高出面壳表面1.00mm以上,如果塑胶按键帽高出面壳表面不应超过1.00mm,也可以在面壳表面以下建围骨加深。按钮与面板基体的配合间隙,如图8.3.46所示。

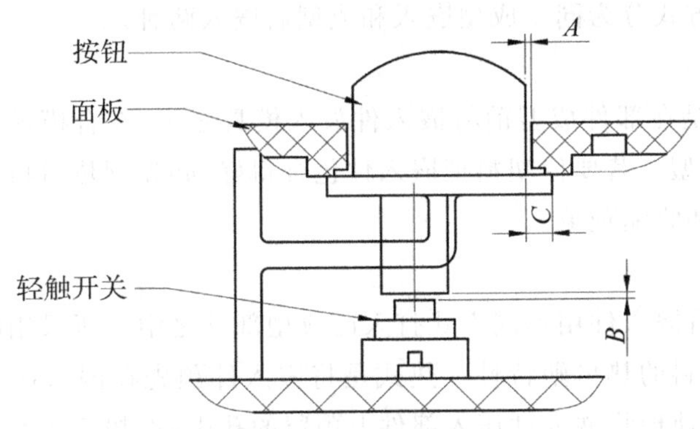

图8.3.46　按钮与面板基体的配合间隙

(1)按钮裙边尺寸 $C\geqslant0.75$mm,按钮与轻触开关间隙为 $B=0.20$mm。

(2)水晶按钮与基体的配合间隙单边为 $A=0.10\sim0.15$mm。

(3)喷油按钮与基体的配合间隙单边为 $A=0.20\sim0.25$mm。

(4)跷跷板按钮的摆动方向间隙为0.25～0.30mm,需根据按钮的大小进行实际模拟。非摆动方向的设计配合间隙为 $A=0.2\sim0.25$mm。

(5)橡胶油比普通油厚0.15mm,需在喷普通油的设计间隙上单边加0.15mm,如喷橡胶油按钮与基体的间隙为0.3～0.4mm。

(6)表面电镀按钮与基体的配合间隙单边为 $A=0.15\sim0.20$mm。

(7)按钮凸出面板的高度如图8.3.47所示,普通按钮凸出面板的高度 $D=1.20\sim1.40$mm,一般取1.40mm;对于表面弧度比较大的按钮,按钮最低点与面板的高度 D 一般为0.80～1.20mm。

(七)嵌入连接

塑料内的嵌入件是常用的一种装配方式,通常作为紧固件或支撑部分。如图8.3.48所示的手机天线。在注塑产品中镶入嵌件可增加局部强度、硬度和尺寸精度,也可以设置小螺纹孔和轴,满足多种特殊需求。嵌件一般为铜,也可以是其他金属或塑料件。嵌入件的设计必须使其稳固地嵌入塑料内,在嵌入塑料中的部分应设计止转和防拔出结构,如:

滚花、孔、折弯、压扁、轴肩等，避免旋转或拔出。嵌件周围塑料应适当加厚，以防止塑件开裂。设计嵌件时，应充分考虑其在模具中的定位方式。

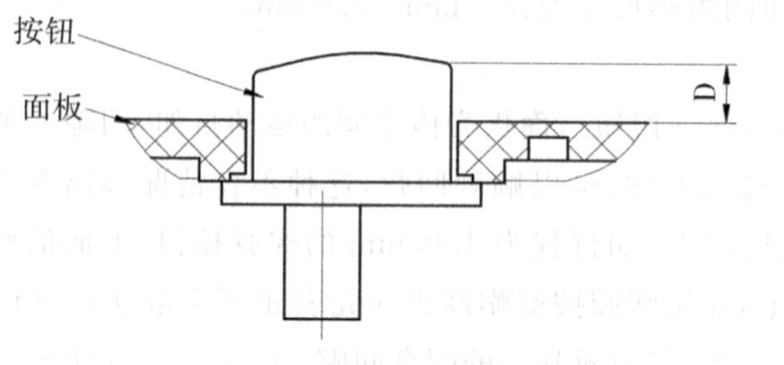

图 8.3.47 按钮凸出面板的高度

图 8.3.48 手机天线

嵌入件的成型方式分为同步成型嵌入和成型后嵌入两种。

(1)同步成型嵌入

同步成型嵌入是在部件成型前将嵌入件放入模具之中，在合模成型时塑料会将嵌入件包围起来，同时成型。若要使塑料把嵌入件包合得好，必先预热后再放入模具。这样可减低塑料的内应力和收缩现象。

(2)成型后嵌入

成型后嵌入是将嵌入件用不同方式打入已成型部件之中。所采用的方法有热式和冷式，原理都是利用塑料的热可塑特性。热式是将嵌入件预先在嵌入前加热至该塑料部件融化的温度，然后迅速地将嵌入件压入部件上预留的孔中，冷却后成型。冷式一般是使用超声波焊接方法把嵌入件压入。用超声波的方法所得到的结果比较一致和美观，而预热压入在工艺上不易控制。

但无论是作为功能或装饰用途，嵌入件的使用应尽量少，因使用嵌入件会增加生产成本，并且不够牢固。如图 8.3.49 所示为嵌入件结构改进例子，尽量将(a)图所示结构改为(b)图所示结构。

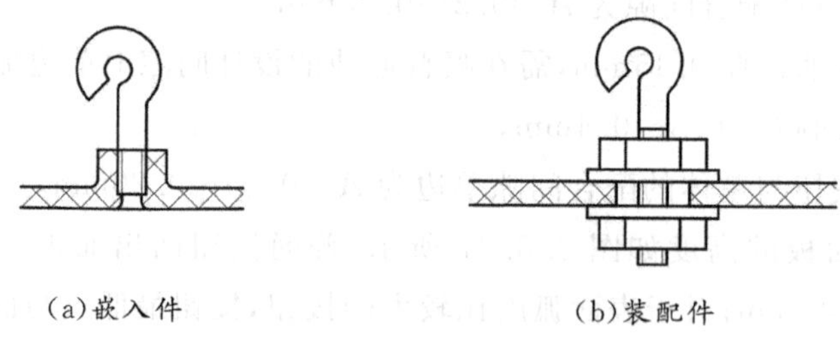

(a)嵌入件　(b)装配件

图 8.3.49 嵌入件结构改进结构

(八)易装配结构

在保证结构的功能外，简化装配工艺和保证结构的可靠性也是结构设计需要考虑的重要方面。

如图 8.3.50 所示的轴孔装配，要求悬臂梁能轻松装配进轴孔，并且能够承受一定的拉力而不掉出来。在一些特殊的场合，为了更好地保证转动的可靠性、转动性和装配时的定位方便性，需要把转轴完全固定在一侧，这种情况下可以采用强行出模的小倒扣方式，装配时强行把转轴压进配合孔，设计时需要注意倒扣量和导入的斜角设计，如罗技鼠标的光栅转轴设计。

设计方案 1，安装时可以变形的部位长度太短，装配比较困难，而且装配的过程中可能会给零件造成永久性损坏。设计方案 2，因为开了一条通槽，使得发生变形的部分长度增加，装配比较容易，但也正因为通槽的存在，装配好之后轴的受力稍大便会因两侧的变形而造成脱落。设计要点是应该使得在装配过程中的变形比较容易，而在装配好之后自然受力的情况下不容易发生变形，因此，方案 3 效果较好。

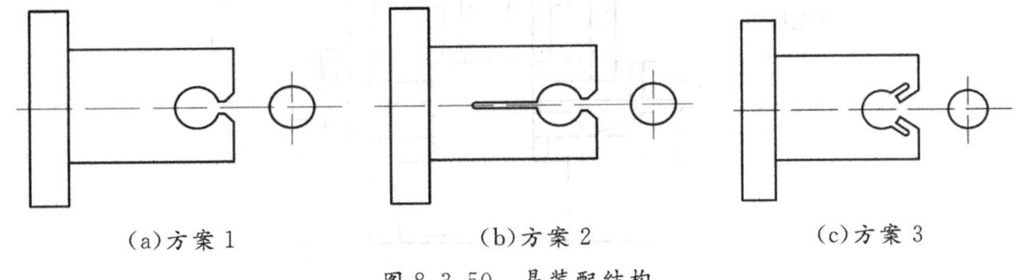

(a)方案 1　(b)方案 2　(c)方案 3

图 8.3.50　易装配结构

(九)挂墙孔结构

挂墙钟、挂墙电话机等产品需要设计挂墙孔，一般情况挂墙孔设计成葫芦形状或十字形等，螺钉头既可以塞进去又能卡住，但注意螺钉头伸进去太深有可能顶伤 PCB，一般是从底壳起围骨，包住螺钉头，避免做行位，做成碰穿位。如图 8.3.51 所示的步步高牌的电话机即采用此结构。

图 8.3.51　挂墙孔结构

(十)旋钮的设计

1. 旋钮大小

旋钮一般设计成带有防滑纹路的圆柱形，如图 8.3.52 所示。依据人机工学要求，其圆柱直径最小值取 6.00mm，高度 B 最小值取 8.00mm。

2. 两旋钮之间的距离

两旋钮之间的距离 $C \geqslant 8.0$mm，如图 8.3.53 所示。

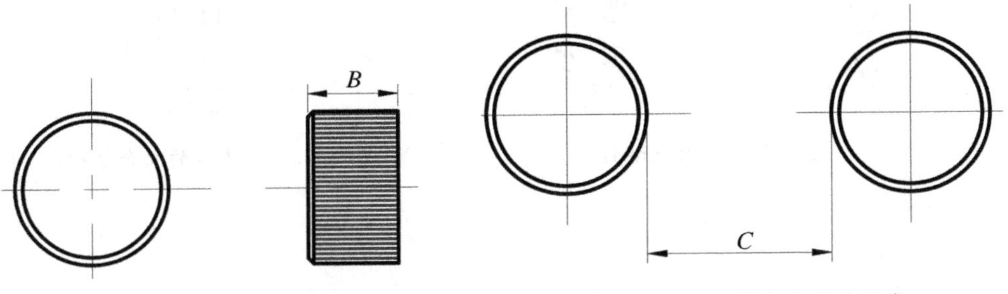

图 8.3.52　旋钮　　图 8.3.53　两旋钮之间的距离

3. 旋钮与对应装配件的间隙

(1)旋钮与对应装配件的设计配合单边间隙 $A \geqslant 0.50$mm,如图 8.3.54 所示。

(2)电镀旋钮与对应装配件的设计配合单边间隙为 $A \geqslant 0.50+0.02$mm。

(3)橡胶油比普通油厚 0.15mm,需在喷普通油的设计间隙上单边增加 0.15mm。

(4)旋钮凸出面板基体或装饰件最高点的高度为 $9.50 \geqslant B \geqslant 8.00$mm。

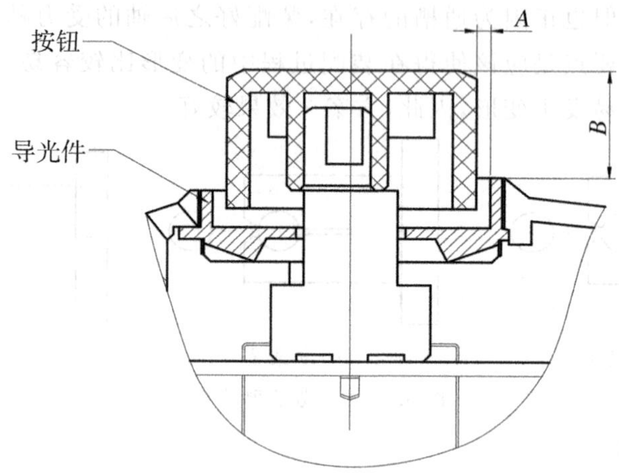

图 8.3.54 旋钮与对应装配件的间隙

(十一)机械紧固

自攻螺钉有两种:螺纹切削自攻螺钉、螺纹成型自攻螺钉,如图 8.3.55 所示。自攻螺钉的装拆次数一般不应超过 3 次。

如图 8.3.56 所示为利用自攻螺钉连接的两个零件的结构,需要注意的是在螺钉进入的一侧设计螺钉头沉入的结构和上面零件与下面零件上支柱的配合结构。

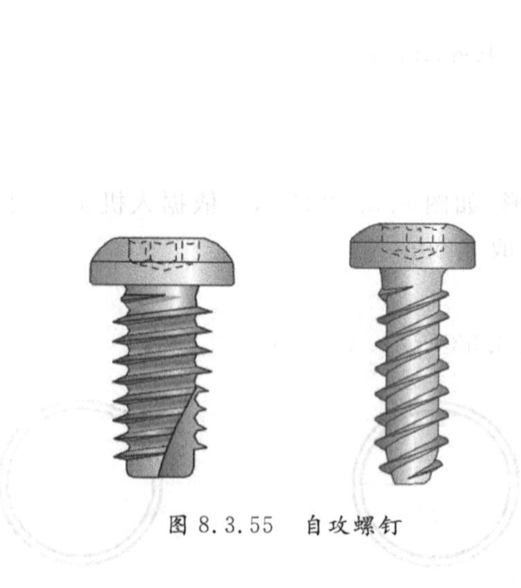

图 8.3.55 自攻螺钉

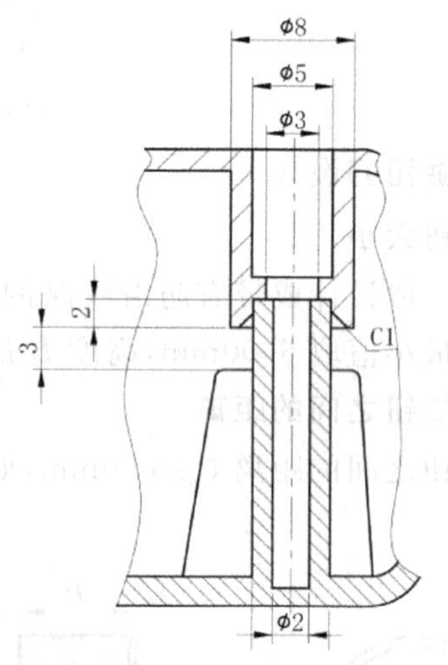

图 8.3.56 支柱的配合结构

任务实施

根据任务要求，外观壳体采用塑料材料，为了降低成本，在设计壳体零件结构时，需要考虑注塑模具的结构应该尽量简单，减少侧抽芯等复杂结构。为了前盖和后盖连接牢固和装配美观采用螺钉连接结构，并在装配结合处设置止口和美工槽结构。

一、后盖

步骤 1　设置工作目录

单击菜单【文件】—【设置工作目录】命令，将文件放置在新建立的文件夹下。

步骤 2　新建文件

单击工具栏中的新建文件按钮 ，在弹出的【新建】对话框中选择“零件”类型，单击“使用缺省模板”复选框取消选中标志，在【名称】栏输入新建文件名“xiagai”。单击“确定”按钮，打开【新文件选项】对话框。选择“mmns_part_solid”模板，按下“确定”按钮，进入三维零件绘制环境。

步骤 3　通过拉伸创建后盖

(1)单击 按钮，打开拉伸特征操控板。

(2)单击【放置】面板中的【定义】按钮，打开【草绘】对话框。

(3)选择 TOP 基准面为草绘平面，参照面及方向为缺省值(此处为 RIGHT 基准面)，单击“草绘”按钮进入草绘状态。

(4)绘制“后盖”轮廓线，如图 8.3.57 所示。

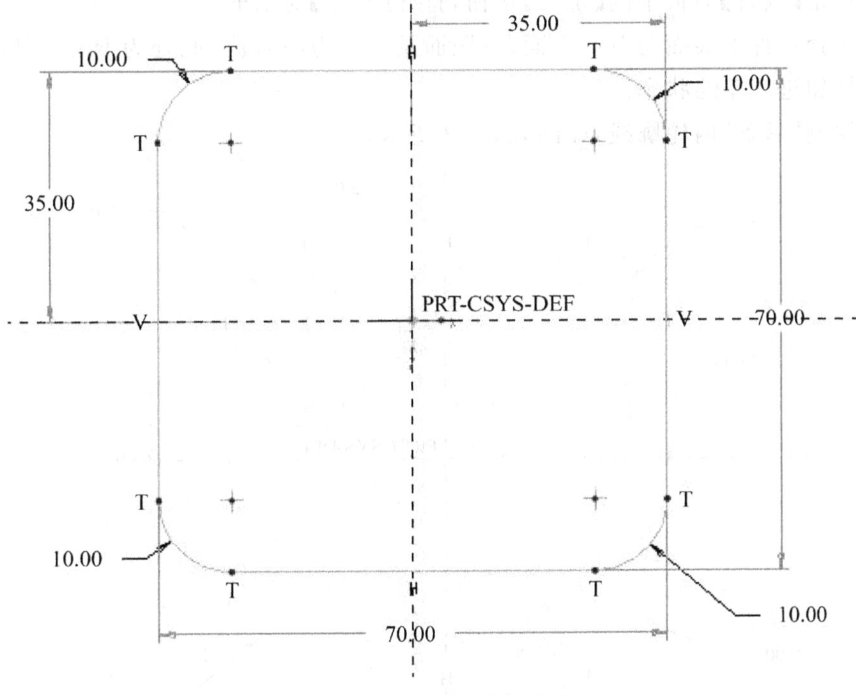

图 8.3.57　“后盖”轮廓线

(5)单击草绘完成按钮✓,返回拉伸特征操控板,如图 8.3.58 所示。

(6)在数字输入框输入 18,单击操控板上的☑按钮。完成零件创建,如图 8.3.59 所示。

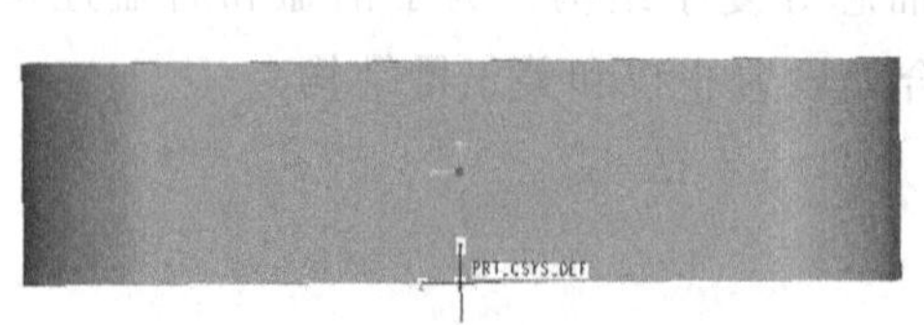

图 8.3.58 拉伸特征

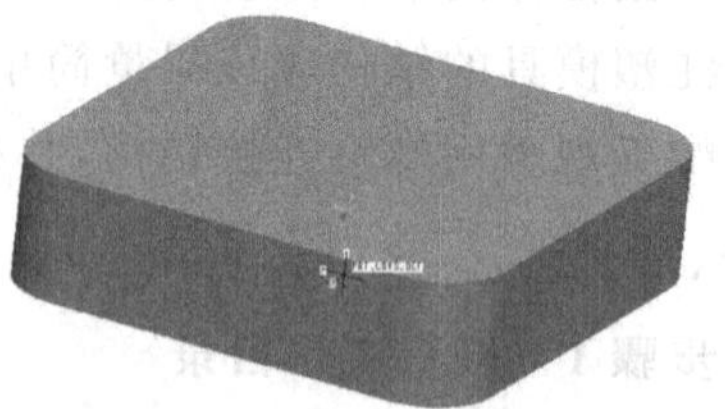

图 8.3.59 完成零件创建

(7)单击右下角操控面板的 按钮,给创建的零件进行倒角,如图 8.3.60 所示。

(8)单击操控板上的☑按钮。完成零件倒角,如图 8.3.61 所示。

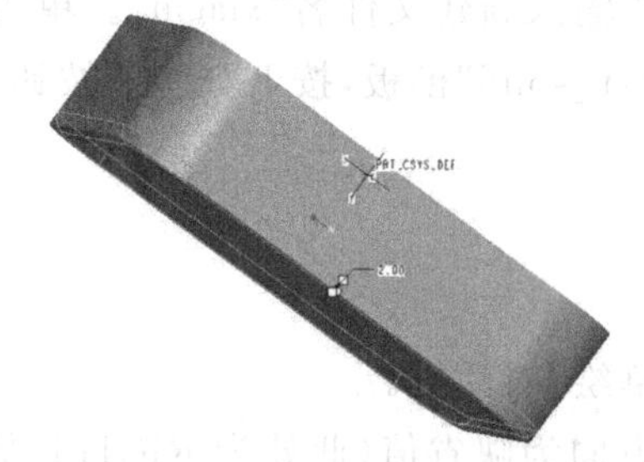

图 8.3.60 单击右下角操控面板的 按钮

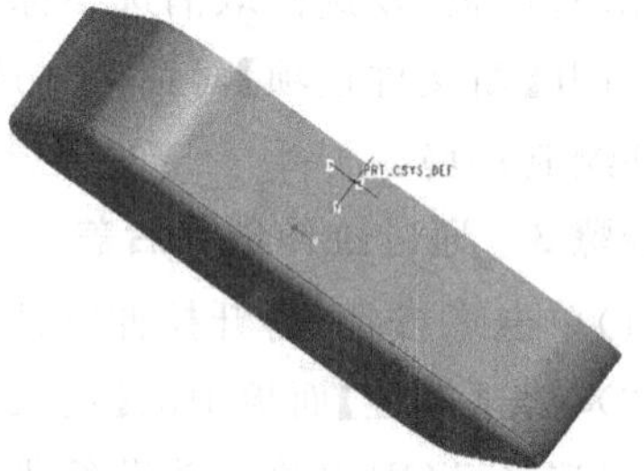

图 8.3.61 完成零件倒角

(9)单击 按钮,打开拉伸特征操控板。

(10)单击【放置】面板中的【定义】按钮,打开【草绘】对话框。

(11)选择零件上表面为草绘平面,参照面及方向为缺省值(此处为 Right 基准面),单击【草绘】按钮进入草绘状态。

(12)绘制"后盖"内轮廓线,如图 8.3.62 所示。

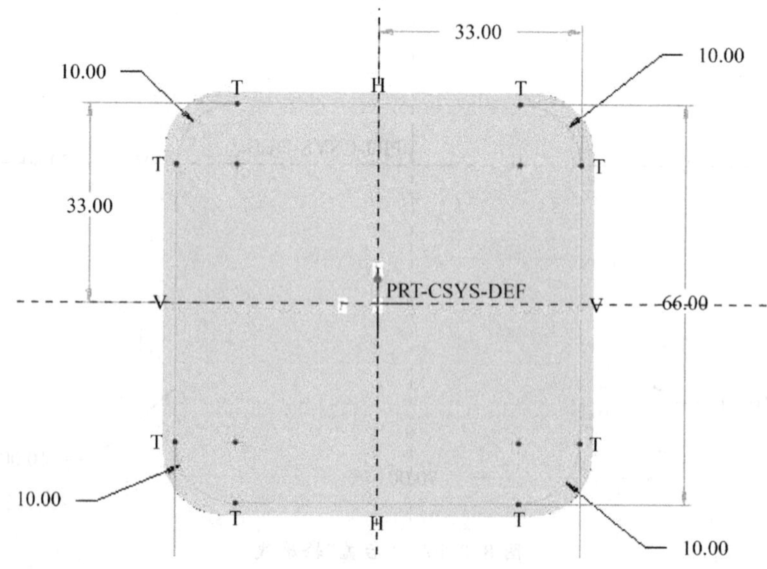

图 8.3.62 "后盖"内轮廓线

(13)单击草绘完成按钮✓,返回拉伸特征操控板。

(14)在零件拉伸中选择反向拉伸,如图 8.3.63、8.3.64 所示。

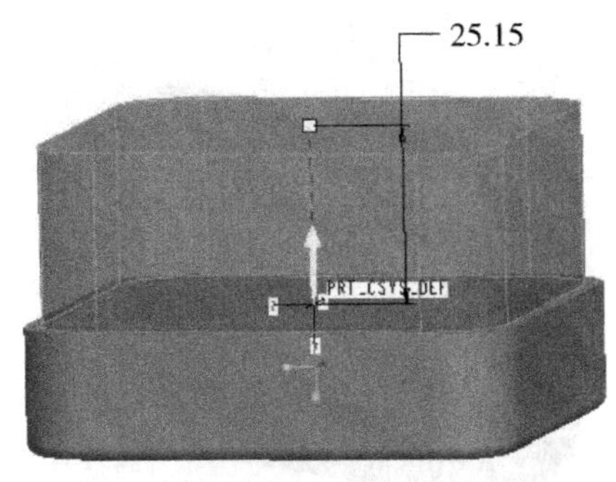

图 8.3.63　拉伸

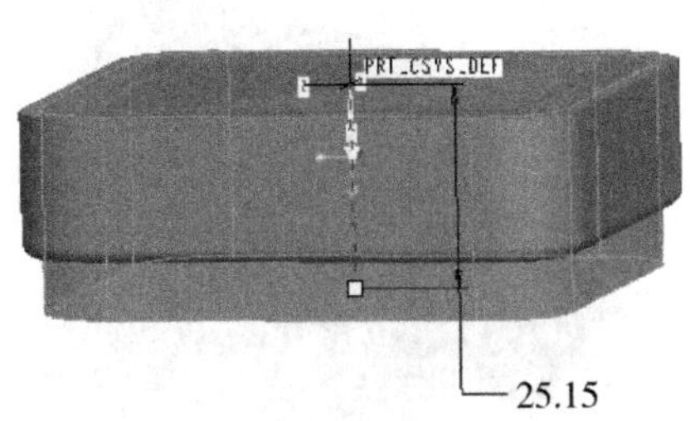

图 8.3.64　反向拉伸

(15)在数字输入框输入 16,并单击切除按钮,最后单击操控板上的按钮,完成零件创建,如图 8.3.65 所示。

(16)单击按钮,打开拉伸特征操控板。选择下盖上表面为主平面,如图 8.3.66 所示。

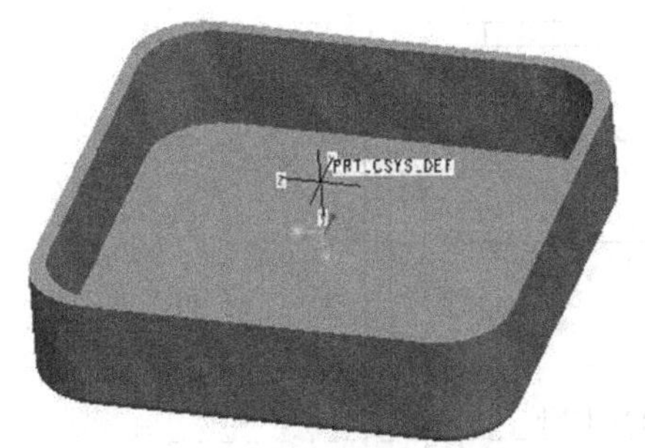

图 8.3.65　完成零件创建

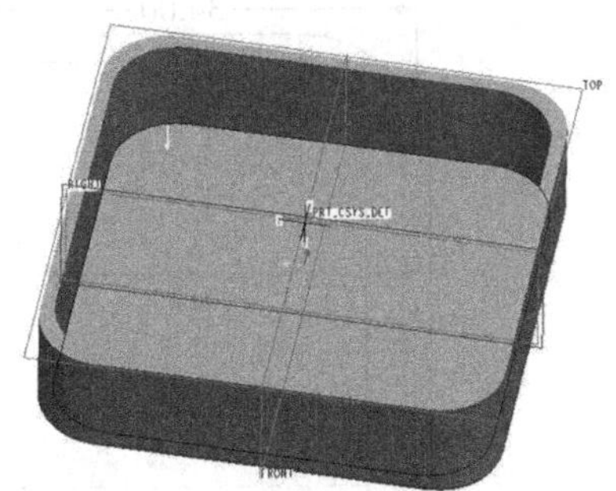

图 8.3.66　选择下盖上表面为主平面

(17)进入草绘,绘制一个 45×60 的长方形,如图 8.3.67 所示。

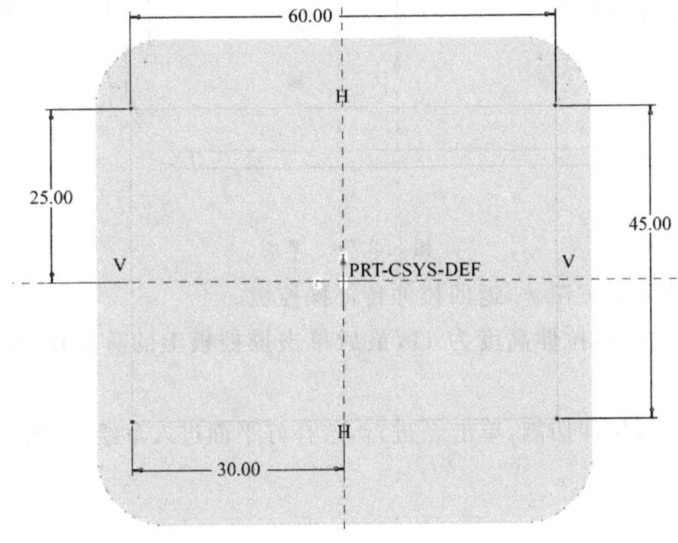

图 8.3.67　绘制一个 45×60 的长方形

(18)单击草绘完成按钮✓,返回拉伸特征操控板。

(19)在零件拉伸中选择反向拉伸,并单击◁切除按钮,最后单击操控板上的☑按钮,完成零件创建,如图 8.3.68 至 8.3.69 所示。

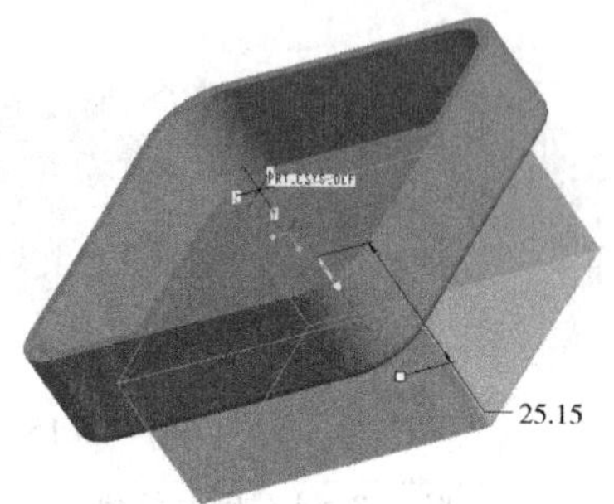

图 8.3.68 反向拉伸

图 8.3.69 切除

(20)单击⊡按钮,打开拉伸特征操控板。选择后盖上表面为主平面。

(21)进入草绘,绘制如图 8.3.70 的图形。

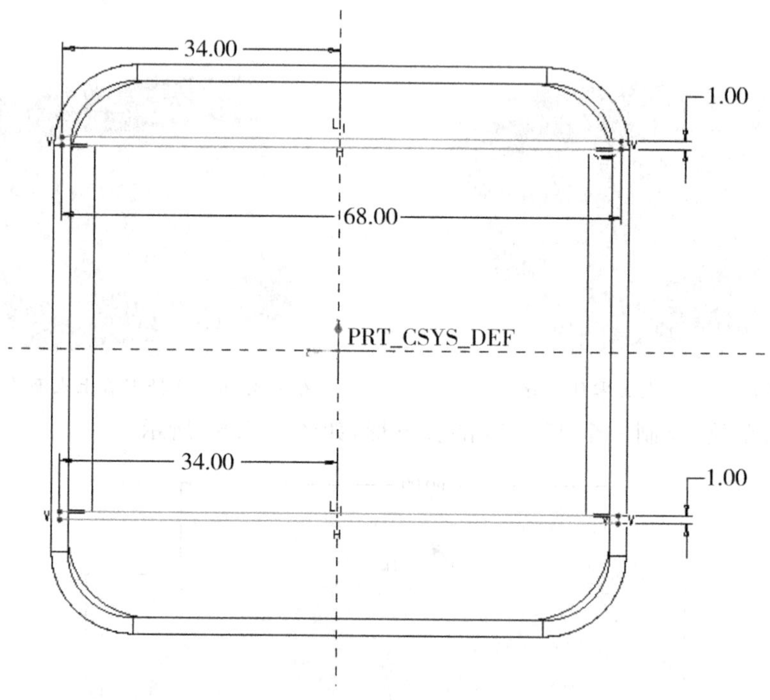

图 8.3.70 草绘

(22)单击草绘完成按钮✓,返回拉伸特征操控板。

(23)在零件拉伸中,拉伸高度为 11,最后单击操控板上的☑按钮,完成零件创建,如图 8.3.71 所示。

(24)对模型进行拉伸切割,单击⊡进行,选择好平面进入草绘,如图 8.3.72 所示。

图 8.3.71　完成零件创建

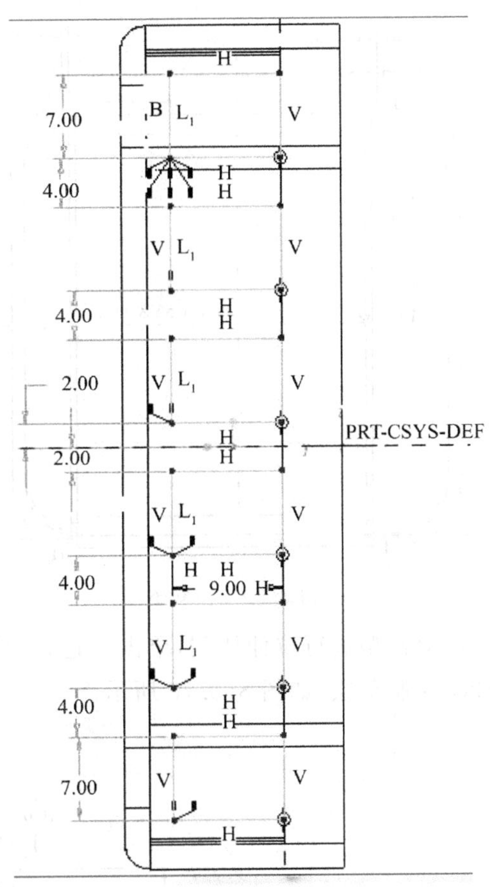

图 8.3.72　草绘

(25)完成草绘后，选择反向拉伸，并单击切除按钮，完成零件的建立，如图 8.3.73、8.3.74 所示。

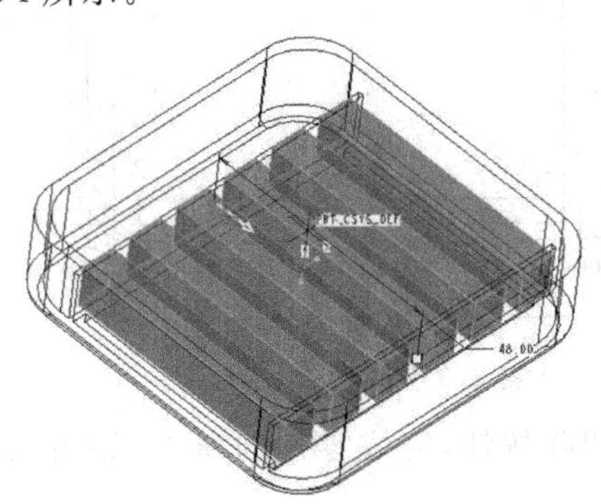

图 8.3.73　拉伸

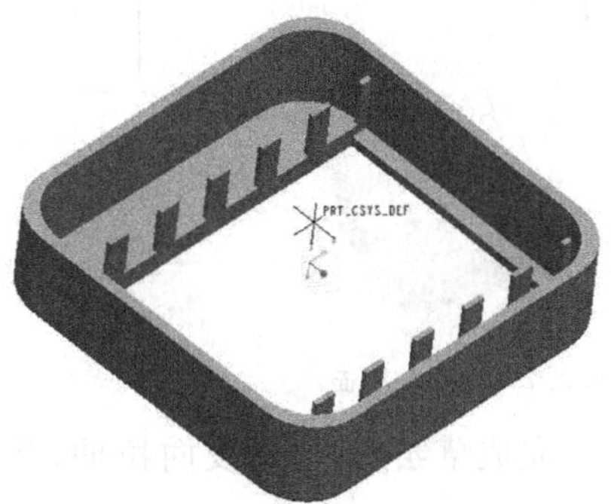

图 8.3.74　切除

(26)同上再建立如图 8.3.75 和 8.3.76 所示的模型。

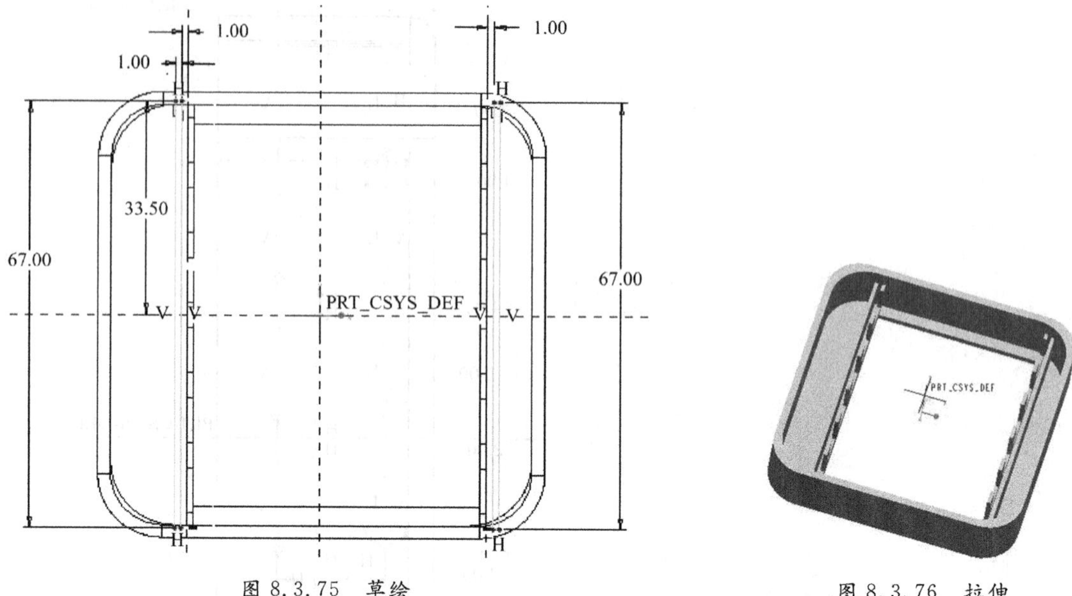

图 8.3.75 草绘　　图 8.3.76 拉伸

(27)对模型进行拉伸切割，单击 进行，选择好平面进入草绘，如图 8.3.77 所示。

(28)绘制草绘，如图 8.3.78 所示。

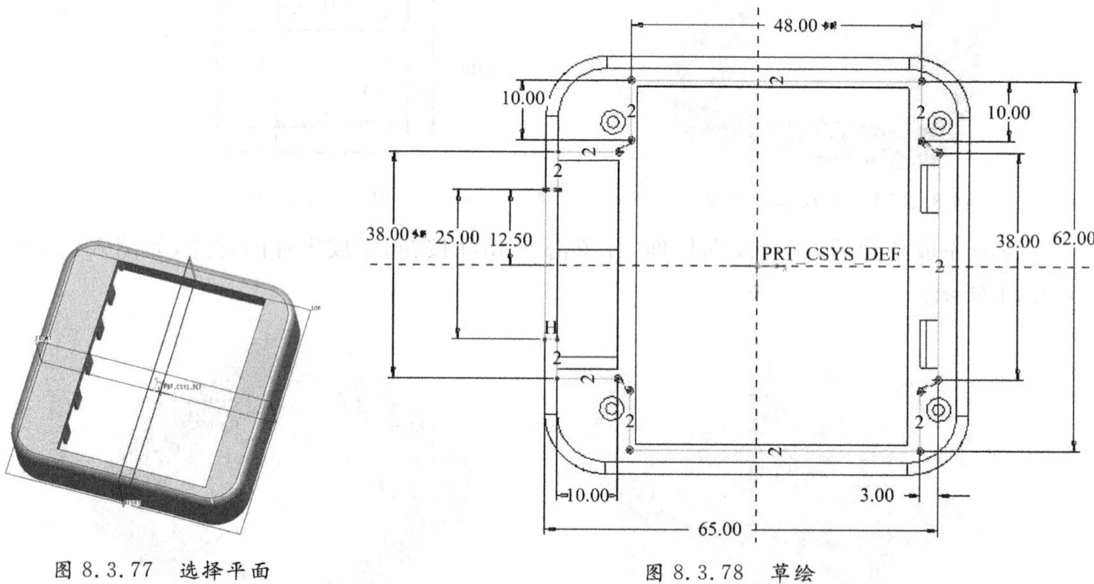

图 8.3.77 选择平面　　图 8.3.78 草绘

(29)完成草绘后，选择反向拉伸，并单击 切除按钮，完成零件的建立，如图 8.3.79 所示。

(30)单击操控板上的 按钮，完成零件创建。

(31)继续使用拉伸切除，如图 8.3.80 所示。

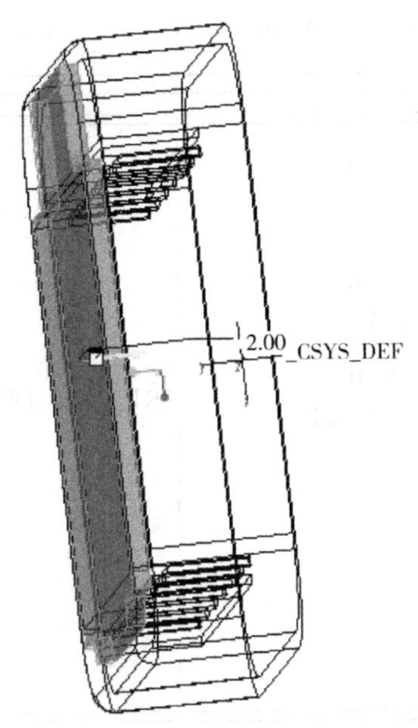

图 8.3.79　选择反向拉伸

图 8.3.80　拉伸切除

(32)绘制草绘,如图 8.3.81 所示。

(33)选择拉伸切除,并完成建模,如图 8.3.82、8.3.83 所示。

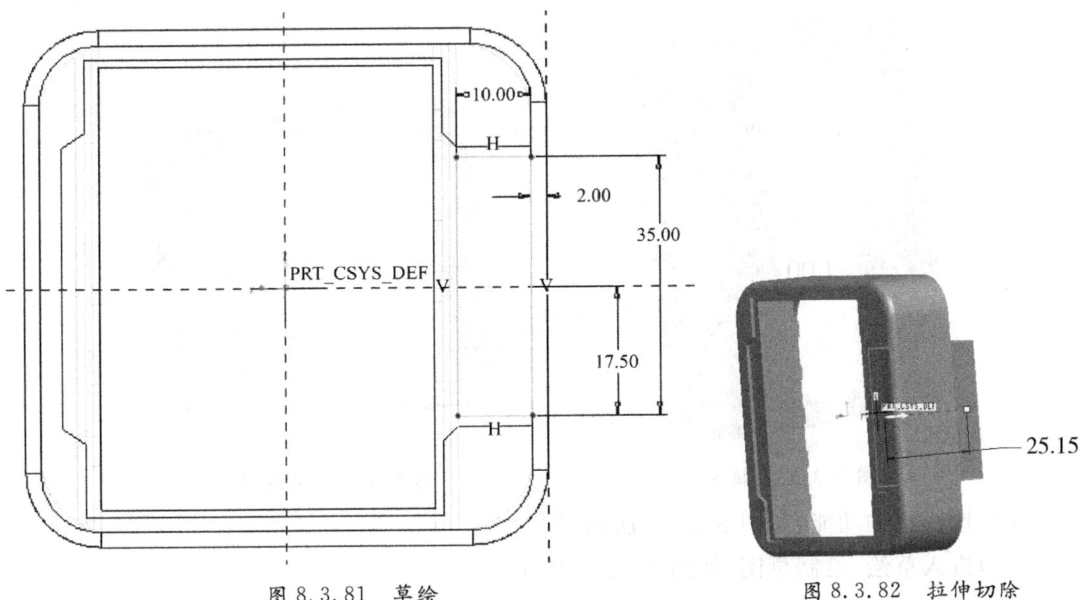

图 8.3.81　草绘

图 8.3.82　拉伸切除

(34)继续使用拉伸切除,选择平面,如图 8.3.84 所示。完成草绘并建立模型,如图 8.3.85、8.3.86 所示。

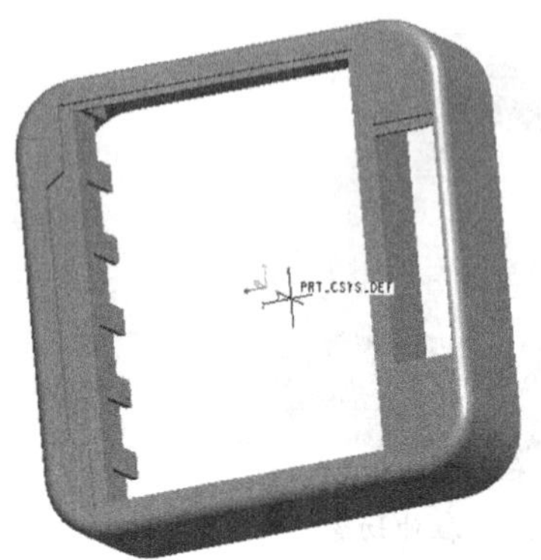

图 8.3.83 完成建模

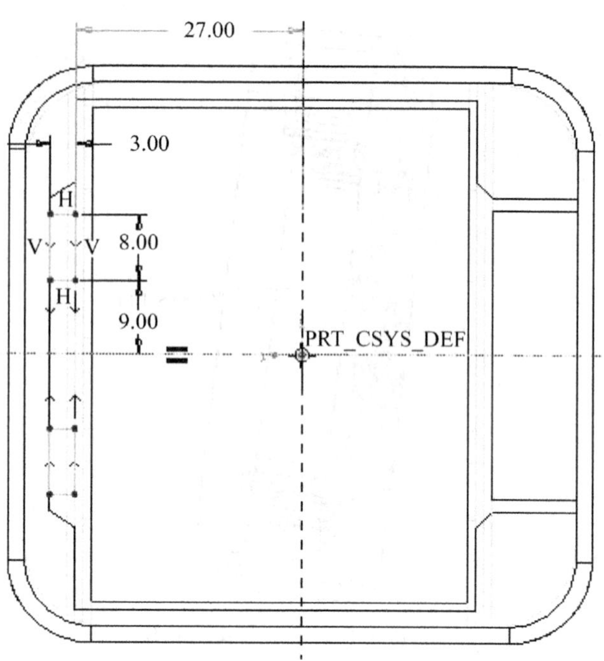

图 8.3.84 选择平面

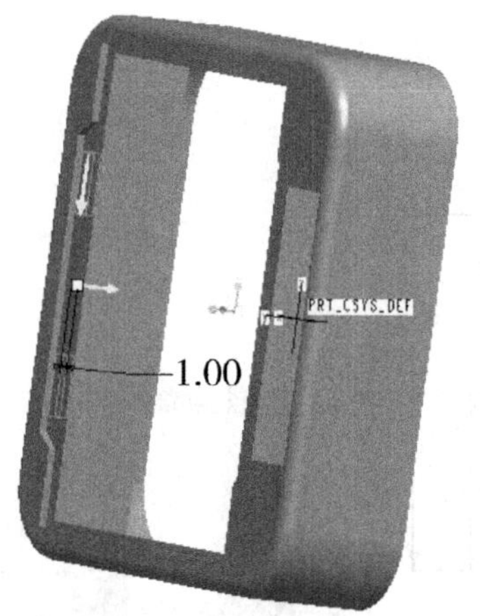

图 8.3.85 拉伸

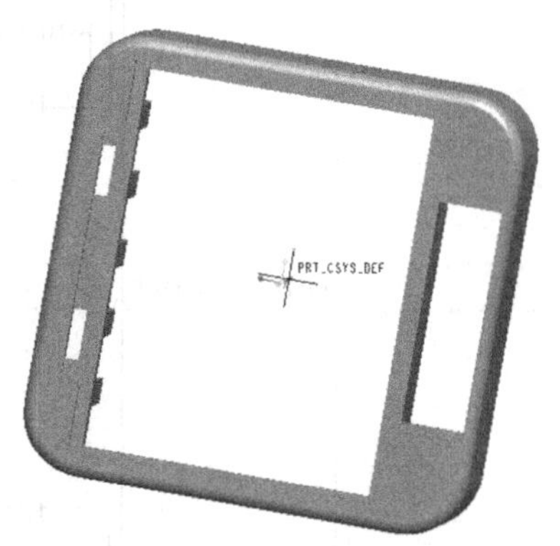

图 8.3.86 完成模型

(35)选择拉伸功能,如图 8.3.87 所示。

(36)进入草绘,绘制草图,如图 8.3.88 所示。

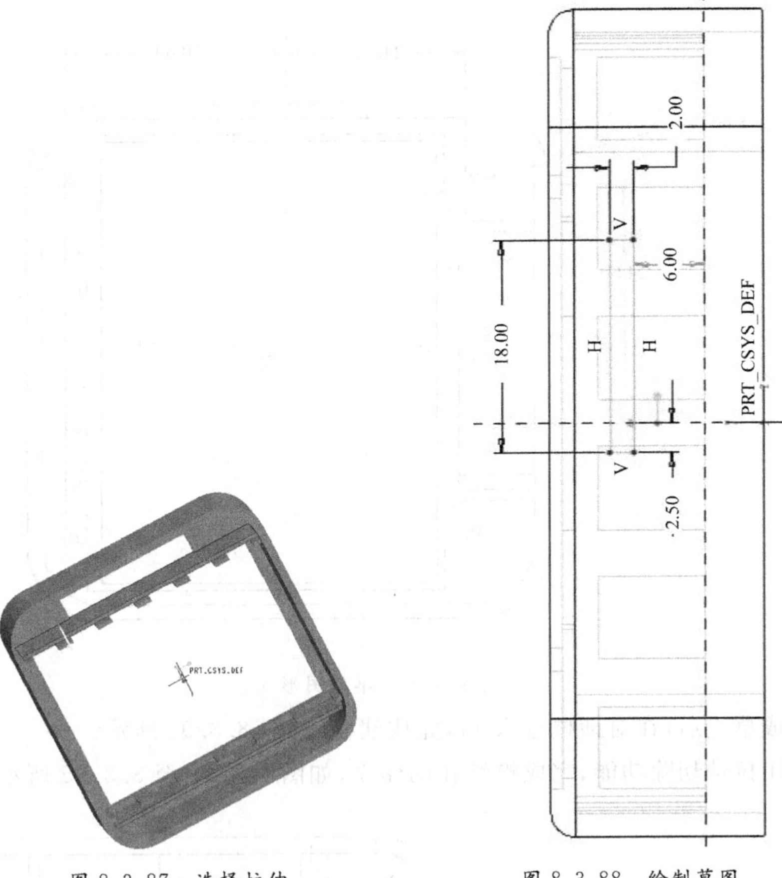

图 8.3.87　选择拉伸　　　　图 8.3.88　绘制草图

(37)完成草绘后，在对话框输入 10，完成建模，如图 8.3.89 所示。

(38)选择平面拉伸建立螺纹孔，如图 8.3.90 所示。

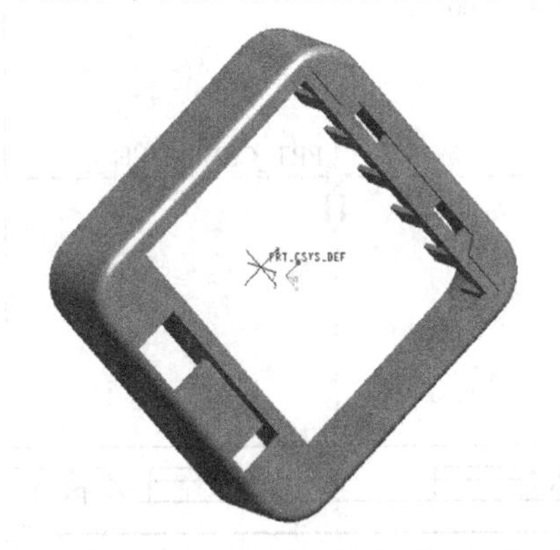

图 8.3.89　完成建模

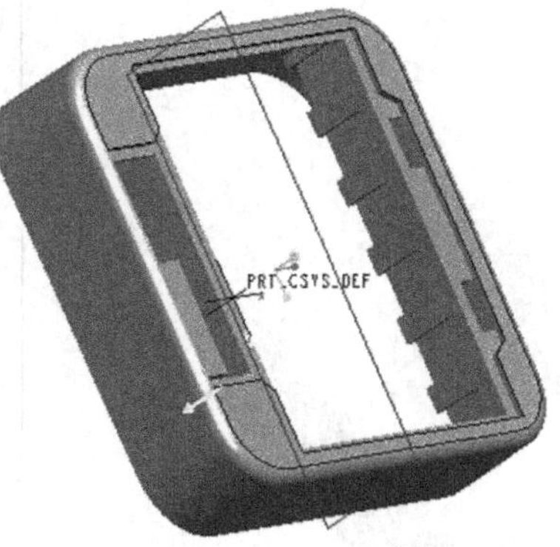

图 8.3.90　选择平面

(39)建立草绘图形，如图 8.3.91 所示。

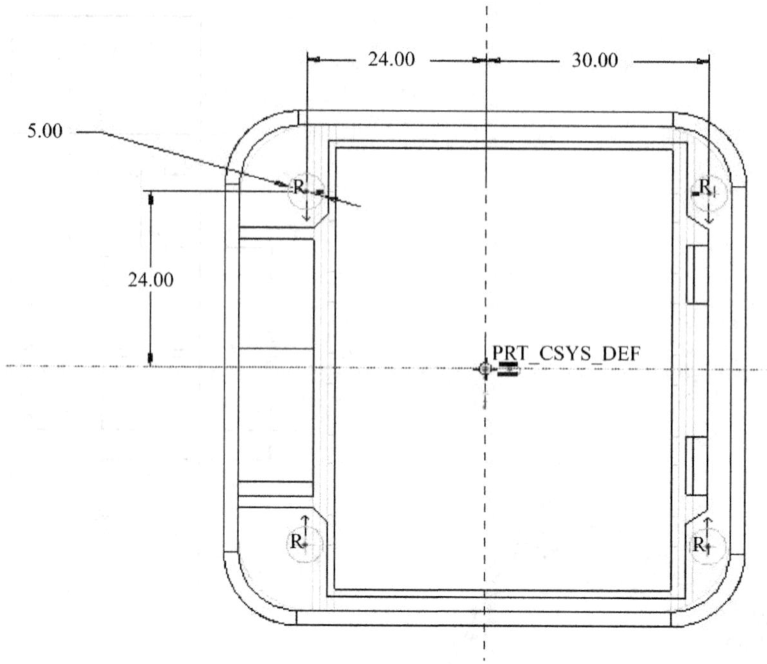

图 8.3.91　草绘图形

(40)完成草绘后,在对话框输入 11,完成建模,如图 8.3.92 所示。

(41)使用拉伸切除功能,完成螺纹孔的建立,如图 8.3.93 至 8.3.95 所示。

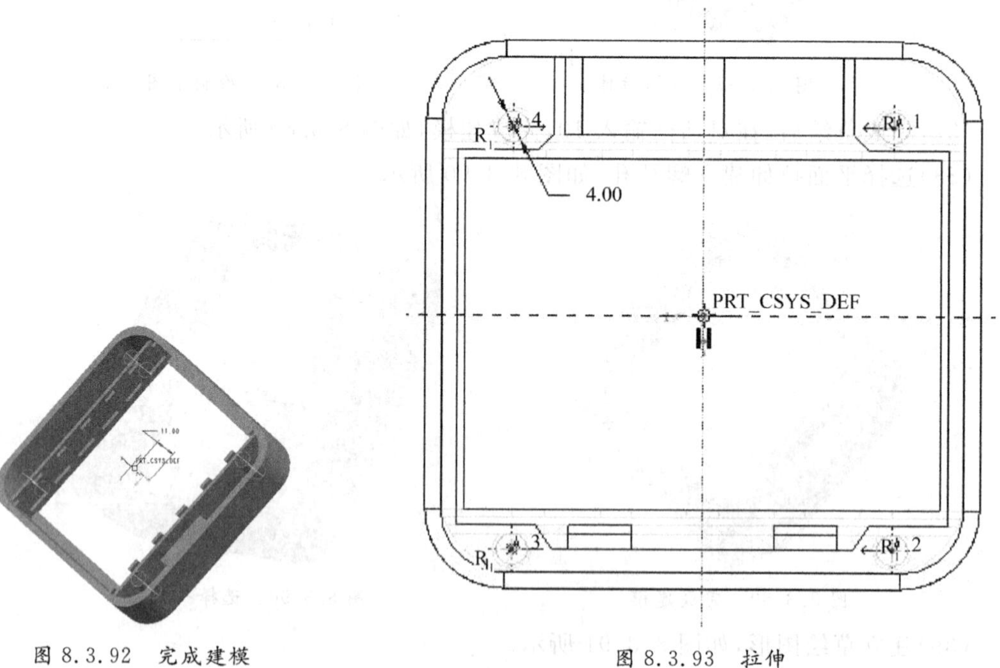

图 8.3.92　完成建模

图 8.3.93　拉伸

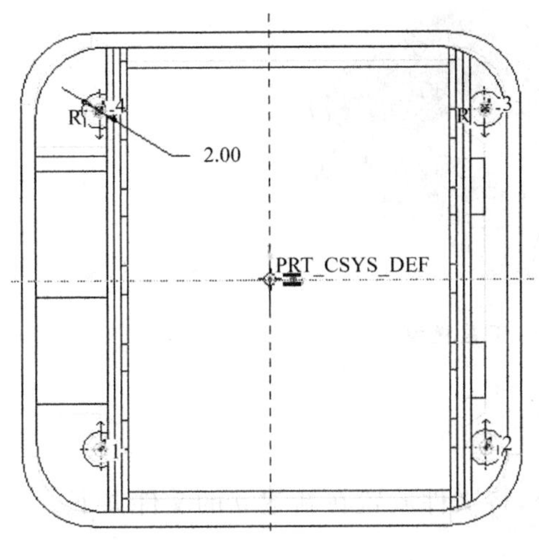

图 8.3.94　切除

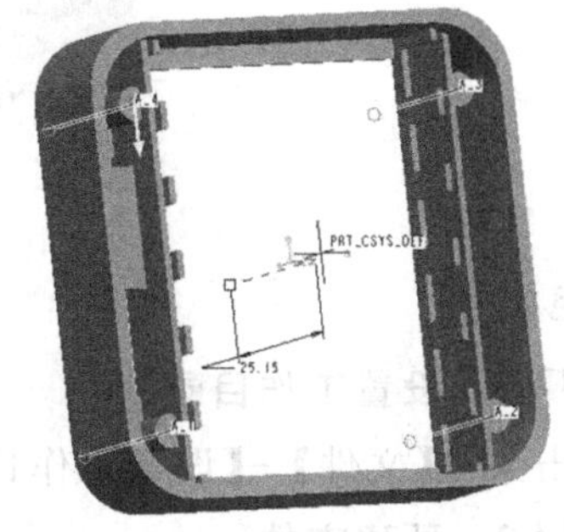

图 8.3.95　螺纹孔

(42)使用拉伸切除功能，继续建立美工槽，下盖建模完成，如图 8.3.96 至 8.3.98 所示。

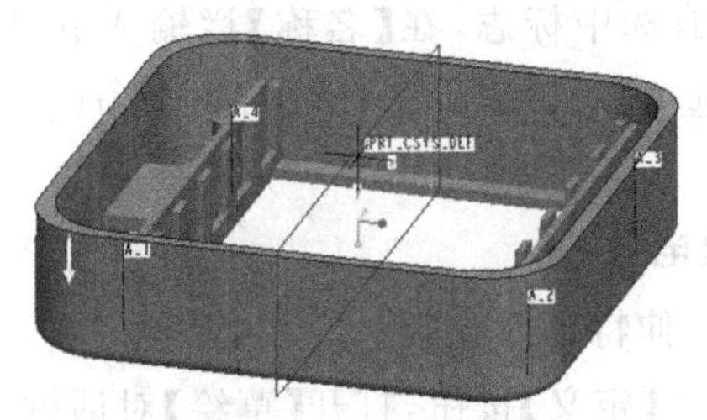

图 8.3.96　拉伸

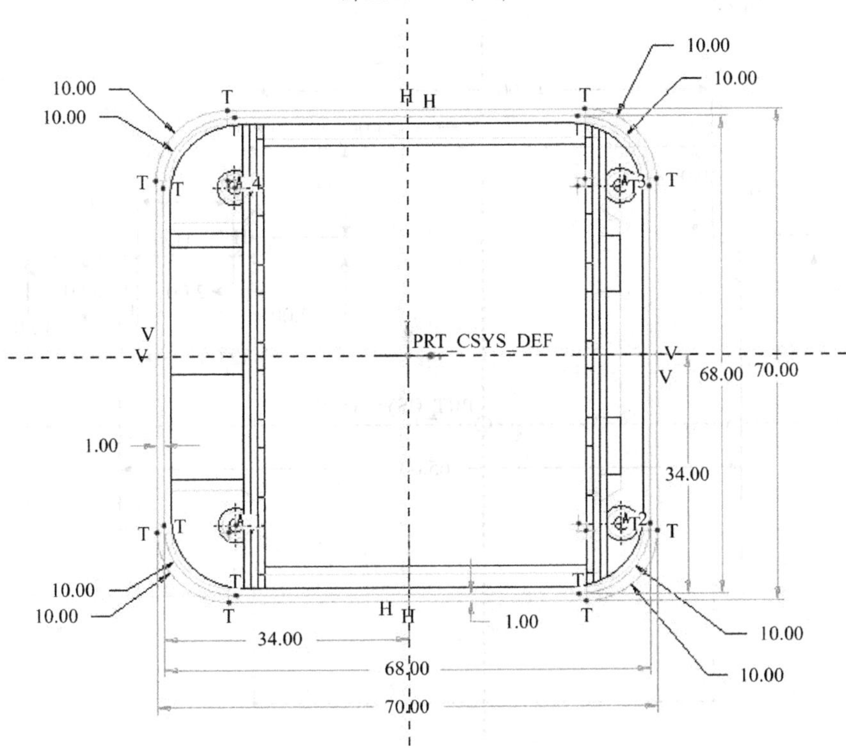

图 8.3.97　草绘

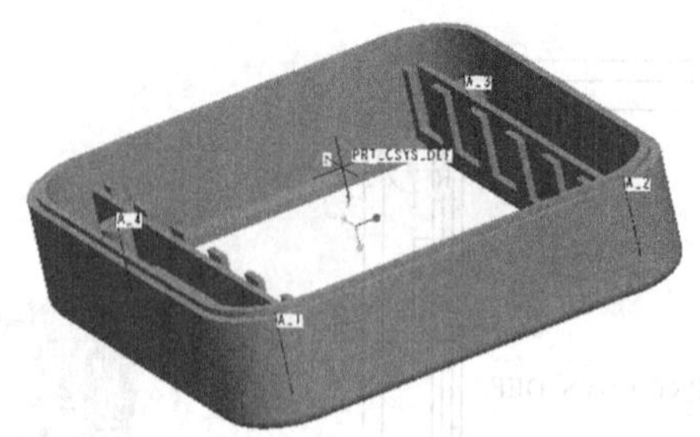

图 8.3.98　下盖模型

二、电池盖

步骤 1　设置工作目录

单击菜单【文件】—【设置工作目录】命令，将文件放置在新建立的文件夹下。

步骤 2　新建文件

单击工具栏中的新建文件按钮 ，在弹出的【新建】对话框中选择“零件”类型，单击“使用缺省模板”复选框取消选中标志，在【名称】栏输入新建文件名“dianchigai”。单击“确定”按钮，打开【新文件选项】对话框。选择“mmns_part_solid”模板，按下“确定”按钮，进入三维零件绘制环境。

步骤 3　通过拉伸创建电池盖

(1)单击 按钮，打开拉伸特征操控板。

(2)单击【放置】面板中的【定义】按钮，打开【草绘】对话框，选择 TOP 基准面为草绘平面，如图 8.3.99 所示。

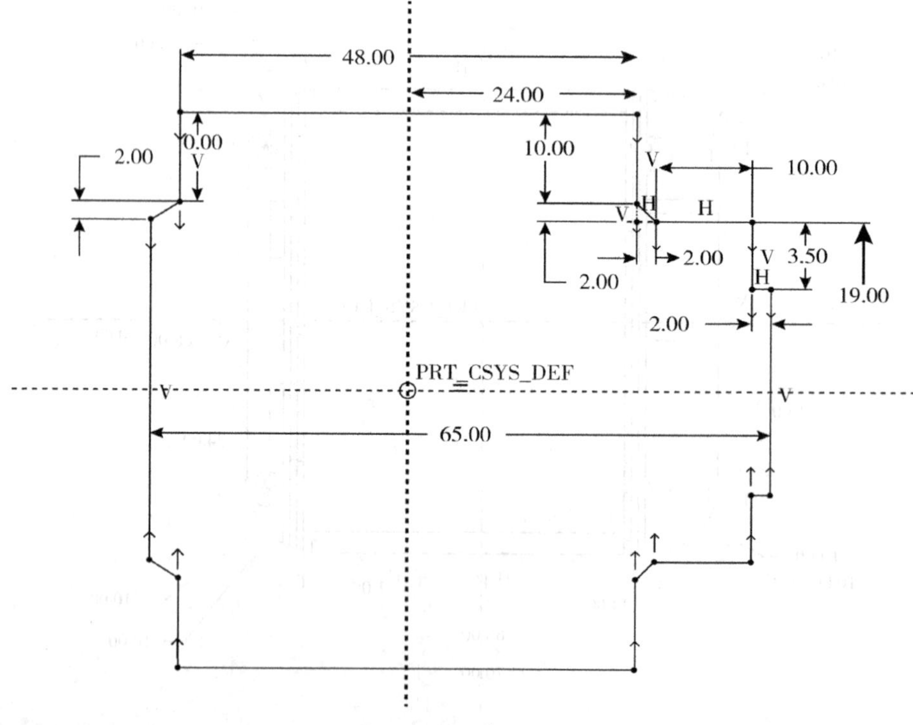

图 8.3.99　草绘平面

(3)完成草绘后，拉伸 1 个单位，建立如图 8.3.100 所示。

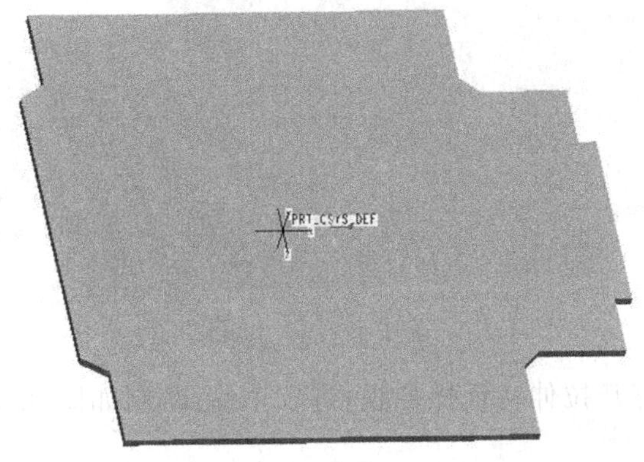

图 8.3.100　拉伸

(4)单击按钮，打开拉伸特征操控板，选择下表面为基准面进入草绘，如图 8.3.101 所示。

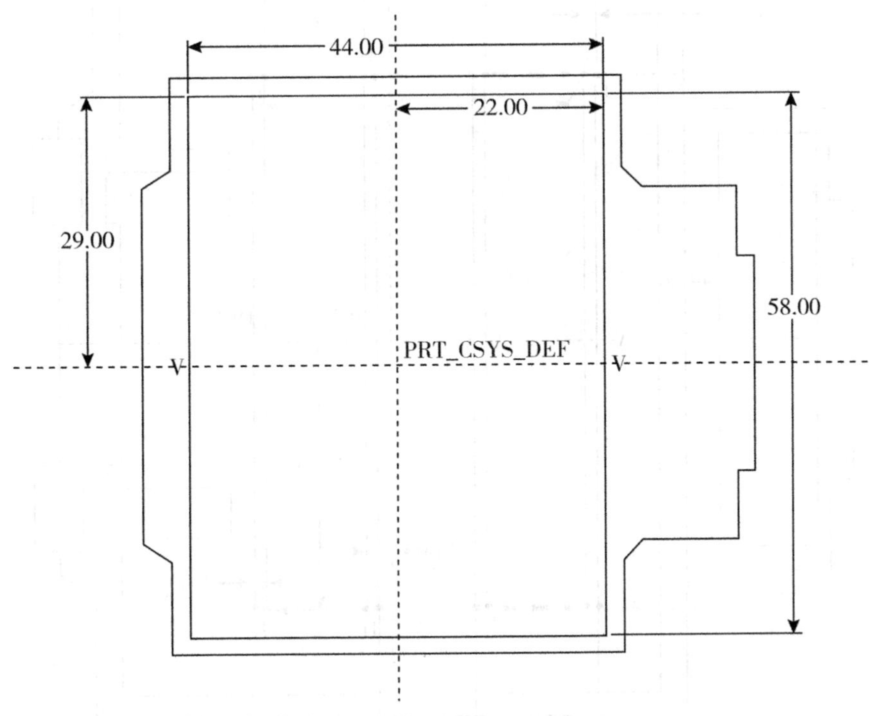

图 8.3.101　草绘

(5)完成草绘后，拉伸 1 个单位，建立模型，如图 8.3.102 所示。

图 8.3.102　拉伸

(6)单击按钮,打开拉伸特征操控板,进入草绘,绘制如图 8.3.103 所示。

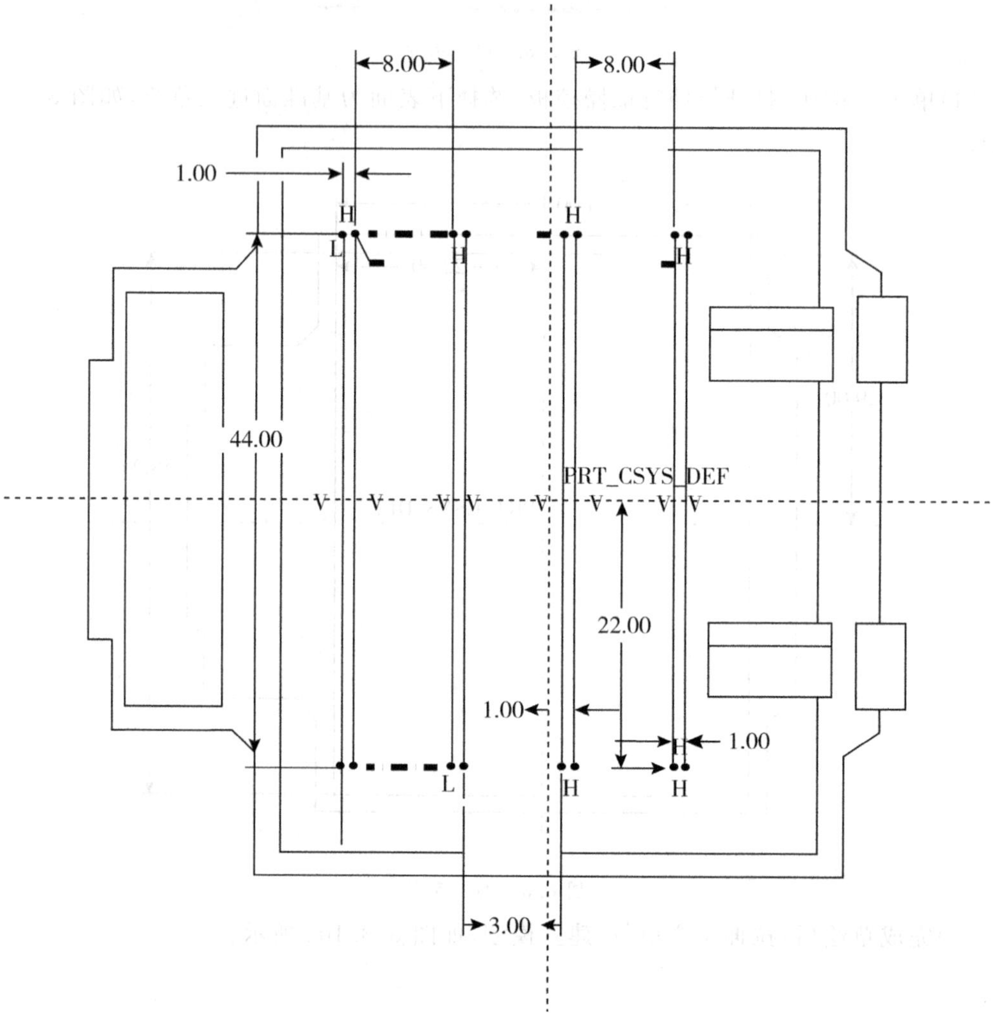

图 8.3.103　草绘

(7)完成草绘,拉伸 1 个单位,完成建模。

(8)单击按钮,打开拉伸特征操控板,进入草绘,绘制如图 8.3.104、8.3.105 所示。

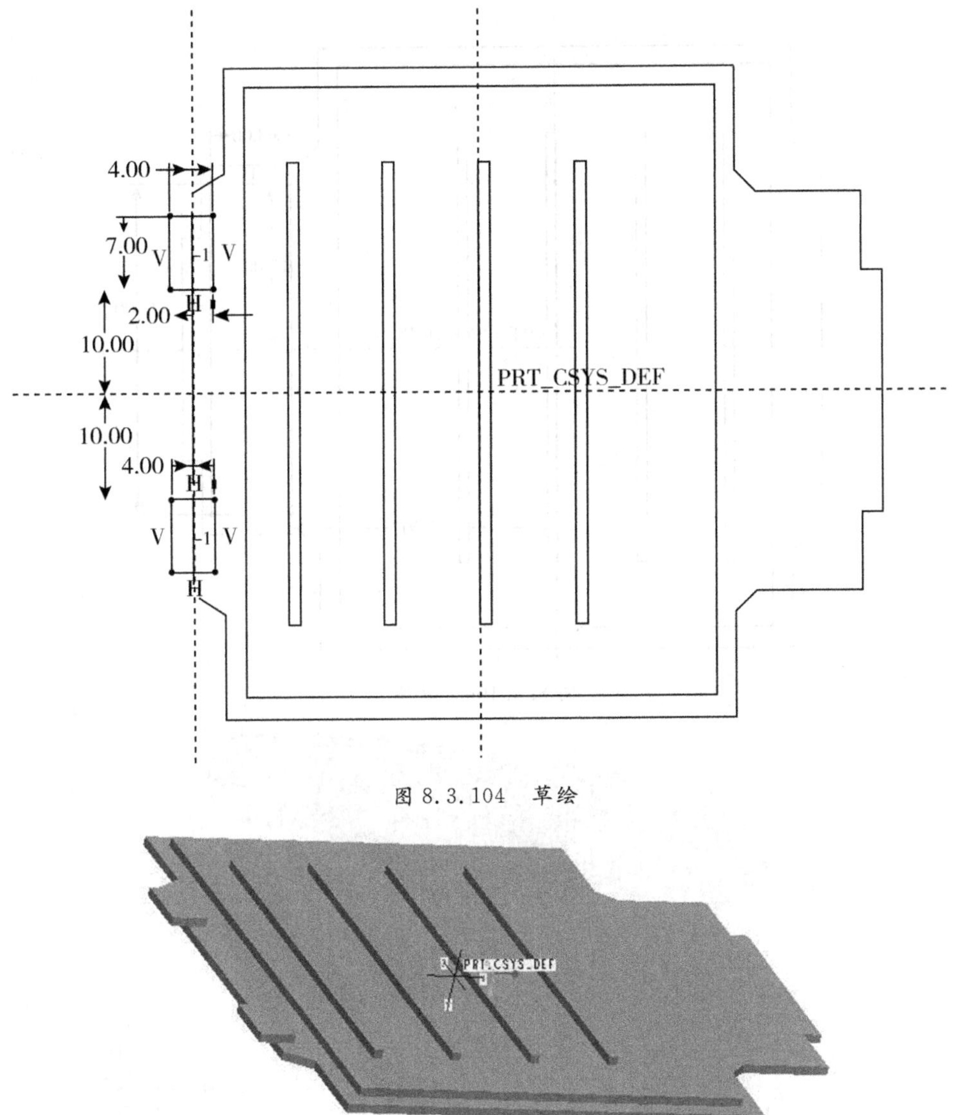

图 8.3.104　草绘

图 8.3.105　拉伸

(9)单击按钮,打开拉伸特征操控板,进入草绘,绘制如图 8.3.106 所示。

(10)完成草绘后,拉伸 2 个单位,并建立模型,如图 8.3.107 所示。

(11)选择 Right 平面,单击右菜单栏按钮,创建新平面,平移 18.5 个单位,创立 dtm1,如图 8.3.108 所示。

(12)点击菜单栏“插入”,选择“扫描”、“伸出项”,选择“草绘轨迹”。

(13)选择 dtm1 为“草绘平面”,单击“确定”,然后选择“缺省”。

(14)选择默认“自由端”,单击“完成”。

(15)绘制如图轨迹,确定好起始点,如图 8.3.109 所示。

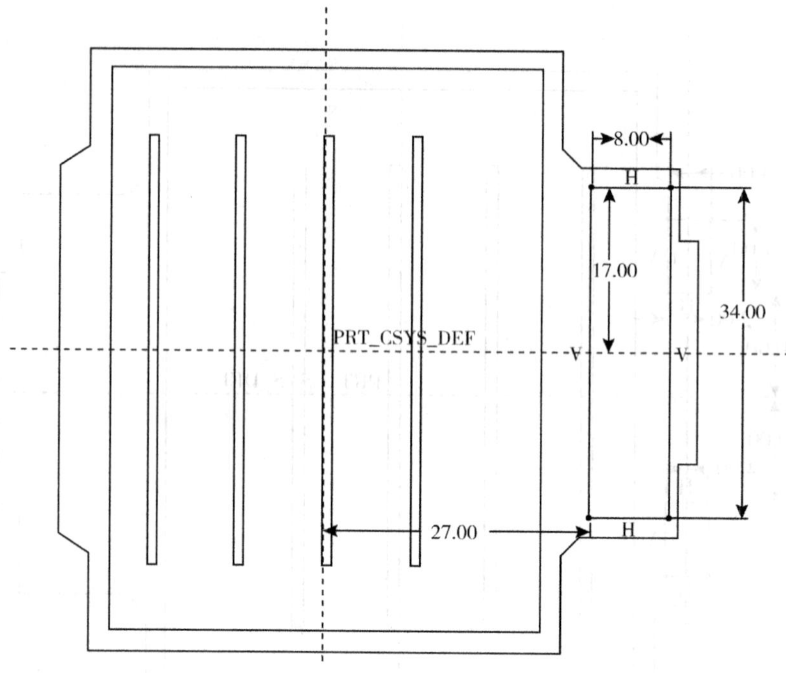

图 8.3.106　草绘

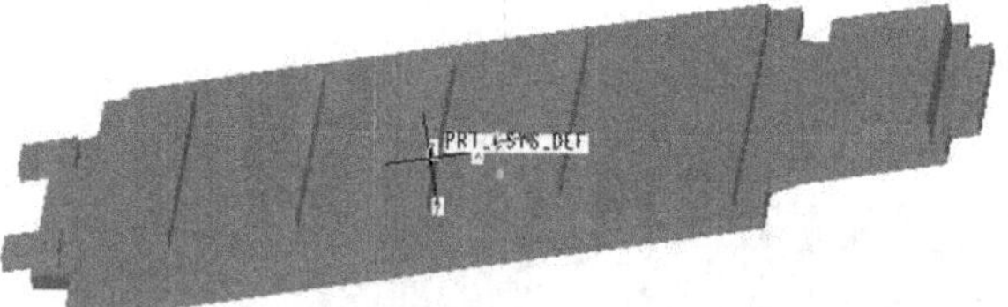

图 8.3.107　拉伸

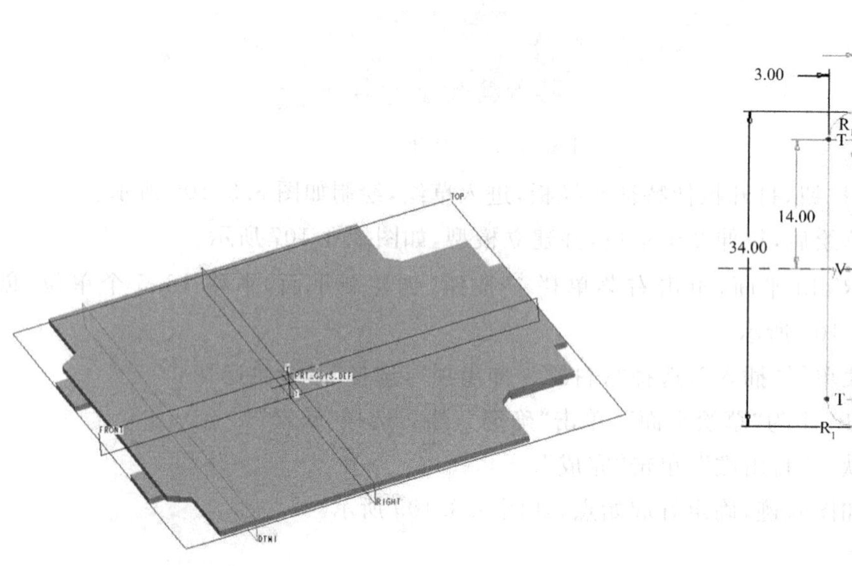

图 8.3.108　创立 dtm1

图 8.3.109　确定起始点

(16)继续绘制截面线,注意截面线为封闭曲线,如图 8.3.110 所示。

(17)完成后,单击“确定”,建立模型,如图 8.3.111 所示。

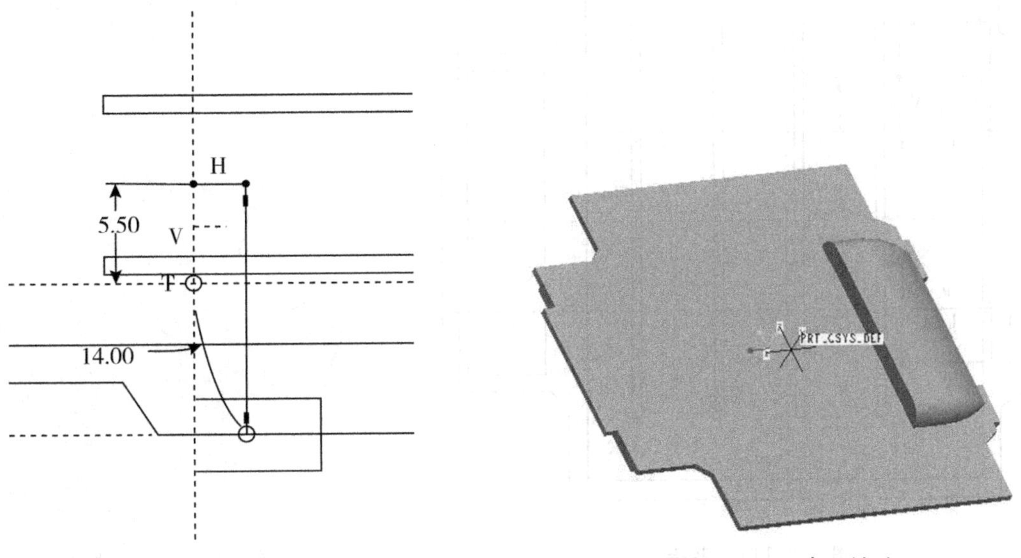

图 8.3.110　绘制截面线　　　　图 8.3.111　建立模型

(18)单击按钮,打开拉伸特征操控板,进入草绘绘制,如图 8.3.112 所示。

(19)完成草绘后,向下拉伸 3 个单位,并建立模型,如图 8.3.113 所示。

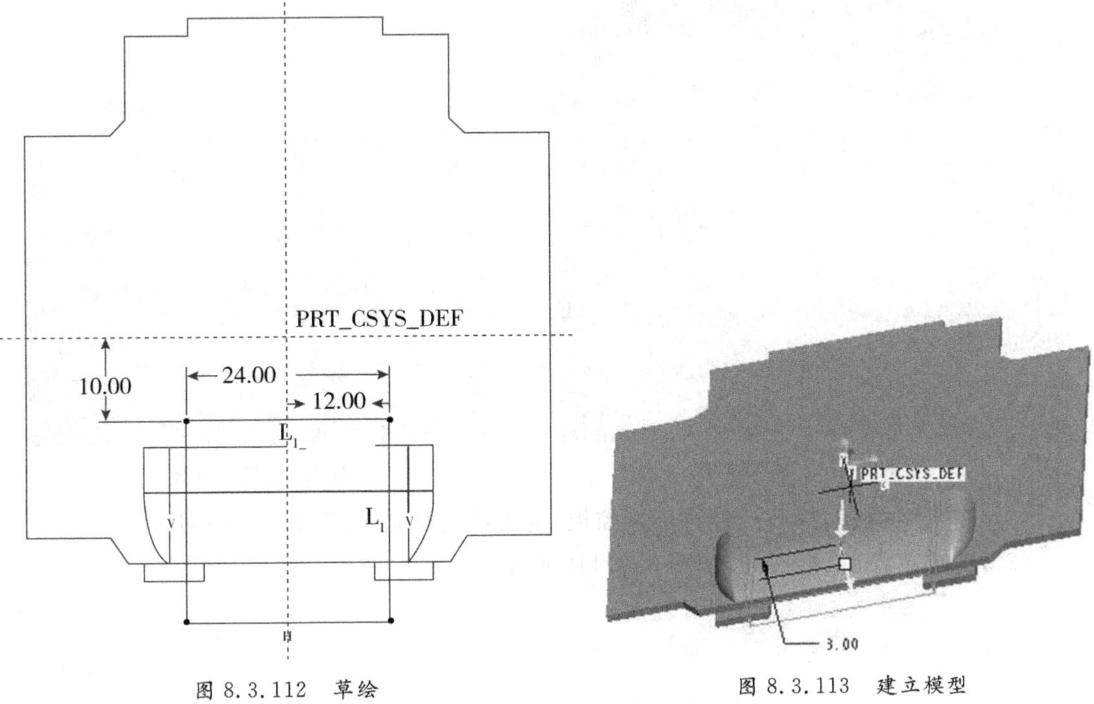

图 8.3.112　草绘　　　　图 8.3.113　建立模型

(20)单击按钮,打开拉伸特征操控板,进入草绘绘制,如图 8.3.114 所示。

(21)完成草绘后,向下拉伸 3 个单位,建立模型,形成穿插结构,如图 8.3.115 所示。

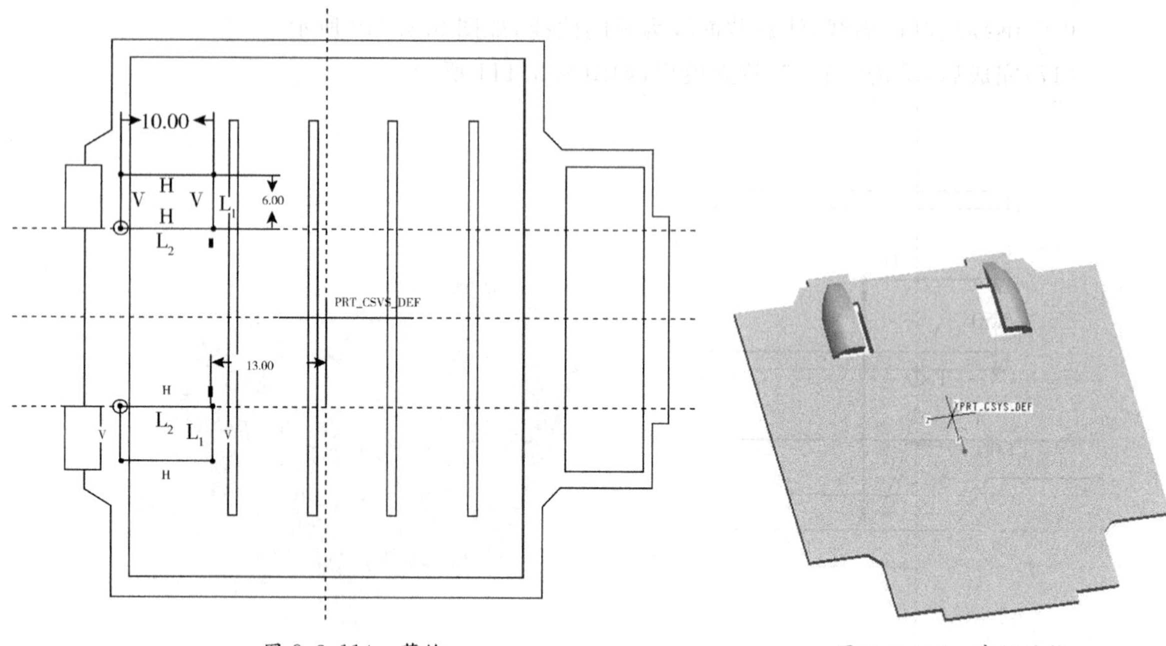

图 8.3.114 草绘

图 8.3.115 穿插结构

(22)单击按钮,打开拉伸特征操控板,进入草绘绘制,如图 8.3.116 所示。

(23)完成草绘后,再拉伸,如图 8.3.117 所示。

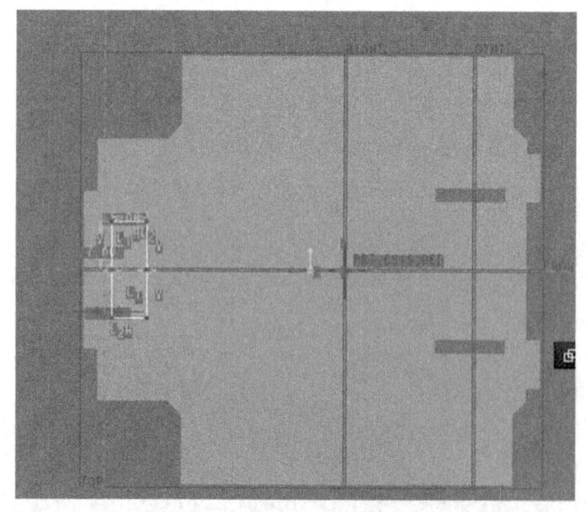

图 8.3.116 进入草绘

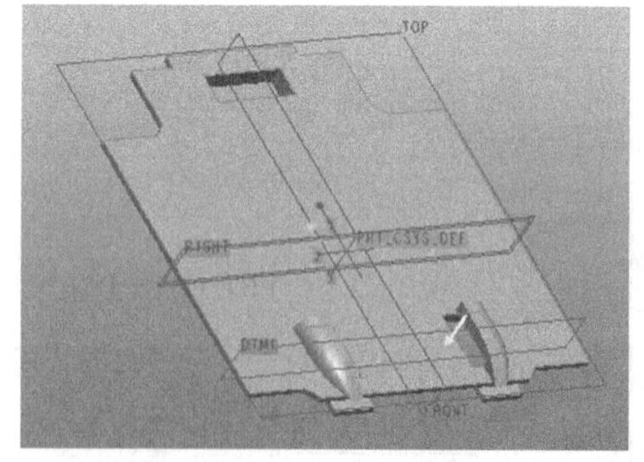

图 8.3.117 拉伸

(24)单击按钮,打开拉伸特征操控板,进入草绘绘制,如图 8.3.118 所示。

(25)完成草绘后,再拉伸,如图 8.3.119 所示。

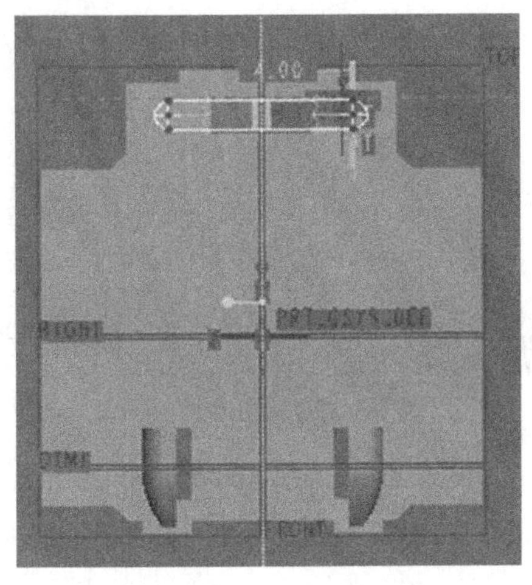
图 8.3.118　进入草绘

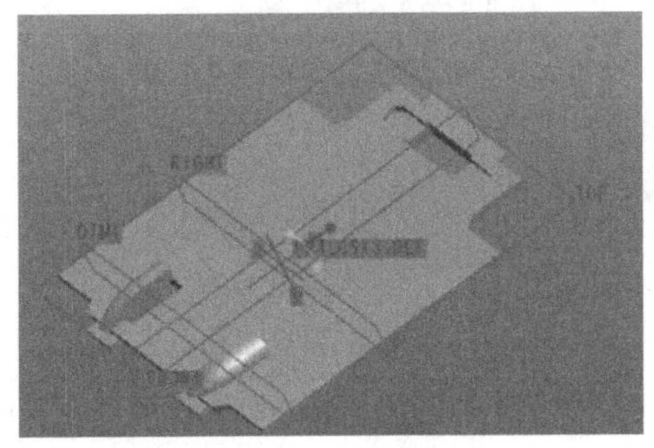
图 8.3.119　拉伸

三、前盖

步骤 1　设置工作目录

单击菜单【文件】—【设置工作目录】命令，将文件放置在自己建立的文件夹下。

步骤 2　新建文件

单击工具栏中的新建文件按钮，在弹出的【新建】对话框中选择“零件”类型，单击“使用缺省模板”复选框取消选中标志，在【名称】栏输入新建文件名“qiangai”。单击“确定”按钮，打开【新文件选项】对话框。选择“mmns_part_solid”模板，按下“确定”按钮，进入三维零件绘制环境。

步骤 3　通过拉伸创建前盖

(1)单击按钮，打开拉伸特征操控板。

(2)选择 TOP 基准面为草绘平面，参照面及方向为缺省值(此处为 RIGHT 基准面)，单击“草绘”按钮进入草绘状态。

(3)绘制草绘，并建立实体，如图 8.3.120、8.3.121 所示。

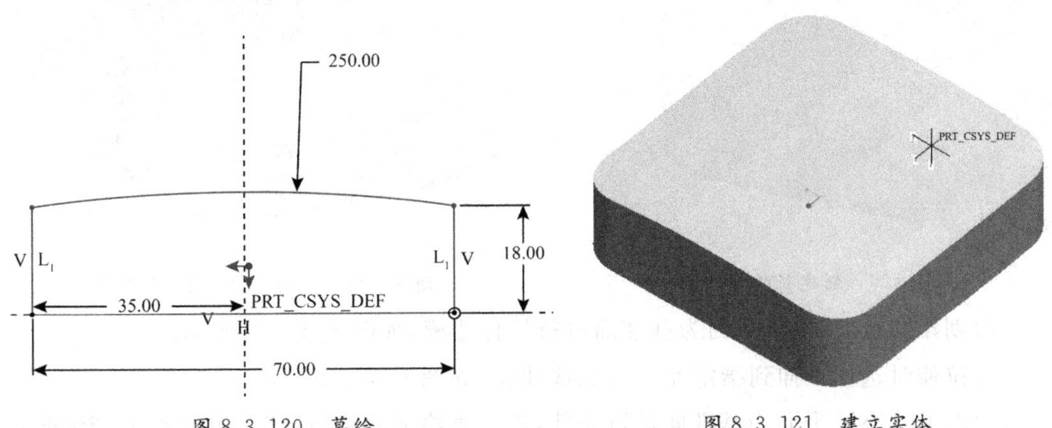

图 8.3.120　草绘　　图 8.3.121　建立实体

(4)使用圆倒角工具，对实体进行倒角，倒角大小分别为 10 和 5，如图 8.3.122、

8.3.123、8.3.124 所示。

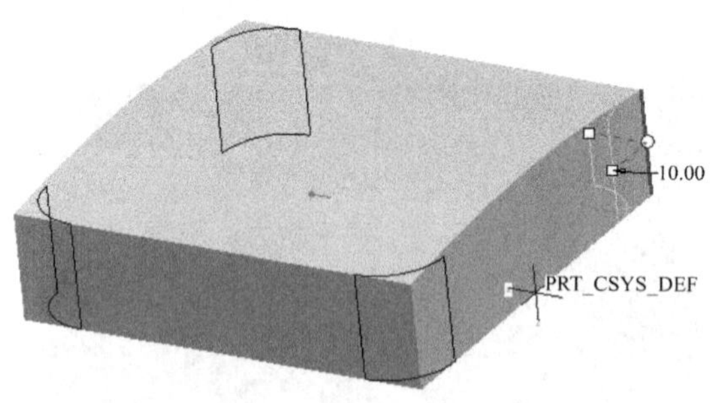

图 8.3.122　圆倒角 10　　　　图 8.3.123　圆倒角 5

(5)使用抽壳▣工具。对实体进行抽壳,如图 8.3.124、8.3.125 所示。

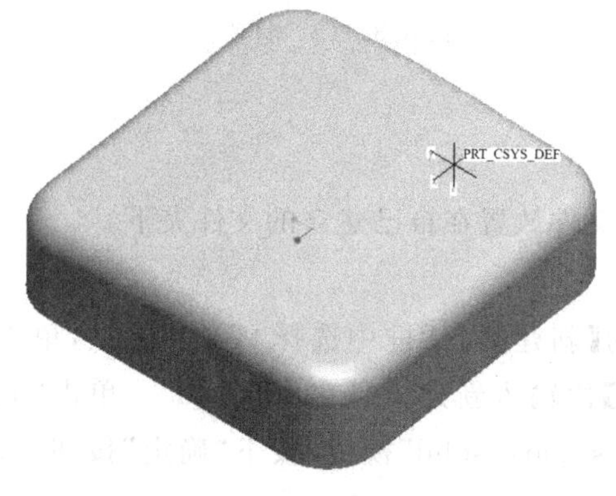

图 8.3.124　完成圆倒角

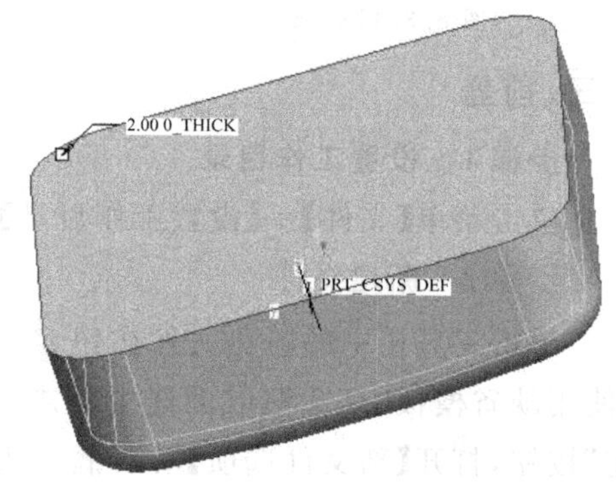

图 8.3.125　抽壳

(6)创建新的基准面,选择 FRONT 平面,单击▱创建基准面,向下偏移 15 个单位,如图 8.3.126、8.3.127 所示。

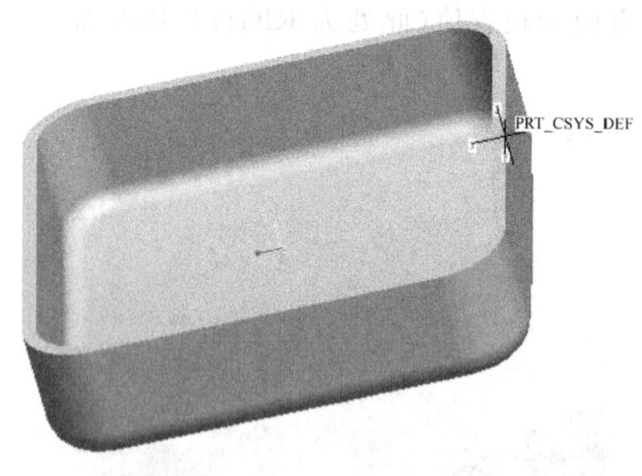

图 8.3.126　创建新的基准面

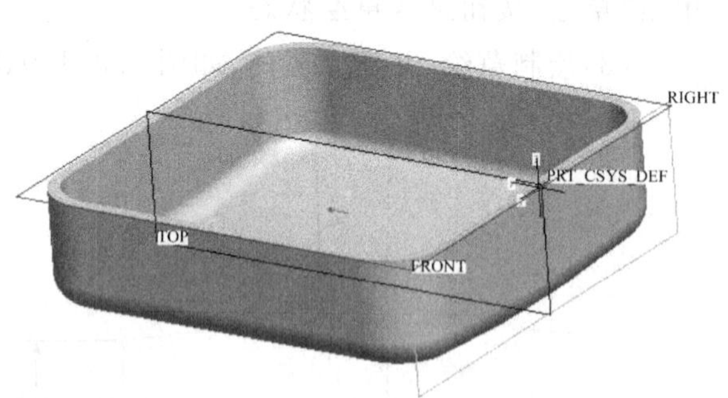

图 8.3.127　向下偏移 15 个单位

(7)创建完成后,以该平面为基准面进行拉伸建模,如图 8.3.128 所示。

(8)拉伸时选择拉伸到指定面⊥,完成建模,如图 8.3.129 所示。

(9)以 FRONT 平面为基准面进行拉伸,进入草绘平面绘制草图,如图 8.3.130 所示。

(10)拉伸切割,如图 8.3.131、8.3.132 所示。

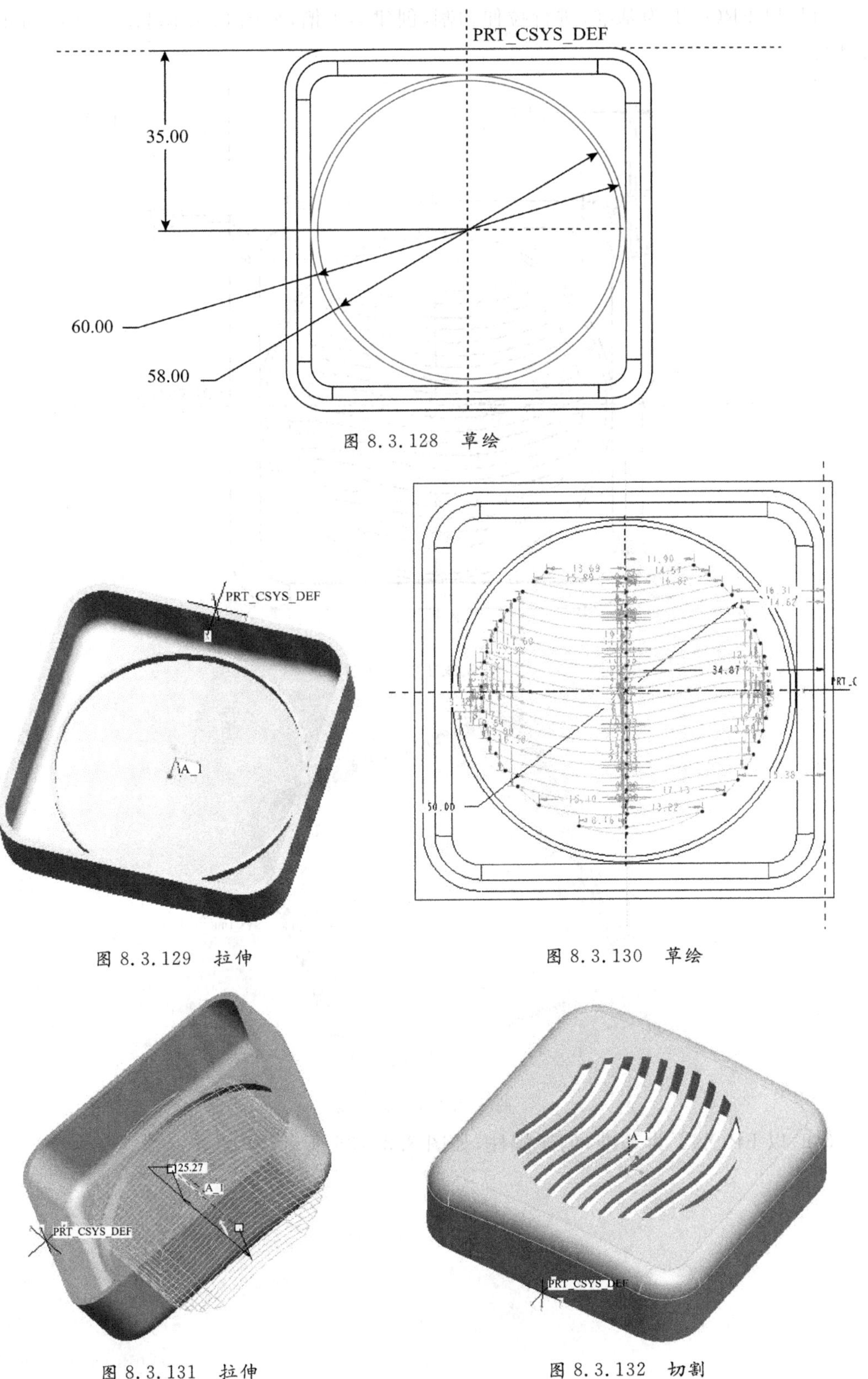

图 8.3.128　草绘

图 8.3.129　拉伸

图 8.3.130　草绘

图 8.3.131　拉伸

图 8.3.132　切割

(11)以 FRONT 为基准,进行拉伸切割,创建美工槽,如图 8.3.133、8.3.134 所示,完成建模。

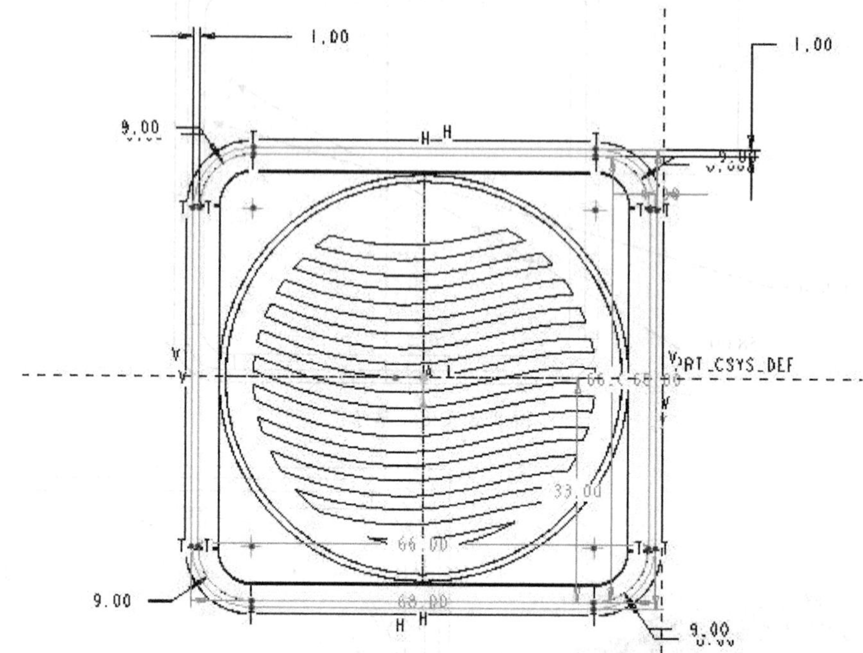

图 8.3.133 草图

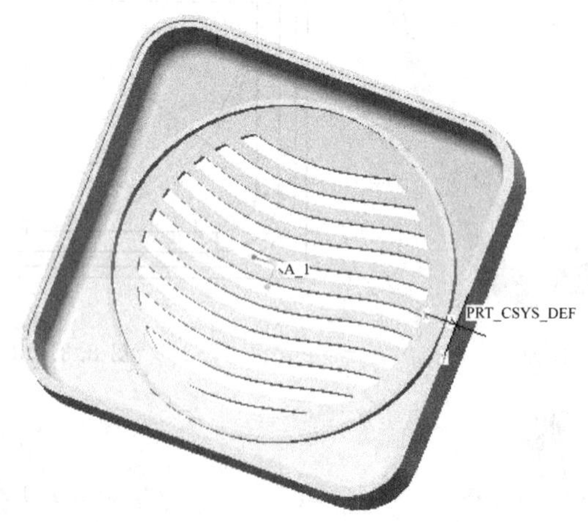

图 8.3.134 美工槽

(12)以 FRONT 为基准,创建螺柱,如图 8.3.135 所示。

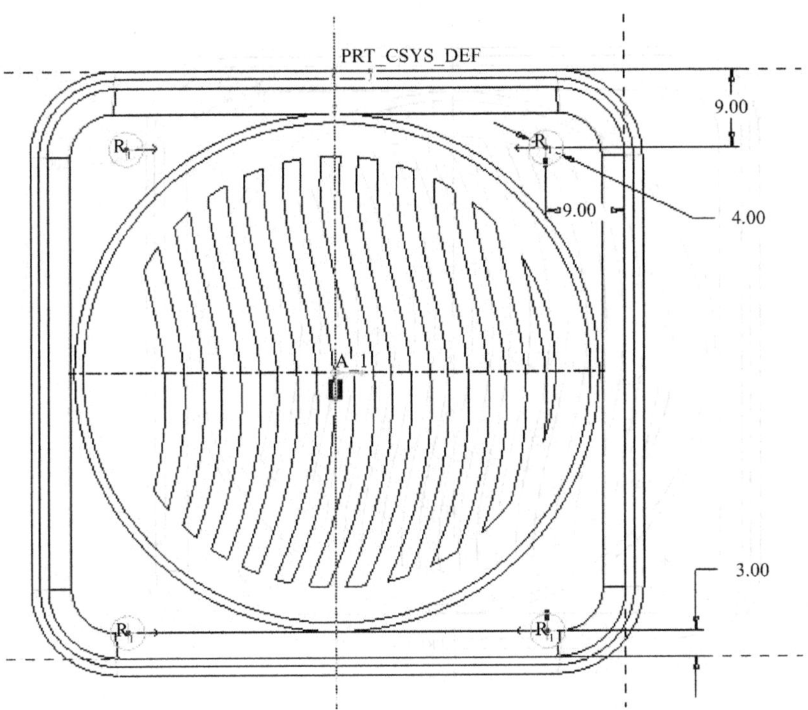

图 8.3.135　创建螺柱

(13)草绘完成后,拉伸到下表面,如图 8.3.136 所示。

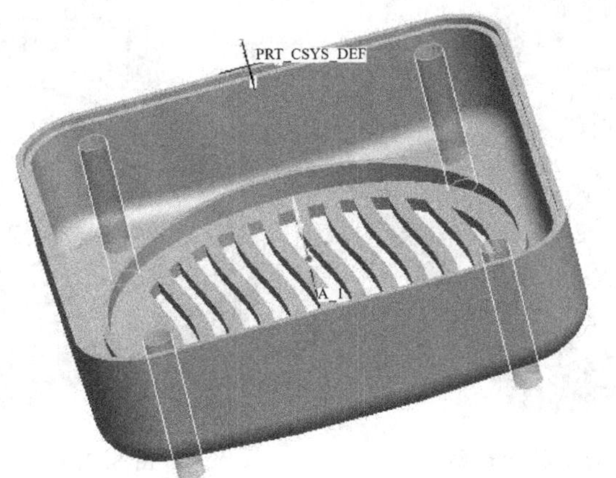

图 8.3.136　拉伸到下表面

(14)以 FRONT 为基准,建立螺纹孔,如图 8.3.137 所示。

(15)草绘完成后,向下拉伸切割,如图 8.3.138 所示。

(16)前盖建模完成,如图 8.3.139 所示。

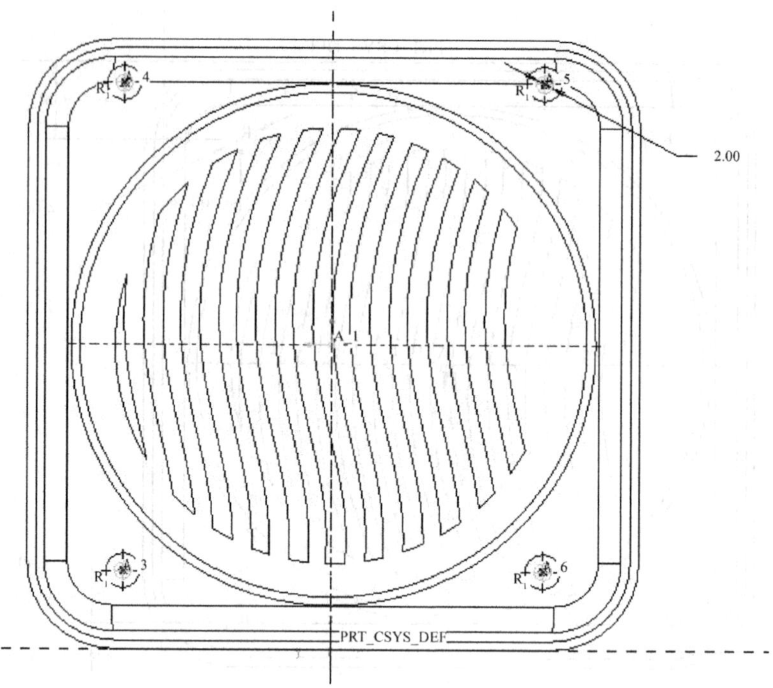

图 8.3.137 建立螺纹孔

图 8.3.138 向下拉伸切割

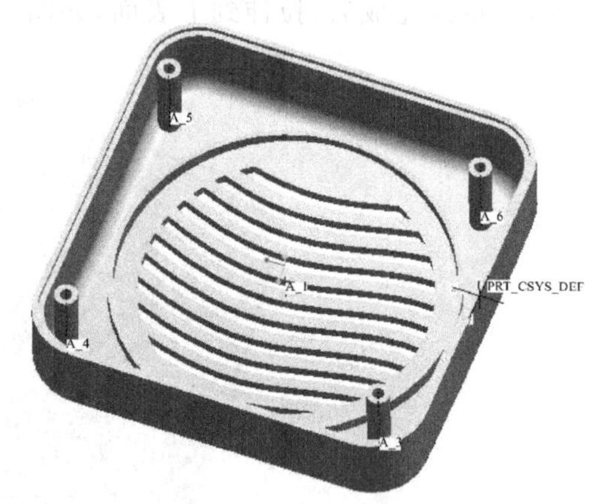

图 8.3.139 前盖建模完成

四、便携夹

步骤 1 设置工作目录

单击菜单【文件】—【设置工作目录】命令，将文件放置在自己建立的文件夹下。

步骤 2 新建文件

单击工具栏中的新建文件按钮 ，在弹出的【新建】对话框中选择“零件”类型，单击“使用缺省模板”复选框取消选中标志，在【名称】栏输入新建文件名“bianxiejia”。单击“确定”按钮，打开【新文件选项】对话框。选择“mmns_part_solid”模板，按下“确定”按钮，进入三维零件绘制环境。

步骤 3　通过拉伸创建便携夹

(1)单击 按钮,打开拉伸特征操控板。

(2)选择 TOP 基准面为草绘平面,参照面及方向为缺省值(此处为 RIGHT 基准面),单击“草绘”按钮进入草绘状态。

(3)绘制草图,如图 8.3.140 所示。

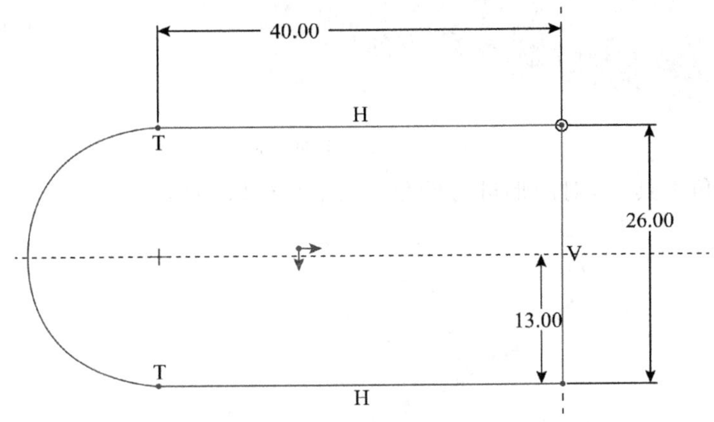

图 8.3.140　草图

(4)延厚度方向拉伸 2.5 个单位,如图 8.3.141 所示。

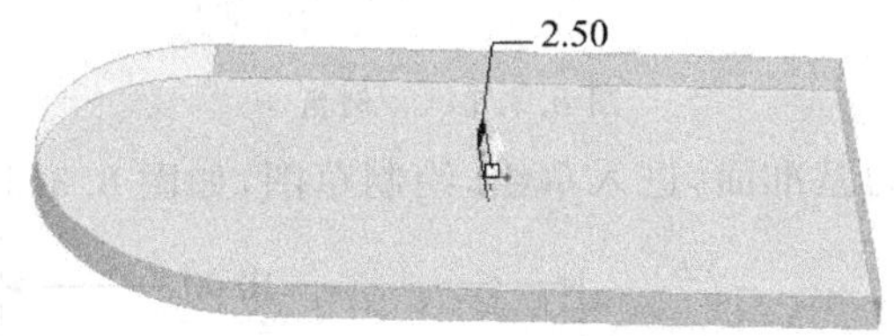

图 8.3.141　延厚度方向拉伸

(5)以 TOP 面为基准面,进入草绘,绘制草图,如图 8.3.142 所示。

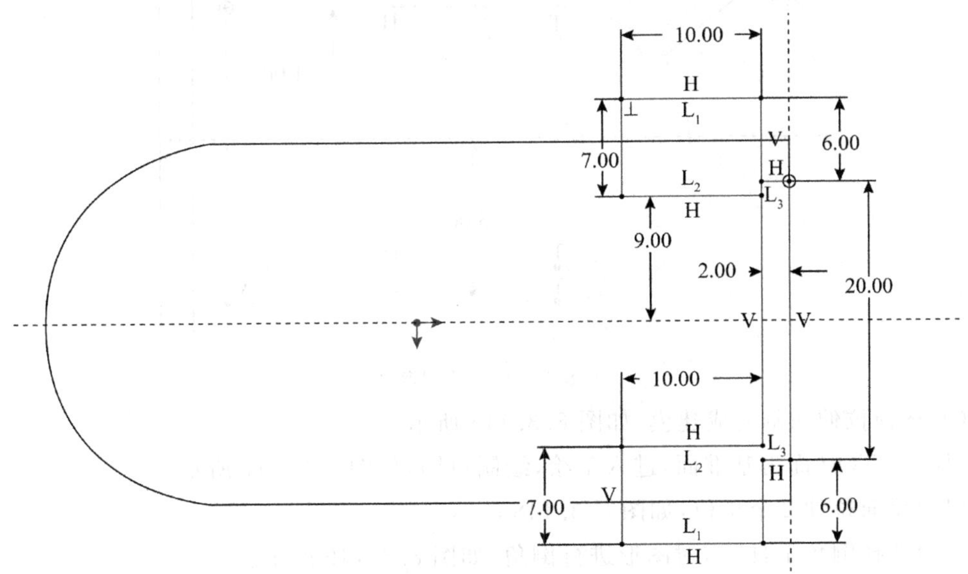

图 8.3.142　绘制草图

(6)反向拉伸 2 个单位,如图 8.3.143 所示。

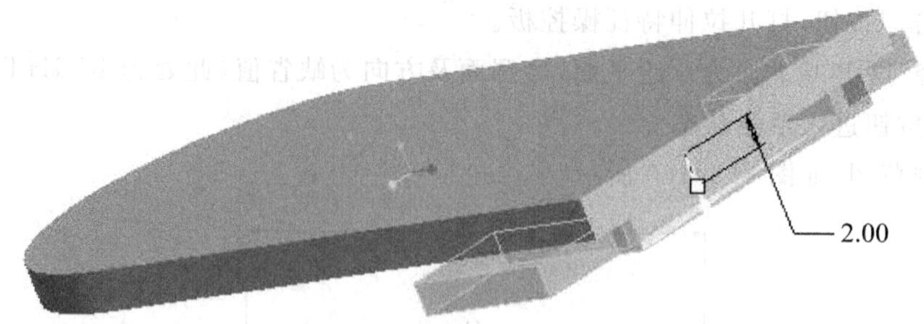

图 8.3.143 反向拉伸

(7)选择倒角工具,对图形进行倒角,如图 8.3.144 所示。

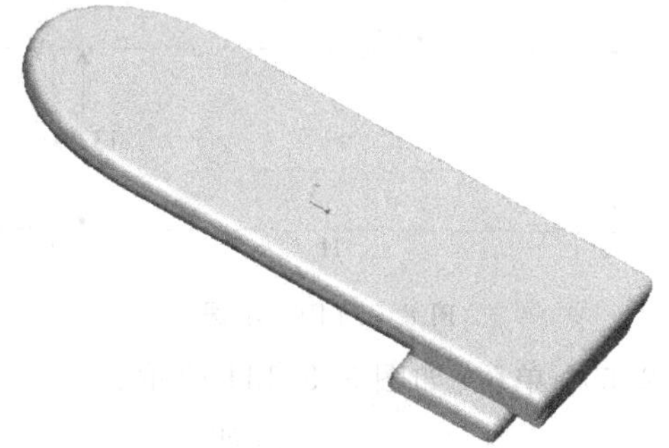

图 8.3.144 倒角

(8)继续以 TOP 面为基准面,进入草绘,绘制草图,如图 8.3.145 所示。

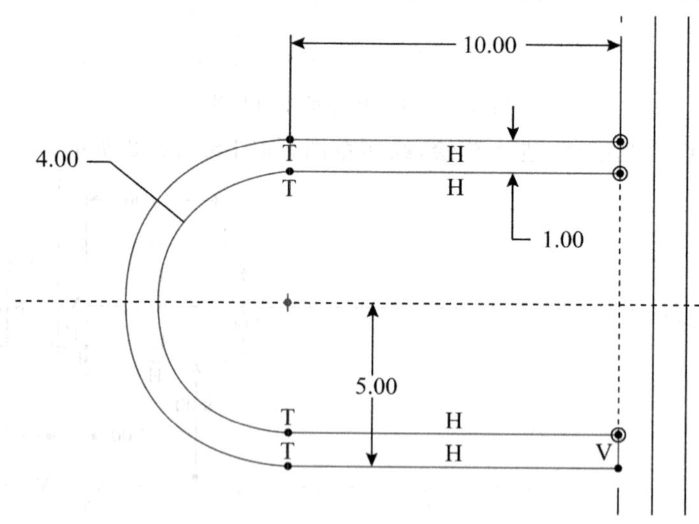

图 8.3.145 绘制草图

(9)选择拉伸切割完成建模,如图 8.3.146 所示。

(10)以 TOP 面为基准面,进入草绘,绘制草图,如图 8.3.147 所示。

(11)反向拉伸 2 个单位,如图 8.3.148 所示。

(12)选择倒角工具,对图形进行倒角,如图 8.3.149 所示。

(13)建模完成后,如图 8.3.150 所示。

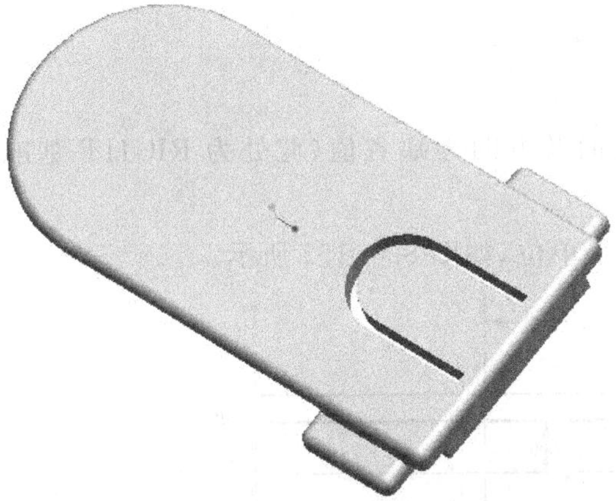

图 8.3.146　完成建模

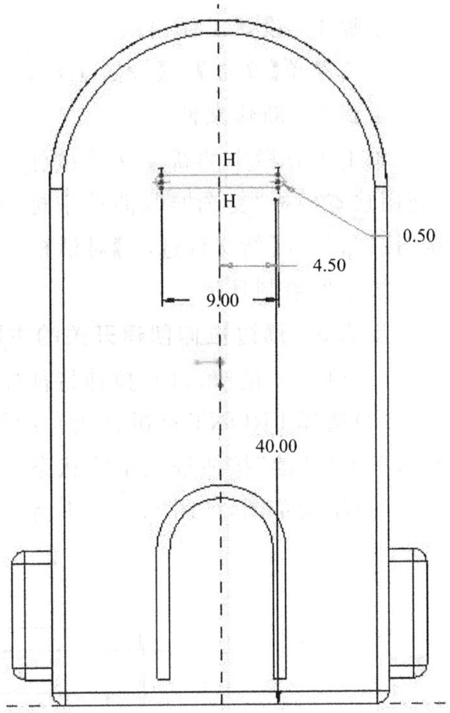

图 8.3.147　绘制草图

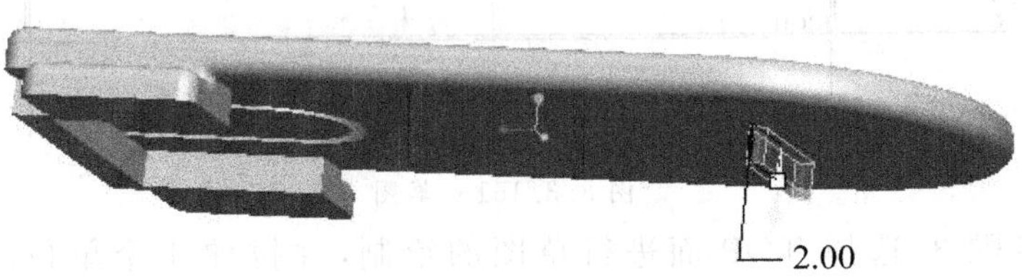

图 8.3.148　反向拉伸

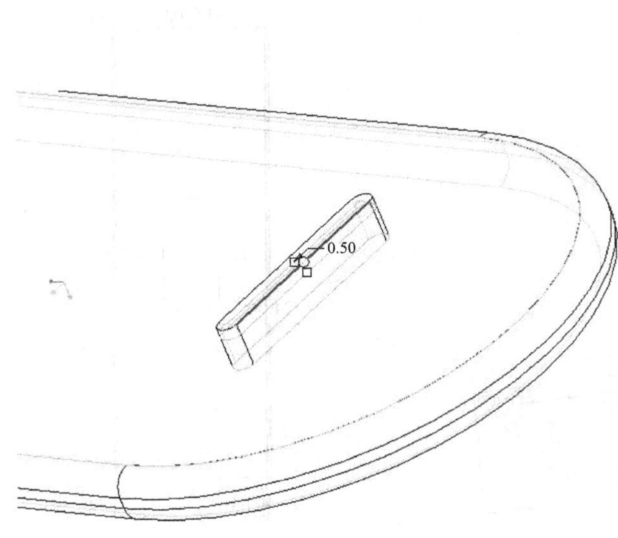

图 8.3.149　倒角

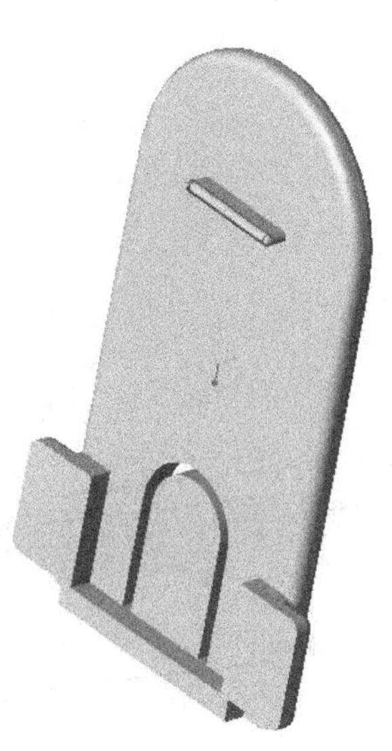

图 8.3.150　建模完成

五、电池开关

步骤 1 设置工作目录

单击菜单【文件】—【设置工作目录】命令，将文件放置在自己建立的文件夹下。

步骤 2 新建文件

单击工具栏中的新建文件按钮 ，在弹出的【新建】对话框中选择"零件"类型，单击"使用缺省模板"复选框取消选中标志，在【名称】栏输入新建文件名"kaiguan"。单击"确定"按钮，打开【新文件选项】对话框。选择"mmns_part_solid"模板，按下"确定"按钮，进入三维零件绘制环境。

步骤 3 通过拉伸创建开关的主题部分

(1)单击 按钮，打开拉伸特征操控板。

(2)选择 FRONT 基准面为草绘平面，参照面及方向为缺省值(此处为 RIGHT 基准面)，单击"草绘"按钮进入草绘状态。

(3)绘制草图，如图 8.3.151 所示。拉伸 8 个单位，如图 8.3.152 所示。

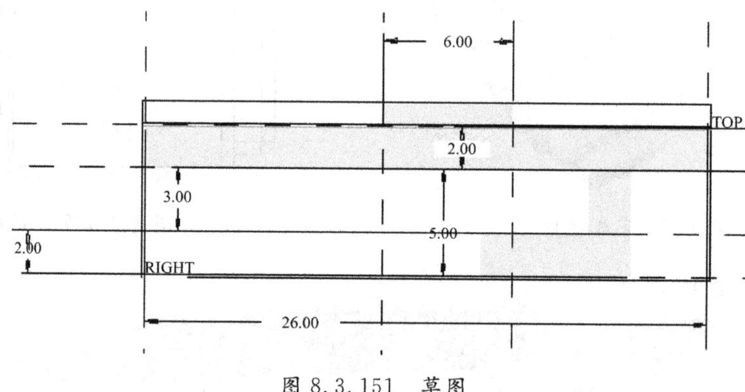

图 8.3.151 草图

(4)重复步骤 3，选择 TOP 面进行草图的绘制，并拉伸 4 个单位，如图 8.3.153、8.3.154所示。

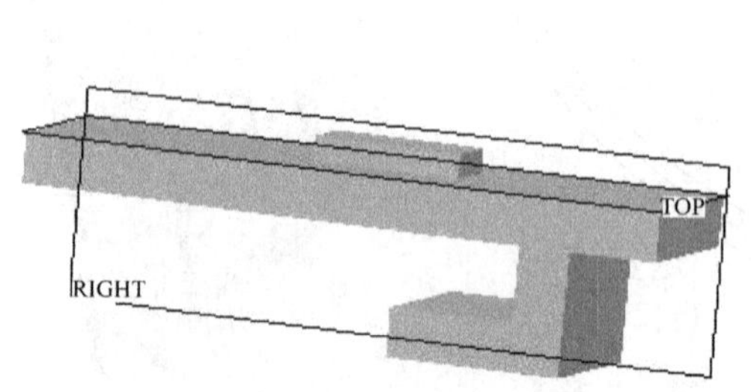

图 8.3.152 拉伸 8 个单位

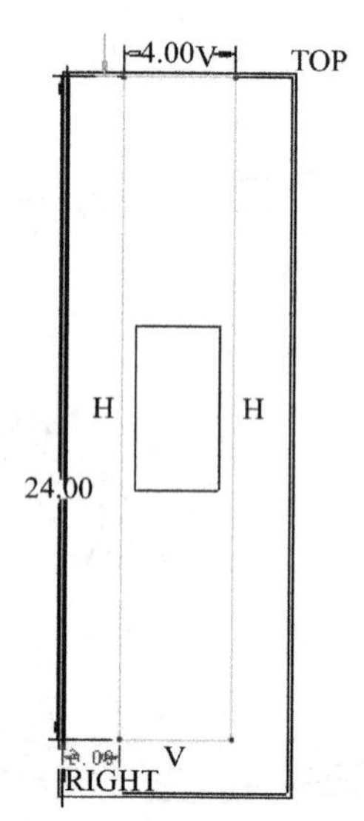

图 8.3.153 选择 Top 面

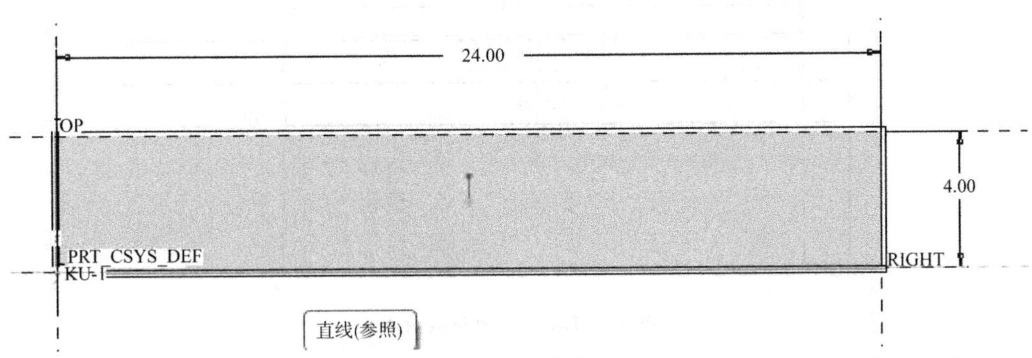

图 8.3.154　草图

(5)改变视图方向,如图 8.3.155 所示。

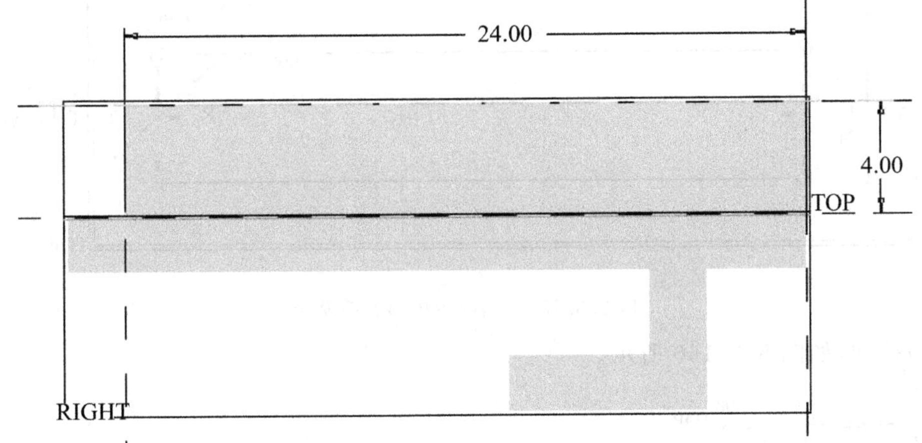

图 8.3.155　改变视图方向

(6)通过草绘建立两个长方形,并通过拉伸移除材料按钮将材料去除,如图 8.3.156、8.3.157 所示。

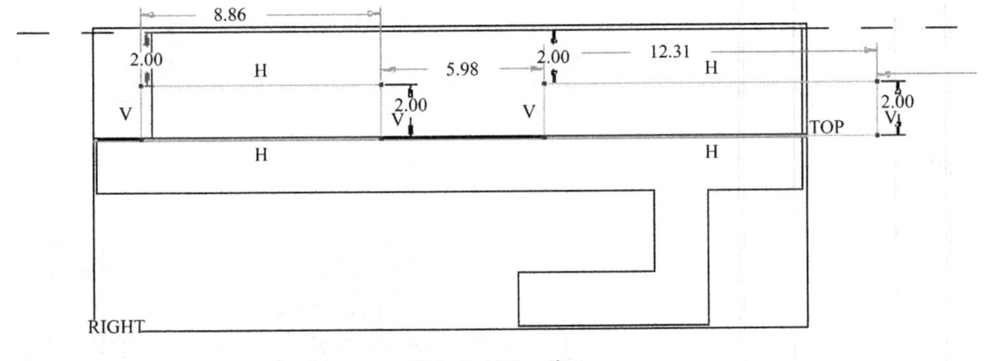

图 8.3.156　草绘

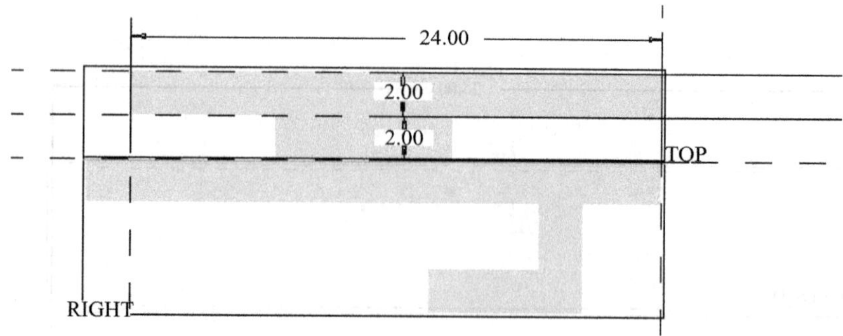

图 8.3.157 拉伸移除材料

(7)同理可将两端材料去除,做成圆弧形,如图 8.3.158、8.3.159 所示。

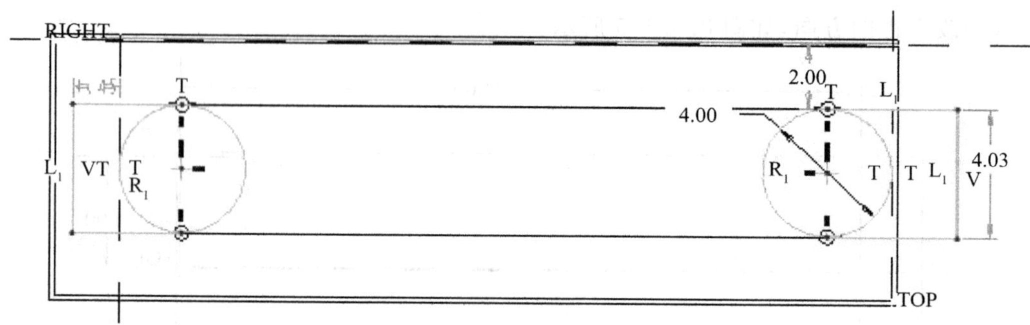

图 8.3.158 选择 RIGHT 面草绘

(8)拉伸,如图 8.3.160 所示。

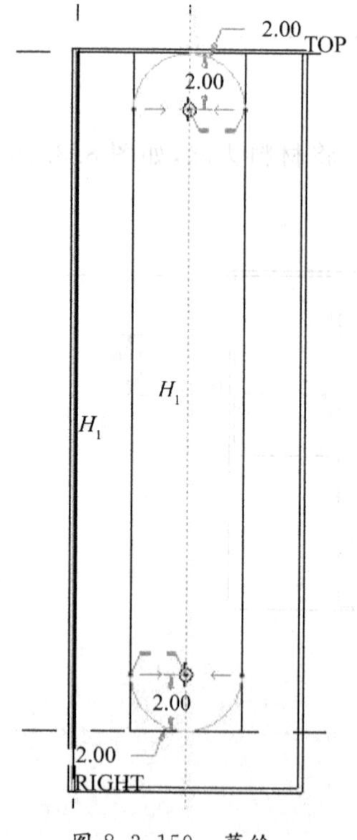

图 8.3.159 草绘

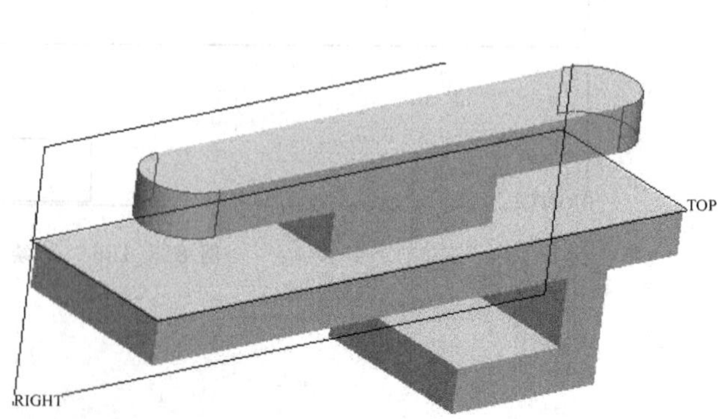

图 8.3.160 拉伸

(9)绘制草图,建立拉伸去除材料,做出波浪纹,如图 8.3.161 至 8.3.163 所示。

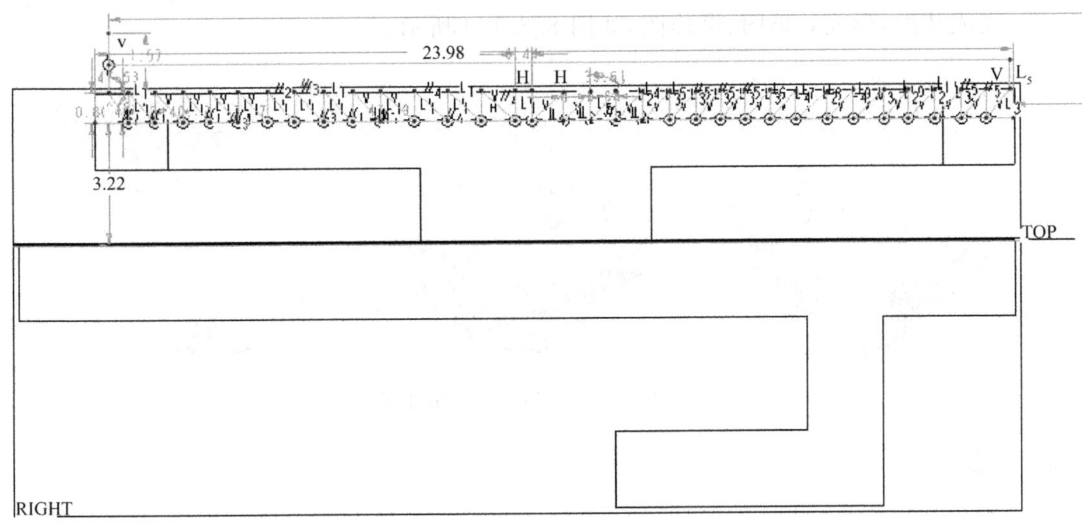

图 8.3.161　草图

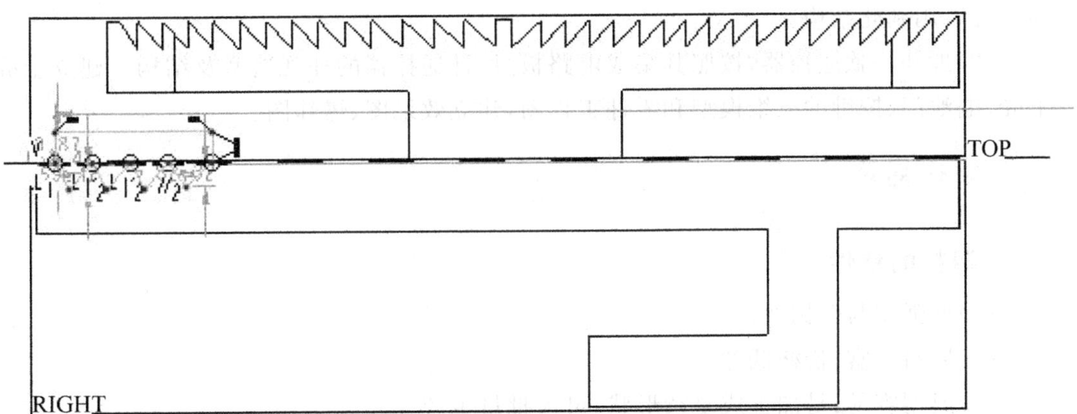

图 8.3.162　绘制草图

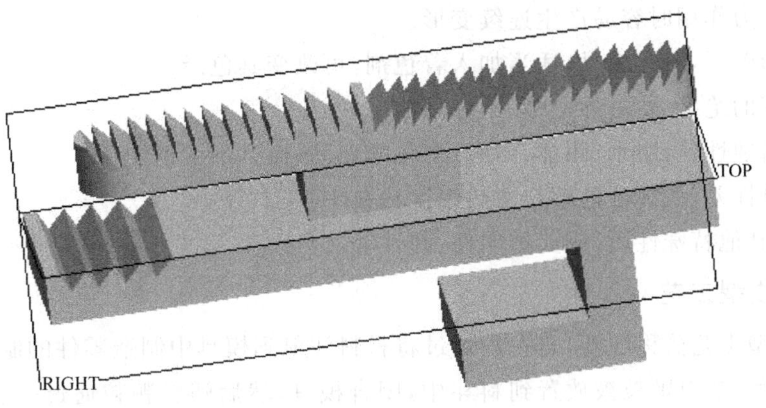

图 8.3.163　拉伸去除材料

六、装配、爆炸图

完成装配，形成效果图、爆炸图，如图 8.3.164 所示。

图 8.3.164 效果图、爆炸图

课后思考

(1)观察有线鼠标数据线出口位置的壳体的结构，表述其结构特点，并回答还有什么地方可以用到此结构？

(2)拆卸一款遥控器，按照其集成电路板，设计遥控器的外观造型及结构。建立上壳、下壳、电池门、按键的三维模型和零件工程图，建立效果图、爆炸图。

知识拓展

一、塑料的特性

(1)低强度与低韧性。

(2)原料丰富，价格低廉。

(3)成型容易，易加工成复杂形状，可大批量生产。

(4)重量轻，低密度(塑胶比重为 0.9～2，铝为 2.7，铁为 7.8)。

(5)受外力作用时容易产生连续变形。

(6)色彩鲜明，着色容易，适当加入着色剂，可改变其色泽。

(7)良好的绝缘性、不导电性、不导热性。

(8)耐腐蚀性佳，耐水、耐油、耐酸、耐化学药品，而且不生锈。

(9)耐热性差，大部分的塑料耐热温度约在 150℃以下。

还具有其他特殊性质，例如透明性、弹性等。

二、注射成型工艺

注射成型工艺简称注塑，是一种通过将材料注射到模具中制造零件的制造方法。

工艺过程：塑料颗粒被放置到料斗中，闭合模具，然后塑料颗粒通过一长的腔室与螺杆推压，将塑料颗粒加热、软化成流体状态，注入模具。当塑料冷却和固化时，模具打开，半成品从注塑机机中退出。如图 8.3.165 所示。

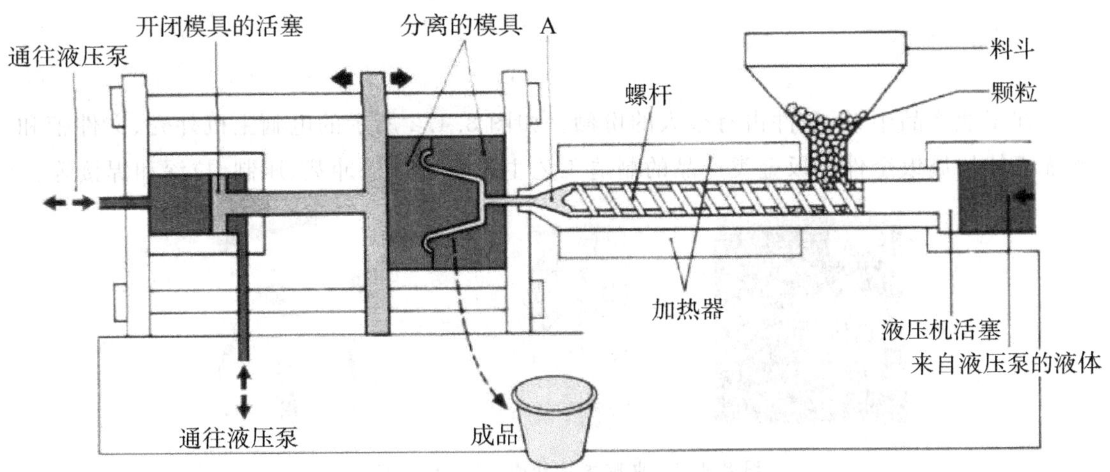

图 8.3.165　注射成型工艺

任务四　钣金件结构设计

任务布置

参照如图 8.4.1 所示的课桌，设计一款成人学习课桌的造型及结构。根据给定的已知条件，建立各零件的三维模型和零件工程图，建立课桌的效果图、爆炸图。了解钣金的加工工艺，掌握钣金的结构设计知识。

设计要求：

(1)桌面材料采用 17mm 热压防火多层胶合板，侧板采用 1mm 钣金，桌斗采用 0.7mm钣金，桌腿采用 20mm×49mm×1.0mm 扁圆管型材，脚套采用 PP 工程塑料。

(2)产品符合人体工学原理，造型简洁新颖，造型时尚，桌子高度可调范围 630～780mm，桌面尺寸 400mm×600mm。

(3)桌子结构合理，符合钣金的加工工艺要求。

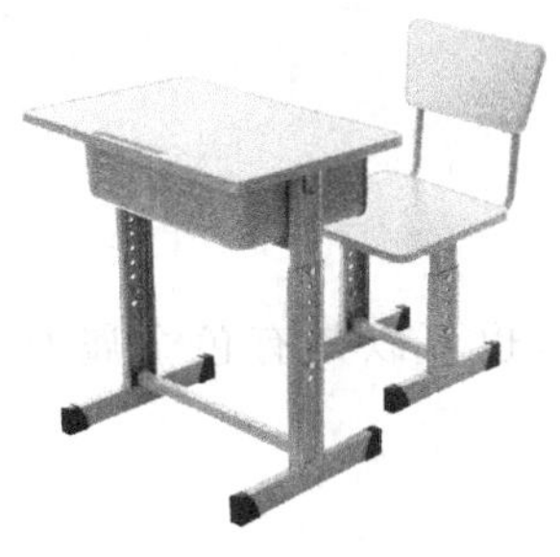

图 8.4.1　课桌

任务准备

在工业产品中,钣金件占有很大的份额。如图 8.4.2 所示的电脑主机外壳、文件柜和水壶壳体均属钣金件。钣金类产品的制造工艺主要有:弯折、冲裁、压制、拉深和焊接等。

图 8.4.2　电脑主机外壳、文件柜和水壶

一、冲压件

冲压是利用冲模在压力机上对板料施加压力使其变形或分离,从而获得一定形状、尺寸的加工方法。板料冲压通常在常温下进行,又称冷冲压,当板厚大于 8mm 时,采用热冲压。

冲压属于压力加工的一种,是工业产品金属外壳的一种主要加工形式。冲压既可加工仪表上的小零件,也能加工汽车车身等大型制件。广泛用于汽车、拖拉机、电器、航空、仪表及日常生活用品等制造行业。

1. 冲压件的特点

板料冲压制造产品壳体具有下列特点:

(1)生产率高、操作简单

冲压加工的生产过程只是简单地重复。

(2)产品质量好

冲压产品的尺寸精度和表面质量较高、互换性好。

(3)材料利用率高

按壳体的壁厚选择板材,有效利用材料。可采用组合冲压等方法,合理利用板材,产生的废料少。

(4)造型能力强

可制造复杂的曲面零件。

(5)适用范围广

制作壳体的材料可以是钢板,也可以是有色金属及其他合金板材,且成品的尺寸范围宽。

(6)冲模的设计、制造复杂

使用冲压方法生产制造产品壳体的主要缺点是冲模的设计、制造复杂,成本较高,且一件一模。因此,只有在大批量生产的条件下才能显示出优越性。

2. 冲压件的结构

良好的冲压结构应保证材料利用率高、工序数目少、模具结构简单且寿命高、产品质量稳定等。一般情况下，对冲压件结构影响最大的是精度和几何形状及尺寸。设计冲压件的结构时应遵循以下原则：

(1)外形和内孔应避免尖角

一般情况下，冲压件的外形和内孔应避免尖角，应采用圆角的形式。如图 8.4.3 所示。一般圆角半径 R 应大于或等于板厚 t 的一半，即 $R \geqslant 0.5t$。当需要冲制不带圆角的工件时，可以用分段冲切的办法冲制，但模具寿命明显降低。

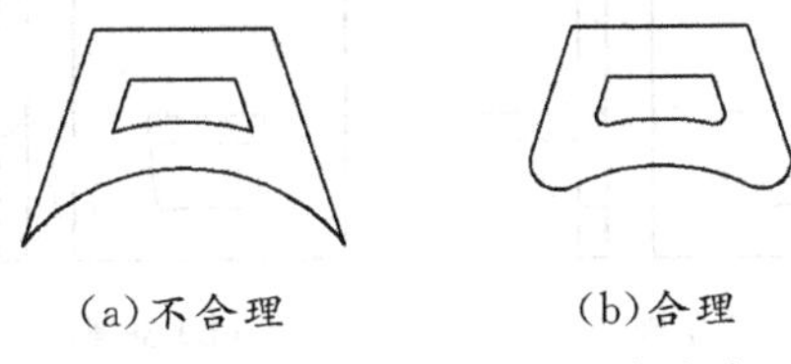

(a)不合理　　(b)合理

图 8.4.3　外形和内孔应避免尖角

(2)冲压件的形状应尽量简单

最好是规则的几何形状或由规则的几何形状所组成的组合形状。同时应避免冲裁件上过长的悬臂与凹槽，它们的宽度 A 应大于板厚的 1.5 倍，即 $A \geqslant 1.5t$。如图 8.4.4 所示。

(3)孔的尺寸不宜过小

冲孔时，因受凸模强度限制，孔的尺寸不宜过小。优先选用圆形孔。冲孔的最小尺寸与孔的形状、材料机械性能和材料厚度有关，自由凸模冲孔的直径 D 可参照表 8.4.1 进行选择。

(4)孔间距不宜过小

孔与孔之间的距离或孔与零件边缘之间的距离，因受模具强度和冲裁件质量的限制，其值不能过小。孔边距和孔间距 B 应大于或等于板厚 t，即 $B \geqslant t$。平行时，孔间距或孔边距至少是 1.5 板厚，即 $C \geqslant 1.5t$。如图 8.4.4 所示。

表 8.4.1　孔径

材料	硬钢	硬钢	硬钢
孔径	$D \geqslant 1.3t$	$D \geqslant 1.3t$	$D \geqslant 1.3t$

注：t 为板厚。

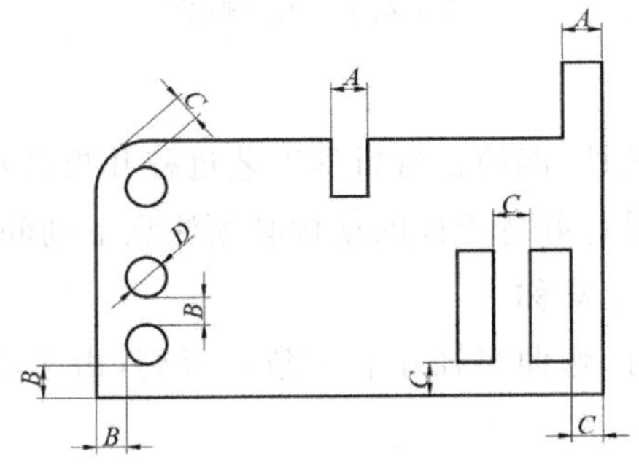

图 8.4.4　冲压件的孔与悬臂

(5)孔与工件直壁之间的距离不宜过小

在弯折件或拉深件上冲孔时，其孔与工件直壁之间的距离不宜过小，否则，会使凸模受侧向力作用，同时，会影响弯曲件或拉深件已成形区域的精度。

(6)尽量减少零件对模具的磨损

在冲制凸起的舌部时，舌部与凹模的内壁摩擦，使模具寿命缩短，冲压件质量降低。如图 8.4.5 所示。如将舌部由图(a)形式改为带有 5°～8°的图(b)所示的斜面结构，会有所改善。

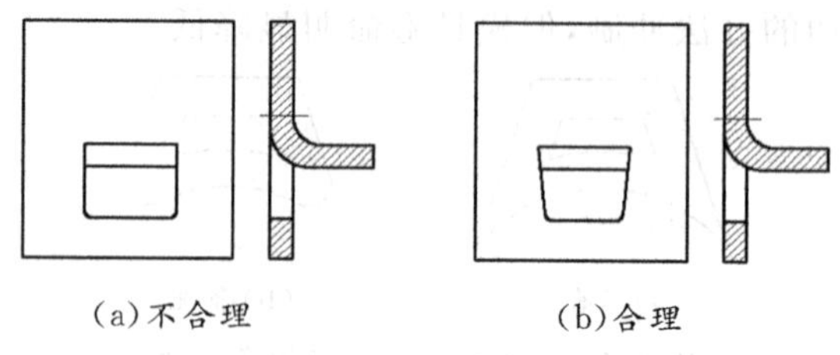

(a)不合理　　(b)合理

图 8.4.5　凸起的舌部

(7)注意节约原材料

在设计冲压件形状与尺寸时，为了尽量减少费料，可采用嵌套、组合等方法。如图 8.4.6所示。

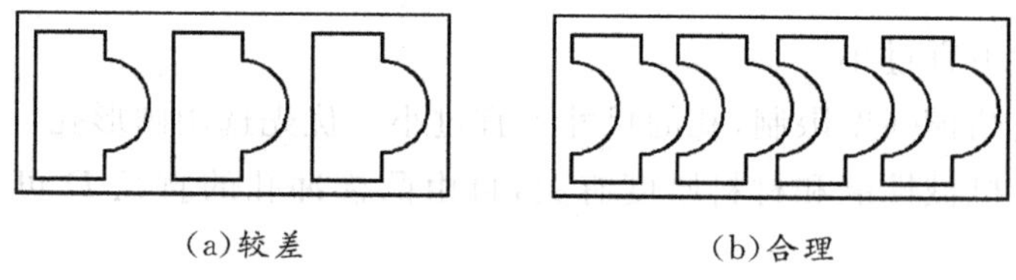

(a)较差　　(b)合理

图 8.4.6　尽量减少费料

(8)压肋形状应采用对称形式

压肋形状应采用对称形式，如图 8.4.7 所示。

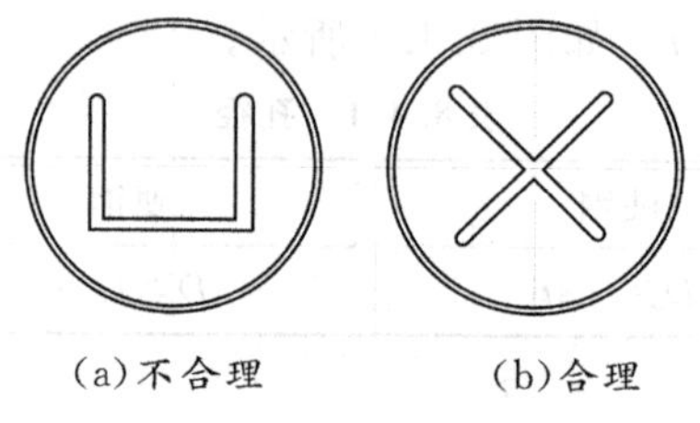

(a)不合理　　(b)合理

图 8.4.7　压肋形状

二、弯折件

弯折件良好的结构工艺性，能简化弯折的工艺过程和提高弯折件的精度。如图8.4.8所示为几种弯折件结构。设计好弯折件的结构必须注意下列问题：

(1)弯折件的形状应尽量对称

弯折件的形状最好对称，弯曲半径左右一致。否则，由于摩擦力不均匀，板料在弯曲过程中会产生滑动。

(2)弯折件的圆角半径应大于板料许可的最小弯曲半径

当弯折件必须弯曲成很小圆角时,可进行多次弯曲,中间辅以退火工序。弯折件的圆角半径也不宜过大,因为过大时,回弹值增大,弯曲件的精度不易保证。

(3)弯折件的直边高度不宜过小

弯折件的直边高度应大于板厚的两倍。或可在弯曲前,在弯曲处先压槽,再弯曲。或加高直边,弯曲后再切掉。如图 8.4.9 所示。

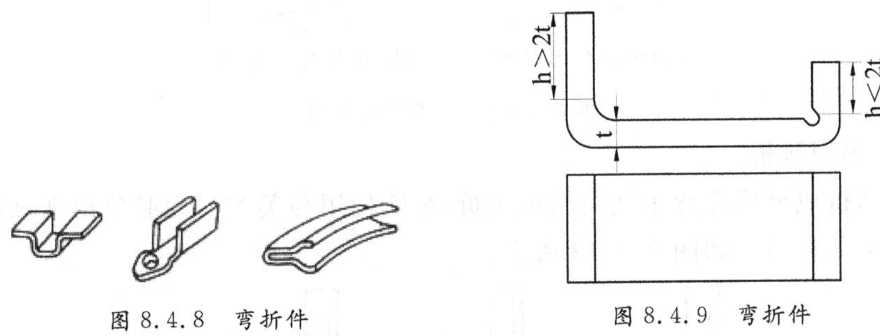

图 8.4.8　弯折件　　图 8.4.9　弯折件

(4)应避免孔畸形

弯折件有孔时,如果孔的位置处于弯曲变形区,则孔会发生变形,为避免这种情况,必须使孔处于变形区之外。或做一个月牙槽等。如图 8.4.10 所示。

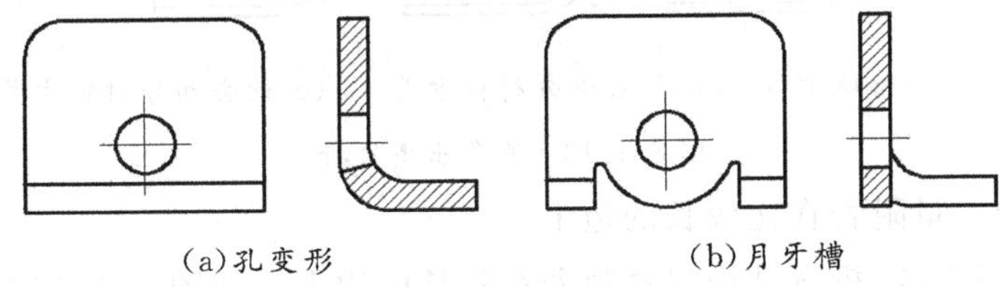

(a)孔变形　　(b)月牙槽

图 8.4.10　孔畸形和月牙槽

(5)避免角部出现裂纹

在局部弯曲某一段边缘时,为避免角部形成裂纹,可预先切出工艺槽。或可以离开尺寸突变处。或在弯曲前在直角的拐弯处先冲制工艺孔。如图 8.4.11 所示。

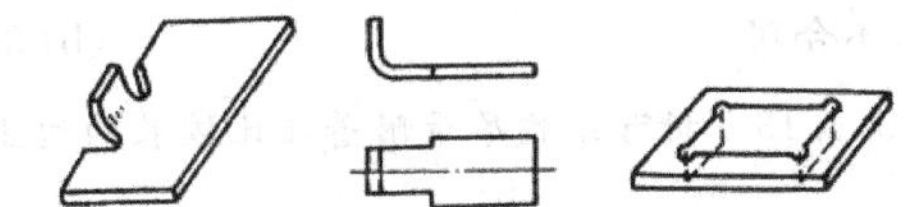

(a)开工艺槽　(b)错开尺寸突变处　(c)冲工艺孔

图 8.4.11　避免角部出现裂纹结构

(6)边缘缺口处需留连接带

边缘部分有缺口的弯折件,弯折时必须于缺口处留连接带,将缺口连住,待弯曲成形后,再将连接带切除。若在毛料上先冲缺口再弯曲,会出现叉口现象,甚至无法成形。

(7)简化下料结构

在不影响使用的情况下,尽量采用简化下料的结构。如图 8.4.12 所示。

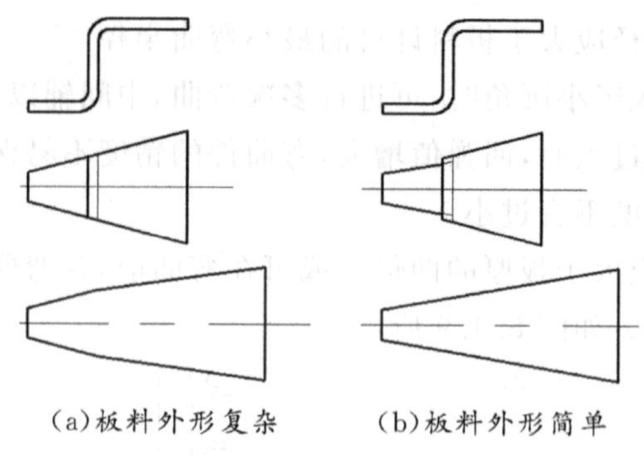
(a)板料外形复杂　(b)板料外形简单

图 8.4.12　简化下料结构

(8)避免出现皱折

板材在弯折成型后在弯角处会出现皱折,影响使用与美观。为避免出现皱折,可在弯折处切去一部分材料。如图 8.4.13 所示。

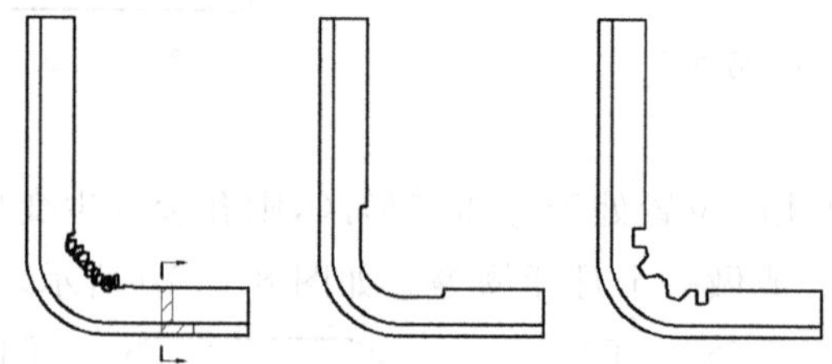
(a)出现皱折　(b)切去部分材料方式 1　(c)切去部分材料方式 2

图 8.4.13　避免出现皱折

(9)折弯结构尽量附着在比较长的边上

为了提高折弯强度,折弯结构尽量附着在较长的边上。如图 8.4.13 所示。

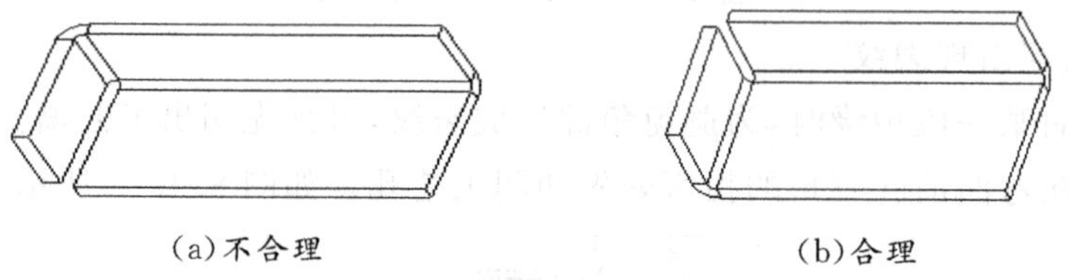
(a)不合理　(b)合理

图 8.4.13　折弯结构尽量附着在比较长的边上

三、拉深件

拉深件在现实生活中应用很广。制作拉深件的材料有很多种,如优质低碳钢、铝合金薄板等成形能力强的材料。如图 8.4.14 所示为几种拉深件结构。

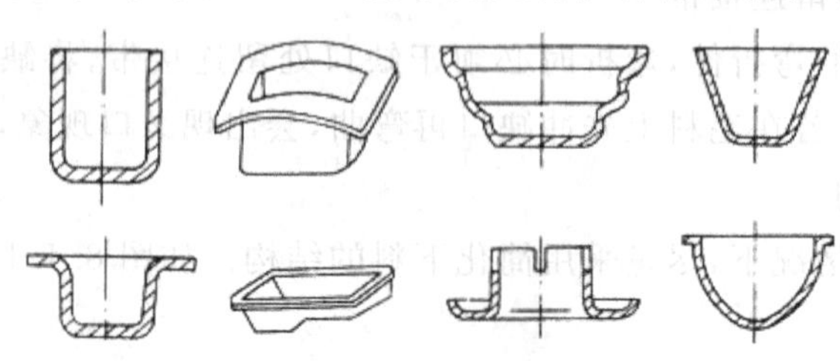
图 8.4.14　拉深件

设计拉深件的结构必须注意下列问题：

(1)应避免急剧的轮廓变化

拉深件的形状应尽量简单对称，尽量避免急剧的轮廓变化。旋转体零件在圆周方向上的变形应是均匀的，模具加工也较容易，所以其工艺性最佳。其他形状的拉深件，应尽量避免轮廓的急剧变化，否则，变形不均匀，拉深困难。

(2)凸缘的外轮廓

拉深件凸缘的外轮廓最好与拉深部分的轮廓形状相似。如果凸缘的宽度不一致，不仅拉深困难，需要添加工序，而且还需放宽修边余量，增加材料损耗。

(3)圆角

拉深件的圆角半径要合适。内部圆角半径为壁厚的 3～5 倍。

(4)拉深件底部的孔

拉深件底部孔的大小要合适。在拉深件的底部冲孔时，其孔边到侧壁的距离应不小于圆角半径加上板料厚度的一半。

(5)拉深件的深度

拉深件的深度一般不超过直径的 0.2 倍。常用金属材料的最大拉深深度见表 8.4.2。

表 8.4.2 常用金属材料的最大拉深深度

简图	材料	最大深度 H
	软钢	$\leqslant(0.15\sim0.20)d$
	铝	$\leqslant(0.10\sim0.I5)d$
	黄铜	$\leqslant(0.15\sim0.22)d$

(6)有凸缘圆筒形拉深件凸缘直径

如图 8.4.15 所示，对于有凸缘圆筒形件，凸缘直径宜控制在 $d+25T\geqslant D\geqslant d+12T$ 的范围内；对于宽凸缘圆筒形件，为改善其工艺性、减少拉深次数，通常应保证必 $D\leqslant 3d$，$h\leqslant 2d$。

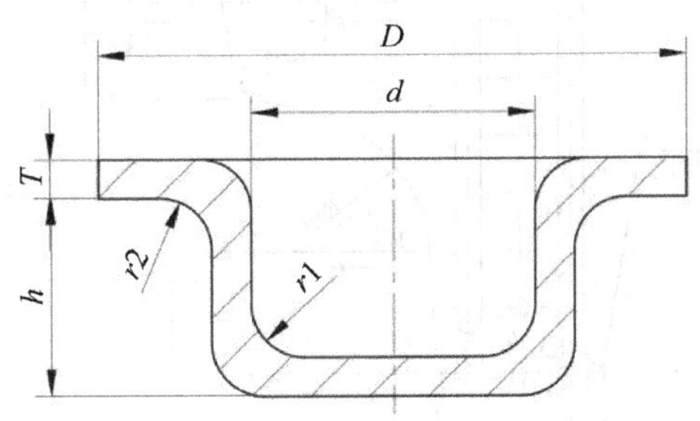

图 8.4.15 有凸缘圆筒形件

任务实施

一、设计课桌桌腿

课桌桌腿模型如图 8.4.16 所示。

二、设计课桌侧板

课桌侧板三维模型如图 8.4.17 所示。侧板尺寸图如图 8.4.18 所示。

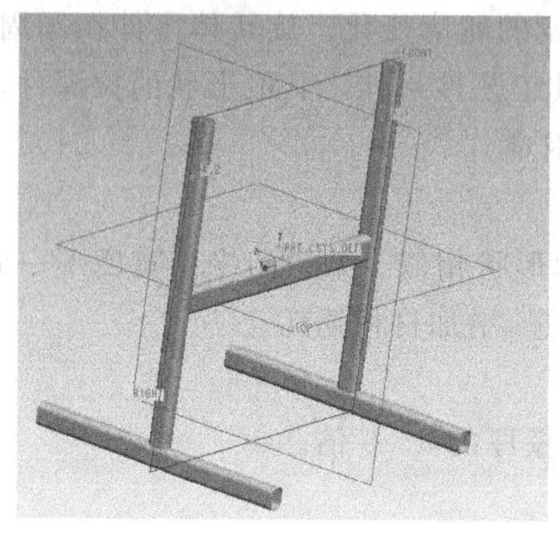

图 8.4.16　课桌桌腿模型

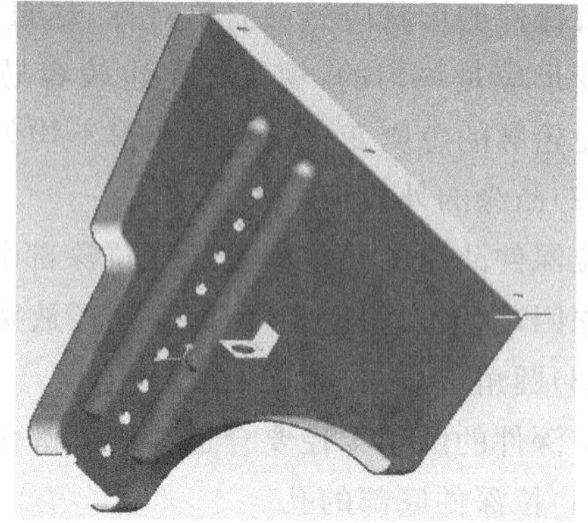

图 8.4.17　课桌侧板模型

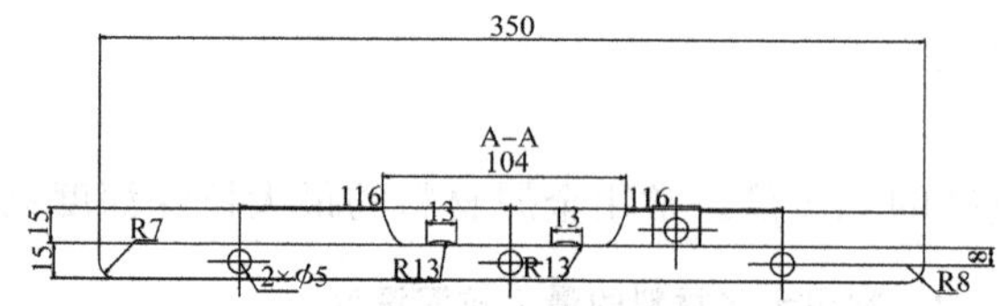

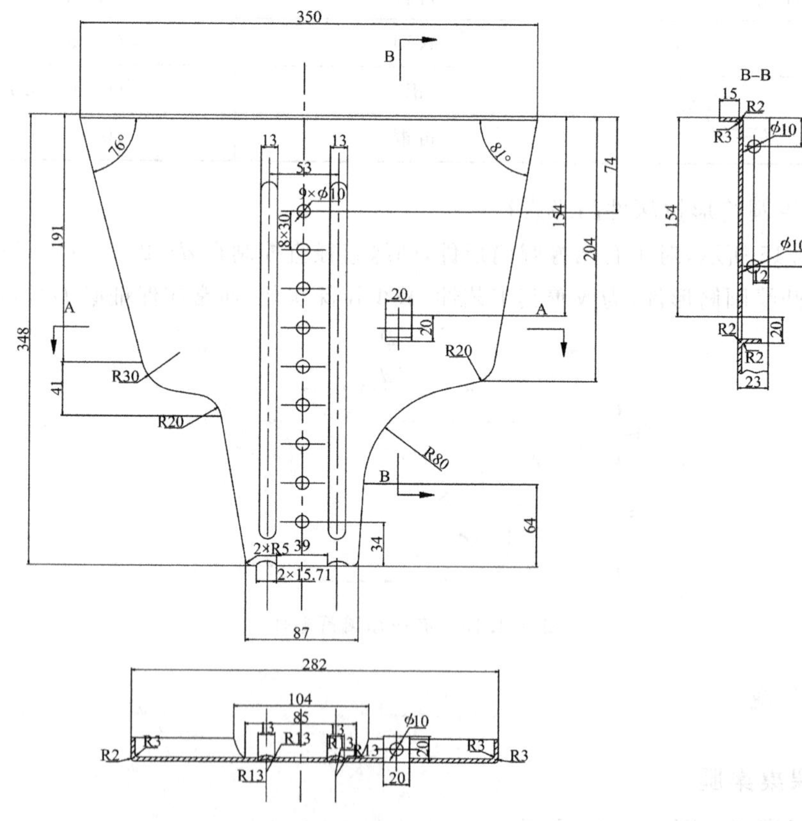

图 8.4.18　侧板尺寸图

三、设计桌脚套

桌脚套三维模型如图 8.4.19 所示。

四、设计桌斗

桌斗三维模型参考图如图 8.4.20 所示。桌斗尺寸图如图 8.4.21 所示。

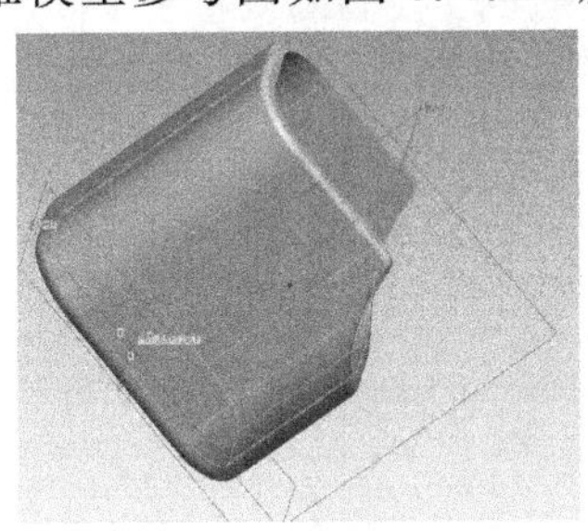

图 8.4.19　桌脚套模型

图 8.4.20　桌斗模型

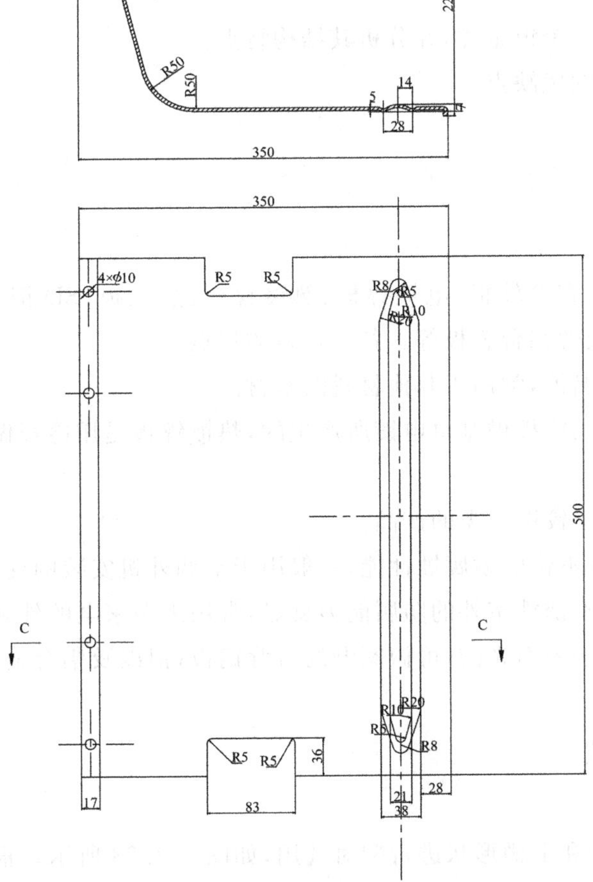

图 8.4.21　桌斗尺寸图

五、课桌三维效果图

课桌三维效果图如图 8.4.22 所示。

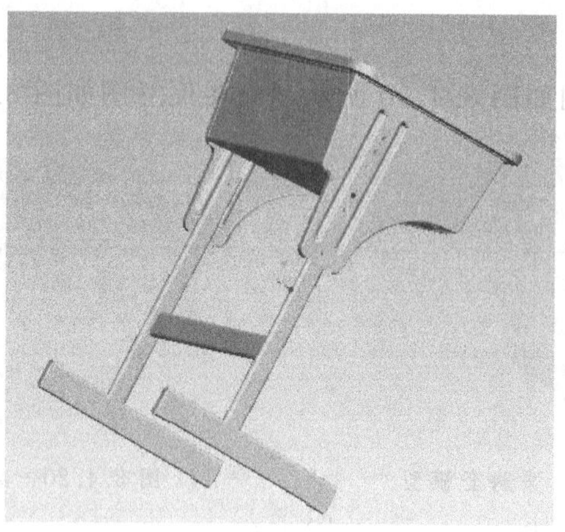

图 8.4.22 课桌三维效果图

课后思考

(1)观察现实中 3 个钣金件,并分析其结构特点。

(2)简述钣金件的优缺点。

知识拓展

一、钣金材料

常见的钣金材料有冷轧板、电镀锌板、热镀锌板、热轧板、SD 钢板、不锈钢以及不锈铁、镀铝锌版、铝板或者铝合金板等。各种材料的特点:

(1)冷轧板较易腐蚀,常用于其他材料的基材。

(2)电镀锌板采用冷板做基材电镀所产生的,热镀锌板是用冷板做基材在熔融的新溶液中加热成形的。

(3)热轧板常用于铰链之类的产品。

(4)SD 钢板具有不错的耐腐蚀性能,一般用于空调外机安装的支架。

(5)不锈钢以及不锈铁室外的防腐能力良好,常用来做家电的外观件。

(6)热铝锌板由于表面光洁,可做家电的后背钢板;铝以及铝合金板因其密度低,常用于冰箱接水盘等。

二、钣金装配方式

1. 卡扣装配

选择合适的卡扣和卡槽形状进行配对选用,如图 8.4.23 所示。根据面向装配的设计中的导向原则,卡扣或卡槽的前端需增加一个 30°的小折弯,以保证装配顺利。

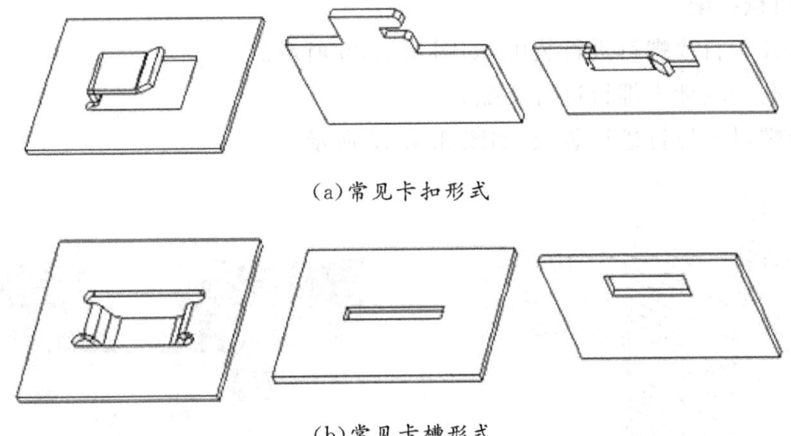

(a)常见卡扣形式

(b)常见卡槽形式

图 8.4.23　卡扣和卡槽形状

2. 拉(铆)钉装配

拉钉装配是通过将拉钉插入两个零件的对应孔内，用拉钉枪拉动拉杆直至拉断使外包的拉钉套变形胀大，大于孔的直径，从而达到将两个零件装配在一起的目的。常用的拉钉包括平头拉钉和圆头拉钉，如图 8.4.24 所示。钣金件通孔的尺寸一般比拉钉尺寸大 0.1～0.3mm。

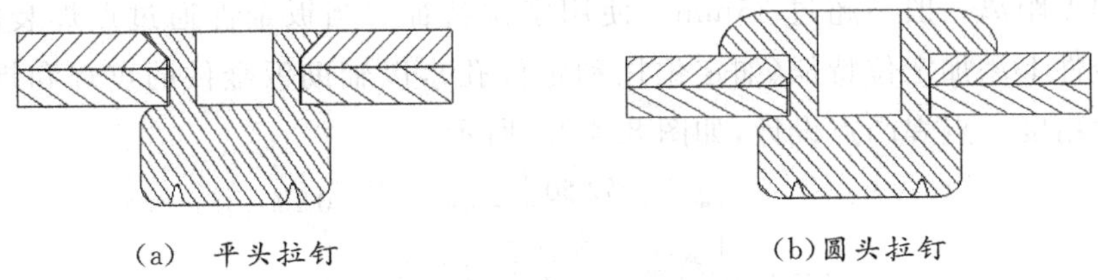

(a)　平头拉钉　　(b)圆头拉钉

图 8.4.24　拉(铆)钉装配

3. 自铆

一个零件(带有沉孔)和另一个零件(带有抽牙孔)配合，两个零件贴合在一起，然后通过模具冲头使得抽牙孔胀开，填充至沉孔的角孔内，从而使两个零件装配成一个整体。如图 8.4.25 所示。

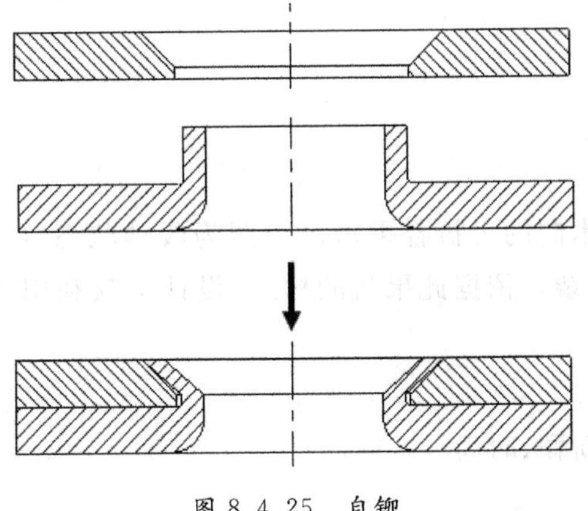

图 8.4.25　自铆

4. 螺钉机械装配

(1)抽芽孔＋自攻螺钉进行装配，如图 8.4.26 所示。

(2)抽牙孔＋攻牙＋螺钉进行装配。

(3)铆合螺母＋螺钉进行装配，如图 8.4.27 所示。

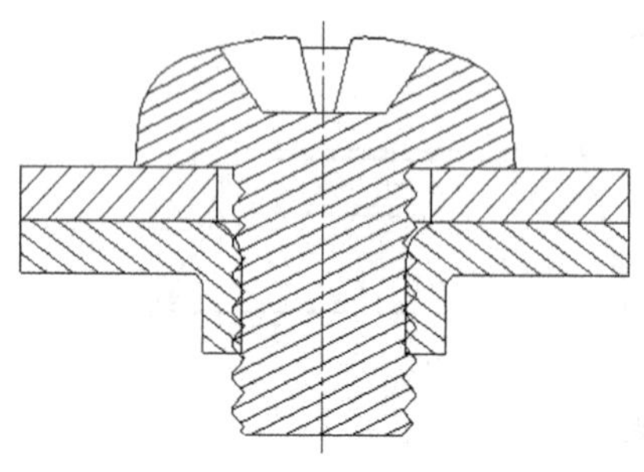

图 8.4.26　抽芽孔＋自攻螺钉

图 8.4.27　铆合螺母＋螺钉

5. 点焊

点焊是两个钣金件在接触面处的一些点被焊接起来。焊接时，先把钣金件表面清理干净，然后把两个钣金件对齐装配好，压在两柱状铜电极之间，施加力压紧。当通过足够大的电流时，在零件的接触处产生大量的热，将中心最热区域的金属很快加热至高塑性或熔化状态，形成一个透镜形的液态熔池，继续保持压力，断开电流，金属冷却后，形成了一个焊点。焊点距离一般不超过 35mm。使用定位特征。当钣金件通过点焊装配时，应当在两个钣金件上添加定位特征(如定位柱和定位孔)，以辅助钣金件的点焊和提高钣金件的装配尺寸精度。点焊凸点设计，如图 8.4.28 所示。

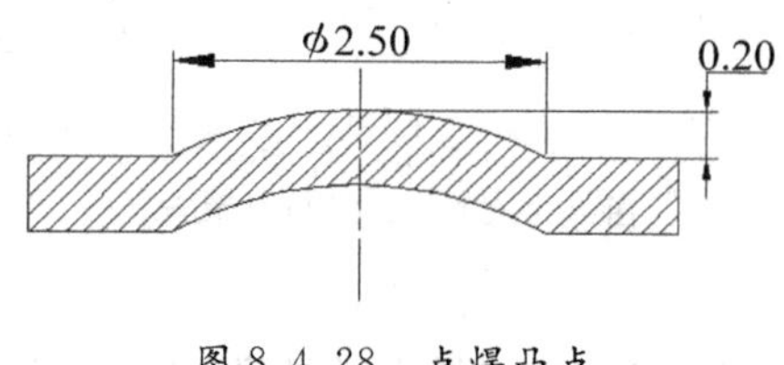

图 8.4.28　点焊凸点

任务五　一体化结构设计

任务布置

如图 8.5.1 所示为木制的可折叠果盘，(a)图为收纳状态，(b)图为使用状态，造型很有创意，但制作工艺较复杂。依据此果盘的构思，设计一款利用 3D 打印技术制作的一体化结构果盘。具体要求：

(1)采用一体化结构。

(2)便于收纳，造型新颖、时尚。

(3)采用 ABS 材料制作,应有足够的强度。

(4)折叠方便顺利。

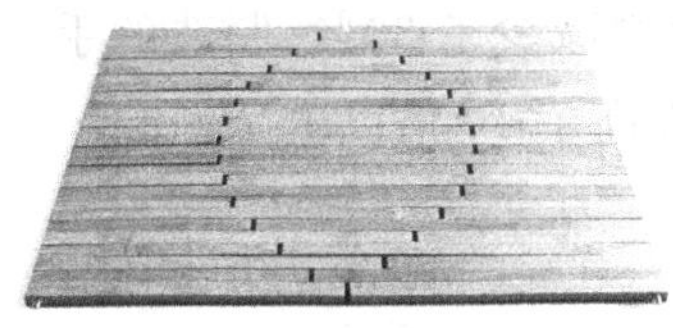

(a)收纳状态

(b)使用状态

图 8.5.1　木制的可折叠果盘

任务准备

一、一体化结构概述

一体化结构是将原来分散的、需要连接、装配,甚至是不同材料的零件集成为一个大的零件的结构。3D 打印技术的应用使得一体化结构的制作得以实现。

二、一体化结构的意义

(1)实现产品的轻量化

结构的一体化可以以较少的材料和零件实现同样功能、达到同等强度。这种方式不仅实现了零件的整体化结构,还能够避免原始多个零件组合时需要的连接结构(法兰、焊缝等),也可以帮助设计者突破束缚实现功能最优化设计。

(2)提升生产效益

一体化结构减少产品的组装工艺、生产管理环节,从而提升生产效率、降低制造成本。在芝加哥举行的 2014 年国际厂商技术展上亮相的“Strati”。这辆汽车最大的创新是制造人员只需要拼接 40 个零件就能完成,而传统当下汽车制造业需要涉及 20000 多个零件。

(3)使功能与结构的集成化

法国赛峰对一款发电机外壳进行了设计优化,发电机外壳在支撑、包容其他零件的同时兼具散热功能。原来由几个零件组成的部件转变为一个功能集成的零件,整体零件数量和制造时间得以减少。如图 8.5.2 所示。

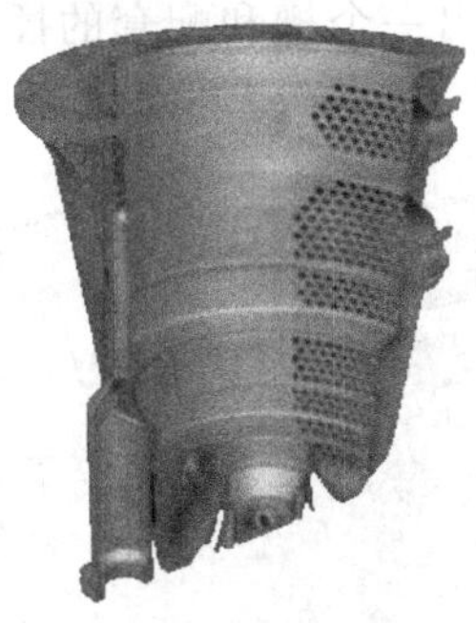

图 8.5.2　发电机外壳

功能集成喷嘴的设计,Innogrind 公司为磨削设备提供的钛金属冷却液喷嘴。设计师将喷嘴通道的几何形状进行了优化设计，在保证功能的前提下，喷嘴由原来几个独立组件组装而成的结构，变为一个紧凑的零件。优化的一体化结构喷嘴没有装配要求、具有300微米的孔和复杂的微流体通道结构，使用材料减少了30%，制造的手工劳动减少了55%，喷嘴的成本降低约33%，新喷嘴的耐用性提高了10倍以上。

三、一体化结构设计的思路

一体化设计的设计思路与方法有4点：

(1)原不同功能零件合而为一。

(2)原因生产工艺的原因必须分离的零件合而为一。

(3)原需要装配的零件合而为一。

(4)原必须实心的部位优化镂空。

任务实施

为了各结构部分转动折叠，其连接结构选用铰链结构，为了打印件的强度，最小壁厚应大于2mm。为了铰链结构转动灵活各相对运动的相邻表面间距设计为0.25mm。

一、设计建模

1.建立基本体

用犀牛软件进行设计建模，首先建立造型的基本框架体，果盘有多个各条形结构通过铰链结构连接成整体，各结构的间距为0.25mm，如图8.5.3所示。

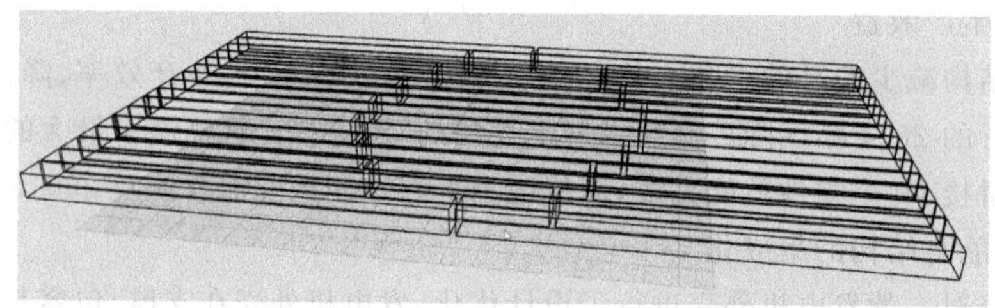

图8.5.3 基本体

2.设计铰链连接结构基本体

建立铰链连接的主体框架，挖出一个槽和配套的插入结构，槽和插入结构的侧面间距为0.25mm，如图8.5.4所示。

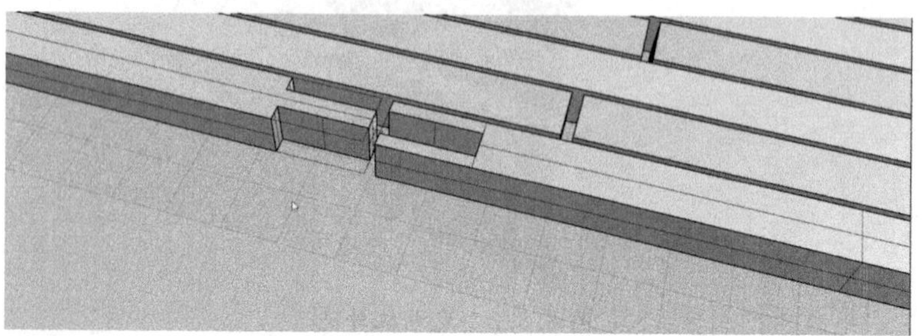

图8.5.4 铰链连接的主体框架

3. 设计铰链连接的孔结构

用差集布尔运算，切出铰链连接的孔结构，孔的直径为 3.5mm，如图 8.5.5 所示。

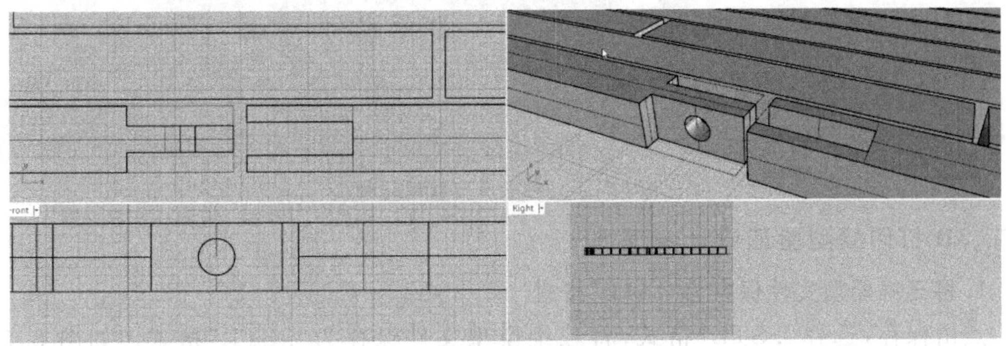

图 8.5.5　铰链连接的孔结构

4. 设计铰链连接的轴结构

用联集布尔运算，建立铰链连接的轴结构，轴的直径为 3mm，如图 8.5.6 所示。

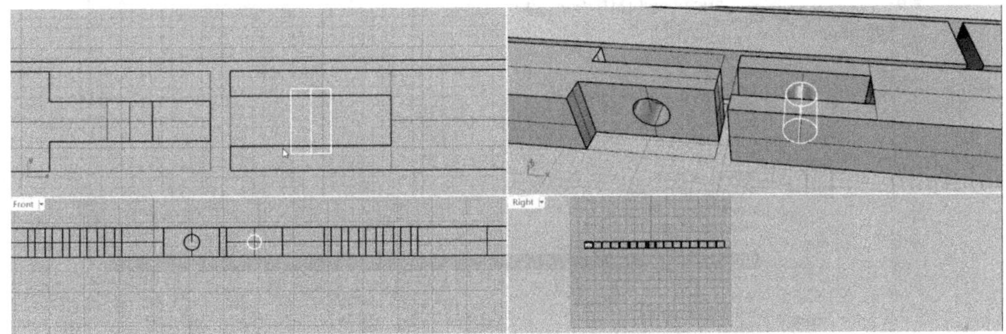

图 8.5.6　铰链连接的轴结构

5. 倒圆角处理

为了转动灵活，将会接触到的角进行倒圆角处理，如图 8.5.7 所示。

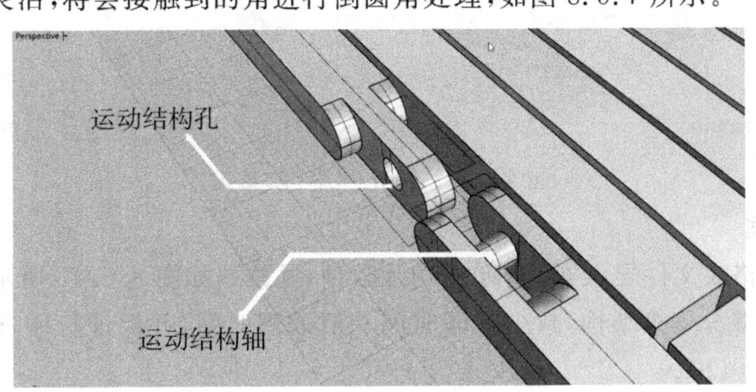

图 8.5.7　倒圆角处理

6. 完成所有铰链结构设计

用上述步骤，将所有连接处建立铰链连接结构，如图 8.5.8 所示。

图 8.5.8　完成所有铰链结构

二、3D 打印模型验证设计合理性

1. 将三维模型文件保存为“.STL”格式

点击保存，选择“.STL”格式，将三维模型文件保存为“.STL”格式。如图 8.5.9 所示。

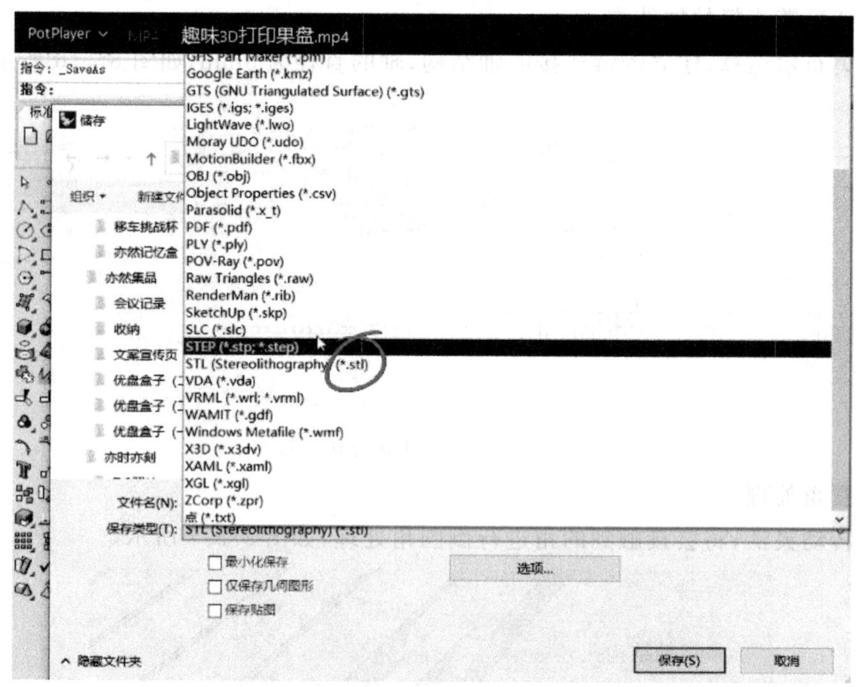

图 8.5.9　保存为“.STL”格式

2. 切片处理

将“.STL”格式文件导入 3D 打印机切片软件，并按照如图 8.5.10 所示的位置进行摆放，此位置可以减少支撑结构，减少打印时间和后处理时间，并保证打印过程中打印机的稳定。

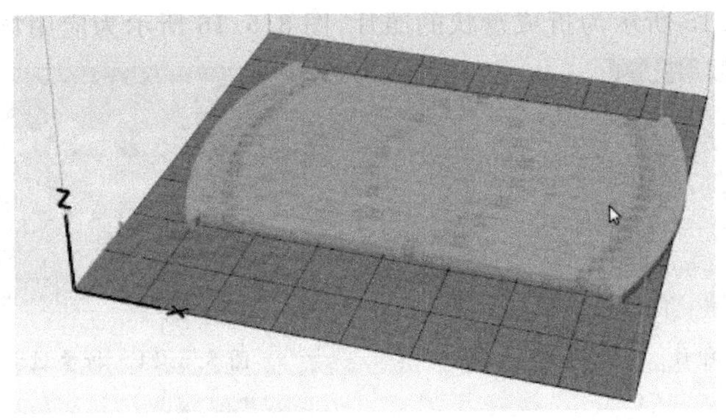

图 8.5.10　导入 3D 打印机切片软件

3. 设置底板、支撑

因此摆放位置很稳定，且打印件地面是个较大的平面，可以不用设置底板，支撑结构也可以选择较疏松的形式，如图 8.5.11 所示。

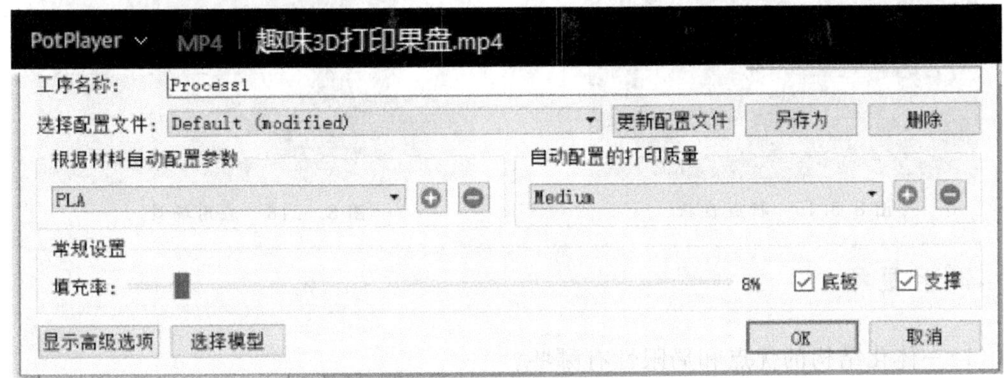

图 8.5.11　设置底板、支撑

4. 打印

因果盘需要一定的强度和外观表面的光洁美观，设置打印参数时选用打印机可用的最小层厚值。选用有渐变色的 ABS 打印材料，如图 8.5.12 所示为打印过程。

图 8.5.12　打印过程

三、成品展示

如图 8.5.13 所示为打印件照片，图 8.5.14 所示为折叠过程照片，经折叠验证设计的结构合理。图 8.5.15 所示为折成盘状的照片，图 8.5.16 所示为应用场景照片。

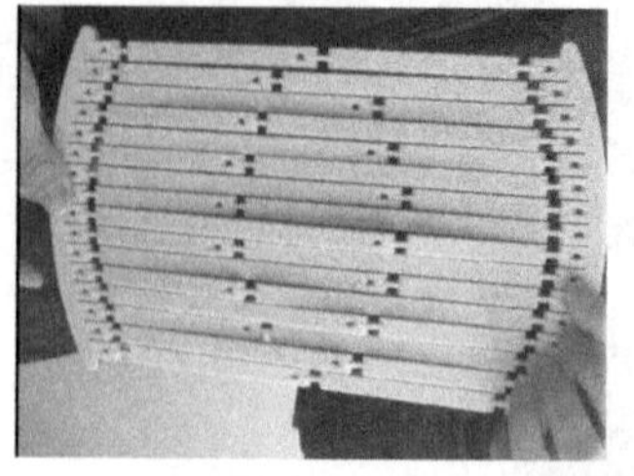

图 8.5.13　打印件

图 8.5.14　折叠过程

图 8.5.15　折成盘状

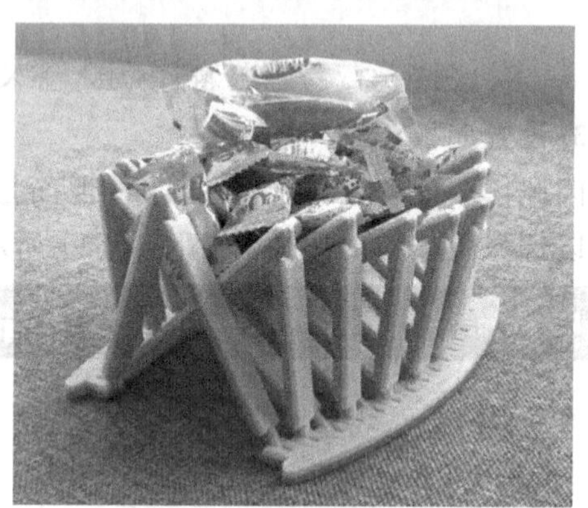

图 8.5.16　应用场景

课后思考

(1)一体化结构的优点和局限性有哪些？

(2)借鉴此果盘创意思路，设计一款具有一体化结构的产品。

知识拓展

一、3D 打印基本原理

3D 打印基于“离散＋堆积”的思路，利用计算机构建零件的三维模型，然后将该模型按制造工艺所需的设定厚度进行切片分层，即将零件的三维数据离散成一系列的二维图形，并根据二维图形生成相应的扫描路径，最后通过数控系统将专用的材料按照熔化、烧结、挤压、光固化、喷射等方式逐层堆积，制造出三维零件，3D 打印基本原理如图 8.5.17 所示。

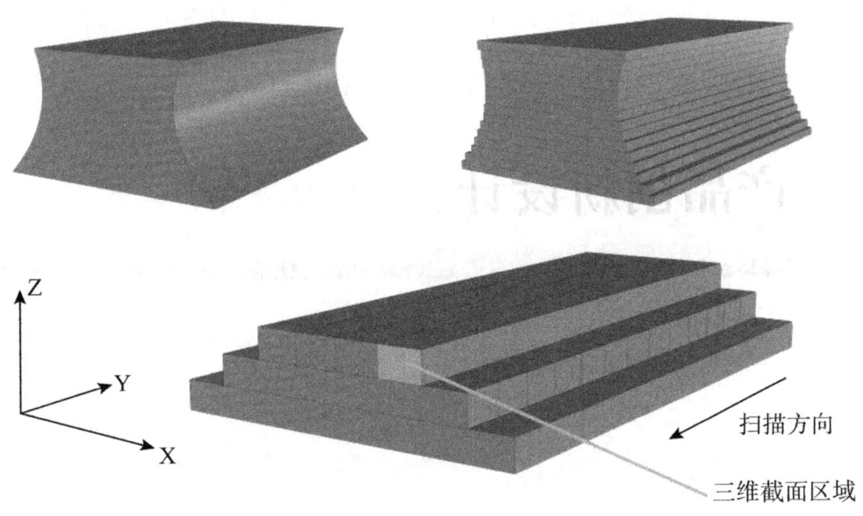

图 8.5.17　3D 打印基本原理示意

二、3D 打印技术的特点

3D 打印技术的突出特点有两个：

1. 免除模具

免除模具的特点使得 3D 打印适合用于产品原型、试制零件、备品备件、个性化定制、零件修复、医疗植入物、医疗导板、牙科产品、耳机产品等小批量个性化的产品。而传统制造工艺，如果产品的设计过于复杂，那么对应的制造成本就会十分昂贵。

2. 制造成本对设计的复杂性不敏感

3D 打印可以制造复杂形状的产品，包括一体化结构、仿生学设计、异形结构、轻量化点阵结构、薄壁结构、梯度合金、复合材料、超材料等。

项目9 产品创新设计

作品一　完整取仁开核器

此开核器整体设计风格简洁，抛弃市场上普遍的“V”字形的钳夹，改用螺旋推进。整个开核器只用5个零件，拆卸方便且容易清洗，做到放核、旋转旋转盖、开核、取肉一气呵成，操作方便，老少皆宜。圆弧顶口符合市场上大多数核桃尺寸，做到一器开多果的效果，满足大多数人群使用。

一、问题发现

核桃夹是一种用来开核取仁的工具，解决开核费劲的问题。目前，市场上主流的核桃夹有2种，采用手握手柄或压的方式给力，如图9.1.1所示，存在下列问题：

(1)以铝合金材质为主，手感冷硬、沉重。

(2)以“V”字形钳夹式为主，采用杠杆原理的夹钳形式，适合力量比较大的成年人使用。

(3)开核方法不容易控制握力，需要用蛮力开核，当用力小时核桃不能夹开，用力过大时，果肉随着果壳一起破碎。

(4)核桃夹整体外形不规则，不方便收纳。

图9.1.1　市场上主流的核桃夹

因此我们从以上几个开核器的弊端入手，解决市场现有核桃夹的问题。

二、灵感来源

借鉴台虎钳通过螺纹推进把物体牢牢地固定在台面上的原理，采用螺纹推进式传递的方式给力，解决核桃夹开核不便，力度不易控制等问题，又能保持核仁的完整。

三、设计定位

设计定位如图9.1.2所示。

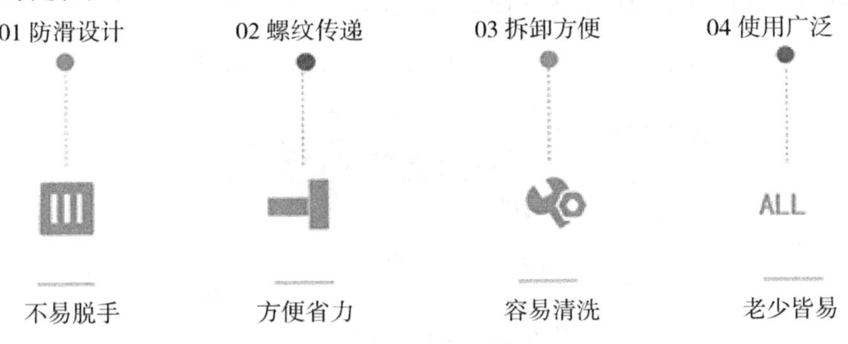

图9.1.2　设计定位

四、造型与结构

操作者通过转动开核器的旋转盖，让力通过螺纹的旋转传递到果壳上。因主要承受轴向力，故采用梯形螺纹，如图9.1.3所示。不仅能较为轻松地开核，又可防止用力过猛击碎果肉。

图9.1.3　梯形螺纹

具体结构设计步骤如下：

1.开核器的螺纹设计参数

(1)螺距设计为3mm，提高效率，做到省时省力。

(2)螺纹旋向考虑到大多数人为右利手的使用习惯，我们选择左旋螺纹，它更能符合我们右手使用的旋转方向。

2.开核器的外部尺寸

开核器整体尺寸符合人机工程，外壳是直径为65mm的圆柱桶的中空设计，利于操作和握持，顶部为外圆直径35mm、内圆直径为25mm的圆环握把手，小巧精致。

外壳曲面弧度完整贴合人手把持弧度，手感舒适，如图9.1.4所示。

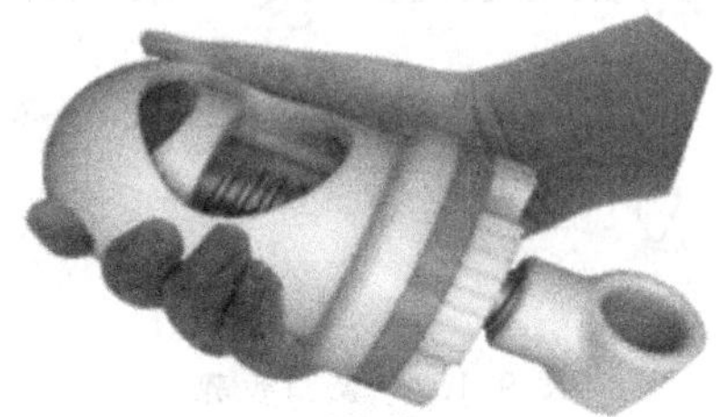

图9.1.4　贴合人手把持弧度

3. 开核器的结构细节

外壳上方的固定环起到固定壳体和旋转盖的作用，防止在旋转时导致旋转盖从壳体装置上脱落。为了便于施力，在旋转盖外部设置柱状条纹，同时起到防滑作用。顶部是一个提手环，便于收纳和拿取。整体造型统一协调，一体性强。壳体和螺旋杆设置相对运动的导向结构，在螺旋杆上下移动时不会使核桃发生转动，起到准确固定位置的作用，达到完整取仁的效果。开核器结构爆炸图如图 9.1.5 所示。

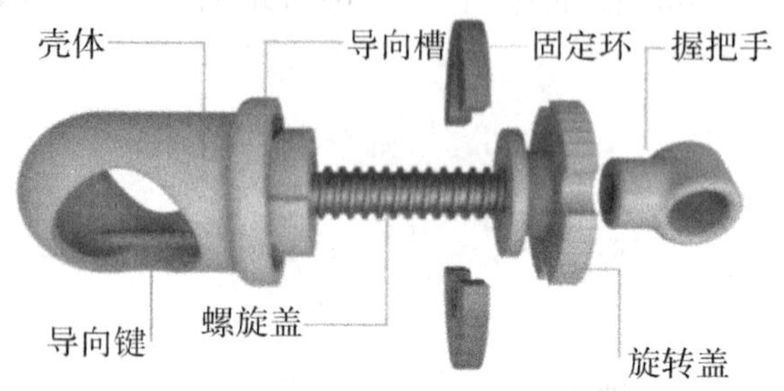

图 9.1.5 结构爆炸图

4. 材料选取

考虑到使用成本和材料的环保性，整个开核器采用木材和 PE 塑料作为本产品的主要材料。

木材：具有重量轻、强重比高、耐冲击的材料，加工方便等特点。加上木制品的纯天然、无污染符合绿色环保的设计理念。

PE 塑料：世界上公认的无毒、无味、无臭可以接触食品的材料，并且 PE 塑料的长久耐用和可二次利用性，相比一般市场上的食用级塑料价格更加实惠。材质效果图如图 9.1.6所示。

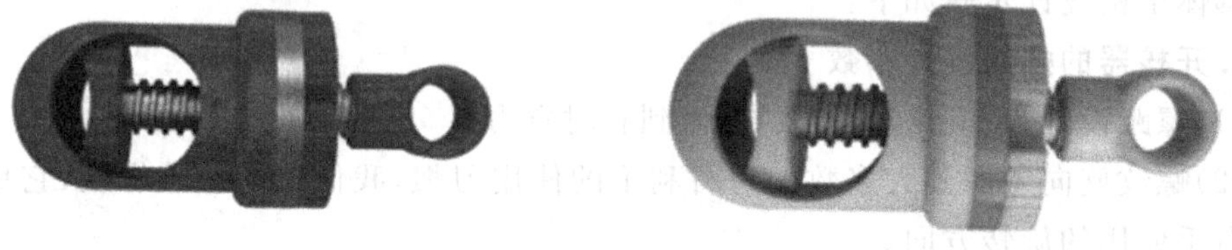

图 9.1.6 材质效果图

五、使用步骤

产品操作使用步骤如图 9.1.7 所示。

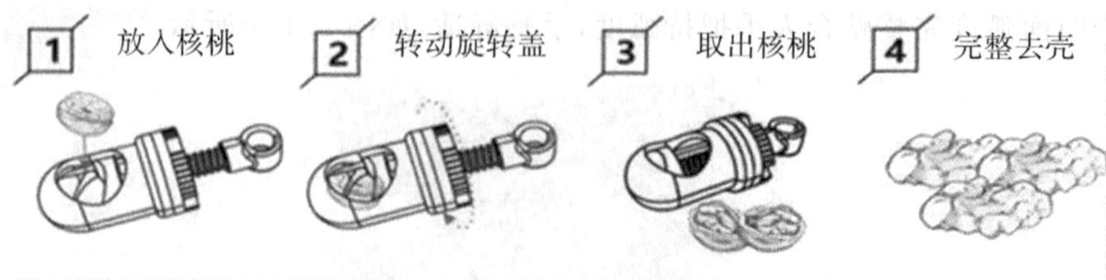

图 9.1.7 使用步骤

六、三视图及尺寸

产品三视图及尺寸如图9.1.8所示。

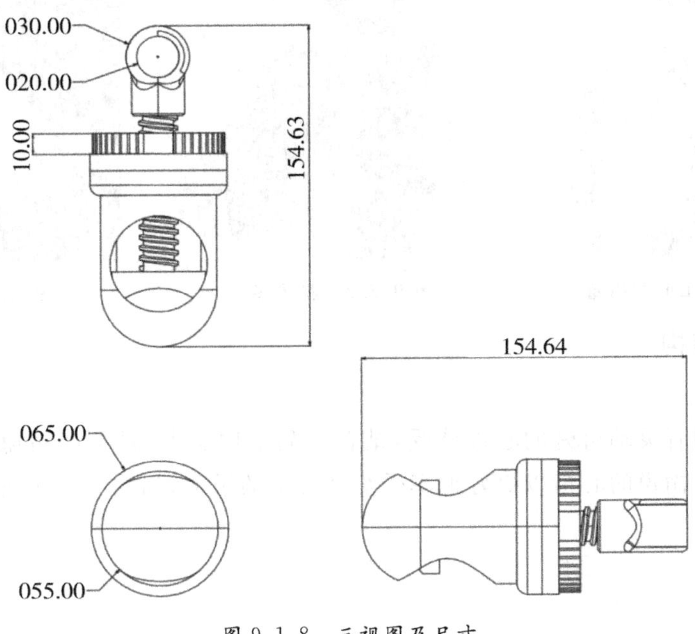

图9.1.8 三视图及尺寸

作品二 单手胡椒磨

单手胡椒磨不单为手臂机能受损的特殊人群设计，健康人群也可以单手使用，方便烹饪。产品所蕴含的人文情怀具有很好的社会效益，让特殊人群感到社会的关爱。

一、问题发现

市面上的胡椒磨多为需双手操作的胡椒磨，如图9.2.1所示。其对单边手部机能受损的人群来说有使用难度高、体验差、拆卸清洗困难等问题。

为了使该人群也能完整地体验到使用胡椒磨的烹饪乐趣，提高他们的幸福感与被认同感，设计了此款单手胡椒磨。

二、灵感来源

由独臂人士联想到康复训练握力器以及兔头，如图9.2.2、9.2.3所示。试想是否能利用这一工作原理来设计独臂人士能使用的胡椒磨。其通过单手张合施力使弹簧形变回弹，使得陶瓷研磨头的每一次旋转都起到研磨作用，并且使独臂人士可以单手操作使用。

三、设计定位

抛弃原有的双手旋钮带动磨芯和按压挤压的研磨方式。单手可做到组装、加料、研磨到拆卸清洗的整个过程。尽可能地减少零部件，加入整体化设计，利用3D打印技术，减少安装步骤，提升生产效率，提升产品质量和使用寿命。

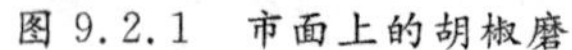
图 9.2.1　市面上的胡椒磨

图 9.2.2　握力器

图 9.2.3　兔头

四、造型与结构

1. 造型

为了给使用者灵动可爱的心理感受，结合产品结构需求，赋予产品兔子头外观，有助于使使用者保持愉悦的心情以更好地享受烹饪带来的乐趣，如图 9.2.4 所示。

图 9.2.4　造型

2. 材料选取

产品主体选用 PLA 材质，材料成本低廉且可重复利用，绿色环保。为了方便使用者观察余量，瓶身选用透明的食品级塑料 PP，使胡椒余量一览无遗。其他零部件分别是陶瓷和金属弹簧，均可做到使用时的环保性和后期的可回收利用。

3. 结构

产品由旋钮、中轴、磨芯、握柄、回弹簧、卡销、连接底片、瓶身构成。如图 9.2.5 所示。

产品中心为研磨结构，使用扭簧使手柄归位，其通过单手张合施力使扭簧形变回弹，使得陶瓷研磨头的每一次旋转都带有一定的力以达到研磨的目的。开启瓶盖的按钮向内推动卡扣，使在瓶体的卡扣脱离瓶盖，完成单手打开瓶子的操作，自如填充物料。使用时可通过顶部旋钮的高低位置，控制研磨装置的间隙，调整出料的粗细。如图 9.2.6 所示。

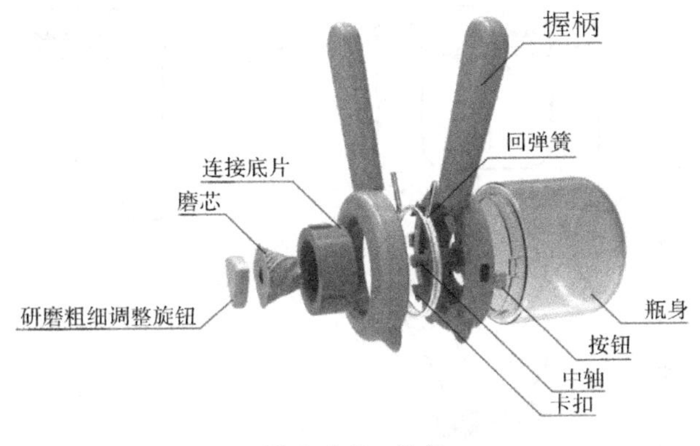

图 9.2.5　结构

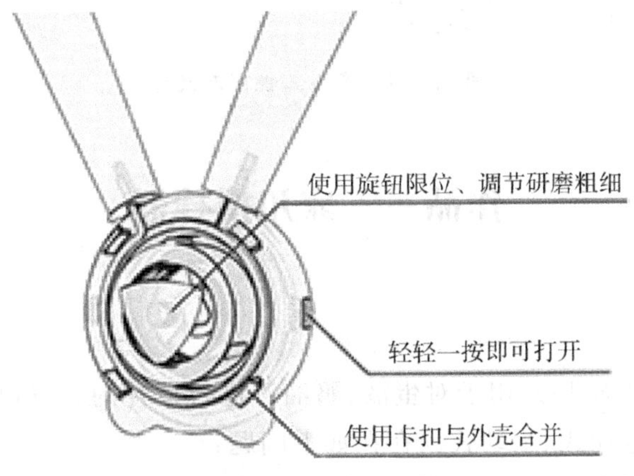

图 9.2.6　使用说明

六、使用步骤

产品操作使用步骤如图 9.2.7 所示。

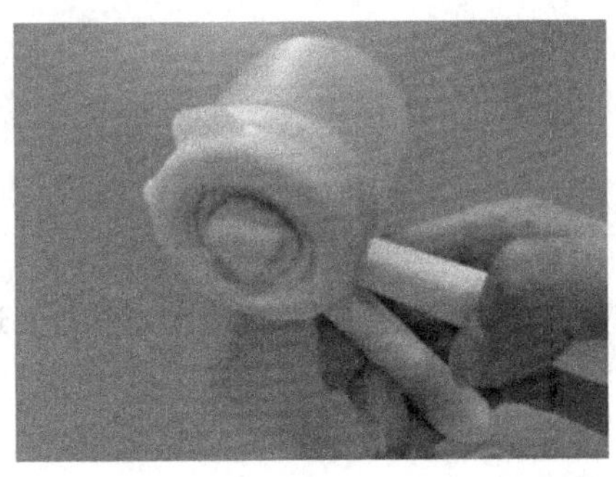

图 9.2.7　使用步骤

七、三视图及尺寸

产品三视图及尺寸如图 9.2.8 所示。

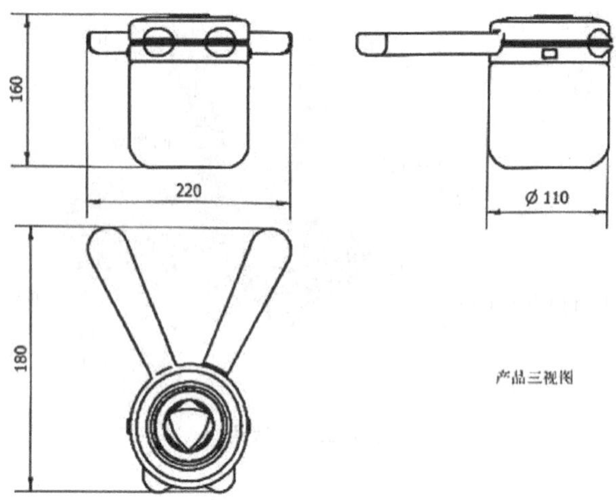

图 9.2.8　产品三视图及尺寸

作品三　家用搅拌器

一、问题发现

家用搅拌器(图 9.3.1)是用于对蛋液、奶油等进行搅拌的装置,目前市面上的家用搅拌器一般分为两种:电动式、手动式。存在如下问题:

(1)电动式搅拌器在不具备电源的环境下,无法使用。

(2)手动式搅拌器则需要使用者手握搅拌器,依靠手臂的周向运动来实现对蛋液、奶油等的搅拌,用力方式是人们不常使用的方式,手臂容易出现酸胀的现象,从而会给用户带来不便。

二、灵感来源

灵感来源于脚踏缝纫机的脚踏运动机构。

三、设计定位

符合人机工程,利用手部握压,通过曲柄摇杆机构带动搅拌体的转动,解决上述问题,便捷、灵活和省力。

四、造型与结构

1. 造型

采用仿生法,造型仿生鳄鱼和海马的造型,简洁有力,如图 9.3.2 所示。

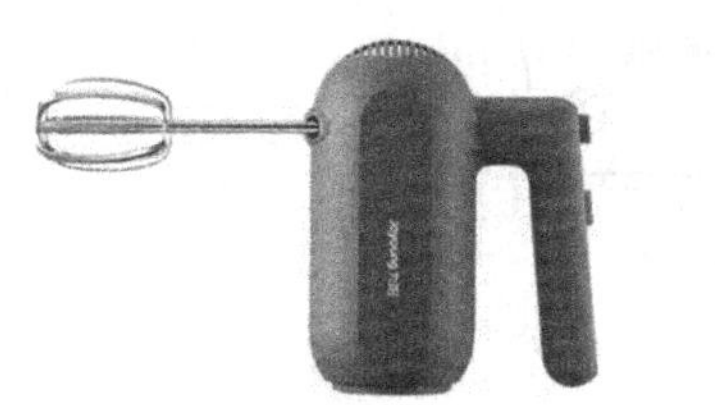
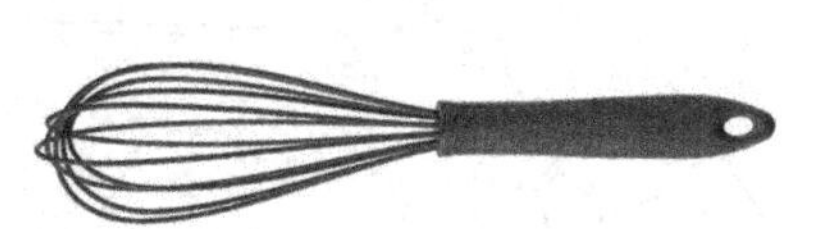

图 9.3.1　市面上的家用搅拌器

图 9.3.2　造型

2. 运动机构

手动搅拌器包括曲柄摇杆机构、锥齿轮变向升速机构和摇杆复位结构。按压把 4、连杆 3、曲轴 51 和壳体构成曲柄摇杆机构，实现把手部的按压运动转换为连续转动。第一锥齿轮 5 和第二锥齿轮 6 构成锥齿轮变向升速机构，转换运动方向和提升转动速度，把水平轴转换为铅垂轴升速。复位结构包括拉簧 8，拉簧 8 的一端与外壳 1 的内壁固定，拉簧 8 的另一端与按压把 4 朝向连杆 3 的一端固定，拉簧 8 用于对按压把 4 施加弹性趋势以使按压把 4 与连杆 3 连接的一端朝远离连杆 3 的一侧转动；通过采用这种复位结构后，当使用者释放远离连杆一端的按压把时，朝向连杆一端的按压把能够在拉簧的作用下转动复位；当按下远离连杆一端的按压把时，朝向连杆一端的按压把能够朝连杆的一侧转动，此时朝向连杆一端的按压把克服拉簧的拉力。如图 9.3.3 所示。图(a)为按压把未按下时的立体结构示意图；图(b)为去掉前壳体且在按压把未按下时的立体结构示意图；图(c)为去掉前壳体且在按压把按下时的立体结构示意图。

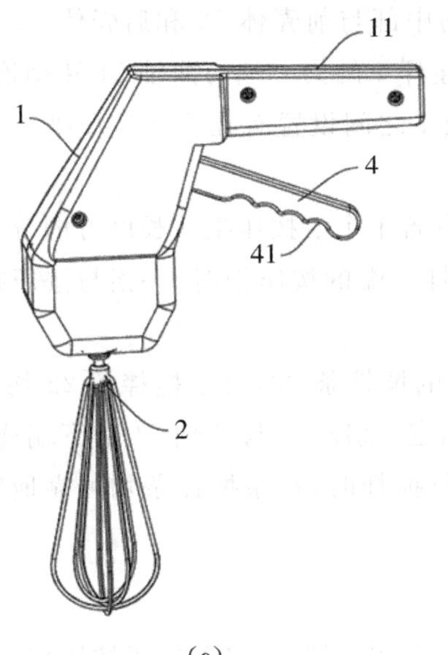

(a)

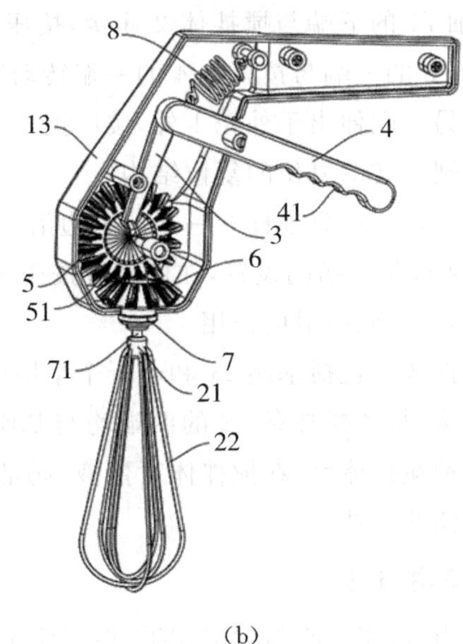

(b)

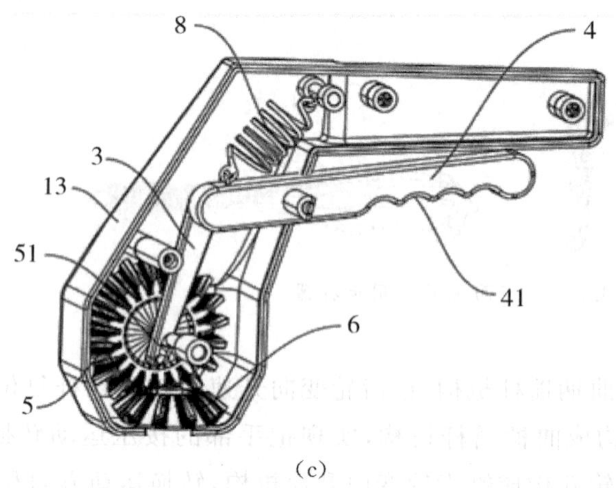

(c)

图 9.3.3 结构

3. 结构组成

手动搅拌器包括外壳 1、搅拌体 2、连杆 3 和按压把 4；外壳 1 的尾端有握把 11，外壳 1 包括相互固定的前壳体 12 和后壳体 13，外壳 1 前端的内部竖向设置有第一锥齿轮 5，第一锥齿轮 5 的后侧与后壳体 13 的内壁转动连接，第一锥齿轮 5 前侧的边缘处设置有曲轴 51，曲轴 51 的前端与前壳体 12 的内壁转动连接，外壳 1 前端的内底部处设置有第二锥齿轮 6，第二锥齿轮 6 与第一锥齿轮 5 啮合，外壳 1 前端的底部设置有轴承 7，轴承 7 嵌装在前壳体 12 和后壳体 13 之间，轴承 7 中穿设有转轴 71，转轴 71 的上端与第二锥齿轮 6 连接，转轴 71 的下端与搅拌体 2 连接，按压把 4 的中部与前壳体 12 和后壳体 13 均转动连接，连杆 3 的一端与按压把 4 的一端转动连接，连杆 3 的另一端与曲轴 51 转动连接，按压把 4 的另一端伸出于外壳 1 外，按压把 4 与外壳 1 之间设置有在释放按压把 4 时用于驱动按压把 4 转动复位的复位结构。

按压把 4 远离连杆 3 一端的下边沿处设置有若干个沿按压把 4 长度方向分布的防滑槽 41；通过防滑槽的设置，在使用者按压远离连杆一端的按压把时，手指与按压把上的防滑槽嵌合，起到防滑的作用。

搅拌体 2 包括基座 21 和若干个呈周向分布的搅拌条 22，每条搅拌条 22 均为“U”字形状结构，每条搅拌条 22 的两端均与基座 21 固定，基座 21 与转轴 71 的下端连接；通过采用这种搅拌体后，在搅拌体对蛋液、奶油等进行搅拌时，每条搅拌条均可靠地实现对蛋液和奶油的搅拌。

五、使用方法

使用时，将掌心与握把相抵，然后将手指抵靠在按压把上，接着按压按压把，按压把被按下后，朝向连杆一端的按压把顶推连杆，连杆推动曲轴使第一锥齿轮朝逆时针的方向转动，并带动第二锥齿轮转动，在第二锥齿轮和转轴的作用下带动搅拌体转动，在释放按压把后，朝向连杆一端的按压把在拉簧的作用下开始复位，此时，连杆拉动曲轴使第一锥齿轮继续朝逆时针的方向转动，在第二锥齿轮和转轴的作用下继续带动搅拌体转动；在使用者持续按压和释放按压把的过程中，曲轴和第一锥齿轮持续朝逆时针的方向转动，即可持续带动搅拌体转动，实现对蛋液、奶油等的搅拌。

六、三视图及尺寸

三视图及尺寸如图 9.3.4 所示。

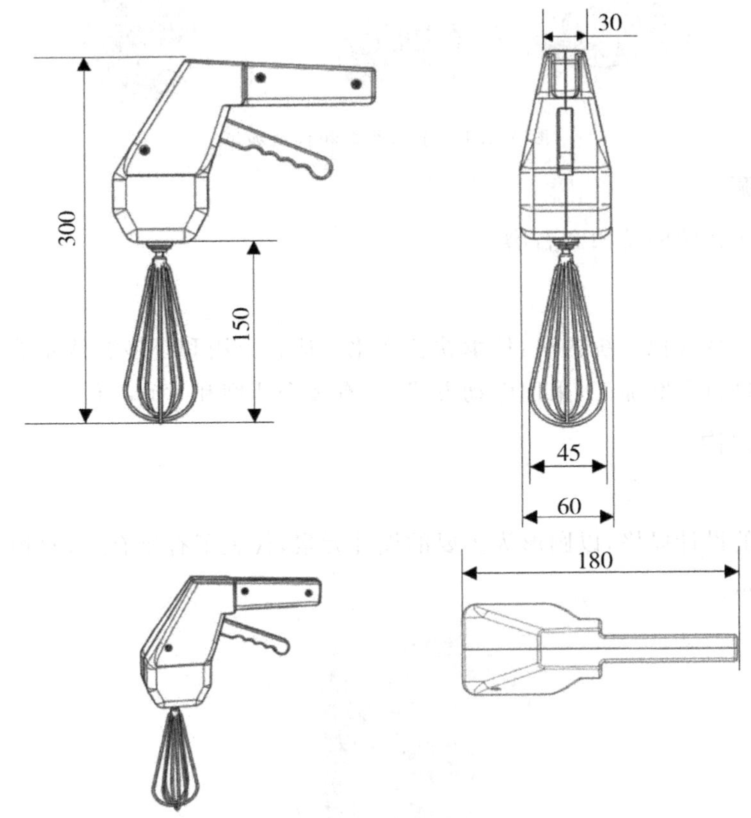

图 9.3.4　三视图及尺寸

作品四　自动舂磨机

一、问题发现

对大蒜、辣椒等食材的破碎加工有两种方式：手工舂捣和机械加工。如图 9.4.1 所示。存在如下问题：

(1)传统手工加工存在的问题：生产效率低、耗费体力和时间、长时间操作会造成疲劳。

(2)机械加工存在的问题：工具清洗复杂、成品呈颗粒状、口感缺少层次、产生高温影响产品质量。

图 9.4.1 手工舂捣和机械加工

二、灵感来源

灵感来源于传统的蒜臼和石磨。

三、设计定位

运用现代科技模拟传统古法，传承饮食文化。适合家用和小型餐饮企业，可以对食材或其他的物料进行舂磨加工，采用电动方式，并有多个速度和时间挡位。

四、造型与结构

1. 造型

遵循复古的设计风格，以圆形为主要的设计元素，代表了有始有终，永恒循环的寓意。如图 9.4.2 所示。

图 9.4.2 造型

2. 工作原理

通过曲柄滑块机构实现舂锤的上下往复运动，底部电机通过转盘带动容器转动，对物料进行舂磨。通过在舂锤上安装三条与旋转中心不等距的搅拌条，实现搅拌物料的目的，同时防止物料粘在容器壁上。

3. 结构组成

如图 9.4.3(a)为爆炸图，(b)为曲柄滑块机构。舂磨机包括：1—上盖、2—主壳、3—

电源插头、4—防滑垫片、5—电机、6—转盘、7—容器、8—舂锤、9—快换部件、10—舂杆、11—转门、12—轴承、13—连杆、14—曲柄、15—固定板、16—控制器、17—旋钮开关、18—前盖。

容器底面设置 3 个凸脚，顶面设置翻转出来的边缘，用于遮盖转盘与面板的间隙，防止物料落入机体内。转盘上面设置 3 个凹槽与凸脚配合，转盘与容器一起转动；舂头上装有 3 个搅拌条，用于容器在旋转时，搅拌食材，提升舂磨的均匀性。

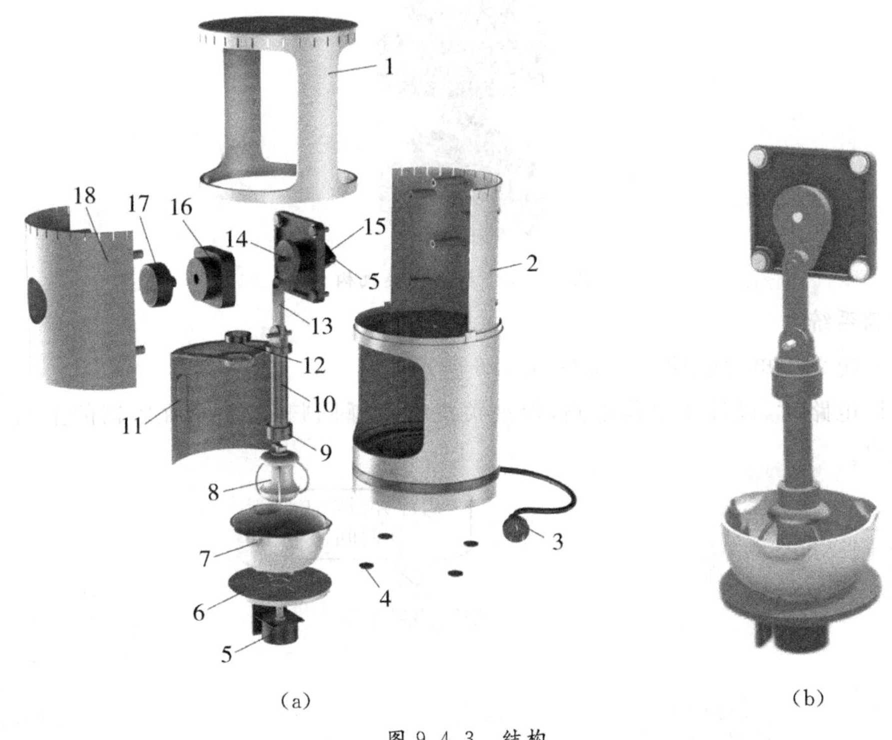

图 9.4.3　结构

4. 曲柄滑块机构

根据整体尺寸和容器的高度确定机构滑块的行程为 68mm，进而确定连杆的长度和曲柄的长度。如图 9.4.4 所示。

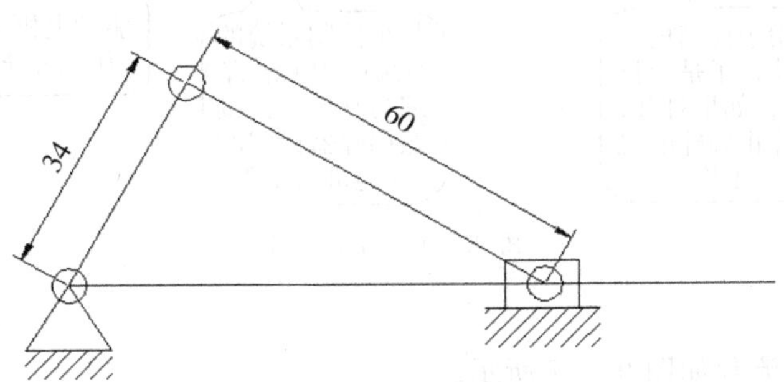

图 9.4.4　曲柄滑块机构

5. 物料翻转机构

物料翻转运动由安装在舂锤上的搅拌条和容器相对于舂锤的转动来实现。为了搅拌均匀，采用距离转动中心距离不同的3条搅拌条。容器的转动采用旋转电机带动，实现翻转目的。

6. 舂锤快换机构

为了方便舂锤的清洗，需要把舂锤从舂捣机上拆卸下来，舂杆底部安装有快换部件，以实现舂锤的快速更换。如图9.4.5所示。

图9.4.5 舂锤快换机构

5. 控制系统

控制系统采用单片机控制。如图9.4.6所示。

在设计电路时，设计了复位电路，保证关机时舂锤回归最高位（在容器的上面），便于容器的取出。

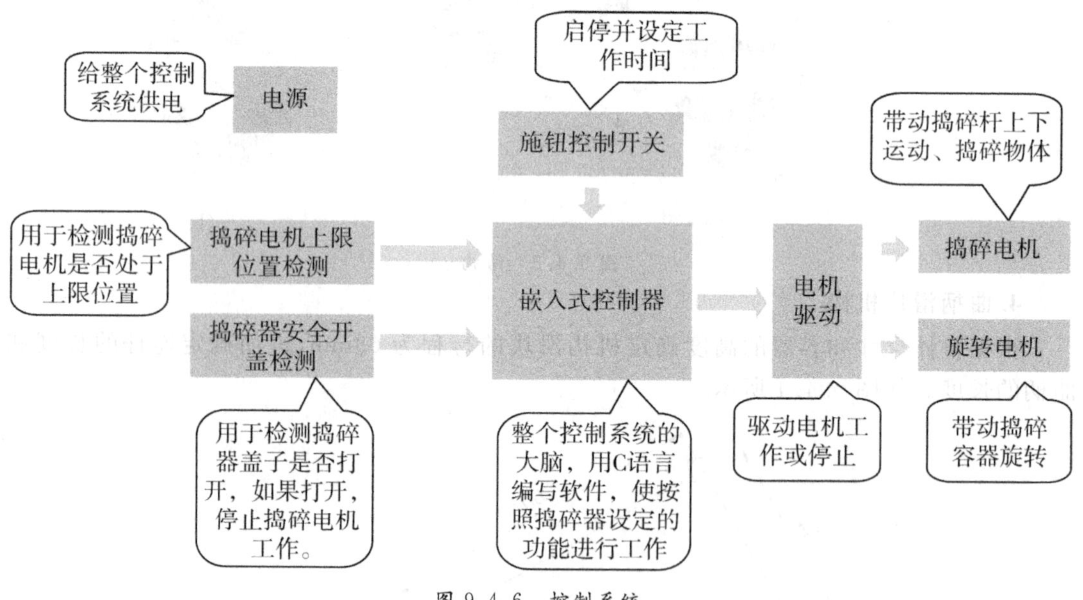

图9.4.6 控制系统

五、工作流程

舂磨机的工作流程如图9.4.7所示。

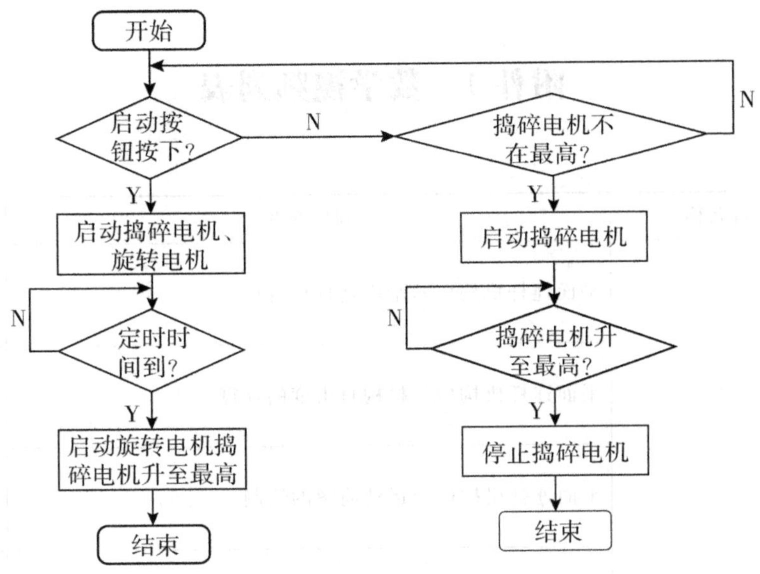

图 9.4.7　工作流程

六、三视图及尺寸

三视图及尺寸如图 9.4.8 所示。

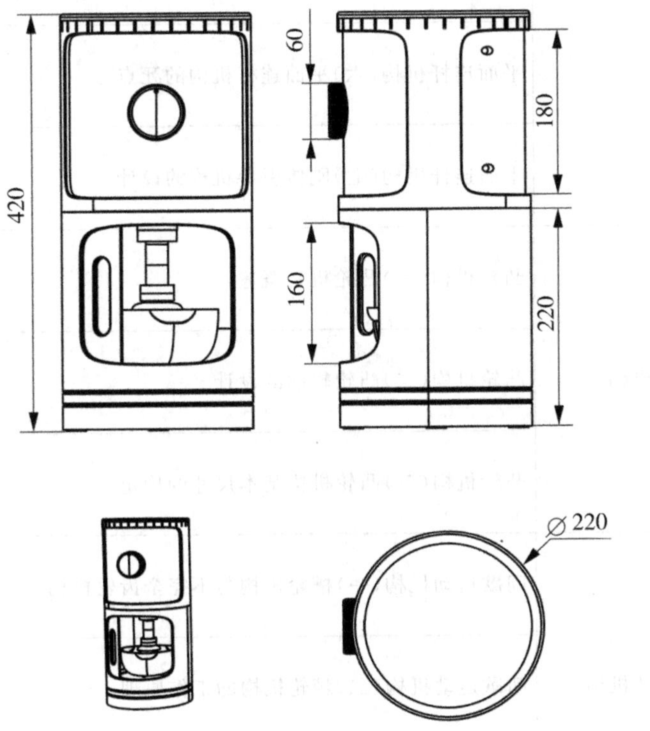

图 9.4.8　三视图及尺寸

附件1　数学视频列表

序号	项目名称	视频名称	二维码
1	平面连杆机构	平面连杆机构(一)平面连杆机构简介	
2		平面连杆机构(二)机构自由度的计算	
3		平面连杆机构(三)运动简图的绘制	
4		平面连杆机构(四)平面连杆机构的急回特性	
5		平面连杆机构(五)平面连杆机构的压力角和传动角	
6		平面连杆机构(六)平面连杆机构的死点	
7		平面连杆机构(七)刚体引导机构的设计	
8	凸轮机构	凸轮机构(一)凸轮机构概述	
9		凸轮机构(二)凸轮轮廓的设计	
10		凸轮机构(三)凸轮机构基本尺寸的确定	
11	间歇运动机构	间歇运动机构(一)槽轮机构与不完全齿轮机构	
12		间歇运动机构(二)棘轮机构的工作原理	
13		间歇运动机构(三)棘轮机构分类	

续表

序号	项目名称	视频名称	二维码
14	带传动	带传动(一)带传动机构的参数选择与设计	
15		带传动(二)V 带轮结构设计	
16	齿轮传动机构	齿轮传动机构(一)渐开线直齿圆柱齿轮设计	
17		齿轮传动机构(二)轮系设计	
18	螺纹联接	螺纹联接(一)螺纹的形成及主要参数	
19		螺纹联接(二)螺纹联接的类型	
20		螺纹联接(三)螺纹联接的预紧与防松	
21	滚动轴承	滚动轴承(一)滚动轴承的类型	
22		滚动轴承(二)滚动轴承的代号	
23		滚动轴承(三)滚动轴承的选型	
24	键联接	键联接(一)联接的分类与特点	
25		键联接(二)普通平键的分类与特点	

续表

序号	项目名称	视频名称	二维码
26	联轴器	联轴器(一)联轴器的分类	
27		联轴器(二)刚性联轴器	
28		联轴器(三)挠性联轴器	
29		联轴器(四)其他联轴器	
30	轴类零件结构设计	轴类零件结构设计(一)轴的结构设计基本要求	
31		轴类零件结构设计(二)轴上零件的定位与固定	
32		轴类零件结构设计(三)齿轮减速器轴的装配	
33	铸造类零件结构设计	铸造类零件结构设计	
34	塑料件结构设计	塑料件结构设计(一)塑料件的形状结构	
35		塑料件结构设计(二)塑料件的装配结构	
36	钣金件结构设计	钣金件结构设计(一)钣金件的结构	
37		钣金件结构设计(二)钣金件的装配结构	

续表

序号	项目名称	视频名称	二维码
38	一体化结构设计	一体化结构设计(一)3D打印的特点	
39		一体化结构设计(二)一体化结构概念	
40		一体化结构设计(三)产品的轻量化、实现瘦身	
41		一体化结构设计(四)减少产品的组装、提升效率	
42		一体化结构设计(五)一体化结构设计的设计思路	
43	创新设计	作品一 趣味3D打印果盘	
44		作品二 完整取仁开核器	
45		作品三 单手胡椒磨	
46		作品四 自动舂磨机	

附件 2　虚拟动画列表

序号	虚拟动画名称	二维码
1	曲柄摇杆机构	
2	曲柄滑块机构	
3	双曲柄机构	
4	双摇杆机构	
5	曲柄摇块机构	
6	盘形凸轮机构	
7	圆柱凸轮机构	
8	棘轮机构	
9	可换向棘轮机构	
10	槽轮机构	
11	外啮合不完全齿轮	
12	蜗轮蜗杆传动	
13	三爪卡盘	